高等学校信息安全系列教材

恶意代码防范

Eyi Daima Fangfan

刘功申　张月国　孟　魁　编著
李建华　主审

高等教育出版社·北京
HIGHER EDUCATION PRESS　BEIJING

内容提要

本书是在作者多年教学经验和信息安全社会培训工作的基础上编写而成的，力求反映作者近年来的最新科研成果。全书共分为13章，在简单介绍恶意代码的基本概念和类别的基础上，重点探讨了恶意代码防范的思路、技术、方法和策略，并给出了恶意代码的防治方案。

本书内容深入浅出，用通俗的语言和实例向读者展示恶意代码防范的知识。教材配套资源丰富，易学易教，包括PPT电子版课件、多种题型的题库、实验用软件和源代码等。

本书适合作为普通高等学校信息安全及相关专业本科生的教材，也可作为相关领域的工程技术人员的参考书。

图书在版编目（CIP）数据

恶意代码防范/刘功申，张月国，孟魁编著．—北京：高等教育出版社，2010.7

ISBN 978-7-04-029055-4

Ⅰ.①恶… Ⅱ.①刘… ②张… ③孟… Ⅲ.①电子计算机-安全技术-代码-高等学校-教材 Ⅳ.①TP309

中国版本图书馆CIP数据核字（2010）第109303号

策划编辑 武林晓 **责任编辑** 武林晓 **封面设计** 于文燕 **责任绘图** 尹文军
版式设计 史新薇 **责任校对** 杨雪莲 **责任印制** 陈伟光

出版发行	高等教育出版社	购书热线	010-58581118
社　　址	北京市西城区德外大街4号	咨询电话	400-810-0598
邮政编码	100120	网　　址	http://www.hep.edu.cn
			http://www.hep.com.cn
经　　销	蓝色畅想图书发行有限公司	网上订购	http://www.landraco.com
印　　刷	北京七色印务有限公司		http://www.landraco.com.cn
		畅想教育	http://www.widedu.com
开　　本	787　1092　1/16	版　　次	2010年7月第1版
印　　张	23.5	印　　次	2010年7月第1次印刷
字　　数	520 000	定　　价	36.00元

物料号　29055-00

前　言

信息安全是一个复杂的系统工程。在这个系统工程中，不能仅仅依靠技术或管理的任何一方来解决问题，而应该从技术和管理两方面进行统筹考虑。一套好的管理制度和策略应该是以单位实际情况为主要依据，能及时反映单位实际情况变化，具有良好的可操作性，由科学的管理条款组成。

随着信息技术的发展，信息资源管理将被作为国家战略来推进，企业竞争焦点也将落在对信息资源的开发利用上。"三分技术、七分管理、十二分数据"的说法成为现代企业信息化管理的标志性注释。信息资源已经成为继土地和资本之后最重要的财富来源。

对于恶意代码及其防范来说，曾经有一些简单的认识：计算机不可能因为仅仅读了一封电子邮件而感染恶意代码；恶意代码不可能损害计算机硬件设备；计算机不可能因为浏览一个图形文件而染毒；杀毒软件是防范恶意代码的一切；数据备份和恢复对防范恶意代码无关紧要；恶意代码防范策略是虚无缥缈的内容等等。但是，在恶意代码迅速发展的今天，这些说法都已经过时，我们必须更新关于恶意代码及其防范工作的知识。

本书是在作者多年教学经验和信息安全社会培训工作的基础上编写而成的，力求反映作者近年来的最新科研成果。全书共分为13章，在简单介绍恶意代码的基本概念和类别的基础上，重点探讨了恶意代码防范的思路、技术、方法和策略，并给出了恶意代码的防治方案。

本书各章内容简介如下。

第1章恶意代码概述。本章分析了引入恶意代码概念的原因，介绍了恶意代码的种类和特征，并在此基础上探讨了恶意代码的关键历史转折点、传播途径、感染症状、命名规则及未来发展趋势等相关问题。

第2章典型恶意代码。在总结现有恶意代码类别的基础上，介绍了几款典型的恶意代码：普通计算机病毒、蠕虫、特洛伊木马、恶意脚本、流氓软件、逻辑炸弹、僵尸网络、网络钓鱼、Rootkit、智能移动终端恶意代码、垃圾信息、其他新型恶意代码等。

第3章恶意代码防范原理。恶意代码防范技术分为6个层次：检测、清除、预防、免疫、策略、数据备份及恢复。在此详细介绍了恶意代码的检测原理和方法、恶意代码清除的原理和方法、恶意代码的防范、恶意代码的免疫。

第4章数据备份与数据恢复。随着恶意代码清除难度的加大，数据备份和数据恢复技术走向前台。数据备份及恢复技术不仅是灾难备份和灾难恢复的核心技术，也是恶意代码领域的核心内容。

第5章商业安全软件的常用技术。本章主要介绍了商业软件采用的特殊防范技术，例如内存检测技术、广谱杀毒技术、虚拟机技术、驱动程序技术、云查杀技术等。

第6章OAV软件分析与使用。OAV(OpenAntiVirus)是由德国开源爱好者发起,并由众多爱好者合作开发的反病毒软件。本章详细分析了OAV的框架、主要函数以及使用方法。

第7章ClamAV软件分析与使用。ClamAV是运行在Linux操作系统上的最好的病毒检测开源软件,应用非常广泛且升级及时。本章详细分析了ClamAV的框架、主要函数以及使用方法。

第8章恶意代码检测用匹配算法。介绍了恶意代码检测引擎的关键技术之一——扫描算法。可以用于商业软件的扫描算法包括单模式匹配算法、多模式匹配算法、HASH算法等。

第9章常用杀毒软件及解决方案。介绍了企业网络的典型结构、典型应用、网络时代的恶意代码攻击和传播特征,最后得出企业网络恶意代码防范体系的技术和工具需求,从而给出一些典型的防治方案。

第10章Linux系统杀毒工具。主要介绍3款适用于Linux桌面用户使用的杀毒软件,它们具有良好的、面向用户的图形化操作界面和杀毒性能,且都有免费版本供读者选择。

第11章Windows系统防范工具。主要从病毒查杀、木马查杀、个人防火墙角度介绍一些国内外著名的杀毒软件、木马查杀工具和个人防火墙工具,还介绍了一些有特色的其他防范工具,例如,Regmon,Filemon,Process Explorer等工具。

第12章智能手机安全防范工具。手机恶意代码的防范也越来越引起人们的重视,相关的防范软件相继推出。本章介绍了国内外手机恶意代码防范软件,并重点介绍了几款典型手机安全防护类工具的使用方法。

第13章恶意代码防治策略。通过描述防御性策略得到的不同建议,来避免所控制的计算机受到恶意代码的影响。本章侧重于全局策略和规章,还就如何制定一个防御计划,如何挑选一个快速反应小组,如何控制住恶意代码的发作,以及防范工具的选择等问题提出了一些建议。

本书的读者对象为普通高校本科生和相关领域的工程技术人员。

张月国负责第10章和第11章的编写工作,孟魁主要完成了第13章的编写工作,同时负责全书实验材料的整理,其他章节主要由刘功申完成。在本书完稿之际,作者要衷心感谢上海市经济与信息化委员会的资助;感谢曾经参加过作者培训课程的所有领导、同仁和学生,他(她)们为作者的讲义提出过很多宝贵建议;感谢我的研究生们,他们参与了书稿的校对工作;感谢各类参考资料的提供者,这些资料既丰富了教材的内容也开阔了作者的知识面;感谢我的夫人和孩子,该书稿的完成离不开家人的默默支持。

本书配套的教学资源请到"中国高校计算机课程网"下载,具体方法是:打开网址http://computer.cncourse.com,登录后点击"教材中心",在"教材搜索"栏利用书名、作者或书号搜索出《恶意代码防范》一书,在打开的教材页面点击"配套资源",即可下载相关资源。

由于时间和水平有限,内容难免疏漏,恳请读者批评指正,使本书得以进一步改进和完善。作者联系方式:lgshen@sjtu.edu.cn,博客:http://blog.csdn.net/samshmily。

作者 刘功申

2010年5月于上海交通大学

目　录

第 1 章　恶意代码概述

随着信息技术、互联网技术,特别是信息安全技术的发展,计算机病毒的概念越来越不能全面反映其内涵了,恶意代码的概念被适时地提出,并逐渐为人们接受和使用。随着恶意代码技术的发展,恶意代码的数量也在迅速增加。卡巴斯基实验室声称,至 2008 年底,全球大约有 1 400 000 种不同形式的恶意代码。究竟有多少恶意代码存在于世,这是个不可解问题!

为什么会提出恶意代码的概念?恶意代码和计算机病毒究竟有怎样的关系?恶意代码究竟包含哪些内容?恶意代码是怎样一步一步从无到有发展壮大的?

本章主要介绍恶意代码的基本概念,并在此基础上介绍恶意代码的发展历史、分类、传播途径、感染症状、命名规则及未来发展趋势等相关问题。

本章学习目标

- 明确恶意代码的基本概念
- 了解恶意代码的发展历史
- 熟悉恶意代码的种类
- 熟悉恶意代码的命名规则
- 了解恶意代码的未来发展趋势

1.1　恶意代码概念的产生

国务院颁布的《中华人民共和国计算机信息系统安全保护条例》,以及公安部出台的《计算机病毒防治管理办法》将计算机病毒均定义为:计算机病毒是指编制或者在计算机程序中插入的破坏计算机功能或者毁坏数据,影响计算机使用,并且能够自我复制的一组计算机指令或者程序代码。

我国刑法规定,故意制作、传播计算机病毒等破坏性程序,影响计算机系统正常运行,后果严重的,依照破坏计算机信息系统罪定刑处罚。而在互联网中流行的蠕虫、木马是否属于刑法上的计算机病毒等破坏性程序,目前还没有立法或者司法解释。根据上述有关计算机病毒的定义,感染文件的普通病毒属于计算机病毒,但是蠕虫(部分)、木马(绝大部分)并不进行自我复制,因此不符合病毒的特征,不属于计算机病毒,而它的危害性却是巨大的,因为它包含能够在触发时导致数据丢失甚至被窃的恶意代码。

有关专家认为,如果根据相关部门发布的条例来理解,将蠕虫和木马解释为计算机病毒是不符合刑法定罪原则的,而蠕虫和木马是否属于“计算机病毒等破坏性程序”,我国法律没有对此作出解释。蠕虫和木马的大量出现对刑法的部分规定提出了挑战,对刑法规定的破坏性程序必须作出明确的界定。由此可见,网络恶意代码技术的发展,导致刑法在这方面的规定显现滞后。因此,必须通过立法将木马、蠕虫等恶意代码纳入破坏性程序范围。

在美国,有些州(例如,加利福尼亚、西弗吉尼亚等)的地方法规中,把恶意代码解释成计算机系统的污染物。显然,他们的法律适用面更加宽泛。

在信息安全技术领域,重新审视目前流行的破坏性程序,有很多已经不能用“计算机病毒”这个概念来解释了。以下从两个方面进一步说明:就恶意代码的类型而言,这些破坏性程序除了木马之外,还有僵尸网络、流氓软件、逻辑炸弹、网络钓鱼、恶意脚本等。就感染平台而言,传统的计算机病毒的定义仅仅局限于计算机平台,而今后必将流行的智能手机恶意代码则运行于手机平台。关于手机上的恶意代码就不能简单地归类于传统的计算机病毒概念了。

在法律领域,专家们努力的方向是扩大法律解释范围,把新型的破坏性程序及时补充到法律条文中。在技术领域,专家们的责任更是责无旁贷,因此,需要一个新的概念来概括这些破坏性程序。这个新的概念就是“恶意代码”。

1.2 恶意代码的概念

《Malware: Fighting Malicious Code》中给出的恶意代码定义为:运行在目标计算机上,使系统按照攻击者意愿执行任务的一组指令。

在维基百科中,恶意代码的英文对照词是 Malware,也就是 Malicious Software 的混成词。恶意代码的定义描述为:恶意代码是在未被授权的情况下,以破坏软硬件设备、窃取用户信息、扰乱用户心理、干扰用户正常使用为目的而编制的软件或代码片段。这个定义涵盖的范围非常广泛,它包含了所有敌意、插入、干扰、讨厌的程序和源代码。一个软件被看做是恶意代码主要是依据创作者的意图,而不是恶意代码本身的特征。

依据这个定义,恶意代码将包括计算机病毒(Computer Virus)、蠕虫(Worm)、特洛伊木马(Trojan Horse)、Rootkit、间谍软件(Spyware)、恶意广告(Dishonest Adware)、流氓软件(Crimeware)、逻辑炸弹(Logic Bomb)、后门(Back Door)、僵尸网络(Botnet)、网络钓鱼(Phishing)、恶意脚本(Malice Script)、垃圾信息(Spam)、智能移动终端恶意代码(Malware In intelligent Terminal Device)等恶意的或讨厌的软件及代码片段。国际上目前新出现了一种以“扰乱用户心理”为目的的软件,也应该属于恶意代码范畴。由于这类软件的使用范围非常小,因此,不为人们熟知。在这个定义范围内,恶意代码不是有缺陷的软件,也就是说,包含有害漏洞但其目的是合法的软件不是恶意代码。例如,微软的 Windows 操作系统,尽管也包含很多有害漏洞,但因为其目的是合法的,因此,Windows 不是恶意代码。

恶意代码是一个具有特殊功能的程序或代码片段,就像生物病毒一样,恶意代码具有独特地传播和破坏能力。恶意代码可以很快地蔓延,又常常难以根除。它们能把自身附着在各种类型的对象上,当寄生了恶意代码的对象从一个用户到达另一个用户时,它们就随同该对象一起蔓延开来。除传播和复制能力外,某些恶意代码还有其他一些特殊特性,例如,特洛伊木马具有窃取信息的特性,流氓软件具有干扰用户的特性,而蠕虫则主要具有利用漏洞传播来占用带宽耗费资源等特性。

迄今为止,各种恶意代码表现出不同的特征,但总结起来,恶意代码具有以下 3 个明显的共同特征。

1. 目的性

目的性是恶意代码的基本特征,是判别一个程序或代码片段是否为恶意代码的最重要的特征,也是法律上判断恶意代码的标准。

2. 传播性

传播性是恶意代码体现其生命力的重要手段。恶意代码总是通过各种手段把自己传播出去,到达尽可能多的软硬件环境。

3. 破坏性

破坏性是恶意代码的表现手段。任何恶意代码传播到了新的软硬件系统后,都会对系统产生不同程度的影响。它们发作时轻则占用系统资源,影响计算机运行速度,降低计算机工作效率,使用户不能正常使用计算机,重则破坏用户计算机的数据,甚至破坏计算机硬件,给用户带来巨大的损失。

1.3 恶意代码的发展历史

恶意代码的产生原因多种多样,有的是计算机工作人员或业余爱好者纯粹为了寻开心而制造出来的,有的则是软件公司为防止自己的产品被非法复制而制造的,这些情况助长了恶意代码的制作和传播。还有一种情况就是蓄意破坏,它分为个人行为和政府行为两种。个人行为多为雇员对雇主的报复行为,而政府行为则是有组织的战略战术手段。在“海湾战争”中,美国国防部的某个机构曾对伊拉克的通信系统进行了有计划的恶意代码攻击,一度使伊拉克的国防通信系统陷于瘫痪。另外还有些恶意代码是用于研究或实验而设计的“有用”程序,由于某种原因失去控制而扩散出去,成为危害四方的恶意代码。但是,无论是基于什么目的而产生的恶意代码,都给用户带来了非常大的危害。

2008 年 12 月 5 日,在卡巴斯基实验室举办的病毒分析师峰会上,卡巴斯基实验室的高级区域研究师 David Emm 发表了关于恶意代码市场分析的主题演讲。David 在主题演讲中指出,恶意代码的数量每秒钟都在增长,到 2008 年底为止,全球大约存在恶意代码 1 400 000 种,如图 1－1 所示。

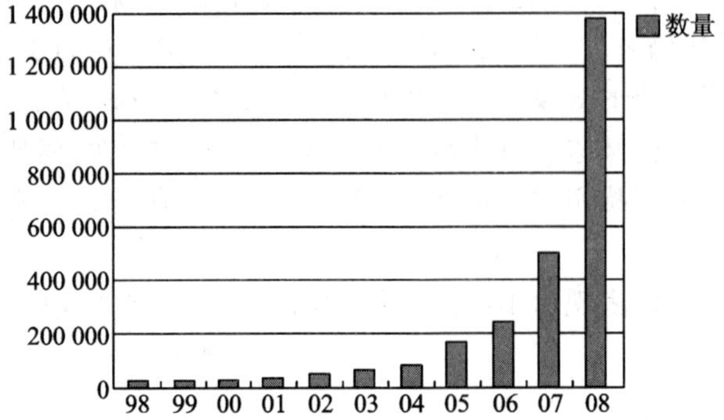

图1-1　全球恶意代码数量增长图示(卡巴斯基实验室)

以下回顾恶意代码从出现到蓬勃发展的历史过程中的一些关键环节。

自从1946年第一台电子计算机ENIAC问世以来,计算机与人们的生活已经越来越息息相关,人们甚至已经无法在没有计算机的世界里生活。但是人们发现就如同人会生病一样,计算机的世界里也存在病毒,计算机也会染病。那么,恶意代码是如何一步一步地从无到有、从小到大发展到今天的呢?

其实,恶意代码的初始阶段都集中体现为计算机病毒这一典型的恶意代码。在第一台商用计算机出现之前,伟大的计算机技术先驱——冯·诺依曼(John Von Neumann)在他的一篇论文《复杂自动装置的理论及组织的进行》里,就已经勾勒出了病毒的蓝图。

“计算机病毒”这个词汇最早是出现在科幻小说里的。1977年夏天,托马斯·瑞安(Thomas. J. Ryan)的科幻小说《P-1的春天》(The Adolescence of P-1)成为美国的畅销书。作者在这本书中描写了一种可以在计算机中互相传染的病毒,病毒最后控制了7 000台计算机,造成了一场灾难。不过,这在当时并没有引起人们的注意。

磁芯大战(Core War)是在冯·诺依曼病毒程序蓝图的基础上提出的概念。起初绝大部分的计算机专家都无法想象会存在这种能自我繁殖的程序,可是少数几个科学家默默地研究着这个问题。直到10年之后,在美国电话电报公司(AT&T)的贝尔(Bell)实验室中,这些概念在一种很奇怪的电子游戏中成形了,这种电子游戏称为磁芯大战。

磁芯大战玩法如下:双方各写一套程序并输入同一部计算机中,这两套程序在计算机系统内互相追杀,有时它们会放置一些关卡,甚至有时会停下来修复被对方破坏的几行指令。当被困时,它们可以将自己复制一次从而逃离险境,因为它们都在计算机的记忆磁芯中游走,因此被取名为磁芯大战。这个游戏的特点在于双方的程序进入计算机之后,玩游戏的人只能看着屏幕上显示的战况,而不能做任何更改,直到某一方的程序被另一方的程序完全“吃掉”为止。

1983年11月3日,弗雷德·科恩(Fred Cohen)博士研制出一种在运行过程中可以复制自身的破坏性程序。伦·艾德勒曼(Len Adleman)将这种破坏性程序命名为计算机病毒(Computer Viruses),并在每周一次的计算机安全讨论会上正式提出,8小时后专家们在VAX 11/750计算机系统上成功运行该程序。就这样,第一个恶意代码实验成功。这是人们第一次真正意识到计算机病毒的存在。

1986 年初,巴锡特(Basit)和阿姆杰德(Amjad)两兄弟编写了 Pakistan 病毒,即 Brain。Brain 是第一个感染 PC 的恶意代码。随着 PC 的蓬勃发展,恶意代码迅速发展壮大起来。

1987 年世界各地的计算机用户几乎同时发现了形形色色的计算机病毒,例如,大麻、IBM 圣诞树、黑色星期五等。面对计算机病毒的突然袭击,众多计算机用户甚至专业人员都惊慌失措。

1988 年 3 月 2 日,一种苹果机的恶意代码发作。这天受感染的苹果机停止工作,只显示"向所有苹果电脑的使用者宣布和平的信息",以庆祝苹果机生日。这是第一个感染窗口系统的恶意代码。

1988 年冬天,正在康奈尔大学攻读的莫里斯,把一个被称为"蠕虫"的计算机病毒送进了美国最大的计算机网络——互联网。1988 年 11 月 2 日下午 5 点,互联网的管理人员首次发现网络有不明入侵者。当晚,从美国东海岸到西海岸,互联网用户陷入一片恐慌。由于当时的网络非常有限,其破坏力没有得到充分发挥。其实,蠕虫的概念起源更早,在 1982 年,Shock 和 Hupp 根据《The Shockwave Rider》一书中的概念提出了一种"蠕虫(Worm)"程序的思想。蠕虫的真正爆发却在十多年后,20 世纪初,蠕虫在互联网中大爆发,其原理正是来自于莫里斯的蠕虫。

1989 年全世界的计算机病毒攻击十分猖獗,我国也未幸免。其中"米开朗基罗"病毒给许多计算机用户造成了极大的损失。这个病毒比较著名的原因,除了它拥有一代艺术大师米开朗基罗的名字之外,更重要的是它的杀伤力非常强大。

1991 年在"海湾战争"中,美军第一次将计算机病毒用于实战,在空袭巴格达的战斗前,成功地破坏了对方的指挥系统,使之瘫痪,保证了战斗的顺利进行,直至最后胜利。

1992 年出现了针对杀毒软件的"幽灵"病毒,例如,One-half。该病毒直接挑战简单的特征码扫描技术,随后,各个安全厂商推出了启发式扫描、含有通配符的特征码等技术来应对幽灵型病毒。

1996 年首次出现针对微软公司 Office 的"宏病毒"。宏病毒的出现使病毒编制工作不再局限于晦涩难懂的汇编语言,由于书写简单,越来越多的恶意代码出现了。1997 年被公认为信息安全界的"宏病毒年"。宏病毒主要感染 Word、Excel 等文件。如 Word 宏病毒,早期是用一种专门的 Basic 语言即 Word Basic 所编写的程序,后来使用 Visual Basic。与其他计算机病毒一样,它能对用户系统中的可执行文件和数据文本类文件造成破坏。常见的宏病毒有 Taiwan NO.1(台湾一号)、Setmd、Consept、Mdma 等。

1998 年出现针对 Windows 95/98 系统的 CIH 病毒(1999 年被公认为计算机反病毒界的 CIH 病毒年)。CIH 病毒是继 DOS 病毒、Windows 病毒、宏病毒后的第四类新型病毒。这种病毒与 DOS 下的传统病毒有很大区别,它是使用面向 Windows 的 VXD(虚拟设备驱动程序)技术编制的。1998 年 8 月从台湾传入大陆的 CIH 病毒,共有 3 个版本:1.2 版、1.3 版、1.4 版。它们的发作时间分别是 4 月 26 日、6 月 26 日、每月 26 日。该病毒是第一个直接攻击、破坏硬件的计算机病毒,是破坏最为严重的病毒之一。它主要感染 Windows 95/98 的可执行程序,发作时破坏计算机 Flash BIOS 芯片中的系统程序，导致主板损坏，同时破坏硬盘中的数据。病毒发作时，硬盘驱动器不停旋转，硬盘上所有数据（包括分区表）被破坏，必须对硬盘重新分区才有可能挽救硬盘。同时，对于部分厂牌的主板（如技嘉和微星等），会将 Flash BIOS 中的系统程序破坏，造成开机后系统无反应。1999 年 4 月 26 日，CIH 病毒在全球范围大规模爆发，造成近 6 000 万台计算机瘫痪，经济损失约 100 亿美元。

1999 年 Happy99 等完全通过因特网（Internet）传播的蠕虫的出现，标志着网络恶意代码将成为新的挑战。其特点就是利用 Internet 的优势，快速进行大规模的传播，从而使蠕虫在极短的时间内遍布全球。

2001 年 7 月中旬，一种名为“红色代码”的恶意代码在美国大面积蔓延，这个专门攻击服务器的恶意代码攻击了白宫网站，造成了全世界恐慌。8 月初，其变种“红色代码 2”针对中文系统作了修改，增强了对中文网站的攻击能力，开始在中国蔓延。“红色代码”通过黑客攻击手段利用服务器软件的漏洞来传播，它造成了全球 100 万个以上的系统被攻陷而导致瘫痪。这是恶意代码与网络黑客首次结合，可以说对后来的恶意代码产生了很大的影响。

2003 年“2003 蠕虫王”在亚洲、美洲、澳大利亚等地迅速传播，造成了全球性的网络灾害。其中受害最严重的无疑是美国和韩国这两个 Internet 发达的国家。其中韩国 70% 的网络服务器处于瘫痪状态，网络连接的成功率低于 10%，整个网络速度极慢。美国不仅公众网络受到了破坏性攻击，甚至连银行网络系统也遭到了破坏，全国 1.3 万台自动取款机处于瘫痪状态。

2004 年是蠕虫泛滥的一年，根据中国计算机病毒应急中心的调查显示，2004 年 10 大流行恶意代码都是蠕虫，它们包括：

- 网络天空（Worm. Netsky）
- 高波（Worm. Agobot）
- 爱情后门（Worm. Lovgate）
- 震荡波（Worm. Sasser）
- SCO 炸弹（Worm. Novarg）
- 冲击波（Worm. Blaster）
- 恶鹰（Worm. Bbeagle）
- 小邮差（Worm. Mimail）
- 求职信（Worm. Klez）
- 大无极（Worm. SoBig）

2005 年是特洛伊木马流行的一年。在经历了操作系统漏洞升级、杀毒软件技术改进后，蠕虫的防范效果已经大大提高，真正有破坏作用的蠕虫已经销声匿迹。然而，病毒制作者（Vxer）永远不甘寂寞，他们又开辟了新的高地——特洛伊木马。2005 年的木马即包括安全领域耳熟能详的经典木马，例如，BO2K、冰河、灰鸽子等，也包括很多新鲜的木马，简单举例如下。

（1）闪盘窃密者（Trojan. UdiskThief）

该木马会判断计算机上移动设备的类型，自动把 U 盘里所有的资料都复制到计算机 C 盘的

TEST 文件夹下,这样可能造成某些公用计算机用户的资料丢失。

(2) 证券大盗(Trojan/PSW. Soufan)

该木马可盗取包括南方证券、国泰君安在内多家证券交易系统的交易账户和密码,被盗号的股民账户存在被人恶意操纵的可能。

(3) 外挂陷阱(Trojan. Lineage. hp)

此木马可以盗取多个网络游戏的用户信息,如果用户通过登录某个网站,下载安装所需外挂程序后,便会发现外挂程序实际上是经过伪装的恶意代码,这个时候恶意代码便会自动安装到用户计算机中。

(4) 我的照片 (Trojan. PSW. MyPhoto)

该木马试图窃取热血江湖、传奇、天堂 2、工商银行、中国农业银行等数十种网络游戏及网络银行的账号和密码。该木马发作时,会显示一张照片使用户对其放松警惕。

2006 年木马仍然是恶意代码的主流,其变种层出不穷。2006 年的上半年,江民反病毒中心共截获新恶意代码 33 358 种。据江民病毒预警中心监测的数据显示,1 月至 6 月全国共有 7 322 453 台计算机感染了病毒,其中感染木马的计算机 2 384 868 台,占病毒感染计算机总数的 32.56%,感染广告软件的计算机 1 253 918 台,占病毒感染计算机总数的 17.12%,感染后门程序的计算机 664 589 台,占病毒感染计算机总数的 9.03%,感染蠕虫病毒计算机 216 228 台,占病毒感染计算机总数的 2.95%,监测发现漏洞攻击代码的计算机 181 769 台,占病毒感染计算机总数的 2.48%,感染恶意脚本的计算机 15 152 台,占病毒感染计算机总数的 2.06%。由此可见,木马将是未来几年恶意代码的主流。

随着 Internet 的进一步发展,依赖互联网作为传播途径的恶意代码成了当前最具威胁的破坏者。像冲击波、震荡波、灰鸽子等网络型恶意代码带来的损失都是不可估量的。表 1-1 显示了近年来几个经典恶意代码带来的巨大危害。

表 1-1 重大恶意代码危害列表①

年 份	攻击行为发起者	受害 PC 数目(万台)	损失金额(美元)
2007	熊猫烧香	超过 200	
2006	木马和恶意软件		
2005	木马		
2004	Worm Sasser		
2003	Worm MSBLAST	超过 140	
2003	SQL Slammer	超过 20	9.5 亿—12 亿

① 部分没有准确来源的数据没有列出。由于木马的特点在于窃取,因此,其破坏程度不可估计。

续表

年　　份	攻击行为发起者	受害 PC 数目(万台)	损失金额(美元)
2002	Klez	超过 600	90 亿
2001	RedCode	超过 100	26 亿
2001	Nimda	超过 800	60 亿
2000	Love Letter		88 亿
1999	CIH	超过 6 000	近 100 亿

1.4　恶意代码的种类

在恶意代码技术的发展过程中,其特征不断变化,恶意代码的种类也不断增加。根据国内外多年来对恶意代码的研究成果可知,恶意代码主要包括普通计算机病毒、蠕虫、特洛伊木马、Rootkits 工具、流氓软件、间谍软件、恶意广告、逻辑炸弹、后门、僵尸网络、网络钓鱼、恶意脚本、垃圾信息、智能移动终端恶意代码等。

1. 普通计算机病毒

普通计算机病毒是指:编制或者在计算机程序中插入的破坏计算机功能或者破坏数据,影响计算机使用并且能够自我复制的一组计算机指令或者程序代码。也就是传统意义上的计算机病毒,主要包括引导区型病毒、文件型病毒以及混合型病毒。感染引导区的病毒是较老的一种病毒,主要是感染 DOS 操作系统的引导过程。文件型病毒分为感染可执行文件的病毒和感染数据文件的病毒。前者主要指感染 COM 文件或 EXE 文件的病毒,例如,CIH 病毒。后者主要指感染 Word、PDF 等数据文件的病毒,例如,宏病毒等。混合型病毒主要指那些既能感染引导区又能够感染文件的病毒。

尽管有些文献把特洛伊木马、蠕虫等都划归到计算机病毒概念下,但这种分类法并不符合计算机病毒的定义。因此,本书所指的计算机病毒仅仅包括引导区型病毒、文件型病毒以及混合型病毒。

2. 蠕虫

提起蠕虫,影响最深的就是冲击波、震荡波、红色代码、尼姆达等名称。这些蠕虫在 2003 年至 2004 年达到高发期,并给整个信息安全领域留下了不可磨灭的印记。

尽管蠕虫的爆发期是从 2000 年后才开始的,但蠕虫这个名词的由来已久。在 1982 年,Shock 和 Hupp 根据《The Shockwave Rider》一书中的概念提出了“蠕虫”(Worm)程序的思想。1988 年,莫里斯把一个被称为“蠕虫”的恶意代码送进了美国的计算机网络,正式宣告了蠕虫的存在。

蠕虫作为恶意代码的一种,它的传播通常不需要所谓的激活。它通过分布式网络来散播特定的信息或错误,进而造成网络服务遭到拒绝并发生死锁。一般认为,蠕虫是一种通过网络传播的恶性恶意代码,它具有传播性、隐蔽性、破坏性等特性。此外,蠕虫还具有自己特有的一些特征,例如,不利用文件寄生(有的只存在于内存中),对网络造成拒绝服务,与黑客技术相结合等。在破坏程度上,蠕虫非常强大,借助于发达的 Internet,蠕虫可以在短短的数小时内蔓延至整个互联网,并造成网络瘫痪!

3. 特洛伊木马

木马的全称是特洛伊木马(Trojan Horse),原指古希腊士兵藏在木马内进入特洛伊城从而占领该城市的故事。在网络安全领域里,特洛伊木马是一种与远程计算机建立连接,使远程计算机能够通过网络控制用户计算机系统,并且可能造成用户信息损失、系统损坏甚至瘫痪的程序。

一个完整的木马系统由硬件部分、软件部分和具体连接部分组成。

(1) 硬件部分

建立木马连接所必需的硬件实体包含有控制端,服务端和 Internet。控制端指对服务端进行远程控制的一方。服务端指被控制端远程控制的一方。Internet 是控制端对服务端进行远程控制以及数据传输的网络载体。

(2) 软件部分

实现远程控制所必需的软件程序包含有控制端程序,木马程序和木马配置程序。控制端程序是控制端用于提供远程控制服务端的程序。木马程序是潜伏在服务端内部,获取其操作权限的程序。木马配置程序用于设置木马程序的端口号、触发条件、木马名称等,并使其在服务端隐藏得更隐蔽的程序。

(3) 连接部分

通过 Internet 在服务端和控制端之间建立一条木马通道所必需的元素。包含有控制端和服务端的 IP 以及相应端口。控制端 IP 和服务端 IP 即控制端和服务端的网络地址,也是木马进行数据传输的始发地和目的地。控制端端口和木马端口即控制端和服务端的数据入口,通过这个入口,服务端数据可直达控制端程序或木马程序。

4. Rootkit 工具

Rootkit 是攻击者用来隐藏自己的踪迹和保留 Root 访问权限的工具。在众多 Rootkit 中,针对 Sun OS 和 Linux 两种操作系统的 Rootkit 最多。所有的 Rootkit 基本上都是由几个独立的程序组成的。一个典型 Rootkit 包括以下内容。

- 网络嗅探程序:通过网络嗅探,获得网络上传输的用户名、账户和密码等信息。
- 特洛伊木马程序:为攻击者提供后门。例如,inetd 或者 login。
- 隐藏攻击者的目录和进程的程序:例如,ps、netstat、rshd 和 ls 等。
- 日志清理工具:例如,zap、zap2 或者 z2,攻击者使用这些清理工具删除 wtmp、utmp 和 lastlog 等日志文件中有关自己行踪的条目。

此外,一些复杂的 Rootkit 还可以向攻击者提供 telnet、shell 和 finger 等服务。还可能包括一些用来清理/var/log和/var/adm目录中其他文件的一些脚本。

5. 流氓软件[①]

"流氓软件"(Crimeware)是20世纪的一个新生词汇,是一个源自网络的词汇。近年来,一些流氓软件引起了用户和媒体的强烈关注。流氓软件的典型表现是采用特殊手段频繁弹出广告窗口,危及用户隐私,严重干扰用户的日常工作、数据安全和个人隐私。

如果说计算机病毒是由小团体或者个人秘密地编写和散播的,那么流氓软件的创作者则涉嫌很多知名企业和团体。这些软件在计算机用户中引起了公愤,许多用户指责它们为"彻头彻尾的流氓软件"。流氓软件的泛滥,成为互联网安全的新威胁。数据显示,2006年上半年,中国流氓软件的危害已经超过了普通计算机病毒。

迄今为止,流氓软件还没有一个公认的统一定义。中国反流氓软件联盟和奇虎公司都试图统一流氓软件的定义,但都没有成功。以下为流氓软件的两种定义。

第一种定义:流氓软件是指具有一定的实用价值但具备计算机病毒和黑客部分行为特征的软件。它处于合法软件和计算机病毒之间的灰色地带,它会造成无法卸载并强行弹出广告和窃取用户的私人信息等危害。

第二种定义:流氓软件是介于病毒和正规软件之间的软件,同时具备正常功能(下载、媒体播放等)和恶意行为(弹出广告、开后门),给用户带来实质危害。它们往往采用特殊手段频繁弹出广告窗口,危及用户隐私,严重干扰用户的日常工作、数据安全和个人隐私。

总之,流氓软件是对网络上散播的符合以下条件的软件的一种称呼。

(1) 未经用户许可,或者利用用户疏忽,或者利用用户缺乏相关知识,私自收集用户个人信息、秘密和隐私。

(2) 有侵害用户信息和财产安全的潜在因素或者隐患。

(3) 强行弹出广告,或者其他干扰用户并占用系统资源的行为。

(4) 强行修改用户软件设置,例如,浏览器主页、软件自动启动选项,安全选项。

(5) 采用多种社会和技术手段,强行或者秘密安装,并抵制卸载。

6. 间谍软件

间谍软件(Spyware)是一种能够在计算机使用者无法察觉或给计算机使用者造成安全假象的情况下,秘密收集计算机信息并把它们传播给他人的程序。间谍软件可以像普通计算机病毒一样进入计算机或绑定安装程序而进入计算机。间谍软件经常会在未经用户同意或者用户没有意识到的情况下,以IE工具栏快捷方式作为驱动程序下载,或由于单击一些欺骗的弹出式窗口选项等其他用户无法察觉的形式,被安装在用户的计算机内。

虽然那些被安装了间谍软件的计算机使用起来和正常计算机并没有什么太大区别,但用户的隐私数据和重要信息会被那些间谍软件捕获,这些信息将被发送给互联网另一端的操纵者,甚至这些间谍软件还能使黑客操纵用户的计算机,或者说这些有"后门"的计算机都将成为黑客和

---

① 按照定义,流氓软件应该涵盖间谍软件和恶意广告。

病毒攻击的重要目标和潜在目标。

7. 恶意广告

恶意广告(Dishonest Adware)即广告软件,通常包括间谍软件的成分,也可以认为是恶意软件。广告软件是指未经用户允许下载并安装或与其他软件捆绑通过弹出式广告或以其他形式进行商业广告宣传的程序。安装广告软件之后,往往造成系统运行缓慢或系统异常。

8. 逻辑炸弹

逻辑炸弹(Logic Bomb)是合法的应用程序,只是在编程时被故意写入某种“恶意功能”。例如,作为某种版权保护方案,某个应用程序有可能会在运行几次后就在硬盘中将其自身删除;某个程序员可能在他的程序中放置某些多余的代码,以使程序运行时对某些系统产生恶意操作。在大的项目中,如果代码检查措施有限,被植入逻辑炸弹的可能性很大。

9. 后门

后门(Back Door)是指绕过安全性控制而获取对程序或系统访问权的方法。在软件的开发阶段,程序员常常会在软件内创建后门以方便修改程序中的缺陷。如果后门被其他人知道,或是在发布软件之前没有被删除,那么它就成了安全隐患。

10. 僵尸网络

僵尸网络(Botnet)是指采用一种或多种传播手段,使大量主机感染 Bot 程序(僵尸程序),从而在控制者和被感染主机之间形成一个可实现一对多控制的网络。

攻击者通过各种途径传播僵尸程序感染互联网上的大量主机,而被感染的主机将通过一个控制信道接收攻击者的指令,组成一个僵尸网络。网络中被寄宿了 Bot 程序的主机被称为“肉鸡”。

11. 网络钓鱼

网络钓鱼(Phishing 是 Phone 和 Fishing 的组合词,与钓鱼的英语 Fishing 发音相近,又名钓鱼法或钓鱼式攻击)是通过发送大量声称来自于权威机构的欺骗性信息来引诱信息接收者给出敏感信息(例如,用户名、口令、账号、ID 号、ATM PIN 码、信用卡等)的一种攻击方式。最典型的网络钓鱼攻击是将收信人引诱到一个通过精心设计与目标组织的网站非常相似的钓鱼网站上,并获取收信人在此网站上输入个人敏感信息,通常这个攻击过程不会让受害者警觉。网络钓鱼是“社会工程攻击”的一种具体表现形式。

12. 恶意脚本

恶意脚本(Malice Script)是指利用脚本语言编写的以危害或者损害系统功能、干扰用户正常使用为目的任何脚本程序或代码片段。用于编制恶意脚本的脚本语言包括 Java 攻击小程序(Java Attack Applets)、ActiveX 控件、JavaScript、VBScript、PHP、Shell 语言等。恶意脚本的危害不仅仅体现在修改用户计算机的配置方面,而且还可以作为传播蠕虫和木马等恶意代码的工具。

13. 垃圾信息

垃圾信息(Spam)是指未经用户同意向用户发送的、用户不愿意接收的信息,或用户不能根据自己的意愿拒绝接收的信息,主要包含未经用户同意向用户发送的商业类、广告类、违法类、不良信息类等信息。

根据垃圾信息传播的媒体不同,垃圾信息又可以分为不同的类别:垃圾短信息,是指在手机上传播的垃圾信息;垃圾邮件,是指通过电子邮件传播的垃圾信息;即时垃圾信息,是指在即时消息通信工具上传播的垃圾信息。此外,最近还出现了博客垃圾信息、搜索引擎垃圾信息等概念。

14. 智能移动终端恶意代码

移动终端(Mobile Terminal,MT)涵盖所有现有的和即将出现的各式各样、各种功能的手机和PDA(Personal Digital Assistant,个人数字助理)。随着无线移动通信技术和应用的发展,使现有的手持设备功能变得丰富多彩,它可以拍照、摄影,可以作为一个小型移动电视机,也可以作为可视电话机,并可具有PC大部分功能,当然它也可以用作移动电子商务,可作认证,将来还可用作持有者身份证明(身份证、护照),它也是个人移动娱乐终端。总之,移动终端可以在移动中完成语音、数据、图像等各种信息的交换和再现。

迄今为止,移动终端恶意代码没有明确的定义。在国内,普遍接受的手机病毒的定义是:手机病毒和计算机病毒一样,以手机为感染对象,以手机网络和计算机网络为平台,通过恶意短信等形式,对手机进行攻击,从而造成手机异常的一种新型病毒。

以此为参考,并结合恶意代码的描述,给出移动终端恶意代码定义如下:

移动终端恶意代码是对移动终端各种病毒的广义称谓,它包括以移动终端为感染对象而设计的普通病毒、木马等。移动终端恶意代码以移动终端为感染对象,以移动终端网络和计算机网络为平台,通过无线或有线通信等方式,对移动终端进行攻击,从而造成移动终端异常的各种不良程序代码。

1.5 恶意代码的传播途径

恶意代码的传染性是体现其生命力的重要手段,是恶意代码赖以生存和繁殖的条件,如果恶意代码没有传播渠道,则其破坏性小,扩散面窄,难以造成大面积流行。因此,熟悉恶意代码的传播途径将有助于防范恶意代码的传播。

恶意代码的传播主要通过文件复制、文件传送、文件执行等方式进行,文件复制与文件传送需要传输媒介,因此,恶意代码的扩散与传输媒体的变化有着直接关系。通过认真研究各种恶意代码的传染途径,有的放矢地采取有效措施,必定能在对抗恶意代码的斗争中占据有利地位。恶意代码的主要传播途径有以下几种。

1. 软盘

在计算机产生的最初几十年间,软盘作为最常用的交换媒介,对恶意代码的传播发挥了巨大的作用。过去的计算机应用比较简单,可执行文件和数据文件系统都较小,许多执行文件均通过软盘相互复制、安装,恶意代码就能通过软盘传播文件型病毒。在通过软盘引导操作系统时,引导区型病毒就会在软盘与硬盘引导区内互相感染。因此,软盘当之无愧地成了最早的恶意代码传播途径。不过软盘已经成了历史,当今的恶意代码不再采用软盘作为寄生物。

2. 光盘

在移动硬盘和大容量 U 盘出现以前,光盘以容量大著称。光盘可以存储大量的可执行文件,大量的恶意代码就有可能藏身于光盘。由于技术特点,大多数光盘都是只读式光盘,不能进行写操作,因此光盘上的恶意代码不能被有效清除。历史表明,盗版光盘(特别是盗版游戏光盘)是恶意代码最主要的寄生物。在以谋利为目的非法盗版软件的制作过程中,不可能为安全防护担负任何责任,也决不会有真正可靠的技术来保障避免恶意代码的寄宿。盗版光盘的泛滥给恶意代码的传播带来了极大的便利。甚至有些存储在光盘上的安全防范工具本身就带有恶意代码,这就给本来“干净”的计算机带来了灾难。

3. 硬盘

硬盘,含移动硬盘、USB 硬盘等。随着电子技术的发展,硬盘逐渐取代软盘、光盘等成为数据交换的主流工具。携带恶意代码的硬盘在本地或移到其他地方使用甚至维修时,就会使干净的硬盘传染或者感染其他硬盘并最终导致恶意代码的扩散。著名的“U 盘病毒”就是这类病毒的典型代表。

4. 互联网络

现代通信技术的巨大进步已使空间距离不再遥远,数据、文件、电子邮件可以方便地在各个网络节点间通过电缆、光纤或电话线路进行传送。节点的距离可以短至并排摆放的计算机,也可以长达上万千米,这就为恶意代码的传播提供了新的媒介。恶意代码可以附着在正常文件中,当从网络另一端下载一个被感染的程序,并在本地计算机上未加任何防护措施的情况下运行它时,恶意代码就传播开了。这种恶意代码的传染方式在计算机网络连接很普及的国家是很常见的,国内计算机感染一些“进口”恶意代码已不再是什么大惊小怪的事了。在信息国际化的同时,恶意代码也在国际化。大量的国外恶意代码随着互联网络传入国内。

Internet 的快速发展促进了以有线网络为媒介的各种服务(WWW、BBS、E-mail、FTP 等)的快速普及。同时,这些服务也成了新的恶意代码传播方式。

(1) 电子布告栏(BBS)

BBS 是由计算机爱好者自发组织的通信站点,用户可以在 BBS 上进行文件交换(包括自由软件、游戏、自编程序)。由于大多数 BBS 网站没有严格的安全管理,亦无任何限制,这样就给一些恶意代码编写者提供了传播的场所。

(2) 电子邮件(E-mail)

恶意代码主要以附件的形式进行传播,由于人们可以发送任何类型的文件,而大部分恶意代码的防护软件在这方面的功能还不是十分完善,使得电子邮件成为当今世界上传播恶意代码最主要媒体。

(3) 即时消息服务(QQ、ICQ、MSN 等)

像电子邮件一样,即时消息服务同样可以自由地传播文件,从而也成为恶意代码传播的主要途径之一。

(4) Web 服务

Web 网站在传播有益信息的同时,也成了传播不良信息的最重要的途径。恶意脚本被广泛用来编制恶意攻击程序,它们主要通过 Web 网站传播,不法分子或好事之徒制作的匿名个人网页直接提供了下载大批恶意代码活样本的便利途径,用于学术研究的样本提供机构同样可以成为别有用心的人的使用工具,专门关于恶意代码制作、研究和讨论的学术性质的电子论文、期刊、杂志及相关的网上学术交流活动等,都有可能成为国内外任何想成为新的恶意代码制造者学习、借鉴、盗用、抄袭的目标与对象;散布于网站上的大批恶意代码制作工具、向导、程序等,使得无编程经验和基础者制造新恶意代码成为可能;新技术、新恶意代码使得几乎所有人在无意中成为恶意代码扩散的载体或传播者。

(5) FTP 服务

通过这个服务,可以将文件放在世界上的任何一台计算机上,或者从远程计算机复制到本地计算机上。这在很大程度上方便了学习和交流,使互联网上的资源得到最大限度的共享。FTP 能传播现有的所有恶意代码,所以在使用时就更要注意安全防范。

(6) 新闻组(News)

通过这种服务,用户可以与世界上的任何人讨论某个话题,或选择接收感兴趣的有关新闻邮件。这些信息中包含的附件有可能使计算机感染恶意代码。

5. 无线通信系统

无线网络已经越来越普及,但很少有无线装置拥有安全防范功能。由于未来有更多手机通过无线通信系统和互联网连接,手机已成为恶意代码的下一个主要攻击目标。在手机系统中,恶意代码一旦发作,手机就会出现故障或丢失信息。

恶意代码对手机的攻击有 3 个层次:攻击 WAP 服务器,使手机无法访问服务器;攻击网关,向手机用户发送大量垃圾信息;直接对手机本身进行攻击,有针对性地对其操作系统和运行程序进行攻击,使手机无法提供服务。

上面讨论了恶意代码的传染渠道,随着各种反恶意代码技术的发展和人们对恶意代码的了解越来越深入,通过对各条传播途径的严格控制,来自恶意代码的侵扰会越来越少。

1.6 感染恶意代码的症状

恶意代码入侵计算机系统后,会使计算机系统的某些部分发生变化,引发一些异常现象,用户可以根据这些异常现象来判断是否有恶意代码的存在。恶意代码的种类繁多,入侵后引发的异常现象也是千奇百怪,因此不可能一一列举。概括地说,可以从屏幕显示、系统声音、系统工作、键盘、打印机、文件系统等几个方面探查异常现象。

1.6.1 恶意代码的表现现象

据恶意代码感染和发作的阶段,可以将恶意代码的表现现象分为3大类:恶意代码发作前、发作时和发作后的表现现象。

1. 恶意代码发作前的表现现象

恶意代码发作前,是指从恶意代码感染计算机系统,潜伏在系统内开始,一直到激发条件满足,恶意代码发作之前的一个阶段。在这个阶段,恶意代码的行为主要是以潜伏、传播为主。恶意代码会以各式各样的手法来隐藏自己,在不被发现的同时,进行自我复制,以各种手段进行传播。以下是一些恶意代码发作前常见的表现现象。

(1) 陌生人发来的电子邮件

收到陌生人发来的电子邮件,尤其是带附件的电子邮件,有可能携带恶意代码。这类恶意代码通常表现为通过电子邮件传播的蠕虫。

(2) 磁盘空间迅速减少

没有安装新的应用程序,而系统可用的磁盘空间下降得很快。这可能是恶意代码感染造成的。需要注意的第一种情况是,经常浏览网页、回收站中的文件过多、临时文件夹下的文件数量过多或过大等,这都可能会造成可用的磁盘空间迅速减少。第二种情况是,Windows 内存交换文件(Pagefile. sys)的增长。Windows 系统中内存交换文件会随着应用程序运行的时间和进程的数量增加而增长,一般不会减少,而且同时运行的应用程序数量越多,内存交换文件就越大。第三种情况是,Windows 系统的休眠信息保存文件(Hiberfil. sys)。该文件的大小始终和物理内存大小一致,系统休眠时将内存中的所有信息保存到这个文件中。

(3) 平时正常的计算机经常突然死机

恶意代码感染了计算机系统后,将自身驻留在系统内并修改了核心程序或数据,引起系统工作不稳定,造成死机现象。

(4) 无法正常启动操作系统

关机后再启动,操作系统报告缺少必要的启动文件,或启动文件被破坏,系统无法启动。这很可能是恶意代码感染系统文件后使得文件结构发生变化,无法被操作系统加载、引导。

(5) 计算机运行速度明显变慢

在硬件设备没有损坏或更换的情况下,本来运行速度很快的计算机,运行同样应用程序时,速度明显变慢,而且重启后依然很慢。这很可能是恶意代码占用了大量的系统资源,并且其自身的运行占用了大量的处理器时间,造成系统资源不足,运行变慢。

(6) 部分软件经常出现内存不足的错误

某个以前能够正常运行的程序在启动的时候显示系统内存不足或者使用其某个功能时显示内存不足。这可能是恶意代码驻留后占用了系统中大量的内存空间,使得可用内存空间减小。随着恶意代码技术的改进以及硬件的发展,导致内存不足现象出现的恶意代码明显减少。

(7) 以前能正常运行的应用程序经常发生死机或者非法错误

在硬件和操作系统没有进行改动的情况下,以前能够正常运行的应用程序产生非法错误和死机的情况明显增加。这可能是由于恶意代码感染应用程序后破坏了应用程序本身的正常功能,或者恶意代码本身存在着兼容性方面的问题造成的。

(8) 系统文件的属性发生变化

系统文件的执行、读写、时间、日期、大小等属性发生变化是最明显的恶意代码感染迹象。恶意代码感染宿主程序文件后,会将自身插入其中,文件大小一般会有所增加,文件的访问、修改日期及时间也可能会被改成感染时的时间。尤其是对那些系统文件,绝大多数情况下是不会修改它们的,除非是进行系统升级或打补丁。对应用程序使用的数据文件,文件大小和修改日期、时间是可能会改变的,并不一定是恶意代码在作怪。

(9) 系统无故对磁盘进行写操作

用户没有要求进行任何读、写磁盘的操作,操作系统却提示读写磁盘。这很可能是恶意代码自动查找磁盘状态的时候引起的系统异常。需要注意的是,有些编辑软件会自动进行存盘操作。

(10) 网络驱动器卷或共享目录无法调用

对于有读权限的网络驱动器卷、共享目录等无法打开、浏览,或者对有写权限的网络驱动器卷、共享目录等无法创建、修改文件。虽然目前还很少有纯粹地针对网络驱动器卷和共享目录的恶意代码,但恶意代码的某些行为可能会影响对网络驱动器卷和共享目录的正常访问。

2. 恶意代码发作时的表现现象

恶意代码发作时的表现现象是指满足恶意代码发作的条件,进入进行破坏活动的阶段。恶意代码发作时的表现大都各不相同,可以说一百个恶意代码发作有一百种花样。这与恶意代码制造者的心态与所采用的技术手段等都有密切的关系。以下列举一些恶意代码发作时常见的表现现象。

(1) 硬盘灯持续闪烁

硬盘灯闪烁说明硬盘正在进行读写操作。当对硬盘有持续、大量的操作时,硬盘的灯就会不断闪烁。有的恶意代码会在发作的时候对硬盘进行格式化,或者写入许多垃圾文件,或者反复读取某个文件,致使硬盘上的数据损坏。具有这类发作现象的恶意代码破坏性非常强。

(2) 无故播放音乐

恶作剧式的恶意代码,最著名的是"杨基"(Yangkee)和"浏阳河"等。杨基发作时利用计算机内置的扬声器演奏《杨基》音乐。浏阳河发作时,若系统时钟为9月9日则演奏歌曲《浏阳河》;若当系统时钟为12月26日则演奏《东方红》的旋律。这类恶意代码的破坏性较小,它们只是在发作时播放音乐并占用处理器资源。

(3) 不相干的提示

宏病毒和DOS时期的病毒最常见的发作现象是出现一些不相干的提示语,例如,打开感染了宏病毒的Word文档,如果满足发作条件,系统就会弹出对话框显示"这个世界太黑暗了!",并且要求你输入"太正确了"后单击"确定"按钮。

(4) 无故出现特定图像

另一类恶作剧式的恶意代码,例如,小球病毒,发作时会从屏幕上方不断掉落小球图像。单纯产生图像的恶意代码破坏性也较小,只是在发作时破坏用户的显示界面,干扰用户的正常工作。

(5) 突然出现算法游戏

有些恶作剧式的恶意代码发作时执行某些算法简单的游戏来中断用户的工作,一定要玩赢了才让用户继续他的工作。例如,曾经流行一时的"台湾一号"宏病毒,在系统日期为13日时发作,弹出对话框,要求用户做算术题。

(6) 改变 Windows 桌面图标

这也是恶作剧式的恶意代码发作时的典型表现现象。把 Windows 默认的图标改成其他样式的图标,或者将其他应用程序、快捷方式的图标改成 Windows 默认图标样式,起到迷惑用户的作用。著名的熊猫烧香病毒就会把系统的默认图标修改为烧香的熊猫。

(7) 计算机突然死机或重启

有些恶意代码在兼容性上存在问题,代码没有严格测试,在发作时会造成意想不到的情况;或者是恶意代码在 Autoexec. bat 文件中添加了一句 Format C:之类的语句,需要系统重启后才能实施破坏的情况。

(8) 自动发送电子邮件

大多数电子邮件恶意代码都采用自动发送电子邮件的方法作为传播的手段,也有的电子邮件恶意代码在某一特定时刻向同一个邮件服务器发送大量无用的信件,以达到阻塞该邮件服务器正常服务功能的目的。利用邮件引擎传播的蠕虫具有这种现象。

(9) 鼠标指针无故移动

没有对计算机进行任何操作,也没有运行任何演示程序、屏幕保护程序等,而屏幕上的鼠标指针自己在移动,好像应用程序自己在运行,被遥控似的。有些特洛伊木马在远程控制时会产生这种现象。

需要指出的是,上述现象有些是恶意代码发作的明显现象,例如,出现一些不相干的提示语、播放音乐、显示特定的图像等。有些现象则很难直接判定是否为恶意代码在作怪,例如,在同时运行多个占用内存较大的应用程序,而在计算机本身性能又相对较弱的情况下,启动和切换应用程序的时候也会使硬盘不停地工作,出现硬盘灯不断闪烁的现象。

3. 恶意代码发作后的表现现象

通常情况下,恶意代码发作会给计算机系统带来破坏性后果。大多数恶意代码都属于恶性的。恶性的恶意代码发作后往往会带来很大的损失,以下列举一些恶性的恶意代码发作后所造成的后果。

(1) 无法启动系统

恶意代码破坏了硬盘的引导扇区后,就无法从硬盘启动计算机系统了。有些恶意代码修改了硬盘的关键内容(如文件分配表,根目录区等),使得原先保存在硬盘上的数据几乎完全丢失。

(2) 系统文件丢失或被破坏

通常系统文件是不会被删除或修改的,除非计算机操作系统进行了升级。但是某些恶意代码发作时删除了系统文件,或者破坏了系统文件,使得以后无法正常启动计算机系统。

(3) 部分 BIOS 程序混乱

类似于 CIH 病毒发作后的现象,系统主板上的 BIOS 被恶意代码改写、破坏,使得系统主板无法正常工作,从而使计算机系统的部分元器件报废。

(4) 部分文档丢失或被破坏

类似于系统文件的丢失或被破坏,有些恶意代码在发作时会删除或破坏硬盘上的文档,造成数据丢失。

(5) 部分文档自动加密

有些恶意代码利用加密算法,对被感染的文件进行加密,并将加密密钥保存在恶意代码程序体内或其他隐蔽的地方,如果内存中驻留了这种恶意代码,那么在系统访问被感染的文件时它自动将文件解密,使得用户察觉不到文件曾被加密过。一旦这种恶意代码被清除,那么被加密的文件就很难被恢复了。

(6) 目录结构发生混乱

目录结构发生混乱有两种情况。一种情况是,目录结构确实受到破坏,目录扇区作为普通扇区使用而被填写一些无意义的数据,再也无法恢复。另一种情况是,真正的目录区被转移到硬盘的其他扇区中,只要内存中存在该恶意代码,它就能够将正确的目录扇区读出,并在应用程序需要访问该目录的时候提供正确的目录项,使得从表面上看来与正常情况没有两样。

(7) 网络无法提供正常服务

有些恶意代码会利用网络协议的弱点进行破坏,使网络无法正常使用。这类恶意代码的典型代表是 ARP 型的恶意代码。ARP 恶意代码会修改本地计算机的 MAC-IP 对照表,使得数据链路层的通信无法正常进行。

(8) 浏览器自动访问非法网站

当用户的计算机被恶意脚本破坏后,恶意脚本往往会修改浏览器的配置。这类恶意代码的典型代表是“万花筒”病毒,该病毒会让用户自动链接某些色情网站。

1.6.2 与恶意代码现象类似的硬件故障

硬件的故障范围不太广泛,也很容易被确认。在识别和处理计算机的异常现象时,硬件故障很容易被忽略,但只有先排除硬件故障,才是解决问题的根本。

1. 硬件配置问题

这种故障常发生在兼容机上。由于配件的不完全兼容,导致一些软件不能正常运行。因此,用户在组装计算机时应首先考虑配件的兼容性。

2. 电源电压不稳定

若计算机所使用的电源电压不稳定，容易导致用户文件在磁盘读写时出现丢失或被破坏的现象，严重时将会引起系统自启动。如果用户所用的电源电压经常出现不稳定的情况，建议使用电源稳压器或不间断电源（UPS）。

3. 接触不良

计算机插件和插槽之间接触不良，会使某些设备出现时好时坏的现象。例如，显示器的数据线与主机接触不良时，可能会使显示器显示不稳定；磁盘线与多功能卡接触不良时，会导致磁盘读写时好时坏；打印机电缆与主机接触不良时，会造成打印机不工作或工作现象不正常；鼠标线与串行口接触不良时，会出现鼠标时动时不动的故障等。

4. 驱动器故障

用户如果使用质量低劣的磁（光）盘或使用损坏的、发霉的磁（光）盘，会把驱动器弄脏，出现无法读写磁（光）盘或读写出错等故障。遇到这种情况，只需用清洗盘清洗读写头，既可排除故障。

5. CMOS 的问题

CMOS 存储的信息对计算机系统来说是十分重要的。在计算机启动时总是先按 CMOS 中的信息来检测和初始化系统。在较老的主板里，大都有一个病毒监测开关，用户一般情况下都设置为 ON，这时如果安装某些系统，就会发生死机现象。用户在安装新系统时，应先把 CMOS 中病毒监测开关设为 OFF。另外，系统的引导速度和一些程序的运行速度减慢也可能与 CMOS 有关，因为 CMOS 的高级设置中有一些影子内存开关，这些也会影响系统的运行速度。

1.6.3 与恶意代码现象类似的软件故障

软件故障的范围比较广泛，问题出现也比较多，所以诊断就非常困难。对软件故障的辨认和修复是一件很难的事情，需要用户具备足够的软件知识和丰富的计算机使用经验。这里介绍一些常见的软件故障症状。

1. 软件程序已被破坏

由于磁（光）盘质量等问题，文件的数据部分丢失，而程序仍能运行，但这时继续执行该程序就会出现不正常现象。例如，Format 程序被破坏后，若继续执行，会格式化出非标准格式的磁盘，进而产生一连串的错误。

2. 软件与操作系统不兼容

由于操作系统自身的特点，使软件过多地受其环境的限制，在某个操作系统下可正常运行的软件，到另一个系统下却不能正常运行，许多用户就怀疑是由恶意代码引起的。例如，32 位系统下正常运行的程序，复制到 64 位系统后，一般都不能正常运行。

3. 引导过程故障

系统引导时屏幕显示 Missing operating system（操作系统丢失），故障原因是硬盘的主引导程序可完成引导,但无法找到系统的引导记录。

4. 使用不同的编辑软件导致错误

用户用一些编辑软件编辑源程序时,编辑系统会在文件的特殊地方做上一些标记。这样当源程序编译或解释执行时就会出错。

在学习、使用计算机的过程中,可能还会遇到许许多多与恶意代码现象相似的软硬件故障,所以用户要多阅读、参考有关资料,了解恶意代码的特征,并注意在学习、工作中积累经验,就不难区分恶意代码现象与软件故障、硬件故障现象了。

1.7 恶意代码的命名规则

由于没有一个专门的机构负责给恶意代码命名,因此,恶意代码的名字很不一致。恶意代码的传播性意味着它们可能同时出现在多个地点或者同时被多个研究者发现。这些研究者更关心的是增强他们产品的性能使其能对付最新出现的恶意代码,而从不关心是否应该给这个恶意代码取一个世界公认的名字。第一个 IBM PC 上的病毒——巴基斯坦脑病毒,也被称为脑病毒、顽童病毒、克隆病毒或土牢病毒。Happy99 蠕虫是一种攻击代码,也被称为 Ska 或 I-Worm。由此可见,一种恶意代码有多个名字是非常普遍的事情,如果只有一个名字反而显得不太正常了。在这些名字中,最常用的名字往往被称为正式名字,而其他名字都是别名。这种命名的不一致使得人们讨论起来非常困难,因为多个名字让人弄不清究竟指的是哪个恶意代码。

在恶意代码出现的初期,大多数恶意代码是以代码中发现的文字字符来命名的。有时,恶意代码也以发现地点来命名,但这会使得恶意代码的名字与其原产地不一致。例如,耶路撒冷病毒原产地是意大利,但却在希伯来大学首次被发现。有些恶意代码是以其作者的名字来命名的,例如,黑色复仇者病毒,但是这样的命名方式使得恶意代码作者能得到媒体不应有的注意。因此,为了出名,越来越多的人成了恶意代码制造者。有一段时间,研究者用一串随机的序列号或代码中出现的数字来命名,例如,1302 病毒。这种方式避免了恶意代码作者在媒体上获悉他的作品的消息,但这同样也给研究者和非研究者带来了不便。

1991 年,计算机反病毒研究组织(Computer Antivirus Researchers Organization,CARO)的一些资深成员提出了一套被称为 CARO 命名规则的标准命名模式。虽然 CARO 并不实际命名,但它提出了一系列命名规则来帮助研究者给恶意代码命名。根据 CARO 命名规则,每一种恶意代码的命名包括以下 5 个部分。

- 家族名
- 组名
- 大变种
- 小变种
- 修改者

CARO 规则的一些附加规则包括如下：

- 不用地点命名
- 不用公司或商标命名
- 如果已经有了名字就不再另起别名
- 变种是子类

例如，精灵（Cunning）病毒是瀑布（Cascade）病毒的变种，它在发作时能奏乐，因此被命名为 Cascade.1701.A。Cascade 是家族名，1701 是组名。因为 Cascade 病毒的变种大小不一（例如，1701、1704、1621 等），所以用该值来表示组名。A 表示该病毒是某个组中的第一个变种。耶路撒冷圣谕病毒则被命名为 Jerusalem.1808.Apocalypse。

虽然关于恶意代码命名的会议对统一命名提供了帮助，但是由于感染恶意代码的途径非常多，因此反病毒软件商们通常在 CARO 命名的前面加一个前缀来标明病毒类型。例如，WM 表示 MS Word 宏病毒，Win32 指 32 位 Windows 病毒，VBS 指 VB 恶意脚本。这样，美丽莎病毒的一个变种的命名就成了 W97M.Melissa.AA，Happy99 蠕虫就被称为 Win32.Happy99.Worm，而一种 VB 恶意脚本 FreeLinks 就成了 VBS.FreeLinks。表 1-2 列出了反病毒厂商们常用的恶意代码名称前缀。

表 1-2 恶意代码名称的前缀

前 缀	描 述
AM	Access 宏病毒
AOL	专门针对美国在线的恶意传播代码
Backdoor	后门病毒
BAT	使用 DOS 的批处理语句编写的病毒
Boot	DOS 引导区型病毒
HIL	使用高级语言编写的蠕虫、木马
HACK	黑客病毒
JAVA	使用 Java 编写的恶意代码
JS	使用 Java Script 写的恶意脚本
PWSTEAL	盗取口令的木马
SCRIPT	脚本病毒
TRO	一般木马
VBS	Visual Basic 恶意脚本或蠕虫
W32/WIN32	所有可以感染 32 位平台的 32 位恶意代码

续表

前　　缀	描　　述
W95/W98/W9X	Win 9x 和 Windows Me 恶意代码
WIN/WIN16	Win 3.x 专有恶意代码
WM	Word 宏病毒
WNT/WINNT	Windows NT 专有恶意代码
W2K	Windows 2000 恶意代码
XF	Excel 公式恶意代码
XM	Excel 宏病毒

例如，W95.CIH 这个名字可以告之，它是利用 Windows 95 API 编写而成的。CIH 病毒在 Windows 9x 和 NT 平台上进行传播，但是不会对 NT 系统产生危害。

VGrep 是各大厂商对恶意代码命名方式的一种新尝试，这种方法将已知的恶意代码名称通过某种方法关联起来，其目的是不管什么样的扫描软件都能按照可被识别的名称链进行扫描。VGrep 将恶意代码文件读入并用不同的扫描器进行扫描，扫描的结果和被识别出的信息放入数据库中。对每种扫描器的扫描结果进行比较，并将结果用作病毒名交叉引用表。VGrep 的参与者赞同为每一种恶意代码起一个最通用的名字，采用 VGrep 命名方式将对在世界范围内跟踪多个恶意代码的一致性很有帮助。

1.8　恶意代码的最新发展趋势

在恶意代码的发展史上，恶意代码的出现是有规律的。一般情况下，一种新的恶意代码技术出现后，采用新技术的恶意代码会迅速发展，接着反恶意代码技术的发展会抑制其流传。操作系统进行升级时，恶意代码也会调整为新的方式，产生新的攻击技术。恶意代码的发展趋势是和信息技术的发展相关的。

从近几年的恶意代码来看，当前的恶意代码发展趋势如下。

1. 网络化发展

新时期的恶意代码充分利用计算机技术和网络技术。自 2000 年以来，通过网络漏洞和邮件系统进行传播的蠕虫开始成为新宠，数量上已经远远超过了曾经是主流的文件型病毒。在 2003 年至 2004 年的流行恶意代码列表中，有一半以上是蠕虫。2005 年至今，木马成为最流行的恶意代码。这些恶意代码的迅速发展说明目前国内网络建设速度加快，但网络安全防御措施却未及时跟上，网络防毒将成为今后网络管理工作的重点。

2. 专业化发展

2003 年,媒体报道发现了第一例感染手机的恶意代码,也有人认为这不是一个真正的恶意代码。手机恶意代码、PDA 恶意代码的出现标志着恶意代码开始向专业化方向发展。由于这些设备都采用嵌入式操作系统并且软件接口较少,以往很少有恶意代码制造者涉足这个领域。随着时间的推移、技术细节的公开,已经有人开始转向这个领域。

3. 简单化发展

与传统计算机病毒不同的是,许多恶意代码是利用当前最新的编程语言与编程技术来实现的,它们易于修改以产生新的变种,从而避开安全防范软件的搜索。例如,"爱虫"是用 VB Script 语言编写的,只要通过 Windows 自带的编辑软件修改恶意代码中的一部分,就能轻而易举地制造出新变种,以躲避安全防范软件的追击。

4. 多样化发展

新恶意代码可以是可执行程序、脚本文件、HTML 网页等多种形式,并正向电子邮件、网上贺卡、卡通图片、ICQ、OICQ 等发展。更为棘手的是,新恶意代码的手段更加阴狠,破坏性更强。据计算机经济研究中心的报告显示,在 2000 年 5 月,爱虫、蠕虫大流行的前 5 天,就造成了 67 亿美元的损失。

5. 自动化发展

以前的恶意代码制作者都是专家,编写恶意代码在于表现自己高超的技术。但是"库尔尼科娃"病毒的设计者不同,他只是下载了 VBS 蠕虫孵化器并加以使用,该恶意代码就诞生了。据报道,VBS 蠕虫孵化器被人们从 VXHeavens 上下载了 15 万次以上。正是由于这类工具太容易得到,使得现在新恶意代码出现的频率超出以往任何时候。迄今为止,常见的病毒机包括 VCS(病毒构造工具箱,Virus Construction Set)、GenVir、VCL(病毒制造实验室,Virus Creation Laboratory)、PS-MPC(Phalcon-Skism Mass-Produced Code Generator)、NGVCK(下一代病毒机,Next Generation Virus Creation Kit)、VBS 蠕虫孵化器等。

6. 犯罪化发展

卡巴斯基实验室的 David Emm 指出,当前恶意代码的发展目标,已经从原来单纯的恶意玩笑或者破坏,演变为有组织的、受利益驱使的、分工明确的网络犯罪行为。恶意代码的数量很多,但是全球大面积爆发的情况减少了。网络犯罪已逐渐向国际化和集团化发展,他们通过盗用身份以及诈骗、勒索、非法广告和虚拟财产盗窃、僵尸网络等手段获取经济利益。针对网络犯罪的发展,David 认为它已经发展成为一种产业,并已经形成了一个分工明细、精确的产业链条,如图 1-2 所示。

同时,David 还指出,恶意代码的分布还具有区域性的特点:中国区域针对网络游戏的木马等恶意软件比较多,拉丁美洲区域针对网上银行的木马比较多,俄罗斯区域的僵尸网络情况比较严重。

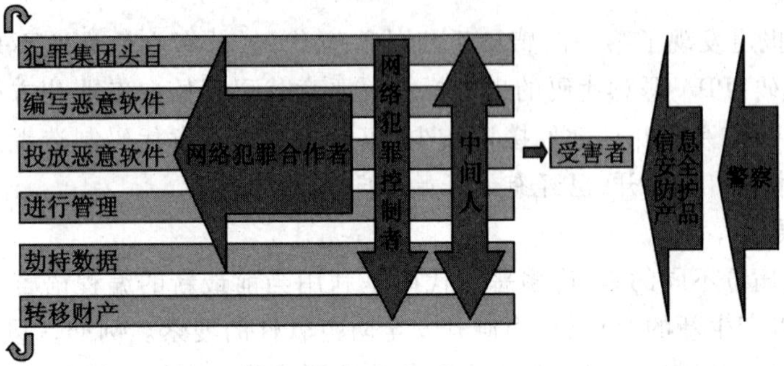

图 1-2 恶意代码的集团化发展(卡巴斯基实验室)

1.9 习 题

1. 在理解恶意代码和计算机病毒二者异同点的基础上,说明为什么需要引入恶意代码的概念?

2. 恶意代码的定义是什么?列举尽可能多的恶意代码种类。

3. 当前,恶意代码表现出什么样的发展趋势?

4. 仔细阅读恶意代码的发展历史,并列举其中重要的关键环节。

5. 根据恶意代码命名规则,解读 Win32. Happy99. Worm 的含义。

第 2 章　典型恶意代码

恶意代码的种类很多,迄今为止也没有一个公认的分类标准。在总结现有恶意代码类别的基础上,本章将介绍恶意代码的分类,以及几类典型的恶意代码:传统计算机病毒、蠕虫、特洛伊木马、恶意脚本、流氓软件、逻辑炸弹、僵尸网络、网络钓鱼、Rootkit、智能移动终端恶意代码、垃圾信息、其他恶意代码等。

本章学习目标

- 熟悉各种类别的恶意代码
- 了解世界前沿的恶意代码

2.1　传统计算机病毒

第 1 章已经提到,计算机病毒是指编制或者在计算机程序中插入的破坏计算机功能或者破坏数据,影响计算机使用并且能够自我复制的一组计算机指令或者程序代码。该定义概括了恶意代码的最初形式,即传统意义上的病毒定义。在本书范围内,凡是符合该定义的恶意代码都被称为传统计算机病毒。由此可知,传统计算机病毒包括引导区型病毒、可执行文件型病毒(感染 COM、EXE、DLL 等文件的病毒)、数据文件型病毒(宏病毒等)。

1. 引导区型病毒

引导区型病毒是 IBM PC 兼容机上最早出现的病毒,也是最早进入我国的病毒。引导区型病毒感染软磁盘的引导扇区,以及硬盘的主引导记录或者引导扇区。要想全面地了解引导型病毒,需要对基本输入、输出系统(BIOS)、系统的引导过程、分区、扇区、主引导记录等概念有清楚的认识。

20 世纪 90 年代中期之前,引导区型病毒一直是最流行的病毒类型。引导区型病毒首先感染软盘的引导区,然后再蔓延至硬盘并感染硬盘的主引导记录(MBR)。一旦 MBR 被病毒感染,病毒就试图感染软盘引导区。引导区型病毒是这样工作的:由于病毒隐藏在软盘的第一扇区中,它便可以在系统文件装入内存之前,先进入内存,从而获得对操作系统的完全控制,这就使它得以传播并造成危害。引导区型病毒常常用自身的程序替代 MBR 中的程序,并移动扇区到硬盘的其他存储区。由于 PC 开机后,将先执行主引导区的代码,因此病毒可以获得第一控制权,在引导操作系统之前,完成以下工作。

(1) 减少系统可用最大内存量,以供自己需要。

(2) 修改必要的中断向量,以便传播。

(3) 读入病毒的其他部分,进行病毒的拼装。病毒首先从已标记簇的某扇区读入病毒的其他部分,这些簇往往被标记为坏簇。然后,再读入原引导记录到0000:7C00H处,跳转执行。

(4) 读入原主引导分区,转去执行操作系统的引导工作。这部分工作可以参照硬盘引导程序。

著名的引导区型病毒有Stone、Brain、Pingpang、Monkey等。

2. 可执行文件型病毒

通常把所有通过操作系统的可执行文件系统进行感染的病毒都称作可执行文件型病毒,所以这是一类数目非常巨大的病毒。理论上可以制造这样一个病毒,该病毒可以感染基本上所有操作系统的可执行文件。目前已经存在这样的文件病毒,可以感染所有标准的DOS可执行文件,包括批处理文件,DOS下的可加载驱动程序(SYS)文件以及普通的COM、EXE可执行文件。当然还有感染所有Windows操作系统可执行文件的病毒,可感染文件的种类包括Windows 3.x、Windows 9x、Windows NT和Windows 2000版本下的可执行文件,扩展名是EXE、DLL或者VXD、SYS。

由于技术的原因,文件型病毒的活力远比引导区型病毒强。目前存在着数千种文件型病毒,它们不但活跃在DOS 16位系统中,而且在Windows 32位系统中依然非常活跃,同时,有些文件型病毒能很成功地感染OS2、Linux,、UNIX和Macintosh系统中的文件。编制文件型病毒的关键是分析操作系统中的文件结构及其执行原理。

可执行文件型病毒的工作方式如下:当执行被感染程序后,病毒会立刻(对于入口点被改成病毒代码的被感染程序)或者在随后的某个时间(对于被无入口点病毒感染的程序)获得控制权,获得控制权后,病毒通常会进行以下的操作(某个具体的病毒不一定进行了所有这些操作,操作的顺序也很可能不一样)。

(1) 内存驻留的病毒首先检查系统可用内存,查看内存中是否已经有病毒代码存在,如果没有则将病毒代码装入内存中。非内存驻留病毒会在这个时候进行感染,查找当前目录、根目录或者环境变量PATH中包含的目录,发现可以被感染的可执行文件就进行感染。

(2) 执行病毒的一些其他功能,例如,破坏功能,即显示信息或者播放动画等。对于驻留内存的病毒,执行这些功能的时间可以是开始执行的时候,也可以是满足某个条件的时候,例如,定时等。为了实现这种定时发作,病毒往往会修改系统的时钟中断,以便在合适的时候激活。

(3) 完成这些工作之后,将控制权交回被感染的程序。为了保证原来程序的正确执行,寄生病毒在执行被感染程序之前,会把原来的程序还原,伴随病毒会直接调用原来的程序,覆盖病毒或其他一些破坏性病毒会把控制权交回DOS操作系统。

著名的感染可执行文件的病毒包括CIH、DIR2等病毒。

3. 数据文件型病毒——宏病毒

宏病毒与普通病毒不同,它不感染EXE和COM文件,也不需要通过引导区传播,而仅仅感染数据文件。制造宏病毒并不费事,宏病毒制作者只需要懂得一种宏语言,保证能够按照预先定义好的事件执行即可。宏病毒是利用了一些数据处理系统(例如,Microsoft Word 字处理,Microsoft Excel 表格处理)中内置宏命令编程语言的特性而制造的。要达到宏病毒传染的目的,必须具备以下特性。

(1) 可以把特定的宏命令代码附加在指定文件上。

(2) 可以实现宏命令在不同文件之间的共享和传递。

(3) 可以在未经使用者许可的情况下获取某种控制权。

目前,符合上述条件的系统有很多,包括 Microsoft 公司的 Word、Excel、Access、PowerPoint、Project、Visio 等产品,Inprise 公司的 Lotus AmiPro 字处理软件。此外,还包括 AutoCAD、Corel Draw、PDF 等。这些系统内置了一种类似于 Basic 语言的宏编程语言例如,Word Basic、Visual Basic、VBA 等。

Word 处理文档时会进行多种不同的操作,例如,打开文件、关闭文件、读取数据以及存储和打印等。每一种操作其实都对应着特定的宏命令,例如,保存文件与 FileSave 相对应,换名保存文件对应于 FileSaveAS,打印则对应于 FilePrint。打开 Word 文件时,系统首先要检查是否有 AutoOpen 宏存在,假如有这样的宏,Word 就启动它,除非在此之前系统已经被"取消宏"(Disable Auto Macros)命令设置成宏无效。同理,如果 AutoClose 宏存在,则系统在关闭一个文件时,会自动执行它。

由自动宏和(或)标准宏构成的宏病毒,其内部都具有把带病毒的宏移植(复制)到通用宏的代码段,也就是说宏病毒通过这种方式实现对其他文件的传染。如果某个 DOC 文件感染了这类 Word 宏病毒,则当 Word 执行这类自动宏时,实际上就是运行了病毒代码。当 Word 系统退出时,它会自动地将所有通用宏(当然也包括传染进来的病毒宏)保存到模板文件中。当 Word 系统再次启动时,它又会自动地将所有通用宏(包括病毒宏)从模板中装入。如此这般,一旦 Word 系统遭受感染,则每当系统进行初始化时,系统都会随着模板文件的装入而成为带病毒的 Word 系统,继而在打开和创建任何文档时感染该文档。

一旦宏病毒侵入 Word 系统,它就会替代原有的正常宏(例如,FileOpen、FileSave、FileSaveAs 和 FilePrint 等)并通过它们所关联的文件操作功能获取对文件交换的控制。当某项功能被调用时,相应的病毒宏就会篡夺控制权,实施病毒所定义的非法操作(包括传染操作以及破坏操作等)。宏病毒在感染一个文档时,首先要将文档转换成模板格式,然后将所有病毒宏(包括自动宏)复制到该文档中。被转换成模板格式后的染毒文件无法转存为任何其他格式。含有自动宏的宏病毒染毒文档,当被其他计算机的 Word 系统打开时,便会自动感染该计算机,如图 2－1 所示。

著名的宏病毒包括美丽莎(Melissa)、台湾一号(TaiWan NO.1)、O97M. Tristate. C 等。

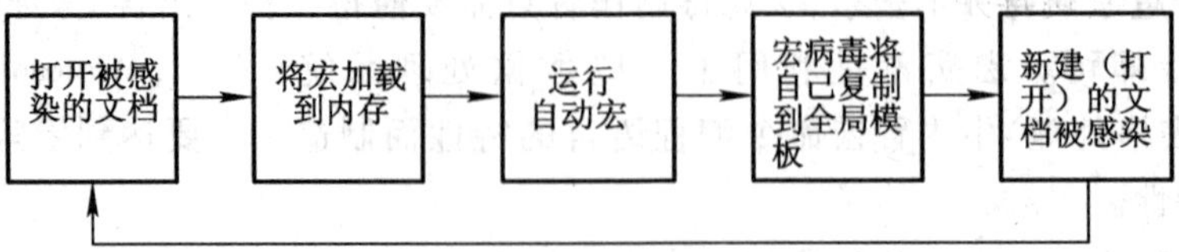

图 2-1 宏病毒的感染流程

2.2 蠕 虫

提起蠕虫，影响最深的就是红色代码、冲击波、震荡波、尼姆达等著名恶意代码名称。这些恶意代码在 2003 年至 2004 年达到高发期，并给整个信息安全领域留下了不可磨灭的印记。

1. 蠕虫的基本概念

蠕虫这个名字的由来已久。在 1982 年，Shock 和 Hupp 根据《The Shockwave Rider》一书中的概念提出了一种“蠕虫”(Worm)程序的思想。1988 年，莫里斯实现了第一个实际的“蠕虫”。该蠕虫在美国最大的计算机网络(互联网)上进行传播和破坏，互联网的管理人员发现网络有不明入侵者，但却不知道为什么，导致互联网用户陷入恐慌之中。

蠕虫是恶意代码的一种，它的传播通常不需要所谓的激活。它通过分布式网络来散播特定的信息或错误，进而造成网络服务遭到拒绝并发生死锁。一般认为，蠕虫是一种通过网络传播的恶性恶意代码，它具有普通计算机病毒的一些共性，例如，传播性、隐蔽性、破坏性等。此外，蠕虫还具有自己特有的一些特征，例如，不利用文件寄生，对网络造成拒绝服务，以及与黑客技术相结合等。在破坏程度上，蠕虫也不是普通计算机病毒所能比拟的。借助于发达的互联网，蠕虫可以在短短的数小时内蔓延整个互联网，并造成网络瘫痪！

2. 蠕虫和传统计算机病毒的关系

传统计算机病毒主要传染计算机内的文件系统，而蠕虫的传染目标则是计算机。局域网条件下的共享文件夹、电子邮件、网络中的恶意网页、大量存在着漏洞的服务器等都是蠕虫传播的途径。互联网的发展也使得蠕虫病毒可以在几个小时内蔓延全球，而且蠕虫的主动攻击性和突然爆发性将使人们手足无措。表 2-1 列出了蠕虫病毒和普通病毒的区别。

表 2-1 蠕虫和传统病毒的区别

模　式	传统病毒	蠕　虫
存在形式	寄存文件	独立程序
传染机制	宿主程序运行	主动攻击
传染目标	本地文件	网络计算机

木马也是一类特殊的恶意代码。蠕虫和木马之间的联系也是非常有趣的。一般而言,这两者的共性是自我传播,都不感染其他文件。在传播特性上,它们之间的微小区别是:木马需要诱骗用户上当后进行传播,而蠕虫则不是。蠕虫包含自我复制程序,它利用所在的系统进行传播。有些资料甚至认为,蠕虫就是木马,木马就是蠕虫。但编者认为,蠕虫和木马的主要区别应该体现在破坏目的上。与传统病毒类似,蠕虫的破坏目的是纯粹的破坏,例如,耗费网络资源,删除用户数据等。而木马的破坏目的是非常独特的,它的目的是窃取,秘密地窃取用户的信息。这也是为什么难于统计木马危害程度的原因。

3. 蠕虫的危害

计算机网络系统的建立是为了使多台计算机能够共享数据资料和资源,然而这也给蠕虫带来了有利的生存和传播的环境。

蠕虫充分利用了互联网高速传播信息特性,它可以在互联网中以指数级增长模式进行传染。蠕虫侵入计算机网络,占用网络带宽资源,导致互联网效率急剧下降,系统资源浪费严重,短时间内造成互联网的瘫痪。因此互联网环境下蠕虫防治必将成为恶意代码领域的研究重点。

1988 年 11 月,美国发生了第一次蠕虫攻击事件。美国康奈尔大学的学生罗伯特·莫里斯编写了第一个互联网恶意代码——莫里斯蠕虫(Morris Worm)。莫里斯蠕虫尝试多种手段以获得进入新网络的权限,其中最著名的漏洞就是 Finger 和 Sendmail 漏洞。该蠕虫在美国感染了超过 6 000 台计算机(包括美国国家航空和航天局研究院、军事基地和部分大学等机构),并使它们部分瘫痪。由于网络瘫痪造成的损失,预计超过 9 600 万美元。

1999 年,SirCam 蠕虫爆发。该蠕虫依靠电子邮件传播。用户打开附件后,蠕虫会自动附着在正常文件里。蠕虫发作时会删除计算机中的所有文件,并根据用户的邮件地址自动发送蠕虫附件。据不完全统计,SirCam 蠕虫所造成的经济损失约为 12 亿美元。

2001 年 7 月红色代码(Code Red)以及红色代码二代(Code Red2)出现。该蠕虫主要攻击 Internet 上的服务器。它能够迅速传播,并造成大范围的访问速度下降甚至阻断。红色代码造成的破坏主要是修改网页,对网络上的其他服务器进行攻击。被攻击的服务器又可以继续攻击其他服务器。

2003 年下半年在全球发作的冲击波蠕虫,当选为当年危害最大的恶意代码。冲击波又名 Lovsan 或 MSBlast。它利用 Windows 2K\XP 的漏洞进行传播,被激活后会向用户展示一个恶意对话框,提示系统将关闭。该恶意代码的另一个特点是,它可以在特定日期向 Windows 升级网站(Windowsupdate.com)发起 DDOS 攻击。

2004 年震荡波蠕虫出现,其破坏力、影响力更加大。与先前的多数蠕虫不同的是,震荡波的传播并非通过电子邮件,也不需要用户的交互操作。它是利用了未升级的 Windows 2K\XP 的一个系统漏洞。该蠕虫曾导致法国一些新闻机构关闭卫星通信,致使 Delta 航空公司取消数个航班。其带来的经济损失预计千万美元以上。

4. 蠕虫的特征

蠕虫区别于传统计算机病毒最大特征是它往往能够利用系统漏洞进行传播。这里的漏洞也可以说是缺陷,它分为两种:软件上的缺陷和人为的缺陷。软件上的缺陷,例如,远程溢出、微软IE和Outlook的自动执行漏洞等。人为的缺陷主要由计算机用户的疏忽所致,这就是所谓的社会工程学。对于企业用户,威胁主要集中在服务器和大型应用软件的安全上,而对个人用户而言,主要是防范社会工程学的威胁。蠕虫的特征主要包括以下几点。

(1) 结合黑客技术

蠕虫入侵后,能够在宿主计算机中留下后门等黑客工具。例如,被红色代码感染的计算机的web\scripts目录下将生成一个Root.exe文件,可以远程执行任何命令,从而使黑客能够再次进入,其潜在的威胁和损失更大。

(2) 利用漏洞主动进行攻击

此类蠕虫主要是红色代码和尼姆达等。由于IE浏览器的漏洞(IFRAME ExecCommand),使得感染了尼姆达的邮件在不打开附件的情况下也能被激活。红色代码是利用了微软IIS服务器软件的漏洞(Idq.dll,远程缓存区溢出)进行传播。

(3) 传染方式多

蠕虫的传染方式比较复杂,可利用的传播途径包括系统漏洞、文件、电子邮件、Web服务器、网络共享等。

(4) 传播迅速

在单机上,恶意代码只能通过被动方法(例如,复制、下载、共享等)从一台计算机扩散到另一台计算机。而在网络中则可以通过网络通信机制,借助高速电缆进行迅速扩散。因此,蠕虫不但能迅速传染局域网内所有计算机,还能通过互联网将蠕虫在一瞬间传播到千里之外。

(5) 破坏性强

一般情况下,蠕虫的破坏性主要体现在占用网络带宽资源,轻则降低网络通信速度,影响工作效率,重则造成网络系统的瘫痪,破坏服务器系统资源。

(6) 难以彻底清除

在单机中,再顽固的恶意代码也可通过删除宿主文件、低级格式化硬盘等措施将其清除。对蠕虫而言,网络中只要有一台工作站未能彻底杀毒就可使整个网络重新全部被蠕虫感染。因此,仅仅对单机进行杀毒不能彻底解决蠕虫的问题。

5. 蠕虫的机理

从编程的方面分析,蠕虫程序由两部分组成:主程序和引导程序。主程序一旦在计算机中建立,就可以去收集与当前计算机联网的其他计算机的信息。它能通过读取公共配置文件并检测当前计算机的联网状态信息,尝试利用系统的漏洞在远程计算机上建立引导程序。引导程序是蠕虫的先头部队,并且体积较小。当引导程序被执行后,它负责把蠕虫的全部内容下载到它所占领的计算机中。完成引导工作后,蠕虫才算真正完成了对一台机器的感染工作。

主程序中最重要的是传播模块。传播模块实现了自动入侵功能,这是蠕虫能力的最高体现。传播可以笼统地分为3个步骤:扫描、攻击和复制。

(1) 扫描。蠕虫的扫描功能主要负责探测远程主机的漏洞,这模拟了黑客攻击过程。当蠕虫向某个主机发送探测漏洞的信息并收到成功的应答后,就得到了一个潜在的传播对象。

(2) 攻击。蠕虫按特定漏洞的攻击方法对潜在的传播对象进行自动攻击,以取得该主机的合适权限,为后续步骤做准备。

(3) 复制。在特定权限下,复制功能实现蠕虫引导程序的远程建立工作,即把引导程序复制到攻击对象上。

蠕虫程序常驻于一台或多台计算机中,并有自动重新定位的能力。如果它检测到网络中的某台计算机未被感染,它就把自身的一个副本发送给那台计算机。每个程序段都能把自身的副本重新定位于另一台计算机中,并且能够识别出它自己所感染的计算机。

最早的蠕虫是针对 IRC 的蠕虫程序。这类蠕虫在 20 世纪 90 年代早期曾经广泛流行,但是随着即时聊天系统的普及和基于浏览器的阅读方式逐渐成为交流的主要方式,这种蠕虫出现的机会也就越来越小了。

当前流行的蠕虫主要采用一些已公开漏洞、脚本、电子邮件等机制进行传播。例如,Microsoft Windows DCOM RPC 接口远程缓冲区溢出漏洞被发现后,直接影响到 Windows NT/2000/XP 等支持 RPC 服务的系统。有些蠕虫就利用该漏洞进行传播。

2.3 特洛伊木马

古希腊士兵藏在木马中潜入特洛伊城,采用里应外合的战略一举占领了特洛伊城。现在所讲的木马恶意代码侵入远程主机的方式在战略上与古希腊士兵攻城的方式一致。它就是通过某些手段潜入敌方的计算机系统,并以种种隐蔽方式藏匿在系统中。系统启动时,木马自动在后台监控。最终,这种程序以“里应外合”的工作方式,用客户机/服务器的通信手段,达到控制敌方计算机、窃取密码、浏览硬盘资源、修改文件或注册表、偷看邮件等目的。

特洛伊木马(定义参见第 1 章的 1.4 节)一直是一个很大的安全问题,即使在反病毒软件日益强大的今天也仍是非常大的安全隐患。据统计,在互联网上有数千种已知的木马,但实际上,木马数量会比这个数字还要大。因为绝大多数人不知道木马为何物,不知道木马给他们带来的危害有多大,所以他们迄今仍不停地从可疑的人或不可信的站点下载可能捆绑了木马的文件。

1. 木马的基本特征

木马是一种特殊的恶意代码,同时木马程序又有许多种不同的种类,例如,BackOrifice(BO)、Netspy、Picture、Netbus、Asylum、冰河等,这些都属于木马。综合现在流行的木马程序,它们都有以下基本特征。

(1) 首要的隐蔽性特征

木马作为一种特殊的恶意代码必须隐藏在宿主的系统之中,它会想尽一切办法不被发现。木马的隐蔽性主要体现在两个方面。首先,木马程序不产生图标。它虽然在系统启动时会自动运行,但它不会在任务栏中产生图标,这是容易理解的,否则,容易被发现。其次,木马程序不出现在任务管理器中。木马程序会采用各种技术在任务管理器中隐藏,以欺骗宿主计算机的系统管理员或用户。

(2) 具有自动运行性

木马是一个当系统启动时即自动运行的程序,所以它可能潜伏在系统的启动配置文件(例如,Win. ini、System. ini、Winstart. bat 等)、启动组或注册表中。

(3) 具有欺骗性

木马程序要达到其长期隐蔽的目的,就必须借助系统中已有的文件以防被发现。木马经常使用与常见文件名或扩展名(例如,dll,win,sys,explorer)类似的名字,或者仿制一些不易被人区分的文件名(例如,字母 l 与数字 1,字母 o 与数字 0)。木马通常修改系统文件中的这些难以分辨的字符,更有甚者干脆就借用系统文件中已有的文件名,只不过保存在不同路径之下。还有的木马程序为了隐藏自己,把自己设置成一个 ZIP 文件式图标,当用户不小心打开它时,它就立刻运行。以上这些手段是经常采用的,当然,木马程序编制者也在不断地研究、发掘新的方法。总之,木马程序是越来越隐蔽,越来越专业,所以有人称木马程序为“骗子程序”。

(4) 自动恢复功能

现在很多木马程序中的功能模块已不再是由单一的文件组成,而是将文件分别存储在不同的地方。最重要的是,这些分散的文件可以相互恢复,以提高存活能力。

(5) 自动打开特别的端口

木马程序潜入宿主的目的并非主要为了破坏用户的系统,更是为了获取用户系统中有用的信息。当被入侵者上网时,木马就能与远端客户进行通信,这样木马程序就会利用 CS 的通信手段把信息告诉黑客们,以便黑客们控制宿主计算机,或实施更进一步的入侵企图。根据 TCP/IP 协议,每台计算机可以有 65 536 个端口,即 0 ~ 65 535 号端口,其中常用的知名端口只占了一小部分。例如,80 用于 Web 服务。被木马入侵的系统会利用没有被其他程序使用的端口与入侵者进行通信。当然用户也可以关闭这些端口,这也是预防木马的常用办法之一。

(6) 功能的特殊性

木马的功能都是十分特殊的,除了普通的文件操作以外,还有些木马具有搜索缓存中的口令、设置口令,以及扫描目标计算机的 IP 地址,记录键盘及远程注册表的操作,锁定鼠标等功能。

(7) 商业化发展

以往少有公开化的恶意代码组织,多数恶意代码仅仅是由个别人出于好奇想试一下自己的开发水平而制作的。恶意代码制作者一般也不敢公开发布木马,因为一旦被发现就会面临惩罚。现在,专门开发木马程序的组织到处都是,而且还公开在网上大肆出售木马,似乎这些组织已经合法化了。在这些组织的刺激下,黑客程序不断升级与层出不穷,手段也越来越高明。

2. 木马的分类

根据木马程序对计算机的具体控制和操作方式,可以把现有的木马程序分为以下几类。

(1) 远程控制型木马

这是现在最流行的木马。远程控制木马可以使远程控制者在宿主计算机上做任意事情。这种类型的木马有著名的 BO 和冰河等。

(2) 发送密码型木马

这种木马的目的是得到所有缓存的密码,然后将它们送到特定的 E-mail 地址。绝大多数这种木马在 Windows 系统加载的时候会自动加载,它们使用 25 号端口发送邮件。也有一些木马发送其他的信息,例如,ICQ 相关信息等。如果有任何密码缓存在计算机的某些位置,这些木马将是非常危险的。

(3) 键盘记录型木马

这种木马的动作是非常简单的,它们做的唯一事情就是记录受害人在键盘上的敲击操作,然后在日志文件中检查密码。在大多数情况下,这些木马在 Windows 重启的时候加载,它们有在线和离线两种选项。当用在线选项的时候,它们知道受害人在线,会记录每一件事情。当用离线选项的时候,用户的每一件事情会被记录并保存在受害人的硬盘等待传送。

(4) 破坏型木马

这种木马的唯一功能是毁坏和删除文件,也非常简单、易用。它们能自动删除宿主计算机上所有的 dll、exe、ini 等文件。这是非常危险的木马,它可以彻底删除宿主计算机上的某些信息。

(5) FTP 型木马

这种木马在宿主计算机上打开 21 号端口,让任何有 FTP 客户软件的人都可以不使用密码连接宿主计算机并自由上传和下载数据。

3. 远程控制、木马与传统病毒

利用远程控制软件可以完成很多网络管理方面的工作,以保证网络和计算机操作系统的安全。这类程序的监听功能也是为了保证网络的安全而设计的。木马在技术上和远程控制软件基本相似。它们的最大区别就是木马具有隐蔽性而远程控制软件不具备此特性。例如,国内的血蜘蛛,国外的 PC Anywhere 等都是远程控制软件,这些软件的服务器端程序在目标计算机上运行时,目标计算机上会出现很醒目的标志。而木马类软件的服务器端程序在运行的时候会采用各种手段隐藏自己。

从传统计算机病毒的定义和特征可以看出,木马程序与传统病毒的区别是十分明显的。最基本的区别就在于传统病毒有很强的传染性,而木马程序却没有。木马不能自行传播,而要依靠宿主以其他假象来冒充一个正常的程序。由于技术的综合利用,传统病毒和木马已经融合在一起。例如,著名的木马程序 YAI 由于采用了传统病毒技术,差一点就成了第二个 CIH 病毒。反过来,传统计算机病毒也在向木马程序靠近,使其具有远程控制功能。例如,红色代码已经具有木马的远程控制功能。

4. 木马的发展方向

有许多人认为木马已经过时,没有发展前途。编者认为这种想法是错误的。木马是非常有前途的,因为新的技术不断加到里面。现在的木马有很多高级技巧可以被程序员利用、修改并进一步传播。具有新功能和更好加密方法的木马每天都在出现,以至于防木马软件根本就不能检测到它们。因此,没有人知道网上流传着多少木马程序。程序员仍在编制木马,木马技术在将来也会继续,新技术的发展趋势如下。

(1) 跨平台性

主要是针对 Windows 系统而言,木马的制作者当然认为一个木马可以在 Windows 95/98 下使用,最好在 Windows NT/2000 下也可以使用。由于 Windows NT/2000 具有了权限的概念,因此,Windows NT/2000 下的木马和 95/98 下的木马不同,它们需要更高的技术手段,现在的一些木马也的确做到了这一点。

(2) 模块化设计

似乎模块化设计是一种潮流,Winamp 就是模块化的典范,现在的木马也有了模块化设计的概念,如 BO、NETBUS、SUB7 等经典木马都有一些优秀的插件在纷纷问世,这些都是很好的说明。

(3) 高超的感染模式

传统的修改 INI 文件和注册表的手法已经不能满足需要。当前,很多木马的感染方式已经开始在悄悄转变。例如,YAI 木马像病毒一样的感染 Windows 下的文件,该木马给攻防双方都带来了很多启发。

(4) 即时通知

木马是否已经装入?目标在哪里?如果被感染的人使用固定 IP,则比较容易解决。如果目标使用的是动态 IP,那应该怎么办?使用常用的扫描方法,速度太慢。目前,个别木马已经有了即时通知的功能,它们利用诸如 IRC、ICQ 等即时消息工具通知控制端。

2.4 恶意脚本

恶意脚本是指,利用脚本语言编写的,以危害或者损害系统功能、干扰用户正常使用为目的的任何脚本程序或代码片段。可以用于实现恶意脚本的脚本语言包括 Java 小程序(Java applets)、ActiveX 控件、JavaScript、VBScript、PHP、Shell 语言等。恶意脚本的危害不仅仅体现在修改用户计算机配置,而且还可以作为传播蠕虫和木马等恶意代码的工具。

1. 恶意脚本基本类型

(1) 基于 JavaScript 的恶意脚本

使用 JavaScript 语言编写的恶意脚本,主要运行在 IE 浏览器环境中。它可以对浏览器的设置进行修改,主要破坏是对注册表的修改,危害不是很大。

(2) 基于 VBScript 的恶意脚本

使用 VBScript 语言的恶意脚本,可以在浏览器中运行,更重要的是,这种恶意脚本和普通的宏病毒并没有非常清晰的界限,可以运行在 Office、浏览器或 Outlook 中,可以执行的操作也非常多,甚至可以修改硬盘信息、删除文件、执行程序等,危害非常大。

(3) 基于 PHP 的恶意脚本

这种脚本文件,主要对服务器造成影响,对个人计算机影响不大。目前仅有一个“新世界”

(NewWorld)恶意脚本,并未造成过很大的破坏。但是其前景非常难以估计,如果 PHP 得到更加广泛的使用,这种恶意脚本将成为真正的威胁。

(4) Shell 恶意脚本

编写 Shell 恶意脚本是一种制作 Linux 恶意代码的简单方法。在 UNIX 1989 卷 2 上便可以看到 Tom Duff 和 M. Douglas McIlroy 编写的脚本恶意代码。Shell 恶意脚本的危害性不会很大并且它本身极易被发现,因为它是以明文方式编写并执行的。但通常一个用户会深信不疑地去执行任何脚本,而且不会过问该脚本的由来,这样,这些用户便成为攻击的目标。

2. 恶意脚本工作机理

恶意脚本是用脚本语言实现的恶意代码。由于互联网用户经常使用浏览器浏览网页,给这种恶意脚本的发作造成了便利环境。万花谷就是典型的恶意脚本示例。如果用户在互联网上看到一个美丽诱人的"万花谷"链接,请不要轻易碰它,这实际是一个恶意"陷阱"。如果经不住诱惑,只要用鼠标轻轻一点,你的计算机就会立即瘫痪。这就是著名的万花谷,它是利用 JavaScript 技术进行破坏的一个恶意网址。用户感染了该恶意代码后的特征如下:

(1) 用户不能正常使用 Windows 的 DOS 命令功能程序。

(2) 用户不能正常退出 Windows。

(3)"开始"菜单上的"关闭系统"、"运行"等栏目被屏蔽,防止用户重新以 DOS 方式启动、关闭 DOS 命令、关闭 Regedit 命令等。

(4) 在 IE 浏览器的首页和收藏夹中都添加了含有该有害网页代码的网络地址。网络地址是 www.on888.xxx.xxx.com。

(5) 在 IE 的收藏夹中自动添加万花谷的链接,网址是 http://96xx.xxx.com。

从源代码方面分析,万花谷是嵌在 HTML 网页中的一段 JavaScript 程序,它最初出现在 Http://on888.home.chinaren.com 个人网站上,随后,其他一些个人主页也模仿或被感染了该恶意代码。为了增加隐蔽性,万花谷采用了 JavaScript 的 Escape( )函数进行字符处理,将某些符号、汉字等变成乱码以达到迷惑人的目的。当程序运行时,调用 Unescape( )解码到本地机器上运行。

3. 恶意脚本的防范建议

为了免受恶意脚本的攻击,用户需要注意以下问题。

(1) 养成良好的上网习惯,不浏览不熟悉的网站,尤其是一些个人主页或不良网站,从根本上减少被恶意脚本侵害的机会。

(2) 选择安装适合自身情况的主流厂商的杀毒软件,或安装个人防火墙,在上网前打开"实时监控"功能,尤其要打开"网页监控"和"注册表监控"等功能。

(3) 将正常的注册表进行备份,或者下载注册表修复程序,一旦出现异常情况,立刻进行修复。

(4) 如果发现不良网站,立刻向有关部门报告,同时将该网站添加到黑名单中。

2.5　流氓软件

近几年，一些流氓软件（定义参见第1章的1.4节）引起了用户、信息安全专家、媒体的强烈关注。2006年，我国才开始提出"流氓软件"这个新生的词汇。这类恶意代码往往采用特殊手段频繁弹出广告窗口，危及用户隐私，严重干扰用户的日常工作、数据安全和个人隐私。这些恶意软件在计算机用户中引起了公愤，许多用户指责它们为"彻头彻尾的流氓软件"。流氓软件的泛滥，成为互联网安全新的威胁。数据显示，2006年上半年，中国流氓软件的危害已经超过了传统计算机病毒。

1. 应对流氓软件的政策

流氓软件已经成为世界各国共同关注焦点，国外监管制度相对较为完善。2004年美国犹他州通过了第一个针对流氓软件的立法——《Spyware Control Act》，此后又有18个州完成了相关立法。我国现阶段仍然缺乏完善的法律和政策，由于监管政策缺失、商业利益驱动、网民防范意识淡薄等成为流氓软件猖獗的主要原因。

目前我国正积极开展治理流氓软件活动。2006年9月4日，一个非盈利性的专门打击流氓软件的民间组织——中国反流氓软件联盟成立。中国互联网协会于同年12月27日举行了"治理恶意软件、保护网民权益"的动员大会暨《抵制恶意软件自律公约》签约仪式。

自2006年以来，网民、媒体、信息安全厂商、主管部门、行业协会等纷纷采取措施打击日益猖獗的流氓软件，例如，以中国反流氓软件联盟为代表的网民起诉相关企业，信息安全厂商对流氓软件进行查杀，行业协会倡导行业自律，信息产业部公布举报电话接受投诉，媒体频繁曝光等，在各方力量强大地打击下，部分流氓软件制作者开始放弃或减少流氓软件的生产和传播，流氓软件的侵扰行为有所收敛。

2. 流氓软件的主要特征

从制作者意图而言，流氓软件与传统计算机病毒或者蠕虫不同。传统计算机病毒或者蠕虫等恶意代码是由小团体或者个人秘密地编写和散播的，而流氓软件的制作者则涉嫌很多知名企业和团体（例如，3721）。流氓软件可能造成计算机运行变慢、浏览器异常等。多数流氓软件具有以下特征。

（1）强迫性安装

强迫性安装包括不经用户许可自动安装，不给出明显提示以欺骗用户安装，反复提示用户安装使用户不胜其烦而不得不安装等。

（2）无法卸载

安装后无法卸载包括正常手段无法卸载、无法完全卸载、不提供卸载程序或者提供的卸载程序不能使用等。

(3) 干扰正常使用

计算机运行时受到干扰,包括频繁弹出广告窗口,引导用户使用某些功能等。

(4) 具有恶意代码和黑客特征

具有恶意代码和黑客特征,包括窃取用户信息、耗费机器资源等。

3. 流氓软件发展过程①

中国流氓软件的发展在经历了早期恶意网页代码和插件时代后,随着浏览器劫持、恶意插件、广告过滤等技术相继出现,使流氓软件在功能及推广方式上又有所发展。2005 年流氓软件开始利用共享软件推广,2006 年开始呈现病毒化的发展趋势,恶劣行为变本加厉,严重干扰了网民的正常使用,损害网民的合法权益。

(1) 恶意网页代码时代(2001 年至 2002 年)

21 世纪初,为了提高访问量,某些黄色网站和中小网站修改用户浏览器的设置。他们采用的技术是在其网站页面中放置一段恶意代码,当用户浏览这些网站时,用户的 IE 浏览器主页会被修改。当用户下次打开浏览器时会默认打开这些网站,从而提高其访问量,这一做法在当时非常流行。由于修改用户浏览器主页只是对 IE 浏览器进行简单的设置,用户可以对首页进行重新设置,因此这种方法并没有完全实现这些不良网站的推广企图。

随后,不少中小网站开始采用更加恶意的方法。它们通过恶意网页代码直接对用户计算机的注册表进行修改,对一些系统功能进行限制。万花谷是典型的代表。针对这一情况,杀毒软件公司研发的网页监控和注册表监控两大技术从根本上解决了此类问题。这类恶意网页代码方式渐渐失去了生存空间。

(2) 插件时代(2003 年至 2005 年)

从 2003 年开始,中国互联网出现了一种叫做"网络实名"(也称"中文上网")的新业务形式。网络实名的作用是将中文解析成对应的网址,使用户输入中文的公司或网站名称时能够打开相应的网站。

要想实现将中文解析成网址,需要在用户的计算机上安装一个插件程序。因此网络实名要想提升其品牌价值,就必须将插件安装到尽可能多的计算机上,占领尽可能多的客户端。网络实名通过与大量的网站进行合作,放置其插件程序,当用户访问这些网站时就会被自动安装网络实名插件,并且很难卸载,甚至无法卸载。

由于网络实名取得了巨大的经济收益,促使一些其他的厂商也推出了同样功能的插件。为了争夺市场,提供网络实名业务的公司之间开始相互攻击,试图删除竞争对手的插件。用户的计算机变成了插件相互攻防的战场,甚至一些厂商为此对簿公堂。由于插件间的恶性竞争,往往会造成用户计算机出现频繁死机、蓝屏等不正常情况。

到了 2005 年初,越来越多的国内互联网厂商从网络实名厂商间的竞争中,认识到插件推广的绝佳效果,于是纷纷推出自己的插件。这使得用户在浏览一些网站时,常常被安装了无数个插

---

① 中国流氓软件及治理对策研究报告,互联网实验室,www.chinalabs.com。

件、工具栏软件。随着这种情况愈演愈烈，用户开始控诉此类插件，并形象地将这些插件称为“流氓软件”。

（3）软件捆绑时代（2005年至今）

随着反流氓软件工具的推出，流氓软件厂商遭受到了沉重的打击。在反流氓软件产品的打击下，一些互联网厂商被迫寻找新的推广方式，于是他们开始尝试用共享软件捆绑的方式向用户计算机安插流氓软件。这些厂商网罗了多种知名共享软件的作者，将自身的产品与共享软件捆绑。当用户安装这些共享软件时，会同时被强制安装流氓软件，且无法卸载。

由于中国的共享软件体制尚不完善，盗版问题仍然比较严重，很多共享软件刚刚推出即遭到破解。共享软件作者很难从软件注册费中获取收益，因此纷纷通过推广流氓软件来牟利。这一时期曾经出现过一个共享软件捆绑安装十余个流氓软件的情况。另一方面，有的消费类厂商由于通过流氓软件弹出广告覆盖面广，营销对象确定，利润来源稳定，也开始给流氓软件发布者投放广告，这使得整个流氓软件产业形成了完整的链条。

流氓软件处于恶意代码与正规软件中间的灰色地带，因此，很难将其定义为病毒。由于我国还没有出台针对流氓软件的相关法律、法规，反病毒公司只能以发布自律书、软件编写规范的形势来呼吁业界自觉对流氓软件行为进行抵制。这种情况虽然给流氓软件厂商带来了一定的压力，但是并未从根本上彻底解决流氓软件问题，而由于利益驱动，越来越多的厂商开始采取流氓手段推广产品和网站，甚至通过占领用户计算机发展弹出广告业务。

（4）流氓软件恶意代码化时代（2006年至今）

迫于技术和舆论的压力，制作流氓软件的厂商开始两极分化。一些大牌互联网厂商逐渐将软件的恶意程度降低，还有一些厂商干脆放弃推广流氓软件。然而，仍有大量的中小厂商是通过流氓软件起家的，通过流氓软件进行广告推广已经成为某些公司的主要甚至是唯一的收入来源。2006年下半年开始，一些厂商为了生存，不惜铤而走险，使用更加卑劣的手段进行流氓软件的推广，并且采用更加恶毒的技术公然向反病毒软件、反流氓软件工具挑战。据瑞星公司客户服务中心的统计数据表明，从2006年6月开始，用户计算机由于流氓软件问题导致崩溃的求助数量已经超过了病毒。这一时期的流氓软件有以下两大特点。

① 技术恶意代码化。不少流氓软件为了防止被杀毒软件或流氓软件卸载工具发现，采用了恶意代码常用的Rootkit技术进行自我保护。Rootkit可以对自身及指定的文件进行隐藏或锁定，防止被发现和删除。甚至有一些流氓软件，采用自杀式技术攻击杀毒软件。

② 传播恶意代码化。为了达到更好地传播效果，并减小成本，不少中小厂商直接使用恶意代码进行流氓软件推广。用户的计算机感染病毒后，病毒会自动在后台运行，下载并安装流氓软件。同时，流氓软件安装后也会从互联网自动下载运行病毒。

4. 流氓软件的分类

根据不同的特征和危害，困扰广大计算机用户的流氓软件主要有如下几类。

（1）间谍软件

间谍软件是一种能够在用户不知情的情况下，在其计算机上安装后门、收集用户信息的软件。在安装了间谍软件后,用户的隐私数据和重要信息会被捕获,并被发送给黑客、商业公司等。这些间谍软件甚至能使用户计算机被远程操纵,组成庞大的僵尸网络。

(2) 浏览器劫持

浏览器劫持是指,通过浏览器插件、BHO、Winsock LSP 等形式对用户的浏览器进行篡改的恶意代码。浏览器劫持能够使用户的浏览器配置异常,并被强行引导到某些预设网站。

(3) 行为记录软件

行为记录软件是指,未经用户许可,窃取并分析用户隐私数据,记录用户计算机使用习惯、网络浏览习惯等个人行为的软件。行为记录软件危及用户隐私,可能被黑客利用进行网络诈骗。一些软件会在后台记录用户访问过的网站并加以分析,有的甚至会发送给专门的商业公司或机构,此类机构会据此窥测用户的爱好,并进行相应的广告推广或商业活动。

(4) 恶意共享软件

恶意共享软件是指,某些共享软件为了获取利益,采用诱骗手段、试用陷阱等方式强迫用户注册,或在软件体内捆绑各类恶意插件,未经允许即将其安装到用户计算机中。恶意共享软件集成的插件可能会造成用户浏览器被劫持、隐私被窃取等。

(5) 广告软件

广告软件是指,未经用户允许下载并安装在用户计算机上,通过弹出式广告等形式牟取商业利益的程序。此类软件危害包括强制安装并无法卸载、收集用户信息危及用户隐私、频繁弹出广告,消耗系统资源等。

2.6 逻辑炸弹

逻辑炸弹(Logic Bomb)是合法应用程序中的一个恶意部分,是在编程时被故意写入的某种“恶意功能”。例如,作为某种版权保护方案,某个应用程序有可能会在运行几次后就在硬盘中将其自身删除;某个程序员有可能希望他的程序包含某些多余的代码,以使程序运行时对某些系统产生恶意操作。在大的项目中,如果代码检查措施有限,被植入逻辑炸弹的可能性是很大的。

2009 年 5 月 29 日,《上海法治报》刊登了题为《程序员暗埋“炸弹”,公诉人巧破零口供》的文章。其内容描述了上海市杨浦区检察院起诉的一起破坏计算机信息系统的案例,涉案人黄志明在其开发的软件中暗藏了逻辑炸弹,并最终招来牢狱之灾。其案情如下。

2007 年国庆长假,上海某软件公司全体员工却不得不在接连不断的投诉电话中匆匆结束了假期。投诉者都是该公司客户,投诉内容也惊人的一致——在该公司购买的“算量软件”存在严重恶意代码,用户计算机硬盘内的所有数据和应用程序被删除。

仅两天时间,类似投诉多达四十余次。用户纷纷提出赔偿要求,造成该公司直接经济损失 25 万余元。同时,用户对该公司产品的信誉产生严重质疑,多名用户要求解约。经济上的损失和舆论上的压力曾一度使该公司面临倒闭的危险。

为查找恶意代码的由来,该公司对每一个程序员编写的每一个软件进行了逐行逐条地检查,最后发现除了“算量软件2008安装版5.0”及“报表软件1.0”两款软件中嵌有删除用户硬盘数据的恶意代码外,其他软件都安全稳定。而这两款软件都由同一人负责研发——程序员黄志明。

黄志明在国庆长假前刚以“奶奶重病需返乡探望”为由提出辞职。而该恶意代码的启动时间恰恰是2007年10月1日零点。公司遂向警方报案,警方聘请专业技术鉴定机构对黄志明的计算机进行了鉴定。

虽然黄志明在辞职前已将计算机内的部分信息删除,但鉴定发现,他曾在计算机中编写过两个恶意代码,该代码与销售的“算量软件”中的恶意代码完全一致。法院完全采纳了检察机关的意见和认定的罪名,判处黄志明有期徒刑2年6个月。

逻辑炸弹的另一个经典的例子是诺基亚S60系列手机上流行的“蚊子”(Mosquitos)游戏的最初版本。这个游戏的一项内置功能可以通过短信服务(SMS)向付费资讯专线发送信息。这个功能在游戏最初的版本中作为一种软件发行和反盗版措施,然而事实上这项措施却适得其反。后来,正版用户投诉了软件开发商,这段程序就从游戏代码中删除了,同时用户也与付费资讯专线断开了连接。然而,这个游戏的版本仍然流传着,其中含有逻辑炸弹,会不断地发送SMS短信。这个游戏使用4个付费SMS服务号码,例如,4636、9222、33333和87140,分别对应于4个国家。其中号码87140对应英国。当游戏使用这个号码时,就会发送一条king.001151183的文本短信息。结果,游戏的用户会为每条短信息支付高达1.5英镑的费用。

通常,应用程序中都会隐藏额外的功能,而且这些功能会一直保持隐藏状态。事实上,在应用程序中植入这些功能的方式与在大型项目中加入复活节彩蛋(Easter Eggs)的方式是非常相似的。程序员加入复活节彩蛋是为了隐藏一些额外的荣誉页面(Credit Page),通常用于显示项目组的成员。

例如,微软公司Office套装软件中的程序中就隐藏着许多复活节彩蛋,其他一些著名的软件开发商也会在他们的程序中植入类似的荣誉页面。尽管复活节彩蛋不是恶意的,而且并不会对最终用户造成威胁(即使它们有可能会占用额外的硬盘空间),但逻辑炸弹却都是恶意的。

2.7 后 门

后门(Back Door)是指绕过安全性控制而获取对程序或系统访问权的方法。后门的产生有两种情况:一种是开发者留下的,另一种是入侵者植入的。

第一种情况。在软件的开发阶段,程序员常会在软件内创建后门以便修改程序中的缺陷。如果后门被其他人知道,或是在发布软件之前没有被删除,那么它就成了安全风险。

当一个训练有素的程序员设计一个功能较复杂的软件时,都习惯于先将整个软件分割为若干模块,然后再对各模块单独设计、调试,而后门则是一个模块的秘密入口。在程序开发期间,后门的存在是为了便于测试、更改和增强模块的功能。当然,程序员一般不会把后门写入软件的说明文档，因此用户通常无法了解后门的存在。

按照正常操作程序，在软件交付用户之前，程序员应该删除软件模块中的后门，但是，由于程序员的疏忽，或者故意将其留在程序中以便日后可以对此程序进行隐蔽的访问，方便测试或维护已完成的程序等种种原因，实际上并未删除。这样，后门就可能被程序的编制者所秘密使用，也可能被少数别有用心的人用穷举搜索法发现并利用。

第二种情况。计算机入侵者为追求能使自己重返被入侵系统而设置的后门。大多数入侵者的后门为实现以下目的：即使管理员通过改变所有密码等方法来提高安全性，仍然能再次侵入；使再次侵入被发现的可能性减至最低；大多数后门设法躲过日志和进程查看器等工具。

1. 后门的特征

后门是一个允许攻击者绕过系统中常规安全控制机制的程序，它按照攻击者自己的意愿提供通道。后门的基本特征仅仅是一个通道，而不具有其他恶意代码的直接攻击行为。

2004 年年初，网上流行的 IRC 后门就具有黑客、蠕虫和后门 3 重属性。但 IRC 后门病毒不是单纯的后门，它是一个有破坏行为的恶意代码。木马也不是后门，其原因是木马伪装成一个有用的程序，骗取用户的信任进而窃取用户的信息。常见的后门工具包括 NetCat、VNC 等。

NetCat 被誉为网络安全界的“瑞士军刀”。一个简单而有用的工具，通过使用 TCP 或 UDP 协议的网络连接去读写数据。它被设计成一个稳定的后门工具，能够直接由其他程序和脚本驱动。同时，它也是一个功能强大的网络调试和探测工具，能够建立几乎所有类型的网络连接。在中国，它的 Windows 系统有两个版本：一个是原创者 Chris Wysopal 写的原版本，另一个是由“红与黑”编译后的浓缩版本。

VNC（Virtual Network Computing）是一种使用 RFB 协定的屏幕画面分享及远端操作软件。此软件借助网络，可传送键盘与鼠标的动作及即时的屏幕画面。VNC 与操作系统无关，因此可跨平台使用。例如，Windows 系统与 Linux 系统建立连接。甚至在没有安装用户端程序的计算机中，只要有支持 Java 的浏览器，也可使用。

2. 后门产生的条件

后门产生的必要条件有以下 3 点。

（1）必须与其他终端节点相连。利用后门的必要条件是能够访问到目标机，因此必须通过通信媒介与目标机相连。只有访问成功，双方才可以进行信号交流，攻击方才有机会进行入侵。

（2）必须开放可供外界访问的端口。端口是网络通信的必要组件之一。无任何端口开放的计算机是无法连接和通信的，而如果开放着的端口无法被外界访问，则同样没有办法进行入侵。

（3）必须能够提高执行权限。并不是任何一个权限的账号都能够被利用，只有权限达到操作系统一定要求的才允许执行修改注册表、修改 LOG 记录等恶意功能。

3. 常见系统后门

（1）Rhosts ++ 后门

在联网的 UNIX 计算机中，如同 Rsh 和 Rlogin 这样的服务基于 Rhosts 文件里的主机名采用简单的认证方法。在这种情况下，用户可以轻易地改变设置而不需要口令就能进入。入侵者只要向可以访问的某用户的 Rhosts 文件中输入“ ++ ”,就可以允许任何人从任何地方无须口令便能进入这个账号。特别当 home 目录通过 NFS 向外共享时,入侵者更热衷于此。这些账号也成为了入侵者再次侵入的后门。许多人更喜欢使用 Rsh,因为它通常缺少日志能力。

(2) 校验和与时间戳后门

早期,许多入侵者用自己的木马程序替代二进制文件。系统管理员便依据时间戳和系统校验和的程序辨别一个二进制文件是否已被改变,例如,UNIX 里的 Sum 程序。入侵者又发展了使木马文件和原文件时间戳同步的新技术。它是这样实现的:先将系统时钟拨回到原文件时间,然后调整木马文件的时间为系统时间。一旦二进制木马文件与原文件精确同步,就可以把系统时间设回当前时间。

(3) Login 后门

在 UNIX 系统中,Login 程序通常用来对 Telnet 用户进行口令验证。入侵者获取 login. c 的源代码并修改,使它在比较输入口令与存储口令时先检查后门口令。如果用户输入后门口令,它将忽视管理员设置的口令让攻击者长驱直入。这将允许入侵者进入任何账号,甚至是 Root。由于后门口令的访问先于用户登录及 utmp 和 wtmp 的日志记录,所以入侵者可以登录获取 Shell 却不会暴露该账号。管理员注意到这种后门后,便用 Strings 命令搜索 login 程序以寻找文本信息。许多情况下后门口令会原形毕露。入侵者就开始加密或者更好地隐藏口令,使 Strings 命令失效。所以更多的管理员是用 MD5 校验和检测这种后门的。

(4) Telnetd 后门

当用户通过 Telnetd 连接到系统后,监听端口的 inetd 服务接受连接,然后由 in. telnetd 运行 login。一些入侵者知道管理员会检查 login 是否被修改,就着手修改 in. telnetd。在 in. telnetd 内部有一些对用户信息的检验,例如,用户使用了何种终端。典型的终端设置是 Xterm 或者 VT100。入侵者可以做这样的后门:当终端设置为 letmein 时产生一个不需要任何验证的 Shell。入侵者已对某些服务做了后门,对来自特定源端口的连接即产生一个 Shell。

(5) 服务后门

几乎所有网络服务都曾经被入侵者做过后门,例如,finger、rsh、rexec、rlogin、ftp,甚至 inetd 等。有的只是连接到某个 TCP 端口的 Shell,通过后门口令就能获取访问。这些程序有时用作 ucp 这样很少使用的服务,或者被加入 inetd. conf 作为一个新的服务。管理员应该非常注意哪些服务正在运行,并用 MD5 对原服务程序做校验。

(6) Cronjob 后门

UNIX 上的 Cronjob 可以按时间表调度特定程序的运行。入侵者可以加入后门 Shell 程序使它在凌晨 1 点到 2 点之间运行,那么每晚有一个小时可以获得访问。也可以查看 Cronjob 中经常运行的合法程序,同时置入后门。

(7) 共享库后门

几乎所有的 UNIX 系统都使用共享库。共享库主要用于相同函数的重用而减少代码长度。一些入侵者在如同 crypt. c 和_crypt. c 这样的函数中做了后门。例如,login. c 这样的程序调用

crypt 函数,当使用后门口令时产生一个 Shell。因此,即使管理员用 MD5 检查 login 程序,仍然能产生一个后门函数。而且许多管理员并不会检查库是否被做了后门。

(8) 内核后门

内核是 UNIX 工作的核心。一个后门做得很好的内核是最难被管理员查找的,所幸的是内核的后门程序还不是随手可得,没人知道它事实上传播有多广。

(9) 文件系统后门

入侵者需要在服务器上存储他们的掠夺品或数据,并尽量不能被管理员发现。入侵者篡改的目标包括 exploit 脚本工具、后门集、sniffer 日志、E-mail 的备份、源代码等。有时为了防止管理员发现这么大的文件,入侵者需要修补 ls、du、fsck 命令以隐匿特定的目录和文件。对于很低的级别,入侵者做这样的漏洞:以专有的格式在硬盘上分割出一部分扇区并标示为坏的。因此入侵者只能用特别的工具访问这些隐藏的文件。对于普通的管理员来说,很难发现这些"坏扇区"里的文件系统,而它又确实存在。

(10) Boot 块后门

在 PC 中,许多恶意代码藏匿于根区,而杀病毒软件就是检查根区是否被改变。对于 UNIX 系统,多数管理员没有检查根区的软件,所以一些入侵者将一些后门留在根区。

(11) 隐藏进程后门

入侵者通常想隐藏他们运行的程序,例如,隐藏口令破解程序和监听程序。有许多办法可以实现隐藏功能,较通用的方法是:编写程序时修改自己的 argv 使它看起来像其他进程名。例如,将 scan 程序改名为 in. syslog 再执行。当管理员用 ps 命令检查正在运行的进程时,出现的是标准服务名。可以修改库函数致使 ps 命令不能显示所有进程。此外,入侵者也可以通过修改内核隐藏进程。

(12) Rootkit 工具

Rootkit 是目前最流行的后门工具包之一。本章将在后续第 2. 10 节中专门介绍。

(13) 网络通信后门

入侵者不仅想隐匿其在系统里的痕迹,而且也要隐匿他们在网络中的通信行为。这些网络通信后门有时允许入侵者通过防火墙进行访问。有许多网络后门程序允许入侵者建立某个端口号并不用通过普通服务就能实现访问。因为这是通过非标准网络端口的通信,管理员可能忽视入侵者的足迹。这种后门通常使用 TCP、UDP 和 ICMP,但也可能是其他类型报文。

(14) TCP Shell 后门

入侵者可能在防火墙没有阻塞的高位 TCP 端口建立这些 TCP Shell 后门。许多情况下,他们用口令进行保护以免管理员连接上后立即看到是 Shell 访问。管理员可以用 Netstat 命令查看当前的连接状态,哪些端口在侦听等。通常这些后门可以让入侵者躲过 TCP Wrapper 技术。这些后门可以放在 SMTP 端口,许多防火墙是允许 E-mail 通行的。

(15) UDP Shell 后门

管理员经常注意 TCP 连接并观察其怪异情况,而 UDP Shell 后门没有这样的连接,所以

Netstat 不能显示入侵者的访问痕迹。许多防火墙设置成允许类似 DNS 的 UDP 报文的通行。通常入侵者将 UDP Shell 放置在这个端口,允许穿越防火墙。

(16) ICMP Shell 后门

Ping 是通过发送和接收 ICMP 包检测计算机活动状态的通用办法之一。许多防火墙允许外界通过 Ping 命令连接其内部的计算机。入侵者可以将数据放到 Ping 的 ICMP 包,在连接的计算机间形成一个 Shell 通道。管理员也许会注意到 Ping 包暴风,但除非他查看包内数据,否者入侵者不会暴露。

(17) 密码破解后门

密码破解后门是最早被入侵者使用的方法,它不仅可以获得对 UNIX 的访问,而且可以通过破解密码制造后门。例如,在成功破解了弱口令账号后,即使管理员封了入侵者的当前账号,入侵者仍然能用已破解的其他账号重新侵入。

2.8 僵尸网络

在我国的湖南西部有神秘莫测的赶尸传说,即湘西赶尸。湘西赶尸,也许是一种神秘的巫术,也许是愚弄人的一种迷信,或许只是为了骗取钱财的把戏,或许仅仅是一种耸人听闻的传闻。但僵尸网络是确确实实存在的。在僵尸网络中,众多被入侵的计算机像僵尸群一样被人驱赶和指挥着,成为被人利用的一种工具。

1. 僵尸网络的概念

僵尸网络(Botnet)是指,控制者采用一种或多种传播手段,将 Bot 程序(僵尸程序)传播给大批计算机,从而在控制者和被感染计算机之间所形成的一个可一对多控制的网络。控制者通过各种途径传播僵尸程序并感染互联网上的大量主机,而被感染的主机将通过一个控制信道接收控制者的指令,并执行该指令。

在僵尸网络领域,Bot 是 Robot 的缩写,是指实现恶意控制功能的程序代码;“僵尸计算机”就是被植入了 Bot 程序的计算机;“控制服务器”(Control Server)是指控制和通信的中心服务器,在基于 IRC 协议进行控制的僵尸网络中,就是指提供 IRC 聊天服务的服务器。

僵尸网络是互联网上被攻击者集中控制的一群计算机。攻击者可以利用僵尸网络发起大规模的网络攻击,例如,DDOS、海量垃圾邮件等。此外,僵尸计算机所保存的信息,例如,银行账户和口令等也都可以被控制者轻松获得。因此,不论是对网络安全还是对用户数据安全来说,僵尸网络都是极具威胁的恶意代码。僵尸网络也因此成为目前国际上十分关注的安全问题。然而,发现一个僵尸网络是非常困难的,因为黑客通常远程、隐蔽地控制分散在网络上的僵尸计算机,这些计算机的用户往往并不知情。因此,僵尸网络是目前互联网上最受黑客青睐的工具。

2. 僵尸网络的特点

僵尸网络主要具有以下特点。

(1) 分布性

僵尸网络是一个具有一定分布性的、逻辑性的网络，它不具有物理拓扑结构。随着 Bot 程序的不断传播而不断有新的僵尸计算机添加到这个网络中来。

(2) 恶意传播

僵尸网络是采用了一定的恶意传播手段形成的，例如，主动漏洞攻击，恶意邮件等各种传播手段，都可以用来进行 Bot 程序的传播。

(3) 一对多控制

Botnet 的最主要的特点，就是可以一对多地进行控制，传达命令并执行相同的恶意行为，例如，DDOS 攻击等。这种一对多的控制关系，使得攻击者能够以低廉的代价高效地控制大量的资源为其服务，这也是 Botnet 攻击受到黑客青睐的根本原因。

3. 僵尸网络的发展过程

在早期的 IRC 聊天网络中，防止频道被滥用、管理权限、记录频道事件等一系列功能都可以由管理者编写的智能程序所完成。于是在 1993 年，IRC 聊天网络中出现了一款 Bot 工具(Eggdrop)。Eggdrop 是第一个 Bot 程序，能够帮助用户方便地使用 IRC 聊天网络。尽管 Eggdrop 的功能是良性的，然而黑客学习并利用这个设计思路编写出了带有恶意行为的 Bot 工具，开始对大量的受害主机进行控制，利用它们的资源以达到恶意攻击的目标。

20 世纪 90 年代末，随着 DDOS 的成熟，出现了大量分布式拒绝服务攻击工具，例如，TFN、TFN2K 和 Trinoo 等。攻击者利用这些工具控制大量的被感染主机，发动 DDOS 攻击。而这些被控主机一定意义上已经具有了 Botnet 的雏形。

1999 年，在第八届 DEFCON 年会上发布的 SubSeven 2.1 版开始使用 IRC 协议构建攻击者对僵尸主机的控制信道，也成为第一个真正意义上的 Bot 程序。随后基于 IRC 协议的 Bot 程序的大量出现(例如，GTBot、Sdbot 等)，使得基于 IRC 协议的 Botnet 成为主流。

2003 年之后，随着蠕虫技术的不断成熟，Bot 的传播开始使用蠕虫的主动传播技术，从而能够快速构建大规模的 Botnet。其中，著名的僵尸网络有 2004 年爆发的 Agobot/Gaobot 和 rBot/Spybot。同年出现的 Phatbot 则在 Agobot 的基础上，开始独立使用 P2P 结构构建控制信道。

从良性 Bot 的出现到恶意 Bot 的实现，从被动传播到利用蠕虫技术主动传播，从使用简单的 IRC 协议构成控制信道到构建复杂多变 P2P 结构的控制模式，Botnet 逐渐发展成规模庞大、功能多样、不易检测的恶意网络，给当前的网络安全带来了不容忽视的威胁。

4. 僵尸网络的工作过程

一般而言，Botnet 的工作过程包括传播、加入和控制 3 个阶段。

(1) 传播阶段

在传播阶段，Botnet 把 Bot 程序传播到尽可能多的主机。Botnet 需要的是具有一定规模的被控计算机，而这个规模是随着 Bot 程序的扩散而形成的，在这个传播过程中有以下几种手段。

① 即时通信软件。利用即时通信软件向好友列表发送执行僵尸程序的链接，并通过社会工程学技巧诱骗其单击，从而进行感染。例如，2005 年初爆发的 MSN 性感鸡(Worm. MSNLoveme)

采用的就是这种方式。

② 邮件病毒。Bot程序还会通过发送大量的邮件病毒传播自身，通常表现为在邮件附件中携带僵尸程序，以及在邮件内容中包含下载执行Bot程序的链接，并通过一系列社会工程学的技巧诱使接收者执行附件或打开链接，或是通过利用邮件客户端的漏洞自动执行，从而使得接收者主机被感染成为僵尸主机。

③ 主动攻击漏洞。其原理是通过攻击目标系统所存在的漏洞获得访问权，并在Shellcode执行Bot程序注入代码，将被攻击系统感染成为僵尸主机。属于此类的最基本的感染途径是攻击者手动地利用一系列黑客工具和脚本进行攻击，获得权限后下载Bot程序执行。攻击者还会将僵尸程序和蠕虫技术进行结合，从而使Bot程序能够进行自动传播，著名的Bot样本AgoBot，就是实现了将Bot程序的自动传播。

④ 恶意网站脚本。攻击者在提供Web服务的网站中在HTML页面上绑定恶意的脚本，当访问者访问这些网站时就会执行恶意脚本，使得Bot程序下载到主机上，并被自动执行。

⑤ 特洛伊木马。伪装成有用的软件，在网站、FTP服务器、P2P网络中提供，诱骗用户下载并执行。

通过以上几种传播手段可以看出，在Botnet的形成过程中，其传播方式与蠕虫以及功能复杂的间谍软件很相近。

(2) 加入阶段

在加入阶段，每一台被感染主机都会随着隐藏在自身中的Bot程序的发作而加入到Botnet中去，加入的方式根据控制方式和通信协议的不同而有所不同。在基于IRC协议的Botnet中，感染Bot程序的主机会登录到指定的服务器和频道中，在登录成功后，即可在频道中等待控制者发来的恶意指令。

(3) 控制阶段

在控制阶段，攻击者通过中心服务器发送预先定义好的控制指令，让被僵尸计算机执行恶意行为。典型的恶意行为是发起DDOS攻击，窃取主机敏感信息，升级恶意程序等。

5. 僵尸网络的分类①

Botnet根据分类标准的不同，可以有许多种分类方法，分别描述如下。

(1) 按Bot程序的种类分类

① Agobot/Phatbot/Forbot/XtremBot程序

这些是最著名的僵尸工具。防病毒厂商Spphos列出了超过500种已知的不同版本的Agobot。Agobot最新版本的代码采用C++编写，代码清晰并且具有良好的抽象设计，以模块化的方式组合，添加命令或者其他漏洞的扫描器及攻击功能非常简单。为了对抗逆向工程分析，Agobot设计了监测调试器(Softice和OllDbg)和虚拟机(VMware和Virtual PC)的功能。

---

① 百度百科：http://baike.baidu.com/view/297306.htm。

② SDBot/RBot/UrBot/SpyBot 程序

这个家族是目前最活跃的 Bot 程序。SDBot 由 C 语言写成,它提供了和 Agobot 一样的功能特征,但是命令集较小,实现也没那么复杂。它是基于 IRC 协议的一类 Bot 程序。

③ GT-Bots 程序

GT-Bots 是基于 IRC 客户端程序 mIRC 编写的。这类僵尸工具用脚本和其他二进制文件开启一个 mIRC 聊天客户端,但会隐藏原 mIRC 窗口。通过执行 mIRC 脚本连接到指定的服务器频道上,等待恶意命令。

(2) 按 Botnet 的控制方式分类

① IRC Botnet 方式

这类 Botnet 利用 IRC 协议进行控制和通信。目前绝大多数 Botnet 都属于这一类别,例如,Spybot、GTbot 和 SDbot 等。

② AOL Botnet 方式

这类 Botnet 是依托 AOL 这种即时通信服务形成的网络而建立的,被感染主机登录到固定的服务器上接收控制命令。AIM-Canbot 和 Fizzer 就采用了 AOL Instant Messager 实现对 Bot 的控制。

③ P2P Botnet 方式

这类 Botnet 中使用的 Bot 程序本身包含了 P2P 的客户端,可以连入采用 Gnutella 技术(一种开放源码的文件共享技术)的服务器,利用 WASTE 文件共享协议进行相互通信。由于这种协议分布式地进行连接,就使得每一个僵尸主机可以很方便地找到其他的僵尸主机并进行通信,而当有一些 Bot 被查杀时,并不会影响到 Botnet 的生存,所以这类的 Botnet 具有不存在单点失效但实现相对复杂的特点。Agobot 和 Phatbot 采用了 P2P 的方式。

6. 僵尸网络的危害

Botnet 构成了一个攻击平台,利用这个平台可以有效地发起各种各样的攻击行为。这种攻击可以导致整个基础信息网络或者重要应用系统瘫痪,也可以导致大量机密或个人隐私泄漏,还可以用来从事网络欺诈等其他违法犯罪活动。下面是已经发现的利用 Botnet 发动的攻击行为。

(1) DDOS 攻击

使用 Botnet 发动 DDOS 攻击是当前最主要的威胁之一。攻击者可以向自己控制的所有僵尸计算机发送指令,让它们在特定的时间同时开始连续访问特定的网络目标,从而达到 DDOS 的目的。由于 Botnet 可以形成庞大规模,而且利用其进行 DDOS 攻击可以做到更好的同步,所以在发布控制指令时,能够使得 DDOS 的危害更大,防范更难。

(2) 发送垃圾邮件

一些 Bots 会设立 sockv4、v5 代理,这样就可以利用 Botnet 发送大量的垃圾邮件,而且发送者可以很好地隐藏自身的 IP 信息。

(3) 窃取秘密

Botnet 的控制者可以从僵尸主机中窃取用户的各种敏感信息和其他秘密,例如,个人账号、机密数据等。同时 Bot 程序能够使用 sniffer 观测感兴趣的网络数据，从而获得网络流量中的秘密。

（4）滥用资源

攻击者利用 Botnet 从事各种需要耗费网络资源的活动，从而使用户的网络性能受到影响，甚至带来经济损失。

可以看出，Botnet 无论是对整个网络还是对用户自身，都造成了比较严重的危害，必须要采取有效的方法减少 Botnet 的危害。

2.9 网络钓鱼

网络钓鱼（Phishing 是 Phone 和 fishing 的组合词）是通过大量发送声称来自于权威或知名机构的欺骗性邮件，意图引诱收信人给出敏感信息（例如，用户名、口令、账号、ATM PIN 码或信用卡详细信息等）的一种攻击方式。最典型的网络钓鱼攻击是将收信人引诱到一个通过精心设计与目标组织的网站非常相似的钓鱼网站上，并获取收信人在此网站上输入的个人敏感信息，通常这个攻击过程不会让受害者警觉。它是"社会工程攻击"的一种表现形式，其实就是一种欺诈行为。

1. 网络钓鱼的典型案例

网络钓鱼早期的案例主要发生在美国，但随着亚洲地区的互联网服务日渐普遍，有关攻击开始在亚洲各地出现。从外观看，它与目标组织的网站没有区别，但却在用户以为是真正的网站而使用相关服务时窃取用户的敏感信息，从而使用户蒙受损失。

在 2003 年，中国香港地区也有多宗网络钓鱼案例。有些网站假冒尚未开设网上银行服务的银行网站，利用虚假的网站引诱客户在网上进行转账，但其实把资金转往网站开设者的账户内。

从 2004 年开始，有关诈骗也开始在中国内地出现。最典型的网络钓鱼是假冒的中国工商银行网站。不法分子利用字符的模糊性，例如，数字 1 和字符 I 在某种字体下很难用肉眼区分开。当打开 www.1cbc.com.cn 这个域名时，很少有用户识别出其与 www.Icbc.com.cn 的区别。

2008 年以来，中国部分高校又出现了冒充系统管理员，利用群发邮件的形式调取邮件用户的账号及密码的恶意攻击行为。

有关统计数据显示，由于网络仿冒诈骗，2003 年全球经济损失超过 322 亿美元。截至 2004 年底，美国已经有 5 700 万成年人受到网络诈骗邮件的攻击，其中冒用了至少 122 个知名企业，而且大部分欺骗邮件中都含有间谍软件或其他恶意程序。

2. 网络钓鱼的手段

（1）利用电子邮件钓鱼

诈骗分子以垃圾邮件的形式大量发送欺诈性邮件，这些邮件多以中奖、顾问、对账等内容引诱用户在邮件中填入金融账号和密码，或是以各种紧迫的理由要求收件人登录某网页提交用户名、密码、身份证号、信用卡号等信息，继而盗窃用户资金。

典型案例是骗取美邦银行(Smith Barney)用户的账号和密码的“网络钓鱼”电子邮件。该邮件利用了IE的图片映射地址欺骗漏洞，并精心设计脚本程序，用一个显示假地址的弹出窗口遮挡住了IE浏览器的地址栏，使用户无法看到此网站的真实地址。当用户使用未打补丁的Outlook打开此邮件时，状态栏显示的链接是虚假的。

中国内地某高校曾遭遇邮件钓鱼。该邮件声称自己是邮件管理员，由于系统的原因，需要用户确认账号和密码。如果用户不小心回复了该邮件，其账号和密码就会丢失。该钓鱼邮件的内容如下：

Dear Sjtu Email Account Owner,

This message is from Sjtu messaging center to all Sjtu email account owners.

We are currently upgrading our data base and E-mail account center. We are del

eting all unused mails. Sjtu. edu. cn email account to create more space for new

accounts.

To prevent your account from closing you will have to update it below so that

we will know that it's a present used account.

To complete your mails. Sjtu. edu. cn Webmail account, you must reply to this ema

il immediately and enter your email here( ), Email password here ( ) and

your full name and address. You can also confirm your email address by loggin

g into your Sjtu Webmail account

Failure to do this will immediately render your email address deactivated from

our database.

Warning!!! Account owner that refuses to update his or her account within Seve

n days of receiving this warning will lose his or her account permanently.

Thank you for using Sjtu Webmail Gateway Warning Code: VX2G99AAJ

Thanks,

Mail. Sjtu. edu. cn Webmail Team

(2) 利用假冒金融机构钓鱼

犯罪分子建立起域名和网页内容都与真正网上银行系统、网上证券交易平台极为相似的网站，引诱用户输入账号、密码等信息，进而通过真正的网上银行、网上证券系统或者伪造银行储蓄卡、证券交易卡盗窃资金。还有的利用跨站脚本，即利用合法网站服务器程序上的漏洞，在站点的某些网页中插入恶意HTML代码，屏蔽一些可以用来辨别网站真假的重要信息，利用Cookies窃取用户信息。

典型案例是2004年7月发现的假冒某公司网站(网址为http://www.1enovo.com)，而真正网站为http://www.lenovo.com，诈骗者利用了小写字母l和数字1很相近的障眼法。

中国银行也曾被人仿冒。诈骗者利用手机短信向中国银行的客户发送以下信息：“中国银行现已开通网上银行服务，可以在网上提供查询余额和转账服务，欢迎登录www.95xxx.com”。这个网址和中国银行的服务电话95566相似,所以很容易使用户相信,而且诈骗网站和中国银行的官方网站非常相似。表2-2列举了一些类似的钓鱼网站。

表2-2 钓鱼网站及其危害

正规网站	假冒网站	危害
中国工商银行 www.icbc.com.cn	www.1cbc.com.cn	用户银行信息泄露,金融诈骗
联想公司 www.lenovo.com	www.1enovo.com	假冒的联想网站
中国银行 www.boc.cn	www.95xxx..com	金融诈骗
中国高等教育学生信息网 www.chsi.com.cn	www.chsic.com.cn	发布虚假学历证书信息
淘宝网 www.taobao.com	虚假链接	窃取用户信息
中国银联 www.chinaunionpay.com	www.cnbank-yl.com	泄露银行卡信息,金融诈骗
中华慈善总会 www.chinacharity.cn	www.chinacharity.cn.net	利用废弃域名骗取善款

(3)利用虚假电子商务钓鱼

此类犯罪活动往往是建立电子商务网站,或是在比较知名、大型的电子商务网站上发布虚假的商品销售信息,犯罪分子在收到受害人的购物汇款后就销声匿迹。

例如,2003年,罪犯佘某建立"奇特器材网"网站,发布出售间谍器材、黑客工具等虚假信息,诱骗顾主将购货款汇入其用虚假身份在多个银行开立的账户,然后转移钱款的案件。

除少数不法分子自己建立电子商务网站外,大部分人采用在知名电子商务网站上,如"易趣"、"淘宝"、"阿里巴巴"等,发布虚假信息,以所谓"超低价"、"免税"、"走私货"、"慈善义卖"的名义出售各种产品,或以次充好,以走私货充行货,很多人在低价的诱惑下上当受骗。

(4)利用木马和黑客技术钓鱼

利用木马和黑客技术等手段窃取用户信息后实施盗窃活动。木马制作者通过发送邮件或在网站中隐藏木马等方式大肆传播木马程序,当被感染木马的用户进行网上交易时,木马程序即以键盘记录的方式获取用户账号和密码,并发送给指定邮箱,用户资金将受到严重威胁。

典型的案例是盗取某银行个人网上银行账号和密码的木马Troj_HidWebmon及其变种。该木马甚至可以盗取用户数字证书。木马"证券大盗"可以通过屏幕快照将用户的网页登录界面保存为图片,并发送给指定邮箱。黑客通过对照图片中鼠标的点击位置,就很有可能破译出用户的账号和口令,从而破解软键盘密码保护措施,严重威胁股民网上证券交易安全。2004年3月陈某盗窃银行储户资金一案就是较成功的钓鱼案例。陈某通过其个人网页向访问者的计算机种植木马,进而窃取访问者的银行账户和口令,再通过电子银行转账实施盗窃行为。

(5)跨站点脚本法

高超的钓鱼方法直接利用真实网站进行,即使是有经验的用户也可能会中招。这就是采用跨站点脚本技术进行的钓鱼方法。

诈骗者首先通过邮件发送链接给用户,用户单击了邮件中的链接后就跳转到一个正常的银行站点,同时恶意脚本会在用户计算机上弹出一个小窗口,这个小窗口看起来就像是银行站点的一个部分(其实不是)。不知情的用户可能在小窗口中输入账号和密码登录。这样,诈骗者就可以收集到用户的信息,进而可以采用其他技术盗取用户现金。

3. 网络钓鱼的防范

网络钓鱼的本质是社会工程学,也就是所谓的欺骗。因此,防范的重点就在于用户平时认真核对各种信息,不要抱有任何侥幸心理。

不要在网上留下可以证明自己身份的任何资料,包括手机号码、身份证号、银行卡号码等。

不要把自己的隐私资料通过网络传输,包括银行卡号码、身份证号、电子商务网站账户等资料,不要通过 QQ 、MSN 、E-mail 等软件传播,这些途径往往可能被黑客利用进行诈骗。

不要相信网上流传的消息,除非得到权威途径的证明。例如,网络论坛、新闻组、QQ 等往往有人发布谣言,伺机窃取用户的身份资料等。

不要在网站注册时透露个人的真实资料。例如,住址、住宅电话、手机号码,个人使用的银行账户,个人经常去的消费场所等。骗子们可能利用这些资料去欺骗你的朋友。

如果涉及金钱交易、商业合同、工作安排等重大事项,不要仅仅通过网络完成,有心计的骗子们可能通过这些途径了解用户的资料,伺机进行诈骗。

不要轻易相信通过电子邮件、网络论坛等发布的中奖信息、促销信息等,除非得到另外途径的证明。正规公司一般不会通过电子邮件给用户发送中奖信息和促销信息,而骗子们往往喜欢进行这类诈骗。

2.10 Rootkit 工具

Rootkit 出现于 20 世纪 90 年代初。1994 年 2 月,在一篇安全咨询报告中,Rootkit 这个名词首先被使用。这篇安全咨询就是 CERT-CC 的 CA-1994-01,题目是 Ongoing Network Monitoring Attacks(最新修订时间是 1997 年 9 月 19 日)。从出现至今,Rootkit 的技术发展非常迅速,应用越来越广泛,检测难度也越来越大。其中针对 SunOS 和 Linux 两种操作系统的 Rootkit 最多。

1. Rootkit 的定义

Rootkit 是攻击者用来隐藏自己踪迹和保留 root 访问权限的工具。通常,攻击者通过远程攻击获得 root 访问权限。获得 root 权限前,攻击者需要通过密码猜测或者密码强制破译的方式获得系统的访问权限。进入系统后,如果还没有获得 root 权限,再通过某些安全漏洞获得系统的 root 权限。接着,攻击者会在侵入的主机中安装 Rootkit,然后它就会经常通过 Rootkit 的后门检查系统是否有其他用户登录,如果只有攻击者本人,攻击者就开始着手清理日志中的有关信息。另外,攻击者可以通过 Rootkit 中的嗅探工具截获网络中其他系统的用户和口令,并且可以利用这些信息侵入其他的系统。

2. Rootkit 的内容

所有的 Rootkit 基本上都是由几个独立的程序组成的。一个典型 Rootkit 包括以下一些独立的程序。

(1) 网络嗅探程序

网络嗅探程序用于获得网络上传输的用户名和密码等信息。典型的工具包括 Sniffer Pro 等。

(2) 特洛伊木马程序

特洛伊木马程序用于为攻击者提供后门。典型的木马程序包括 inetd、login 等。

(3) 隐藏攻击者的目录和进程的程序

该类程序是为了隐藏攻击者的痕迹的,例如,隐藏攻击者在目标主机上创建的目录,以及在目标主机上启动的进程。典型的工具包括 ps、netstat、rshd、ls 等。

(4) 日志清理工具

攻击者使用这些清理工具删除 wtmp、utmp 和 lastlog 等日志文件中有关个人行踪的条目。典型的日志清理工具包括 zap、zap2、z2 等。

(5) FIX 程序

FIX 能够根据原来的程序伪造替代程序的 3 个时间戳(atime、ctime、mtime)、date、permission、所属用户和所属用户组。在安装 Rootkit 之前,攻击者可以先使用这个程序做一个系统二进制代码的快照,然后再安装替代程序。

(6) 其他工具

一些复杂的 Rootkit 还可以向攻击者提供 Telnet、Shell 和 Finger 等服务。此外,Rootkit 还可能包括一些用来清理/var/log 和/var/adm 目录中其他文件的一些脚本。

3. Rootkit 的使用过程

在熟悉 Rootkit 工具后,攻击者就可能用这些工具攻击一些系统,典型的攻击过程简单概述如下:

(1) 攻击者使用 Rootkit 中的相关程序替代系统原来的 ps、ls、netstat、df 等程序,使系统管理员无法通过这些工具发现自己的踪迹。

(2) 接着,攻击者使用日志清理工具清理系统日志,销毁自己的踪迹。

(3) 然后,攻击者会经常通过安装的后门进入系统查看嗅探器的日志,以发起对周围其他系统的攻击。

如果攻击者能够准确地使用这些优秀的应用程序,并且在安装 Rootkit 时行为谨慎,就会让系统管理员很难发现。系统管理员很难察觉系统已经被侵入,直到某一天其他系统的管理员和他联系或者嗅探器的日志把磁盘全部填满,他才会察觉已经大祸临头了。但是,大多数攻击者在清理系统日志时不是非常小心或者干脆把系统日志全部删除,警觉的系统管理员可以根据这些异常情况判断出系统被侵入。不过,在系统恢复和清理过程中,大多数常用的命令(例如,ps、df

和 ls)已经不可信了。

4. Linux Rootkit Ⅳ[①]的方式

大部分 Rootkit 是针对 Linux 和 SunOS 两类操作系统的,Windows 下的 Rootkit 比较罕见。下面将介绍一个非常典型的针对 Linux 系统的 Rootkit,也就是,Linux Rootkit Ⅳ。Linux Rootkit Ⅳ是一个开放源码的 Rootkit。该 Rootkit 是由 Lord Somer 编写的,并于 1998 年 11 月发布(Linux Rootkit Ⅳ只能用于 Linux 2.x 的内核)。不过,这不是第一个 Linux Rootkit,在它之前有 lrk、lnrk、lrk2 和 lrk3 等 Linux Rootkit。这些 Rootkit 包括常用的 Rootkit 组件,例如,嗅探器、日志编辑/删除工具以及后门程序。

经过这么多年的发展,Linux Rootkit Ⅳ功能变得越来越完善,具有的特征也越来越多。尽管 Linux Rootkit Ⅳ的代码量非常庞大,却非常易于安装和使用,只要执行 Make install 就可以成功安装。如果你还要安装一个 Shadow 工具,只要执行 Make shadow install 就可以了。下面简单地介绍 Linux Rootkit Ⅳ包含的各种工具,详细地介绍请参见其发布包的 Readme 文件。

(1) 隐藏入侵者行踪的程序

为了隐藏入侵者的行踪,Linux Rootkit Ⅳ的作者可谓煞费心机,编写了许多系统命令的替代程序,使用这些程序代替原有的系统命令,用以隐藏入侵者的行踪。隐藏入侵者行踪的程序又可以分为以下几组,分别介绍如下。

- ls、find、du:这些程序会阻止显示入侵者的文件以及计算入侵者文件占用的空间。在编译之前,入侵者可以通过 Rootkit_Files_File 设置自己的文件所处的位置,默认是/dev/ptyr。注意,如果在编译时使用了 Showflag 选项,就可以使用 ls-/命令列出所有的文件。这几个程序还能够自动隐藏所有名字为:ptyr、hack.dir 和 W4r3z 的文件。
- ps、top、pidof:这几个程序用来隐藏所有与入侵者相关的进程。
- Netstat:隐藏出/入指定 IP 地址或者端口的网络数据流量。
- Killall:不会杀死被入侵者隐藏的进程。
- Ifconfig:如果入侵者启动了嗅探器,这个程序就阻止 PROMISC 标记的显示,使系统管理员难以发现网络接口已经处于混杂模式下。
- Crontab:隐藏有关攻击者的 Crontab 条目。
- Tcpd:阻止向日志中记录某些连接。
- Syslogd:过滤掉日志中的某些连接信息。

(2) 权限提升程序

权限提升程序主要为攻击者提供权限提升工具。这类程序又分为以下几组,介绍如下。

- Chfn:提升本地普通用户权限的程序。运行 chfn,在它提示输入新的用户名时,如果用户输入 Rookit 密码,他的权限就被提升为 root。默认的 Rootkit 密码是 satori。
- Chsh:也是一个提升本地用户权限的程序。运行 chsh,在它提示输入新的 Shell 时,如果

① 网址:www.rootkit.com。

用户输入 Rootkit 密码,他的权限就被提升为 root。

- Passwd:和上面两个程序的作用相同。在提示用户输入新密码时,如果输入 Rootkit 密码,权限就可以变成 root。
- Login:允许使用任何账户通过 Rootkit 密码登录。如果使用 root 账户登录被拒绝,可以尝试一下 rewt。当使用后门时,这个程序还能够禁止记录命令的历史记录。

(3) 木马网络监控程序

木马网络监控程序为远程攻击者提供后门,可以向远程攻击者提供 inetd、rsh、ssh 等服务,具体因版本而异。随着版本的升级,Linux Rootkit IV 的功能也越来越强大,特征也越来越丰富。一般包括以下几类网络服务程序。

- Inetd:特洛伊 Inetd 程序,为攻击者提供远程访问服务。
- Rshd:为攻击者提供远程 Shell 服务。攻击者使用 rsh-l rootkitpassword host command 命令就可以启动一个远程 root shell。
- Sshd:为攻击者提供 ssh 服务的后门程序。

(4) 工具程序

所有不属于以上类型的程序都可以归入这个类型,它们实现一些诸如日志清理、报文嗅探以及远程 Shell 的端口绑定等功能。这类程序包括以下几种。

- Fix:文件属性伪造程序。
- Linsniffer:报文嗅探器程序。
- Sniffchk:一个简单的 bash shell 脚本,检查系统中是否正有一个嗅探器在运行。
- Wted:wtmp/utmp 日志编辑程序。可以使用这个工具编辑所有 wtmp 或者 utmp 类型的文件。
- z2:utmp/wtmp/lastlog 日志清理工具。可以删除 utmp/wtmp/lastlog 日志文件中有关某个用户名的所有条目。不过,如果用于 Linux 系统需要手工修改其源代码,设置日志文件的位置。
- Bindshell:在某个端口上绑定 Shell 服务,默认端口是 12497,为远程攻击者提供 Shell 服务。

5. Rootkit 的防范

很显然,只有使网络非常安全,让攻击者无隙可乘,才能使自己的网络免受 Rootkit 的影响。不过,恐怕没有人能够提供这个保证,但是在日常的网络管理维护中保持一些良好的习惯,能够在一定程度上减小由 Rootkit 造成的损失,并及时发现 Rootkit 的存在。要防范 Rootkit,必须注意以下几点。

(1) 首先,不要在网络上使用明文传输口令,或者使用一次性口令。这样,即使系统已经被装入了 Rootkit,攻击者也无法通过网络监听获得更多用户账号和口令,从而避免入侵的蔓延。

(2) 其次,使用 tripwire 和 aide 等完整性检测工具能够及时地帮助用户发现攻击者的入侵。tripwire 和 aide 等工具不同于其他的入侵检测工具,它们不是通过所谓的攻击特征码来检测入侵行为，而是监视和检查系统发生的变化。tripwire 首先使用特定的特征码函数为需要监视的系统文件和目录建立一个特征数据库。所谓特征码函数就是使用任意的文件作为输入，产生一个固定大小的数据（特征码）的函数，通常情况下这个特征码可以选择 md5 摘要或校验和等。入侵者如果对文件进行了修改，即使文件大小不变，也会破坏文件的特征码。利用这个数据库，tripwire 可以很容易地发现系统的变化。文件的特征码几乎是不可能伪造的，因此，系统的任何变化都逃不过 tripwire 的监视。

2.11 智能移动终端恶意代码

据中国手机市场 2006 年年度报告预测，未来 5 年内，中国智能手机的市场份额将从 6% 增长到 20%。随着手机设备的进一步智能化，用户可以通过智能手机从 Internet 上下载应用程序，能够使用蓝牙、WiFi 等无线技术共享其他用户的资源，能够收发栩栩如生的多媒体信息（Multimedia Messageing Service，MMS），也能够在扩展存储卡的支持下存储更多的 MP3、视频等媒体信息。这些智能化功能在给用户带来便利的同时，也带来了潜在的安全问题。据 Scientific American 报告，到 2006 年 8 月，全球移动终端恶意代码总数量已超过 300 个。

移动终端（Mobile Terminal，MT）涵盖所有的现有的和即将出现的各式各样、各种功能的手机和个人数字助理（Personal Digital Assistant，PDA）。随着无线移动通信技术和应用的发展，使现有的手持设备功能变得丰富多彩，它可以拍照、摄像，可以是一个小型移动电视机、也可以是可视电话机，并可具有 PC 大部分功能，当然它也可以用作移动电子商务，可以用作认证，将来还可以作为持有者身份证明（身份证、护照），它也是个人移动娱乐终端。总之，移动终端可以在移动中完成语音、数据、图像等各种信息的交换和再现。

1. 智能移动终端恶意代码定义

迄今为止，移动终端恶意代码没有明确的定义。在国内，普遍接受的手机病毒的定义是：手机病毒和计算机病毒一样，以手机为感染对象，以手机网络和计算机网络为平台，通过病毒短信等形式，对手机进行攻击，从而造成手机异常的一种新型病毒。以此为参考，并结合恶意代码的描述，给出移动终端恶意代码定义如下。

移动终端恶意代码是对移动终端各种病毒的广义称呼，它包括以移动终端为感染对象而设计的普通病毒、木马等。移动终端恶意代码以移动终端为感染对象，以移动终端网络和计算机网络为平台，通过无线或有线通信等方式，对移动终端进行攻击，从而造成移动终端异常的各种不良程序代码。

2. 智能移动终端系统的弱点

如果把移动终端分为手机和 PDA，那么移动终端操作系统也可以分为手机操作系统和 PDA 操作系统。当前全球采用 Symbian 操作系统的智能手机产品仍占据市场的主要地位。由于 Linux 操作系统的开放性较高，智能手机能够较容易地整合第三方软件，研发能力有限的厂商越来越多地选择 Linux 进行智能手机的生产,使得 Linux 操作系统异军突起。对于微软操作系统来说,基于微软在技术研发和资金等方面的优势,目前采用微软系统的智能手机产品逐渐增多。

PDA 市场的主流产品当仁不让首推掌上型计算机,掌上型计算机主要有 4 大类:基于 Palm OS 的 Palm 系列掌上计算机和兼容产品 Visor、TRGpro 等;基于 Microsoft Windows 的掌上计算机,即 Win CE、Pocket PC 和 Pocket PC 2002;基于 Linux 的掌上计算机和基于 Epoc 的掌上计算机。因此,Palm、Windows、Linux、Epoc 成为了 PDA 的主流操作系统,各自占据着不少市场份额。

移动终端操作系统具有很多和普通计算机操作系统相似的弱点。不过,其最大的弱点还在于移动终端比现有的台式计算机更缺乏安全措施。人们已经对台式计算机的安全性有了一定的了解,而且大部分普通 PC 操作系统本身也带有一定的安全措施,已经被设计成能抵抗一定程度攻击的系统。普通 PC 上的安全措施,使它受到安全威胁的可能大为减少。

移动终端操作系统就不同了,移动终端操作系统的设计人员从一开始就没有太多的空间考虑操作系统的安全问题,而且,移动终端操作系统也没有像 PC 操作系统那样经过严格的测试。甚至在国际通用的信息安全评估准则(ISO 15408)中,都没有涉及移动终端操作系统的安全。

智能移动终端操作系统的弱点主要体现在以下几个方面。

(1) 移动终端操作系统不支持任意的访问控制(Discretionary Access Control,DAC),也就是说,它不能够区分一个用户同另一个用户的个人私密数据。

(2) 移动终端操作系统不具备审计能力。

(3) 移动终端操作系统缺少通过使用身份标识符或者身份认证进行重用控制的能力。

(4) 移动终端操作系统不对数据完整性进行保护。

(5) 即使部分系统有密码保护,恶意用户仍然可以使用调试模式轻易地得到用户密码,或者使用类似 PalmCrypt 这样的简单工具得到密码。

(6) 在密码锁定的情况下,移动终端操作系统仍然允许安装新的应用程序。

智能移动终端操作系统的这些弱点危及设备中的数据安全,尤其是当用户丢失终端设备后,一旦恶意用户得到了终端设备,他们就可以毫无阻碍地查看设备中的个人机密数据。如果身边的人有机会接近设备,他们就能修改其中的数据。而终端设备的主人对其他未授权用户的查看一无所知,即使发现有人改动了数据,也没有任何证据表明是谁改动的。也就是说,移动终端操作系统没有提供任何线索帮助发现入侵和进行入侵追踪。

移动终端设备相对于普通 PC 来说,又小又轻,容易丢失。一旦丢失,这些设备又缺少通过使用身份标识符或者身份认证进行使用控制的能力,任何捡到该设备的人都可以看到其中的个人信息。如果其中还包含与公司机密主题相关的客户通信录或者电子邮件信息,这些数据落入他人之手,就有可能给整个共识带来严重的损失。

现在虽然有一些移动终端设备采用了机密措施保护其中的重要数据,但是受到设备的能量和运算能力的限制,加密强度并不大,非常容易被破解。

3. 智能移动终端恶意代码关键技术

移动终端恶意代码是一种以移动终端设备为攻击目标的程序,它以手机或 PDA 为感染对象，以无线通信网络和计算机网络为平台，通过发送病毒短信等形式，对中断设备进行攻击，从而造成设备状态异常。

当然，手机恶意代码在目前还没有达到那种可怕的地步，因为以手机目前的数字处理能力（容量和运算），还不至于强大到可以独立处理、传播恶意代码。所以恶意代码只能通过电脑、WAP 服务器、WAP 网关，GPRS 接入系统等来骚扰手机，而对手机本身实质性的破坏（破坏智能卡、乱拨号等）从技术上讲是非常困难的。但随着 GPRS、3G 的来临，手机趋向一部小型计算机，有计算机恶意代码就会有手机恶意代码，所以在不久的将来，也许手机恶意代码会成为新的恶意代码热点。

（1）智能移动终端恶意代码传播途径

目前，移动终端恶意代码主要通过 3 种途径进行攻击：终端—终端、终端—网关—终端、PC（计算机）—终端。

- 终端—终端：手机直接感染手机，其中间桥梁是诸如蓝牙、红外等无线连接。通过该途经传播的最著名的病毒实例就是国际病毒编写小组 29A 发布 Cabir 病毒。Cabir 病毒通过手机的蓝牙设备传播，使染毒的蓝牙手机通过无线方式搜索并传染其他蓝牙手机。
- 终端—网关—终端：手机通过发送含毒程序或数据给网关（例如，WAP 服务器、短信平台等），网关染毒后再把病毒传染给其他终端或者干扰其他终端。典型的例子是 VBS. Timofonica 病毒，它的破坏方式是感染短信平台后，通过短信平台向用户发送垃圾信息或广告。
- PC（计算机）—终端：病毒先寄宿在普通计算机上，当移动终端连接染毒计算机时，病毒传染给移动终端。

（2）智能移动终端恶意代码攻击方式

从攻击对象来分，现有移动终端恶意代码也可以划分为以下几个类型。

- 短信息攻击：主要是以“病毒短信”的方式发起攻击。
- 直接攻击手机：直接攻击相邻手机，Cabir 病毒就是这种病毒。
- 攻击网关：控制 WAP 或短信平台，并通过网关向手机发送垃圾信息，干扰手机用户，甚至导致网络运行瘫痪。
- 攻击漏洞：攻击字符格式漏洞，攻击职能手机操作系统漏洞，攻击应用程序运行环境漏洞，攻击应用程序漏洞。
- 木马型恶意代码：利用用户的疏忽，以合法身份侵入移动终端，并伺机窃取资料的病毒。例如，Skulls 病毒是典型木马病毒。

（3）智能移动终端恶意代码生存环境

在手机和 PDA 流行的初期，虽然也在不少移动终端设备上发现了安全问题，但真正意义上的恶意代码却非常罕见，这并不是因为没有人愿意写，而是存在着不少技术困难。

① 系统相对封闭

移动终端操作系统是专用操作系统，不对普通用户开放（不像计算机操作系统，容易学习、调试和程序编写)，而且它所使用的芯片等硬件也都是专用的，平时很难接触到。

② 创作空间狭窄

移动终端设备中可以“写”的地方太少。例如，在初期的手机设备中，用户是不可以向手机里面写数据的，唯一可以保存数据的只有 SIM 卡。这么一点容量要想保存一个可以执行的程序非常困难，况且保存的数据还要绕过 SIM 卡的格式。

③ 数据格式单调

以初期的手机设备为例，这些设备接收的数据基本上都是文本格式数据。文本格式是计算机系统中最难附带病毒的文件格式。同理，在移动终端中，病毒也很难附加在文本内容上进行传播。

但是，随着时代的发展，新的病毒、蠕虫的威胁会不断出现，这就有可能影响到众多手持设备，日益普及的移动数据业务成为这些病毒滋生蔓延的温床。在今日越来越多的谈论手机短信、手机邮件、手机铃声及图片的时候，随之而来的是，人们将会看到一些应用程序及插件也随之在手机上出现。这些外来程序使移动终端设备像计算机一样面临病毒的威胁，一些病毒可以利用手机芯片程序的缺陷，对手机操作系统进行攻击。

特别是随着移动终端行业的快速发展，移动终端不多见的局面已经开始发生变化，这主要在于在新设备的设计制造过程中引进了一些新技术。特别是由于以下原因，为移动终端恶意代码的产生、保存、传播都创造了条件。

① 类 Java 程序的应用

类 Java 程序大量运用于移动终端设备，使得编写用于移动终端上的程序越来越容易，一个普通的 Java 程序员甚至都可以编写出能传播的恶意代码程序。

② 操作系统相对稳定

基于 Symbian、Pocket PC、Win CE 和 SmartPhone 的操作系统的终端设备不断扩大，同时设备使用的芯片(如 Intel 的 Strong ARM)等硬件也不断固定下来，使它们有了比较标准的操作系统。并且，这些操作系统厂商甚至芯片都对用户开放 API，并且鼓励在其上做开发工作，这样在方便用户的同时，也方便了病毒制作者，破坏者只需查阅芯片厂商或者操作系统厂商提供的手册就可以编写出运行于移动终端上的恶意代码病毒。

③ 设备容量不断扩大

移动终端设备的容量不断扩大，既增加了其功能，同时也使得病毒有了藏身之地。例如，新型的智能手机都有比较大的容量，甚至能外接 CF 卡。

④ 数据格式多媒体化

移动终端直接应用、传输的内容也复杂了很多，从以前只有文本发展到现在支持二进制格式文件，因此病毒就可以附加在这些文件中进行传播。

(4) 智能移动终端设备漏洞

除了操作系统的漏洞外，移动终端设备本身的漏洞也是编制恶意代码的核心技术。目前为止，曾经被恶意代码利用的漏洞包括以下方面。

① PDU 格式漏洞

2002 年 1 月,荷兰安全公司 ITSX 的研究人员发现,诺基亚的一些流行型号手机的操作系统由于没有对短信的 PDU 格式做例外处理,存在一个 bug。黑客可以利用这个安全漏洞向手机发送一条 160 个字符以下长度的畸形电子文本短信息,使操作系统崩溃。该漏洞主要影响诺基亚 3310、3330 和 6210 型手机。

② 特殊字符漏洞

由于手机使用范围逐渐扩大,中国安全人士对手机、无线网络的安全也产生了兴趣。2001 年底,中国安全组织 Xfocus 的研究人员发现西门子 35 系列手机在处理一些特殊字符时存在漏洞,将直接导致手机关机。

③ VCard 漏洞

VCard 格式是一种全球性的 MIME 标准,最早由 Lotus 和 Netscape 提出。该格式实现了通过电子邮件或者手机交换名片。诺基亚的 6610、6210、6310、8310 等系列手机都支持 VCard,但是其 6210 手机被证实在处理 VCard 上存在格式化字符串漏洞。攻击者如果发送包含格式字符串的 VCard 恶意信息给手机设备,可导致 SMS 服务崩溃,使手机被锁或重启动。

④ Siemens 的% String 漏洞

2003 年 3 月,西门子 35 和 45 系列手机在处理短信时遇到问题。当接收到% String 形式的短信时,例如,% English,西门子手机系统以为是要更改操作系统语言为英文,从而导致在查看该类短信时死机,利用这一点很容易使西门子这类手机遭受拒绝服务攻击。

4. 智能移动终端恶意代码实例

Cabir 智能手机恶意代码是国际病毒编写小组(29a)制造出的世界上首例可在手机之间传播的恶意代码,该恶意代码具有蠕虫的特性。Cabir 是概念验证型恶意代码,除了传播以外,不具有其他恶意功能。该蠕虫只会感染装有 Symbian 操作系统和蓝牙接入模块的先进手机。手机被感染后,蠕虫会在手机启动时自动激活并显示 Caribe 字样。由于它会不断指挥操作系统搜寻附近的蓝牙设备,企图进行传播,尽管不会损害手机操作系统,但会令电池寿命大幅缩短。

2.12 垃圾信息

垃圾信息是指未经用户同意向用户发送的用户不愿意收到的信息,或用户不能根据自己的意愿拒绝接收的信息,主要包含未经用户同意向用户发送的商业类、广告类、违法类、不良信息类等信息。

垃圾信息对应的英文单词为 Spam。Spam 原指一种用猪肉做的午餐肉罐头,如今的意思来源于一部讽刺剧。在这部戏中,有一场讲的是有对夫妻俩去餐馆就餐,妻子不想吃 Spam,她坚持想点些别的菜,可是在餐馆里有一大群人,高声地唱着赞美 Spam 的歌,他们越唱越响,很快在这出戏里所能听到的唯一单词就是 Spam 了。从此人们将泛滥成灾、喧宾夺主、剥夺他人选择权利的行为称为 Spam。随着国际互联网的普及,该单词又成了垃圾信息的专用名词。

根据垃圾信息传播的媒体不同,垃圾信息又可以分为不同的类别:垃圾短信息,是指在手机上传播的垃圾信息;垃圾邮件,是指通过电子邮件传播的垃圾信息;即时垃圾信息,是指在即时消息通信工具上传播的垃圾信息;此外,最近还出现了垃圾信息博客、搜索引擎垃圾信息等概念。

(1) 垃圾短信息

在中国互联网协会发布的《短信息服务规范》征求意见稿中,“垃圾短信”首次有了明确的定义:垃圾短信息,是指未经用户同意向用户发送的用户不愿意收到的短信息,或用户不能根据自己的意愿拒绝接收的短信息,主要包含未经用户同意向用户发送的商业类、广告类等短信息。

(2) 垃圾邮件

从1994年12月开始,Spam一词表示垃圾邮件。指未经请求而发送的电子邮件,如未经发件人请求而发送的商业广告或非法的电子邮件。

《中国互联网协会反垃圾邮件规范》定义垃圾邮件的条款如下:

(一) 收件人事先没有提出要求或者同意接收的广告、电子刊物、各种形式的宣传品等宣传性的电子邮件;

(二) 收件人无法拒收的电子邮件;

(三) 隐藏发件人身份、地址、标题等信息的电子邮件;

(四) 含有虚假的信息源、发件人、路由等信息的电子邮件。

(3) 即时垃圾信息

即时垃圾信息也叫做即时消息垃圾信息,是通过即时消息进行传输的垃圾信息。这类信息主要是通过MSN、OICQ、ICQ等即时聊天工具传播的。

(4) 垃圾信息博客

垃圾信息博客(Spam Blog,Splogs),是一类blog站点,创作者仅使用其推销博客。它的目的是为了增加合作网站的PageRank和(或)从访问者那里获得广告印象。其内容通常是废话或从其他网站偷窃的内容,用很大数量的链接连接到相关的声名狼藉的创作者或没用的网站。

(5) 搜索引擎垃圾信息

该垃圾信息是专门欺骗搜索引擎的信息。搜索引擎垃圾是指为了“搜索引擎优化”而有意设计的便于被搜索引擎的采集器(例如,Spider、Crawl等)发现的信息,例如,大量重复的关键词,用户不可看到的文字等。不同搜索引擎对垃圾信息的定义也有一定差别,例如,Google在举报的垃圾信息的表单中列出了以下几项内容。

- 隐藏的文字或链接。
- 容易误解或堆积的词汇。
- 与检索不匹配的网页。
- 伪装的网页。
- 欺骗性的网址重新指向。
- 专门针对搜索引擎的入门网页。

- 复制的网站或网页。

此外,Google 认为是垃圾信息的也包括其他一些方面,如用图片和无关的词汇填充网页,同样的内容出现在多个域名或次级域名的网页,链接了被认为是低质量的网站,以及容易与知名网站误导的网址(例如,www.yahhoo.com)等。

从搜索引擎对垃圾信息的定义可以看出,搜索引擎对那些利用搜索引擎特点而设计的"技巧"都是非常关注的。由此可见,搜索引擎营销已经进入了实事求是、脚踏实地的时代,采用欺骗搜索引擎的方式实际上也没有多大价值,某些手段即使暂时没有被识破,但随着搜索引擎自身的发展,总有一天会被发现。现在,即使在免费的搜索引擎中,也很难利用 Spam 的方式获得好的排名,在收费登录的搜索引擎和分类目录中,这种 Spam 更加没有意义。

2.13 其他恶意代码

在欲望的驱使下,恶意代码制作者不断想出新的思路编制新的恶意代码,恶意代码技术发展非常迅速。除了前文概述的几种恶意代码外,本节将简单介绍 5 种新型恶意代码:芯片级恶意代码、心理级恶意代码、其他操作系统下的恶意代码、常用黑客工具、恶意代码自动生成器。

1. 芯片级恶意代码

战争是驱使恶意代码发展的主要动力之一。进入 20 世纪 90 年代之后,美国军方要求新病毒产品比当前流行的产品更精巧,它应对敌方有线和无线的计算机系统具有感染、潜伏、预定、按需激活等破坏能力。据悉,围绕这些技术要求,有的国家已推出一些用于实战的新恶意代码武器。例如,"计算机病毒枪"能从遥远的基地送毒上门,使对方飞机、坦克和潜艇等装备的电子系统染毒。第一代微型计算机芯片"病毒固化"技术产品也在美军问世,并开始嵌入出口的军用计算机芯片中。一旦需要,这些平时发现不了的固化病毒便被遥控激活并发作,使装备这类产品的军队不打自瘫。据称美国中央情报局有一种秘密程序,可以把设有陷阱的计算机芯片插入武器系统中去,武器制造或销售商可能把这样的武器系统运到一个潜在敌对的国家。在 1991 年爆发的海湾战争中,美军已运用初级的计算机病毒战术,成功地攻击了伊拉克的指挥中心,从而揭示了病毒武器实施计算机病毒入侵的核心技术是解决病毒的有效注入。芯片级恶意代码需要解决的关键技术是注入,主要方法有以下几种。

(1) 无线电方式

该方式主要是通过无线电把恶意代码发射到对方电子系统中。此方式是最佳方式,但技术难度也最大。可能的途径有:

① 直接向对方电子系统的无线电接收器或设备发射,使接收器对其进行处理并把恶意代码传染到目标机上。

② 冒充合法无线传输数据。根据得到的或使用标准的无线电传输协议和数据格式,发射恶意代码,使之能够混在合法传输信号中,进入接收器,进而进入信息网络。

（2）固化方式

固化方式是将恶意代码事先存放在硬件（如芯片）中，然后把此硬件直接或间接交付给对方，使恶意代码直接传染给对方电子系统，在需要时将其激活，达到攻击目的。这种攻击方法十分隐蔽，即使芯片被彻底检查，也很难保证其没有其他特殊功能。目前，我国很多计算机组件依赖进口，因此，是潜在的芯片的攻击对象。

2. 心理级恶意代码

所谓心理级恶意代码是指，通过某些技术手段直接影响人类的心理活动或直接诱发人类的疾病的恶意程序。这里强调的是直接性，而不是间接性。

据科学连线网报道，美国的多位患有癫痫病的网友向警方报案称，他们在浏览一些网站的时候，发觉出现意识不清的现象，甚至有被人控制的感觉。美国联邦调查局（Federal Bureau of Investigation，FBI）在经过调查后发现，一些计算机黑客在使用特殊的方法“攻击”使用计算机的癫痫病患者，故意使他们发病。

据报道，科学家经过模拟试验发现一些攻击在人脑功能上具有异常的反应。专家因此表示现在的科技能力有可能使恶意代码攻击人类大脑功能成为现实。FBI发现有一个秘密的黑客组织利用技术，使网页出现大量不断闪烁的图像，意图很明显是为了引发癫痫患者发作。癫痫病患者浏览这些伪装成可以治疗他们疾病的网站时，这些闪烁的图片会诱使他们癫痫病发作。

在20世纪人类就发现图像和声音是影响人类思想的有力工具。1997年12月16日，日本播放的一部电视剧曾引起六百多名孩子出现痉挛、呕吐、眼睛疼痛，还伴随有其他症状。其原因就是，卡通片Pokemon中的一颗“疫苗炸弹”发生了爆炸，一个像老鼠一样的卡通角色Pikachu眼睛中闪烁了5秒的红光。专家称，这5秒的红光触发了儿童的癫痫病。

除了图像和声音能够成为攻击工具外，专家也担心，如果黑客使用其他方式攻击人类也不是没有可能，而且目前一些生物仿生技术的使用，使得黑客完全有机会利用网络攻击人类大脑。

3. 其他操作系统下的恶意代码

到目前为止，大多数恶意代码都针对DOS或Windows操作系统而设计。然而，市场上除了微软公司的操作系统外，还有一些非常有前景的操作系统，例如，Linux、UNIX、MAC OS、FreeBSD、BeOS等。

Staog是Linux下的第一个病毒，是由澳大利亚的VLAD组织编写。随后，Linux操作系统下出现了Bliss、Morris蠕虫等恶意代码。

2004年出现的Opener专门破坏Mac操作系统的防火墙。此外，专家们还发现了可以在OS X平台上发作的木马程序。

4. 常用黑客工具

在人们的印象中，黑客工具既然是工具，就不应该归结为恶意代码。然而，黑客工具诞生的目的就是攻击（当然也有人用来研究），所以应该把黑客工具作为恶意代码看待。如果把黑客工具这类恶意代码彻底从现实世界中清除了，信息安全攻防双方都将清闲一阵子。实际上，像Fluxay（流光）这样的黑客工具已经被很多杀毒工具识别为恶意代码。

有必要相信,在不久的将来,管制信息社会的黑客工具,将像管制现实社会的暴力工具(例如,枪、刀、炸药等)一样。到那时,只有被授权的单位和个人才有资格研制或使用黑客工具。典型的黑客工具包括扫描器、嗅探器、破解工具等。

5. 恶意代码自动生成器

早在20世纪90年代初期,黑客们就已经设计了病毒生产组件(Virus Creationkit)或繁殖器(Generator)。在这种程序的支持下,Vxer可以通过简单的可视化界面制造病毒,而不需要编程技能。

用"病毒"和"生成器"作为关键字去任何一款商业化搜索引擎检索,都可以得到数以百万计的返回结果。其中不乏使用方便的恶意代码生成器,典型的有VBS恶意代码生成器、自动加壳工具、自动变形工具、木马生成工具等。诸如此类的自动生成器都应该被恶意代码查杀工具阻挡在IT领域之外。

2.14 习 题

1. 木马是一种特殊的恶意代码,它的本质特征是什么?
2. 尝试说明网络钓鱼和社会工程学之间的联系。
3. 移动终端恶意代码的危害主要表现在哪些方面?
4. 垃圾信息的定义是什么?根据现实生活中的实例,说明垃圾信息的种类及其危害。
5. 阅读课外资料,探讨芯片级恶意代码的技术可行性,以及心理级恶意代码的法律界定。

第3章 恶意代码防范原理

由熊猫软件进行的一项调查表明:38%的被调查者认为他们不需要防病毒保护,因为他们并不经常上网,只是有时利用它来访问可靠的网站,或和亲友之间互发电子邮件。同样,英国电信的一次调查也显示了这一观念倾向:28%的英国中小企业认为采用防病毒和防火墙等安全措施对他们来说并不重要。

通过前面的学习,已经知道恶意代码非常危险,计算机系统一旦感染了恶意代码,其后果往往是不堪设想。恶意代码是十分狡猾的,只要计算机连接在网络上,只要浏览网页,只要收发电子邮件,恶意代码就可能会让计算机用户防不胜防。因此,恶意代码的防范是非常有用的技术。本章将恶意代码防范分为6个层次,并详细介绍了检测、清除、预防、免疫4个层次。

本章的主要内容包括:恶意代码防范理论模型、层次结构、恶意代码的检测原理和方法、恶意代码清除的原理和方法、恶意代码的预防、恶意代码的免疫等。

本章学习目标

- 掌握恶意代码防范理论模型
- 掌握恶意代码防范的层次结构
- 理解恶意代码检测知识及实验
- 掌握恶意代码清除知识
- 掌握恶意代码预防知识
- 掌握恶意代码免疫思路

3.1 恶意代码防范技术的发展

在恶意代码防范的初期,编写反恶意代码软件并不困难。在20世纪80年代末和90年代初,许多技术人员通过自己编写针对特定类型的恶意代码防护程序,来防御专一的恶意代码。

Frederick Cohen证明,因为无法创建一个单独的程序,能在有限的时间里检测出所有未知的计算机病毒,同样,对恶意代码这个问题就更是无法解决的了。但是,尽管有很多缺点,反恶意代码程序应用仍然是非常广泛的。

或许有些自以为是专家的计算机安全分析人员错误地认为,任何反恶意代码程序都是毫无用处的，除非它们能够发现所有未知的恶意代码。然而事实上，离开了反恶意代码程序，互联网将会瘫痪。

通常人们并不能完全知道怎样防范恶意代码，甚至不知道如何养成良好的习惯从而降低计算机感染恶意代码的风险。非常不幸的是，疏忽往往是造成恶意代码传播的最大隐患之一。在计算机安全中，社会学方面的因素比技术方面的因素显得更为重要。计算机维护和网络安全配置的最小疏忽，未及时清除已感染的恶意代码，都为恶意代码的扩散打开了方便之门。

在检测和清除的最初阶段，由于数量非常的少，因此恶意代码非常容易对付（1990 年时才仅仅不到 100 个普通计算机病毒）。初期的恶意代码容易对付的原因之二是扩散速度非常缓慢。引导区病毒往往要经过一年或者更长的时间才能从一个国家传播到另外一个国家。那个时候的恶意代码传播只能靠“软盘 + 邮政”的形式，无法和现在的电子邮件相比较。

在全球恶意代码防范历史上，曾经出现过两个比较著名的人物：一是俄罗斯的 Eugene Kaspersky。1989 年，Eugene Kaspersky 开始研究计算机病毒现象。从 1991 年到 1997 年，他在俄罗斯大型计算机公司 KAMI 的信息技术中心，带领一批助手研发出了 AVP 反病毒程序。Kaspersky Lab 于 1997 年成立，Eugene Kaspersky 是创始人之一。2000 年 11 月，AVP 更名为 Kaspersky Anti-Virus。Eugene Kaspersky 成为了计算机反病毒研究员协会（CARO）的成员，该协会的成员都是国际顶级的反病毒专家。另一位是 Doctor Soloman。他创建的 Doctor Soloman 公司曾经是欧洲最大的反病毒企业，后来被 McAfee 兼并，成为最为庞大的安全托拉斯 NAI 的一部分。

而在中国，从 20 世纪 90 年代开始至今的反恶意代码软件市场，KILL 一统天下的结局被终结后，瑞星、江民、金山、交大铭泰等国内反恶意代码软件厂商逐渐把持了大部分市场。疯狂降价、媒体造势、诉讼官司这类已经被国外市场认为过时的交锋，在中国一幕又一幕地上演。现在，更是有外国厂商想进来，中国厂商想出去，两者之间也开始纠缠着牵扯不清的关系。

3.2 中国恶意代码防范技术的发展

从 1988 年我国发现第一个传统计算机病毒“小球”算起，至今中国计算机反恶意代码之路已经走过了 20 年。在攻防双方经历了长期的争斗后，恶意代码迄今为止已经超过了一百万种，而反恶意代码技术也已经更新了一代又一代。

在 DOS、Windows 时代（1988—1998），主要研究防范文件型和引导区型的传统病毒的技术。接下来的十年是互联网时代（1998—2008），主要是针对蠕虫、木马的防范技术进行研究。2008 年以后，恶意代码更加复杂，多数新恶意代码是集后门、木马、蠕虫等特征于一体的混合型产物。新时代的恶意代码的危害方式也发生了根本转变，主要集中在浪费资源、窃取信息等。以下分 3 个时代介绍中国恶意代码防范之路。

1. DOS 杀毒时代①

20世纪80年代末期,国内先后出现了“小球”和“大麻”等传统计算机病毒,而当时国内并没有杀毒软件,一些程序员使用DEBUG跟踪并清除病毒,这也成为最早、最原始的手工杀毒技术。DEBUG通过跟踪程序运行过程,寻找病毒的突破口,然后通过DEBUG强大的编译功能将其清除。在早期的反病毒工作中,DEBUG发挥了重大作用,但由于使用DEGUG需要精通汇编语言和一些底层技术,所以能够熟练使用DEBUG杀病毒的人并不多。早期经常使用DEBUG分析病毒的程序员,在长期的杀毒工作过程中积累了丰富经验以及病毒样本,多数成为后来计算机反病毒行业的中坚技术力量。

随着操作系统和恶意代码技术的发展,以及传统病毒逐渐退出历史舞台,现在的研究人员已经很少用DEBUG去分析病毒,而是普遍应用了IDA、OllyDbg、SoftICE等反编译程序。

恶意代码的增加使得手工跟踪越来越不现实,于是更加便于商业化的防范技术出现了。其中,最具代表性的是特征码扫描技术。特征码扫描技术主要由特征码库和扫描算法构成。而特征码库是可以方便升级的部分,因此更加适合商业化。再后来,随着恶意代码攻击技术的发展,反恶意代码技术也逐步进化,出现了广谱杀毒技术、宏杀毒技术、以毒攻毒法、内存监控法、虚拟机技术、启发式分析法、指纹分析法、神经网络系统等。

2. Windows 时代

随着Windows 95和Windows 98操作系统的逐渐普及,计算机开始进入可视化视窗时代。随着计算机与外界数据交换越来越频繁,恶意代码开始从各种途径入侵。除了软盘外,光盘、硬盘、网络共享、邮件、网络下载、注册表等都可能成为病毒感染的通道。病毒越来越多,一味地杀毒将使计算机用户疲于应付,这时,反病毒工程师开始意识到有效防御病毒比单纯杀毒对于用户价值更大。1999年,中国的江民公司研发成功病毒实时监控技术,首次突破了杀毒软件的单一杀毒概念,开创了从“杀毒”到“反病毒”新时代。从此,杀毒软件也开始摆脱了一张杀毒盘的概念。安装版的杀毒软件与操作系统同步运行,对通过文件、邮件、网页等途径进入计算机的数据进行实时过滤,发现病毒在内存阶段立即清除,抵御病毒于系统之外。

随着这一技术的发展和完善,目前实时监控技术已经非常完善,典型的实时监控系统具有文件监视、邮件监视、网页监视、即时通信监视、木马注册表监视、脚本监视、隐私信息保护7大实时监控功能,从入侵通道封杀病毒,成为目前杀毒软件最主流、最具价值的核心技术。

衡量一款杀毒软件的防杀能力,也主要通过测试实时监控性能,例如,网页上发现的病毒,是在下载过程中报警并清除还是在下载完毕后才报警并处理?经过层层压缩和加密的病毒,杀毒软件是在建目录时便能侦测到并报警,还是选择了这个病毒压缩包后才报警?病毒实时监控技术又包含比特动态滤毒技术、深层杀毒技术、神经敏感系统技术等,这些技术使得杀毒软件在实时监控病毒时更灵敏,清除病毒也更彻底。

---

① 江民科技:中国计算机反病毒20年重要反病毒技术,http://www.jiangmin.com/News/jiangmin/jmnews/chinajm/2008101593229.htm。

3. 互联网时代

2003年以来，伴随着互联网的高速发展，恶意代码也进入了愈加猖狂和泛滥的新阶段，并呈现出种类和数量迅速增长，传播手段越来越广泛，技术水平越来越高，危害越来越大等特征。伴随着恶意代码攻击技术的飞速发展，一些新的恶意代码防范技术也应运而生。

(1) 未知病毒主动防御技术

未知病毒主动防御的核心原理是依据行为判断，不同于常规的特征扫描技术。主动防御监测系统主要是依靠本身的鉴别系统，分析某种应用程序运行进程的行为，从而判断它的行为，达到主动防御的目的。

当前的杀毒软件都是通过从病毒样本中提取病毒特征值构成病毒特征库的，采用特征扫描技术，通过与计算机中的应用程序或者文件等的特征值逐一比对，从而判断计算机是否已经被病毒感染，即由专业反病毒人员在反病毒公司对可疑程序进行人工分析和研究。杀毒软件厂商只有通过用户上报或者通过技术人员在网络上搜索才能捕获到新病毒，然后从新病毒中提取病毒特征值添加到病毒库中，用户通过升级获取最新的病毒库，才能判断某个程序是病毒。

如果用户不升级，用户计算机上安装的杀毒软件就不能防范新出现的病毒，这也是专业反病毒工程师一直强调用户要及时升级杀毒软件病毒库的原因。这种特征值扫描技术的原理决定了杀毒软件的滞后性，使用户不能对网络新病毒及时防御，网络病毒的频频爆发已经使国际、国内反病毒领域开始意识到，亡羊补牢式的防范技术越来越被动，所以主动防御监测技术应运而生。

(2) 系统启动前杀毒技术

近几年，一系列计算机新技术被恶意代码利用，人们发现，恶意代码开始越来越难清除了，中了毒无法查出，查出毒无法清除，甚至杀毒软件反被感染的事情也时有发生。Rootkit、插入线程、插入进程等计算机新技术已经成为木马的常用办法。针对此类疑难恶意代码，BOOTSCAN系统启动前防范技术应运而生，此项技术能够在系统启动之前就开始调用杀毒引擎扫描和清除病毒，而在这一阶段病毒的这些自我保护和对抗反病毒技术的功能还没有运行，因此比较容易被清除。

(3) 反 Rootkit、Hook 技术

越来越多的恶意代码开始利用Rootkit技术隐藏自身，利用Hook技术破坏系统文件，防止被安全软件所查杀。反病毒Rootkit、反病毒Hook技术能够检测出深藏的病毒文件、进程、注册表键值，并能够阻止病毒利用Hook技术破坏系统文件，接管病毒Hook，防御恶意代码于系统之外。

(4) 虚拟机脱壳

虚拟机的原理是在系统上虚拟一个操作环境，让病毒运行在这个虚拟环境之下，在病毒现出原形后将其清除。虚拟机目前主要应用在脱壳方面，许多未知病毒其实是换汤不换药，只是在原病毒基础上加了一个壳，如果能成功地将病毒的这层壳脱掉，就很容易将病毒清除了。

(5) 内核级主动防御

2008年以来，大部分主流恶意代码都进入了驱动级，开始与安全工具争抢系统驱动的控制权，在争抢系统驱动控制权后，转而控制更多的系统权限。

内核级主动防御技术能够在CPU内核阶段对恶意代码进行拦截和清除。内核级主动防御

系统将查杀模块直接移植到系统核心层直接监控恶意代码，让工作于系统核心态的驱动程序去拦截所有的文件访问，是计算机信息安全领域技术发展新方向。

3.3 恶意代码防范理论模型

自20世纪90年代以来，国内外有关学者提出了许多防范恶意代码的理论模型。本节对F. Cohen及K. Jones等人提出的有关模型做简要介绍。

1. F. Cohen提出的"四模型"理论

(1) 基本隔离模型

该模型的主要思想是取消信息共享，将系统隔离，使得恶意代码既不能从外部入侵进来，也不可能把系统内部的病毒扩散出去。我国近几年提出的网络隔离技术可以归属到该模型。

(2) 分隔模型

将用户群分割为不可能互相传递信息的若干封闭子集。由于信息处理流的控制，使得这些子集可被看做是系统被分割成的相互独立的子系统，使得恶意代码只能感染整个系统中的某个子系统，而不会在子系统之间进行相互传播。虚拟专网(VLAN)可以部分实现该模型的机制。

(3) 流模型

对共享的信息流通过的距离设定一个阈值，使得一定量的信息处理只能在一定的区域内流动，若该信息的使用超过设定的阈值，则可能存在某种危险。具备逻辑隔离功能的隔离网闸(GAP)，操作系统的域划分可以实现该模型的功能。

(4) 限制解释模型

限制兼容，采用固定的解释模式，就有可能不被恶意代码感染。IBM提出过类似恶意代码防范计划，即每台计算机安装的操作系统都做相应的变化，而不是完全一样，可以达到阻止恶意代码利用系统特征进行传播、破坏的目的。

2. 类IPM模型

可以针对农作物的病虫害与恶意代码进行下述类比。

对农作物的害虫而言：

它们寄生在健康的农作物上，并且掠夺农作物资源。

通过农作物间的联系而侵害其他农作物。

存在它们出没的"痕迹"。

通过伪装隐藏自身。

由传染机理和破坏机理所构成，对农作物产生危害。

于是，可以

将计算机程序或磁盘文件类比为不断生长、变化的农作物；

将计算机系统比作一个由许多农作物组成的田园；

将恶意代码看成是侵害农作物的害虫；

将计算机信息系统周围的环境看作农业事物处理机构。

农业上的 IPM（Integrated Pest Management）模型实质上是一种综合管理方法。它的基本思想是：一个害虫管理系统是与周围环境和害虫种类的动态变化有关的。它以尽可能温和的方式利用所有适用技术和措施治理害虫，使它们的种类维持在不足以引起经济损失的水平之下。

因此，对恶意代码的遏制就可以借用农业科学管理中已经取得的成就，例如，IPM 模型。虽然两者之间存在很大差别，但它们都是为了解决系统被侵害的问题，因此其防治策略和方法类似。

以上介绍的几种防治恶意代码理论模型虽然带有历史的局限性和应用上的不可能性，例如，“基本隔离模型”中的“取消信息共享”，就与自计算机面世以来几代人梦寐以求并为之不懈奋斗而实现的伟大目标之一——信息共享，这一应用计算机的主要目的背道而驰，这在现实中是不可能做到的；但是这些理论模型对于当前恶意代码的宏观防治仍然具有有益的启示作用。

（1）F. Cohen 的“四模型”说，这种理论的实质是限制控制权限和相对地隔离用户，尽管要使用的系统共享与安全防护共存在现实中是不可能的，但却启示人们可以通过综合权衡、综合治理来防治恶意代码的思路。

（2）K. Jones 和 E. White 的类 IPM 模型的启示如下：

① “寻找害虫生命周期中的薄弱环节并进行针对性控制”，根据恶意代码的含义，知道恶意代码会侵害磁盘文件，也能扩散和驻留在存储介质上。因此，恶意代码必定存在“写操作”，即恶意代码生命周期中的薄弱环节就是“写操作”。由于恶意代码一定会向可执行文件进行“写操作”或把自身复制到存储介质或依附于宿主程序中，所以遏制恶意代码扩散的关键可以是防止“写操作”、识别文件或程序是否已经包含了恶意代码等。

② 设计并监控防范措施，使之能适应各种变化。一成不变的管理防范手段不足以彻底地遏制恶意代码的攻击。

③ 不能仅仅针对那些具有较高价值的文件采取防范恶意代码措施，而应始终如一地对整个系统进行安全防护。

④ 越是根据文件价值的大小而采取不同的安全措施，恶意代码的平均种类就越会增多。

⑤ 遏制恶意代码的核心是人或管理上的问题，而不是技术上的问题。

3.4　恶意代码防范思路

从恶意代码防范的历史和未来趋势看，要成功防范越来越多的恶意代码，使用户免受恶意代码侵扰，需要从以下 6 个层次开展：检测、清除、预防、免疫、数据备份及恢复、防范策略。

恶意代码的检测技术是指，通过一定的技术手段判定恶意代码的一种技术。这也是传统计算机病毒、木马、蠕虫等恶意代码检测技术中最常用、最有效的技术之一。其典型的代表方法是特征码扫描法。

恶意代码的消除技术是恶意代码检测技术发展的必然结果，是恶意代码传染过程的一种逆过程。也就是说，只有详细掌握了恶意代码感染过程的每一个细节，才能确定清除该恶意代码的方法。值得注意的是，随着恶意代码技术的发展，并不是每个恶意代码都能够被详细分析，因此，也并不是所有恶意代码都能够成功清除。正是基于这个原因，数据备份和恢复才显得尤为重要。

恶意代码的防范技术是指，通过一定的技术手段防止计算机恶意代码对系统进行传染和破坏，实际上它是一种预先的特征判定技术。具体来说，恶意代码的防范是通过阻止计算机恶意代码进入系统或阻止恶意代码对磁盘的操作尤其是写操作，以达到保护系统的目的。恶意代码的防范技术主要包括磁盘引导区保护、加密可执行程序、读写控制技术和系统监控技术、系统加固（例如，打补丁）等。在蠕虫泛滥的今天，系统加固方法的地位越来越重要，处于不可替代的地位。

恶意代码的免疫技术出现非常早，但是没有很大发展。针对某一种恶意代码的免疫方法已经没有人再用了，而目前尚没有出现通用的能对各种恶意代码都有免疫作用的技术，从某种程度上来说，也许根本就不存在这样的技术。根据免疫的性质，可以将它归为预防技术。从本质上讲，对计算机系统而言，计算机预防技术是被动预防技术，通过外围的技术增加计算机系统的防范能力；而计算机免疫技术是主动的预防技术，通过计算机系统本身的技术增加自身的防范能力。

数据备份及数据恢复是在清除技术无法满足需要的情况下而不得不采用的一种防范技术。随着恶意代码攻击技术越来越复杂，以及恶意代码数量的爆炸性增长，清除技术遇到了发展瓶颈。数据备份及数据恢复的思路是：在检测出某个文件被感染了恶意代码后，不去试图清除其中的恶意代码使其恢复正常，而是用事先备份的正常文件覆盖被感染后的文件。数据备份及数据恢复中的数据的含义是多方面的，既指用户的数据文件，也指系统程序、关键数据（注册表）、常用应用程序等。“三分技术、七分管理、十二分数据”的说法成为现代企业信息化管理的标志性注释。这充分说明，信息、知识等数据资源已经成为继土地和资本之后最重要的财富来源。

恶意代码的防范策略是管理手段，而不是技术手段。ISO 17799 是关于信息安全管理体系的详细标准，它表达了一个思想，即信息安全是一个复杂的系统工程。在这个系统工程中，不能仅仅依靠技术或管理的任何一方。“三分技术，七分管理”已经成为了信息安全领域的共识。在恶意代码防范领域，防范策略同样重要。一套好的管理制度和策略应该以单位实际情况为主要依据，能及时反映单位实际情况变化，具有良好的可操作性，由科学的管理条款组成。

3.5 恶意代码的检测

恶意代码检测的重要性就如同医生对病人所患疾病的诊断。对于病人，只有确诊以后，医生才能对症下药。对于恶意代码，同样也必须先确定恶意代码的种类、症状，才能准确地清除它。

如果盲目地乱清除,可能会破坏本来就正常的应用程序。

3.5.1 恶意代码的检测原理

恶意代码在感染健康程序后,会引起各种变化。每种恶意代码所引起的症状都具有一定的特点。恶意代码的检测原理就是根据这些特征,来判断病毒的种类,进而确定清除办法。常用的恶意代码检测方法有比较法、校验和、特征码扫描法、行为监测法、感染试验法和分析法等。

1. 比较法

比较法是用正常的对象与被检测的对象进行比较。比较法包括注册表比较法、长度比较法、内容比较法、中断比较法、内存比较法等。比较时可以靠打印的代码清单进行比较,或用软件进行比较(例如,EditPlus、UltraEdit 等软件)。比较法不需要专用的检测恶意代码的程序,只要用常规工具软件就可以进行。而且用比较法还可以发现那些尚不能被现有杀毒程序发现的恶意代码。因为恶意代码传播得很快,新恶意代码层出不穷,由于目前还没有通用的能查出一切恶意代码或通过代码分析就可以判定某个程序中是否含有恶意代码的程序,因此,发现新恶意代码就只有靠手工比较分析法。比较法是反恶意代码工作者的常用方法。

(1) 注册表比较法

当前的恶意代码越来越喜欢利用注册表进行一些工作(例如,自加载、破坏用户配置等),因此监控注册表的变化是恶意代码诊断的最新方法之一。目前网上有很多免费的注册表监控工具(例如,RegMon 等),利用这些工具可以发现木马、恶意脚本等。

(2) 文件比较法

普通计算机病毒感染文件,必然引起文件属性的变化,包括文件长度和文件内容的变化。因此,将无毒文件与被检测的文件的长度和内容进行比较,即可发现是否感染病毒。目前的文件比较法可采用 FileMon 工具。

以文件的长度或内容是否变化作为检测的依据,在许多场合是有效的。众所周知,现在还没有一种方法可以检测所有的恶意代码。文件比较法有其局限性,只检查可疑文件的长度和内容是不充分的。原因在于:

① 长度和内容的变化可能是合法的。有些命令可以引起长度和内容变化。

② 某些病毒可保证宿主文件长度不变。

在上述情况下,文件比较法不能区别程序的正常变化和病毒攻击引起的变化,不能识别保持宿主程序长度不变的病毒,无法判定为何种病毒。实践证明,只靠文件比较法是不充分的,将其作为检测手段之一,与其他方法配合使用,才能发挥其效能。

(3) 中断比较法

中断技术是传统病毒的核心技术,随着操作系统的发展,这种技术已经被现有恶意代码放弃。中断比较法作为对抗传统病毒的手段之一,已经不适用于对抗现有恶意代码。对中断比较法感兴趣的读者,建议查阅网络资料。

(4) 内存比较法

内存比较法用来检测内存驻留型恶意代码。由于恶意代码驻留于内存,必须在内存中申请一定的空间,并对该空间进行占用、保护。通过对内存的检测,观察其空间变化,与正常系统内存的占用和空间进行比较,可以判定是否有恶意代码驻留其间,但无法判定为何种恶意代码。

使用比较法能发现系统的异常。例如,文件的长度和内容的变化。由于要进行比较,保留好原始备份是非常重要的,制作备份时必须保证在干净的环境里进行并妥善保管。

比较法的优点是简单方便,无须专用软件。缺点是无法确认恶意代码的种类和名称。如果发现异常,造成异常的原因尚需进一步验证,以查明是否由于恶意代码造成的。可以看出,制作和保留干净的原始数据备份是比较法的关键。

2. 校验和法

首先,计算正常文件内容的校验和并且将该校验和写入某个位置保存。然后,在每次使用文件前或文件使用过程中,定期地检查文件现在内容算出的校验和与原来保存的校验和是否一致,从而可以发现文件是否被篡改,这种方法称为校验和法,它既可发现已知恶意代码,又可发现未知恶意代码。

由于恶意代码感染并非文件内容改变的唯一原因,文件内容的改变有可能是正常程序引起的,所以校验和法误报警率较高。用监视文件的校验和来检测恶意代码,不是最好的方法。当遇到软件版本更新、变更口令以及修改运行参数时,该方法都会误报警。

校验和法的优点是方法简单,能发现未知恶意代码,被查文件的细微变化也能发现;缺点是必须预先记录正常态的校验和,误报警率较高,不能识别恶意代码名称,程序执行速度变慢。

3. 特征码扫描法

特征码扫描法是用每一个恶意代码体含有的特征码(Signature)对被检测的对象进行扫描。如果在被检测对象内部发现了某一个特征码,就表明发现了该特征码所代表的恶意代码。国外将这种按搜索法工作的恶意代码扫描软件称为 Scanner。

恶意代码扫描软件由两部分组成:一部分是恶意代码特征码库,含有经过特别选定的各种恶意代码的特征码;另一部分是利用该特征码库进行扫描的扫描程序。扫描程序能识别的恶意代码的数目完全取决于特征码库内所含恶意代码的种类有多少。显而易见,库中恶意代码的特征码种类越多,扫描程序能认出的恶意代码就越多。

恶意代码特征码的选择是非常重要的。短小的恶意代码只有一百多字节,而较长的代码串有上百字节。如果随意从恶意代码体内选一段字符串作为其特征码,可能在不同的环境中,该特征码并不真正具有代表性,不能用于将该特征码所对应的恶意代码检查出来。选择特征码的规则如下:

(1) 特征码不应含有恶意代码的数据区,数据区是会经常变化的。

(2) 特征码足以将该恶意代码区别于其他恶意代码和该恶意代码的其他变种。

(3) 在保持唯一性的前提下,应尽量使特征码长度短些,以减少时间和空间开销。

(4) 特征码必须能将恶意代码与正常的程序区分开。

选择恰当的特征码是非常困难的,这也是杀毒软件的精华所在。一般情况下,特征码是连续的若干个字节组成的串,但是有些扫描程序采用的是可变长串,即在串中包含通配符字节。扫描程序使用这种特征码时,需要对其中的通配符做特殊处理。

例如,给定特征码为 D6 82 00 22 ? 45 AC,则 D6 82 00 22 27 45 AC 和 D6 82 00 22 9C 45 AC 都能被识别出来。

又如,给定特征码为 D6 82 ? [?] [?] [?] 45 CB,则可以匹配 D6 82 00 45 CB,D6 82 00 11 45 CB 和 D6 82 00 11 22 45 CB。但不匹配 D6 82 00 11 22 33 44 45 CB,因为 82 和 45 之间的子串已超过 4 个字节。常见恶意代码的特征码如表 3-1 所示。

表 3-1 常见恶意代码的特征代码

恶意代码名	特征代码
AIDS	42 E8 EF FF 8E D8 2D CC
Bad boy	2E FF 36 27 01 0E 1F2E FF 26 25 01
CIH	55 8D 44 24 F8 33 DB 64 87 03
Christmas	BC CA 0A FC E8 03 00 E9 7D 05 50 51 56 BE59 00 B9 1C 09 90 D1 E9 E1
DBASE	80 FC 6C 74 EA 80 FC 58 74 E5
Do-Nothing	72 04 50 EB 07 90 B4 4C
EDV #3	75 1C 80 FE 01 75 17 5B 07 1F 58 83
Friday.432	50 CB 8C C8 8E D8 E8 06 00 E8 D9 00 E9 04 01 06
Ghost	90 EA 59 EC 00 90 90
Ita Vir	48 EB D8 1C D3 95 13 93 1B D3 97
Klez	A1 00 00 00 00 50 64 89 25 00 00 00 00 83 EC 58 53 56 57 89
Lisbon	8B 11 79 3D 0A 00 2E 89
MIXI/Icelandic	43 81 3F 45 58 75 F1 B8 00 43
Ping Pong VB	A1 F5 81 A3 F5 7D 8B 36 F9 81
Stoned/Marijuana	00 53 51 52 06 56 57
Taiwan	8A 0E 95 00 81 E1 FE 00 BA 9E
TYPO Boot	24 13 55 AA
Vcomm	0A 95 4C B3 93 47 E1 60 B4
Worm/Borzella	69 6C 20 36 20 73 65 74 74 65 6D 62 72 65 00 00 5C 64 6C 6C 6D 67 72 64 61 74 00 47 65 73 F9 20 61 69 20 64 69 73 63 65 70 6F 6C 69 20 27 49 6E 20 76 65 72 69 74 E0 2C 20 69 6E 20 76 65 72 69 74 E0 20 76 69 20 64 69 63 6F 20 79 3D
YanKee Doodle	35 CD 21 8B F3 8C C7

虽然特征码扫描法存在很多缺点,但是基于特征码扫描的恶意代码检测仍是今天用得最为普遍的查杀方法。其优点主要如下:

(1) 当特征串选择合适时,检测软件使用方便,对恶意代码了解不多的人也能用它发现恶意代码。

(2) 可识别恶意代码的名称。

(3) 如果特征码选择恰当,误报警率低。

(4) 不用专门软件,用编辑软件也能检测特定恶意代码。

(5) 依据检测结果,可做清除处理。

特征码扫描法的缺点也是明显的,主要如下:

(1) 不容易选出合适的特征码,有时会发出假报警。

(2) 新恶意代码的特征码未加入代码库之前,老版本的程序无法识别出新恶意代码。

(3) 当被扫描的文件很长时,扫描时间较长。

(4) 怀有恶意的恶意代码制造者得到特征码库后,能够根据其内容改变恶意代码。

(5) 测试不彻底,可能产生误报警。只要正常程序内带有特征码,不论是恶意代码残体还是凑巧的随机序列,扫描程序都会报警。

(6) 搜集已知恶意代码的特征代码,费用开销大。

(7) 很难识别变异类恶意代码。

使用基于特征码扫描法的查杀软件方法实现原理非常简单。只要运行查杀程序,就能将已知的恶意代码检查出来。在将这种方法应用到实际中时,需要不断地对特征码库进行扩充,一旦捕捉到恶意代码,经过提取特征码并加入到库中,就能使查杀程序多检查出一种新恶意代码来。使用查杀程序的人不需要太多的知识,但特征码库的维护人员,即恶意代码分析人员则需要具备相当多的关于恶意代码的知识。提取恶意代码特征码时,需要足够的有关知识,需要用到分析恶意代码的专业技术。

4. 行为监测法

利用恶意代码的特有行为特征监测恶意代码的方法称为行为监测法。通过对恶意代码多年的观察、研究,人们发现恶意代码有一些共性的、比较特殊的行为,而这些行为在正常程序中比较罕见。行为监测法就是监视运行的程序行为,如果发现了恶意代码行为,则报警。这些作为监测恶意代码的行为特征可列举如下。

(1) 写注册表

像特洛伊木马、WebPage 恶意代码等都具有写注册表的特性。通过监测注册表读写行为,可以预先防范部分恶意代码。

(2) 自动联网请求

自动联网请求行为是特洛伊木马、蠕虫等的特征。监测应用程序的联网请求行为,也可以预防这部分恶意代码。现在市面上流行的个人防火墙就是通过监控自动联网请求来防止个人信息外泄的。

(3) 病毒程序与宿主程序的切换

染毒程序运行时,先运行病毒,而后执行宿主程序。在两者切换时,有许多特征行为。

(4) 修改 DOS 系统数据区的内存总量

病毒常驻内存后,为了防止 DOS 系统将其覆盖,必须修改内存总量。

(5) 对 com 和 exe 文件做写入动作

病毒要感染可执行文件,必须写 com 或 exe 文件,然而在正常情况下,不应该对这两种文件进行修改操作。

(6) 使用特殊中断

DOS 时期的病毒几乎都使用特殊的中断。例如,引导区型病毒都会占用 INT 13H 功能,并在其中放置病毒所需的代码。

行为监测法的优点在于不仅可以发现已知恶意代码,而且可以相当准确地预报未知的多数恶意代码。但行为监测法也有缺点,即误报警和不能识别恶意代码名称,而且实现过程有一定难度。

5. 感染实验法

感染实验法是一种简单、实用的恶意代码检测方法。由于恶意代码检测工具滞后于恶意代码的发展,当恶意代码检测工具不能发现恶意代码时,如果不会用感染实验法,便束手无策。如果会用感染实验法,可以检测出恶意代码检测工具不认识的新恶意代码,可以摆脱对恶意代码检测工具的依赖,自主地检测可疑新恶意代码。

这种方法的原理是利用了恶意代码的最重要的基本特征:感染特性。所有的恶意代码都会进行感染,如果不会感染,就不称其为恶意代码。如果系统中有异常行为,最新版的检测工具也查不出恶意代码时,就可以做恶意代码感染实验,运行可疑系统中的程序后,再运行一些确切知道不带病毒的正常程序,然后观察这些正常程序的长度和校验和,如果发现有的程序增长,或者校验和变化,就可断言系统中有恶意代码。

6. 分析法

一般来说,使用分析法的人不是普通用户,而是专业技术人员。分析法是反恶意代码工作中不可或缺的重要技术,任何一个性能优良的反恶意代码系统的研制和开发都离不开专门人员对各种恶意代码的详尽而认真地分析。使用分析法的目的如下:

(1) 确认被观察的磁盘引导区和程序中是否含有恶意代码。

(2) 确认恶意代码的类型和种类,判定其是否是一种新恶意代码。

(3) 分析恶意代码体的大致结构,提取特征码以供扫描程序使用。

(4) 详细分析恶意代码,为制定相应的防护措施制订方案。

上述 4 个目的按顺序排列,正好大致是使用分析法的工作顺序。使用分析法要求具有比较全面的有关计算机、操作系统和功能调用以及关于恶意代码方面的各种知识。

要使用分析法检测恶意代码,其条件除了要具有相关的知识外,还需要 SoftICE 等分析工具和专用的试验计算机。因为即使是很熟练的技术人员,使用性能完善的分析软件,也不能保证在短时间内将恶意代码完全分析清楚。而恶意代码有可能在被分析阶段继续传染甚至发作，将数据完全毁坏，这就要求分析工作必须在专门设立的试验用计算机上进行，不怕其中的数据被破坏。在不具备条件的情况下，不要轻易开始分析工作。

以上讨论了6种恶意代码诊断的原理，可以看出，利用原始备份和被检测程序相比较的方法适合于无须专用软件即可发现异常情况的场合，是一种简单而基本的恶意代码检测方法；特征码扫描的方法适用于开发成查杀软件的方式供广大PC用户使用，方便而又迅速，但对新出现的恶意代码会出现漏检的情况，需要与分析法和比较法相结合；分析法主要是由专业人员识别恶意代码，研制防范系统时使用，要求较多的专业知识，是恶意代码防范研究不可缺少的方法。

3.5.2 恶意代码的检测方法

学习了恶意代码检测原理后，就要在该原理的指导下检测恶意代码。通常恶意代码的检测方法有两类：手工检测和自动检测。

1. 手工检测

手工检测是指通过一些工具软件（Debug、UltraEdit、EditPlus、SoftICE、TRW、Ollydbg等）进行恶意代码的检测。这种方法比较复杂，需要检测者熟悉机器指令和操作系统，因而不可能普及。它的基本过程是利用一些工具软件，对易遭恶意代码攻击和修改的内存及磁盘的有关部分进行检查，通过和正常情况下的状态进行对比分析，判断是否被恶意代码感染。用这种方法检测恶意代码费时费力，但可以剖析新恶意代码，并检测一些自动检测工具不认识的新恶意代码。

2. 自动检测

自动检测是指，通过一些自动诊断软件判断系统是否染毒的方法。自动检测方法比较简单，一般用户都可以进行，但需要较好的诊断软件。这种方法可方便地检测大量的恶意代码，但是自动检测工具只能识别已知恶意代码，而且自动检测工具的发展总是滞后于恶意代码的发展，所以自动检测工具只能识别部分未知恶意代码。

从这两种方法的定义，可以看出它们的区别。手工检测方法操作难度大并且技术复杂，它需要操作人员有一定的软件分析经验以及对操作系统有深入的了解。而自动检测方法操作简单，使用方便，适合于一般的计算机用户学习使用。但是，由于恶意代码的种类较多，程序复杂，再加上不断地出现恶意代码的变种，所以自动检测方法不可能检测所有未知的恶意代码。在出现一种新型的恶意代码时，如果现有的各种检测工具无法检测这种恶意代码，则只能用手工方法进行恶意代码的检测。其实，自动检测也是在手工检测成功的基础上将手工检测方法程序化后所得的。因此，手工检测恶意代码是最基本、最有力的工具。

3.5.3 自动检测的源码分析

由于恶意代码入侵事件层出不穷，几乎每一台计算机上都安装了不同品牌的查杀软件。一般用户会认为查杀软件是非常神秘的。那么查杀软件是根据什么原理来工作的呢？在本小节中，主要介绍自动诊断恶意代码的最简单方法——特征码扫描法。基于特征码扫描法的自动诊断程序至少要包括两个部分：特征码(Pattern/Signature)库和扫描引擎(Scan Engine)。

1. 特征码

所谓的特征码其实可以称作恶意代码的“指纹”，当安全软件公司收集到一个新的恶意代码时，就可以从这个恶意代码程序中截取一小段独一无二并且足以表示这个恶意代码的二进制程序代码(Binary Code)，作为查杀程序辨认此恶意代码的依据，而这段独一无二的二进制程序代码就是所谓的特征码。二进制程序代码是计算机的最基本语言(机器码)，在计算机中所有可以执行的程序(例如，exe，com)几乎都是由二进制程序代码所组成。对于宏病毒，虽然它只是包含在Word文件档案中的宏，可是它的宏程序也是以二进制代码的方式存在于Word文件档中。特征码是如何产生的呢？其实特征码必须依照各种不同格式的档案及恶意代码感染的方式取得。例如，有一个Windows的程序被恶意代码感染，那么安全软件公司就必须先研究出Windows文件存储的格式，看看Windows文件是怎么被操作系统执行，以便找出Windows程序的进入点，因为恶意代码就是藏身在这个程序中取得控制权并进行传染及破坏，知道恶意代码程序在一个Windows文件中所存在的位置之后，就可以从这个区域中找出一段特殊的恶意代码特征码供扫描引擎使用。

在安全软件公司中都有技术人员专门在为各种不同类型的恶意代码提取特征码，可是当恶意代码越来越多，要找出每一个恶意代码都独一无二的特征码可能并不太容易，有时候甚至这些特征码还会误判到一些不是恶意代码的正常文件，所以通常安全软件公司在将恶意代码特征码送给客户前都必须先经过一番严格的测试，才放在互联网上供使用者自由下载。

2. 扫描引擎

扫描引擎是查杀软件中最为精华的部分。当使用一套软件时，不论它的界面是否精美，操作是否简便，功能是否完善，这些都不足以证明一套查杀软件的好坏。事实上，当用户操作查杀软件去扫描某一个磁盘驱动器或目录时，他其实是把这个磁盘驱动器或目录下的文件一一送进扫描引擎进行扫描，也就是其所呈现的漂亮界面其实只是一个用户接口(User Interface，UI)，真正影响扫描速度及检测准确率的因素就是扫描引擎，扫描引擎是一个没有界面、没有包装的核心程序，它被放在查杀软件所安装的目录之下，就像汽车引擎平常是无法直接看见的，可是它却是影响汽车性能最主要的关键。有了特征码，有了扫描引擎，再配合一个精美的操作界面，就成了市场上所看到的查杀软件。

绝大多数的人都以为安装了一套查杀软件之后，就可以从此高枕无忧了。这是一个绝对错误的观念，因为恶意代码的种类及形态一直在改变，新恶意代码也每天不断地产生，如果不经常更换最新的特征码以及扫描引擎，再强大的查杀软件也会有失灵的一天。举个最明显的例子，在还没有出现宏病毒以前，全世界没有任何一家查杀软件厂商支持宏病毒扫描能力，如果还在沿用数年前的查杀软件，就无法侦测到宏病毒了，所以必须使用能扫描到宏病毒的特征码及支持宏病毒的扫描引擎。

若只单单更换特征码或扫描引擎还是不够的，因为旧的特征码文件可能还没加入宏病毒的特征码，或者是旧的扫描引擎根本不支持对某种文件进行查杀，因此必须同步更新特征码和扫描引擎才能发挥效果。由于特征码和扫描引擎是杀毒工作中相当重要的一环，目前一些比较大的安全软件厂商都将特征码及扫描引擎放在网站上供人免费下载。

3.6 恶意代码的清除

在上一节介绍了一个根据恶意代码特征码查找恶意代码的程序实例，其原理是在文件中查找恶意代码特征码并逐一核对。清除恶意代码比查找恶意代码在原理上要难得多。如果要清除恶意代码，则不仅需要知道恶意代码的特征码，还需要知道恶意代码的感染方式，以及详细的感染步骤。

3.6.1 恶意代码的清除原理

将感染恶意代码的文件中的恶意代码模块摘除，并使之恢复为可以正常使用的文件的过程称为恶意代码清除（杀毒）。要知道，并不是所有的染毒文件都可以安全地清除掉恶意代码，也不是所有文件在清除恶意代码后都能恢复正常。由于清除方法不正确，在对染毒文件进行清除时有可能将文件破坏。有些时候，只有做低级格式化才能彻底清除恶意代码，但却会丢失大量文件和数据。不论采用手工还是使用专业杀毒软件清除恶意代码，都是危险的，有时可能出现“不治病”反而“赔命”的后果，将有用的文件彻底破坏了。

根据恶意代码编制原理的不同，恶意代码清除的原理也是不同的，大概可以分为引导区病毒、文件型病毒、蠕虫和木马等的清除原理。本节主要以引导区病毒、文件型病毒为例介绍恶意代码清除原理。

1. 引导区病毒的清除原理

引导区病毒是一种只能在DOS系统发挥作用的陈旧恶意代码。引导区病毒感染时的攻击部位和破坏行为包括：

（1）硬盘主引导扇区。

（2）硬盘或软盘的BOOT扇区。

（3）为保存原主引导扇区、BOOT扇区，病毒可能随意地将它们写入其他扇区，而毁坏这些扇区。

（4）引导区病毒发作时，执行破坏行为造成种种损坏。

根据引导区病毒感染和破坏部位的不同，可以按以下方法进行修复。

第一种：硬盘主引导扇区染毒。

硬盘引导区染毒是可以修复的，修复步骤如下：

(1) 用干净的软盘启动系统。

(2) 寻找一台同类型、硬盘分区相同的无毒计算机,将其硬盘主引导扇区写入一张软盘中。

(3) 将此软盘插入被感染计算机,将其中采集的主引导扇区数据写入染毒硬盘,即可修复。

第二种:硬盘、软盘 BOOT 扇区染毒。

这种情况也是可以修复的。修复方法是寻找与染毒盘相同版本的干净系统软盘,执行 SYS 命令。

第三种:目录区修复。

如果引导区病毒将原主引导扇区或 BOOT 扇区覆盖式写入根目录区,被覆盖的根目录区完全损坏,不可能修复。如果仅仅覆盖式写入第一 FAT 表时,第二 FAT 表未被破坏,则可以修复。修复方法是将第二 FAT 表复制到第一 FAT 表中。

第四种:占用空间的回收。

引导区病毒占用的其他部分磁盘空间,一般都标示为"坏簇"或"文件结束簇"。系统不能再使用标示后的磁盘空间,当然,这些被标示的空间也是可以收回的。

2. 文件型病毒的清除原理

在文件型病毒中,覆盖型病毒是最恶劣的。覆盖型文件病毒硬性覆盖了一部分宿主程序,使宿主程序的部分信息丢失,即使将病毒杀掉,程序也已经不能修复。对覆盖型病毒感染的文件只能将其彻底删除,没有挽救原文件的余地。如果没有备份,将造成很大的损失。

除了覆盖型病毒之外,其他感染 com 和 exe 的文件型病毒都可以被清除干净。因为病毒在感染原文件时没有丢弃原始信息,既然病毒能在内存中恢复被感染文件的代码并予以执行,则可以按照病毒传染的逆过程将病毒清除干净,并恢复到其原来的功能。

如果染毒的文件有备份,将备份的文件复制后也可以简单地恢复原文件,即不需要专门清除。执行文件若加上自修复功能,遇到病毒的时候,程序可以自行复原;如果文件没有加上任何防护,就只能够靠杀毒软件清除,但是,用杀毒软件清除病毒也不能保证完全复原原有的程序功能,甚至有可能出现越清除越糟糕,以至于造成在清除病毒之后文件反而不能执行的局面。因此,对于重要资料必须养成随时备份的操作习惯以确保万无一失。

由于某些病毒会破坏系统数据,例如破坏目录结构和 FAT,因此在清除完病毒之后,还要进行系统维护工作。可见,病毒的清除工作与系统的维护工作往往是分不开的。

3. 清除交叉感染病毒

有时一台计算机内同时潜伏着几种病毒,当一个健康程序在这台计算机上运行时,会感染多种病毒,引起交叉感染。

多种病毒在一个宿主程序中形成交叉感染后,如果在这种情况下杀毒,一定要格外小心,必须分清病毒感染的先后顺序,先清除感染的病毒,否则会把程序"杀死"。虽然病毒被杀死了,但程序也不能使用了。

一个宿主程序交叉感染多个病毒的结构如图 3-1 所示。

从图3－1中可以看出病毒的感染顺序如下：

病毒1──→病毒2──→病毒3

当运行被感染的宿主程序时，病毒夺取计算机的控制权，先运行病毒程序，顺序如下：

病毒3──→病毒2──→病毒1

在杀毒时，应先清除病毒3，然后清除病毒2，最后清除病毒1，层次分明，不能混乱，否则会破坏宿主程序。

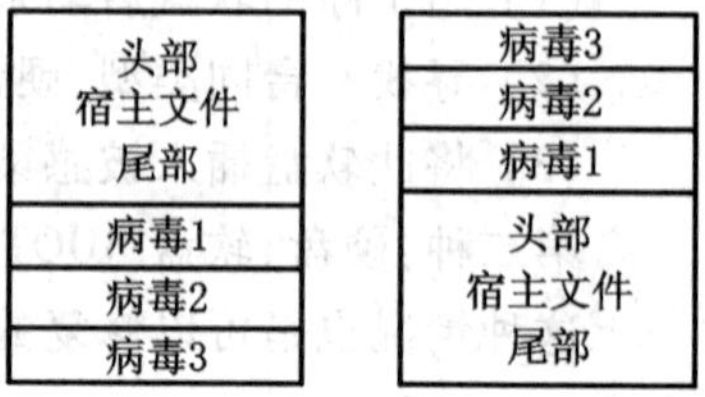

图3－1 病毒交叉感染（头部和尾部）示意图

3.6.2 恶意代码的清除方法

恶意代码的清除可分为手工清除和自动清除两种方法。

手工清除恶意代码的方法使用Debug、Regedit、SoftICE和反汇编语言等简单工具，借助于对某种恶意代码的具体认识，从感染恶意代码的文件中摘除恶意代码，使之复原。手工操作复杂、速度慢、风险大，需要熟练的技能和丰富的知识。

自动清除方法是使用查杀软件进行自动清除恶意代码并使之复原的方法。自动清除方法操作简单、效率高、风险小。当遇到被感染的文件急需恢复而又找不到查杀软件或软件无效时，才会使用手工修复的方法。从与恶意代码对抗的全局情况看，人们总是从手工清除开始，获取一定经验后再研制成相应的软件产品，使计算机自动地完成全部清除操作。

手工修复很麻烦，而且容易出错，还要求对恶意代码的原理很熟悉。用查杀软件进行自动清除则比较省事，一般按照菜单提示和联机帮助就可以工作了。自动清除的方法基本上是将手工操作加以编码并用程序实现，其工作原理是一样的。为了使用方便，查杀软件需要附加许多功能，包括：用户界面，错误和例外情况检测和处理，磁盘目录搜索，联机帮助，内存的检测与清除，报告生成，对网络驱动器的支持，软件自身完整性（防恶意代码和防篡改）的保护措施以及对多种恶意代码的检测和清除能力等。

如果自动方法和手工方法仍不奏效，那就只能对磁盘进行低级格式化了。经过格式化，虽然可以清除所有恶意代码，但却以磁盘上所有文件的丢失作为代价。

3.7 恶意代码的防范

基于特征码的扫描技术是一种滞后性技术，而恶意代码的防范技术则是先前性技术，它通过一定的技术手段防止恶意代码对计算机系统进行传染和破坏，以达到保护系统的目的。恶意代码的防范技术主要包括系统监控技术、源监控技术、个人防火墙技术、系统加固技术等。

3.7.1 系统监控技术

系统监控技术(实时监控技术)已经形成了包括注册表监控、脚本监控、内存监控、邮件监控、文件监控在内的多种监控技术。它们协同工作形成的防护体系,使计算机预防恶意代码的能力大大增强。据统计,计算机只要运行实时监控系统并进行及时升级,基本上能预防80%的恶意代码,这一完整的防护体系已经被所有的安全公司认可。当前,几乎每个恶意代码防范产品都提供了这些监控手段。

实时监控概念最根本的优点是解决了用户对恶意代码的“未知性”,或者说是“不确定性”问题。用户的“未知性”其实是计算机反恶意代码技术发展至今一直没有得到很好解决的问题之一。值得一提的是,到现在还总是会听到有人说:“有病毒?用杀毒软件杀就行了。”问题出在这个“有”字上,用户判断有无恶意代码的标准是什么?实际上等到用户感觉到系统中确实有恶意代码在作怪的时候,系统已到了崩溃的边缘。

实时监控是先前性的,而不是滞后性的。任何程序在调用之前都必须先过滤一遍。一旦有恶意代码侵入,它就报警,并自动查杀,将恶意代码拒之门外,做到防患于未然。这和等恶意代码侵入后甚至遭到破坏后再去杀毒是不一样的,其安全性更高。互联网是大趋势,它本身就是实时的、动态的,网络已经成为恶意代码传播的最佳途径,迫切需要具有实时性的反恶意代码软件。

实时监控技术能够始终作用于计算机系统之中,监控访问系统资源的一切操作,并能够对其中可能含有的恶意代码进行清除,这也正与医学上“及早发现、及早根治”的早期治疗方针不谋而合了。

3.7.2 源监控技术

密切关注、侦测和监控网络系统外部恶意代码的动向,将所有恶意代码源堵截在网络入口处,是当前网络防范恶意代码技术的一个重点。

人们普遍认为网络恶意代码防范必须从各个不同的层次堵截其来源。趋势监控系统(Trend Virus Control System,TVCS)不仅可完成跨网域的操作,而且在传输过程中还能保障文件的安全。该套系统包括针对Internet代理服务器的InterScan,用于Mail Server的ScanMail,针对文件服务器的ServerProtect,以及用于终端用户的PC-Cillin等全方位解决方案,这些防范技术整合在一起,便构成了一道网关防毒网。

另外,消息跟踪查寻协议(Message Tracking Query Protocol,MTQP)允许电子邮件发送者跟踪邮件的消息,并监测邮件的传输路线。通过这个协议,用户可以像跟踪UPS或FedEx投递的包裹一样跟踪邮件信息。电子邮件发送者能收到邮件已经被接收者收到的消息。同样,电子邮件的接收者也可以知道发送者身份。这个协议也包括简单邮件传递协议(SMTP),它提供必要的跟踪信息的消息。

3.7.3　个人防火墙技术

个人防火墙以软件形式安装在最终用户计算机上，阻止由外到内和由内到外的威胁。个人防火墙不仅可以监测和控制网络级数据流，而且可以监测和控制应用级数据流，弥补边际防火墙和防病毒软件等传统防御手段的不足。个人防火墙和边际防火墙的区别是，前者可以监测和控制应用级数据流。如果一个本不应该对外联网的应用程序对外发起了网络连接，个人防火墙就会将这个行为报告给用户，这可以预防木马、后门等恶意代码的攻击。

个人防火墙的作用是阻断这些不安全的网络行为。它对计算机发往外界的数据包和外界发送到计算机的数据包进行分析和过滤，将对不正常的、恶意的和具备攻击性的数据包拦截，并且向用户发出提醒。

如果把杀毒软件比作铠甲和防弹衣，那么个人防火墙可以比作是护城河或是屏护网，隔断内外的通信和往来，外界侦查不到内部的情况，也进不来，内部人员也无法越过这层保护将信息送达出去。除了阻断向外发送密码等私密信息，阻挡外界的控制外，个人防火墙的作用还在于屏蔽来自外界的攻击，如探测本地的信息和一些频繁的数据包流向本地。

像网络层的边界防火墙一样，个人防火墙可以控制端口。此外，个人防火墙的最大特点是采用以应用程序为中心的方式控制数据流，根据应用程序开放和关闭端口。例如，Sasser 蠕虫试图通过 445 端口连接到 PC 上。个人防火墙能够通过关闭 455 端口防止 PC 感染 Sasser 蠕虫。

个人防火墙通过监测应用程序向操作系统发出通信请求，进行应用程序级的访问控制。首先，个人防火墙将每个应用程序与它发出的网络连接请求建立关系。然后，个人防火墙根据用户定义的规则，决定允许或是拒绝该应用程序的网络连接请求。这样可以防止未经许可的应用程序建立与 Internet 的非法连接。个人防火墙可以有效阻止蠕虫、木马和间谍软件的非法数据连接，进而有效防范它们。

3.7.4　系统加固技术

系统加固是防黑客领域的基本问题，主要是通过配置系统的参数（例如，服务、端口、协议等）或给系统打补丁减少系统被入侵的可能性。常见的系统加固工作主要包括安装最新补丁，禁止不必要的应用和服务，禁止不必要的账号，去除后门，内核参数及配置调整，系统最小化处理，加强口令管理，启动日志审计功能等。

在防范恶意代码领域，系统补丁的管理已经成为了商业软件的必选功能。例如，360 安全卫士就以补丁管理著称。一般和计算机相关的补丁不外乎系统安全补丁、程序 bug 补丁、英文汉化补丁、硬件支持补丁和游戏补丁 5 类，其中系统安全补丁是最重要的。

所谓系统安全补丁主要是针对操作系统量身订制的。对于最常用的 Windows 操作系统，由于开发工作复杂，代码量巨大，出现蓝屏死机或者非法错误已是司空见惯。而且在网络时代，有人会利用系统的漏洞侵入用户的计算机并盗取重要文件！因此微软公司不断推出各种系统安全补丁，旨在增强系统安全性和稳定性。

3.8 恶意代码的免疫

给生物有机体注射疫苗，可以提高其对生物病毒的抵抗能力。同样，采用给计算机注射恶意代码疫苗的方法，可以预防计算机系统的恶意代码。正是基于这种思想，免疫技术成为了最早的防病毒技术之一。从本质上讲，计算机免疫技术是通过计算机系统本身的技术提高自己的防范能力，是主动的预防技术。从早期的针对一种恶意代码的免疫技术，到现在的数字免疫系统，恶意代码免疫历经了数十年的发展。

3.8.1 恶意代码的免疫原理

恶意代码的传染模块一般包括传染条件判断和实施传染两部分，在恶意代码被激活的状态下，恶意代码程序通过判断传染条件的满足与否决定是否对目标对象进行传染。一般情况下，恶意代码程序为了防止重复感染同一个对象，都要给被传染对象加上传染标识。检测被攻击对象是否存在这种标识是传染条件判断的重要环节。若存在这种标识，则恶意代码程序不对该对象进行传染；若不存在这种标识，则恶意代码程序就对该对象实施传染。基于这种原理，自然会想到，如果在正常对象中加上这种标识，就可以不受恶意代码的传染，以达到免疫的效果。

从实现恶意代码免疫的角度看恶意代码的传染，可以将恶意代码的传染分成两种。一种是在传染前先检查待传染对象是否已经被自身传染过，如果没有则进行传染，如果传染了则不再重复进行传染。这种用作判断是否被恶意代码自身传染的特殊标志被称做传染标识。第二种是在传染时不判断是否存在免疫标识，恶意代码只要找到一个可传染对象就进行一次传染。就像黑色星期五那样，一个文件可能被黑色星期五反复传染多次，滚雪球一样越滚越大。在过去，对于前一种恶意代码容易进行免疫，而对于后一种恶意代码的免疫非常难以实现。

3.8.2 免疫的方法及其特点

本小节介绍安全软件使用的免疫方法是如何工作的。历史上曾经使用过的免疫方法有两种。

1. 基于感染标识的免疫方法

在成功感染后，小球病毒会在 DOS 引导扇区的 1FCH 处填上 1357H。因此，当小球病毒在引导区中检查到这个标志就认为已经成功感染过，而不再对它进行传染。1575 文件型病毒的特殊标志是文件尾的内容为 0CH 和 0AH 的两个字节。这种免疫方法的优点是可以有效地防止某一种特定恶意代码的传染。但缺点也很严重，该方法存在以下不足：

(1) 对于不设有感染标识的恶意代码不能达到免疫的目的。

(2) 当恶意代码变种时,不再使用原免疫标志,该方法就失效了。

(3) 某些恶意代码的免疫标志不容易仿制,需要对原文件做大的改动才能加上这种标志。

(4) 由于恶意代码的种类较多,如果一个对象加上所有恶意代码的免疫标识,则会导致其体积大增。

(5) 这种方法能阻止传染,却不能阻止其他行为。

因此,当前使用这种免疫方法的商品化安全防范软件已经不存在了。在恶意代码防范的初期,由于恶意代码的数量非常少,该免疫方法曾经很流行。

2. 基于完整性检查的免疫方法

这种方法只能用于文件而不能用于引导扇区。这种方法的原理是,为可执行程序增加一个免疫外壳,同时在免疫外壳中记录有关用于完整性检查的信息。执行具有这种免疫功能的程序时,免疫外壳首先运行,检查自身的程序校验和,若未发现异常,则转去执行受保护的程序。国内防毒史上的"东方快车"是采用该免疫技术的代表软件。

不论什么原因使这些程序改变或破坏,免疫外壳都可以检查出来,并发出警报,用户可选择进行自毁、重新引导启动计算机或继续等操作。这种免疫方法可以看作是一种通用的自我完整性检验方法。这种方法不只是针对恶意代码的,对于其他原因造成的文件变化,免疫外壳程序也都能检查出来并报警。该方法存在以下缺点和不足:

(1) 每个受到保护的文件都需要额外的存储空间。

(2) 现在常用的一些校验码算法仍不能满足防恶意代码的需要。

(3) 无法对付覆盖型的文件型恶意代码。

(4) 有些类型的文件不能使用外加免疫外壳的防护方法。

(5) 一旦恶意代码被免疫外壳包在里面时,它就成了被保护的恶意代码。

从以上的讨论可以看出,在采取了技术上和管理上的综合治理措施之后,尽管目前尚不存在完美、通用的免疫方法,但计算机用户仍然完全可以控制住局势,可以将时间和精力用于更具有建设性的工作上。

3.8.3 数字免疫系统

数字免疫系统(Digital Immune System)是赛门铁克与 IBM 共同合作研究开发的一项网络防病毒技术。采用该技术的网络防病毒产品能够应付网络病毒的爆发和极端恶意事件的发生。数字免疫系统可以将病毒解决方案广泛发送到被感染的 PC 上,或者发送到整个企业网络系统中,从而提高了网络系统的运行效率。

该系统的目标是提供快速响应时间,使得几乎可以在产生病毒的同时就消灭它。当新病毒进入到一个系统时,该系统自动捕获到该病毒并进行分析,同时将它添加到病毒库中,以增加系统保护能力,接着清除它,并把关于这个病毒的信息传送给正在运行 DIS 系统,因而可以使得该病毒在其他地方运行之前被检测到。

图 3－2 给出了数字免疫系统的典型操作步骤。

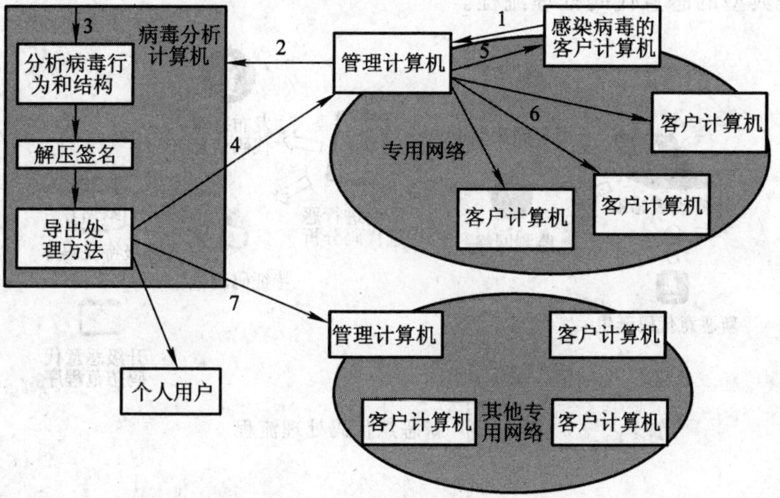

图 3－2 数字免疫系统

（1）每个 PC 中的监视程序根据系统行为、程序中的可疑变化和已知的病毒列表等各种启发式信息，来推断是否存在病毒。监视程序将怀疑已经感染了病毒的程序副本发送到组织中的管理计算机中。

（2）管理计算机对样本进行加密，并发送到一台中央病毒分析计算机中。

（3）该计算机创建一个环境，使得被感染的程序可以在这个环境中安全地运行。相关技术包括模拟或者创建一个保护环境，使得能够在这个环境中执行和监视这个可疑的程序。然后由病毒分析计算机产生一个命令识别并删除病毒。

（4）解决方案被送回管理计算机。

（5）管理计算机把这个解决方案发送给被感染客户。

（6）该解决方案还可以继续发送给组织中的其他客户。

（7）全世界的用户经常能接收到反病毒升级程序，从而防止新病毒的感染。

数字免疫系统的成功取决于病毒分析计算机检测新病毒和病毒的新变种的能力。通过不断地分析和监视进而发现新病毒，它可以不断地更新数字免疫软件，使得其可以处理新的威胁。

3.9 恶意代码处理流程

恶意代码问题已经成为了一个社会问题，任何一方面措施的滞后都可能带来巨大的损失。因此,从恶意代码产生到用户获悉相关信息,获得防范工具必须有一个规范的流程。在这个规范流程的指导下,用户和恶意代码防范软件生产厂商相互配合,以尽快提出应对新型恶意代码的方案。

图 3－3 是典型的恶意代码处理流程。

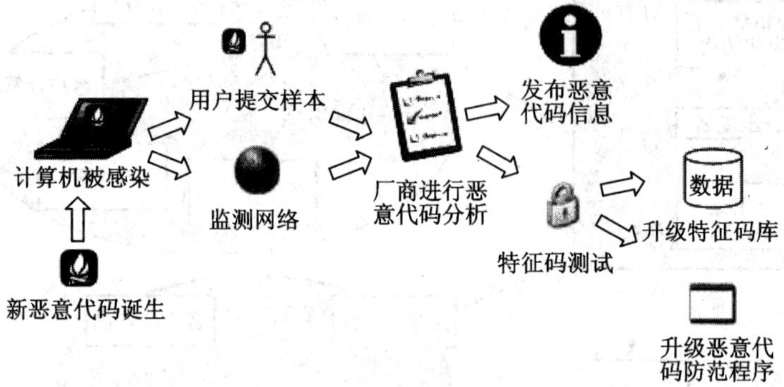

图 3－3 新恶意代码处理流程

当新恶意代码出现后,必然会设法传播出去。当用户被感染后,会表现出一定的异常,用户可能会将这种样本提交给专业的恶意代码防范软件厂商。厂商获得样本的另一个途径是通过厂商自己搭建的恶意代码监测网络,该网络可能是全球范围内的,投资成本将非常可观。厂商获得样本后即组织专业人员分析该样本,分析的结果包括:该恶意代码的制作技术,恶意代码的特征代码,恶意代码的清除方法,恶意代码的防范建议等。针对该恶意代码的防范建议及其工作原理将通过特定的媒体发布给公众,以防止该恶意代码的进一步传播。

作为厂商要做的另一件事情是为自己的客户提供服务。测试提取的特征代码的可用性,测试提出的清除方法的正确性。在保证正确的前提下,将恶意代码特征发布给客户,因此客户需要升级自己的特征代码库,以使自己的软件具有防范这种新恶意代码的能力。当恶意代码的行为非常新颖时,仅仅升级特征代码库也许不能完全满足防范要求,还可能必须升级扫描引擎。后者是厂商尽力避免的,但却不能永远避免。

3.10 章节实验

【实验目的】

掌握恶意代码查找基本原理。

【能力提升】

在本实验的基础上,可以进行以下提升。

(1) 将恶意代码特征代码从 C 代码中独立出来,组织成一个文件(恶意代码特征库)的形式。并且可以在文件中任意增删特征码,而不需要修改源代码。

(2) 参考数据结构和算法课程中的查找算法,把 VirusScan 函数中的简单匹配算法进行改进,以提高其效率。

【实验平台】

Windows XP 操作系统

Visual Studio 6.0 应用程序

【实验步骤】

源码位置:源码可在中国高校计算机课程网(http://computer.cncourse.com)上获取,下载方法详见本书前言,解压目录为\Attachment\ch03\Chiklez\。

该目录下的 DontAllow 是防删除功能的动态链接库,事先编译该程序。

编译根目录下的程序,生成恶意代码查找应用程序。

运行 VirRemv.exe,根据按钮指示操作,体验恶意代码查找功能。

【实验源码】

VirScan 是一个简单的示例程序,该程序演示了根据特征码发现特定恶意代码(CIH 和 Klez)的方法。VirScan 是基于 MFC 实现的。

VirScan 从程序入口点开始查找恶意代码特征码。入口点是根据 PE 文件格式实现的,如果读者不了解这些知识,请查阅相关文档。程序实现了对目录的递归搜索,默认情况下,会查找 PE 类型文件的恶意代码。由于 Klez 会卸载查杀引擎,其破坏力更加强大。为了防止被恶意代码破坏,VirScan 用一个 DLL 保持扫描引擎的活动状态,以达到保护扫描引擎的目的。

在程序入口点获取了部分标记后即可将其作为恶意代码特征码。对于 CIH 来说,由于它不会动态地改变程序入口点处的标记,这种获得特征码的方法是没有问题的。但是对于 Klez 来说就不太合适了。Klez 会动态改变程序入口点处的前 16 个字节,所以 VirScan 跳过了前 16 个字节。

在介绍程序以前,首先构造一个简单的特征代码库 Virus.pattern。为了方便,该文件采用 ASCII 码制作,用 Notepad.exe 打开它就可以看到下面的内容。Virus.pattern 的结构如下:

```
Klez = {A1,00,00,00,00,50,64,89,25,00,00,00,00,83,EC,58,53,56,57,89};
Cih = {55,8D,44,24,F8,33,DB,64,87,03};
```

1. 初始化

在初始化阶段,要完成两件事情:第一件就是从特征码库中读取各个恶意代码的特征码,并转换成十六进制;第二件事就是保护 VirScan 程序,防止被删除。

读取特征码的过程比较简单,这里就不做详细的介绍。经过转换后的格式如下:

```
unsigned char KlezSignature[] = {0xA1,0x00,0x00,0x00,0x00,0x50,0x64,0x89,0x25,0x00,0x00,0x00,
0x00,0x83,0xEC,0x58,0x53,0x56,0x57,0x89};
unsigned char CihSignature[] = {0x55,0x8D,0x44,0x24,0xF8,0x33,0xDB,0x64,0x87,0x03};
```

用于保护 VirScan 程序的过程如下。

(1) 首先,编写一个普通的 DLL,该 DLL 将导出一个名字为 DontAllowForDeletion 的函数。

该函数的功能是装载 VirScan 程序。其代码如下：

```
BOOL WINAPI DontAllowForDeletion(LPSTR Str)
{
HANDLE hFile;
if((hFile = CreateFile(Str,GENERIC_READ,FILE_SHARE_READ,NULL,OPEN_EXISTING,
    FILE_ATTRIBUTE_READONLY,NULL)) == INVALID_HANDLE_VALUE){
    return FALSE;
}
return TRUE;
}
```

（2）然后，在 VirScan 启动时，调用 DLL 的导出函数，实现对 VirScan 程序的保护。其实现代码如下：

```
DontAllowDeletion = (DLLFUNC  *)GetProcAddress(hLib,"DontAllowForDeletion");
DontAllowDeletion(TmpPath));
//TmpPath 为 VirScan 在系统中的物理位置
```

2. 文件查找模块

文件查找模块的功能是在指定的目录下递归搜索特定类型（扩展名）文件，然后再调用查找模块判断该文件是否染毒。该模块是恶意代码查找模块的上层调用模块。该模块主要是利用 struct _finddata_t 这个关键的数据结构实现文件的枚举。

```
void FindFile(char * FileSpec[ ],int NumFileSpec)
{
    //代码参见本书指定“配套资源”源码 ch3 中的 VirRemyDlg. cpp 文件
}
```

3. 查找模块

查找模块是扫描引擎的核心模块。该模块的功能是根据特征码对某个输入文件进行查找。该模块的实现代码如下：

```
int VirusScan(struct _finddata_t * FindStruct)
{
    //省略部分代码
    //查找 Klez
    SetFilePointer(hFile,pCodeBytes + 16,NULL,FILE_BEGIN);
    ReadFile(hFile,pBytes,sizeof(KlezSignature),&ReadBytes,NULL);
    for(i = 0; i < sizeof(KlezSignature); i ++){
        if(KlezSignature[i]!= pBytes[i])
```

```
            break;
        }
        if(i == sizeof(KlezSignature)){
            WriteVirusList((char *)&FindStruct->name,"W32-Klez");
            CloseHandle(hFile);
            LocalFree(hMem);
            return 1;
        }
        //查找 CIH 病毒
        SetFilePointer(hFile,pCodeBytes,NULL,FILE_BEGIN);
        ReadFile(hFile,pBytes,sizeof(CihSignature),&ReadBytes,NULL);
        for(i = 0; i < sizeof(CihSignature); i ++){
            if(CihSignature[i] != pBytes[i])
                break;
        }
        if(i == sizeof(CihSignature)){
            WriteVirusList((char *)&FindStruct->name,"W32-Cih");
            CloseHandle(hFile);
            LocalFree(hMem);
            return 1;
        }
        //省略部分代码
    }
```

上面的程序结构比较简单，首先从特征码库中读出特征码，转换成十六进制格式，然后在指定目录下的所有文件的特定位置查找是否有这些特征码。如果某个文件中有特征码，就说明有相应的恶意代码存在。

3.11 习 题

1. 结合当前流行的防范工具，详细解释 F. Cohen 提出的防范恶意代码的 4 个模型。
2. 详细论述恶意代码防范的 6 个层次。
3. 恶意代码检测有哪些方法？它们分别有什么样的优缺点？
4. 为什么说从感染的宿主程序中清除恶意代码非常困难？
5. 恶意代码免疫的原理是什么？赛门铁克与 IBM 共同研发的数字免疫系统由哪几部分组成？又是如何工作的？
6. 解释特征码扫描法的工作原理，动手开发基于特征码扫描技术的恶意代码检测程序。

第4章　数据备份与数据恢复

恶意代码的防治技术总是在与恶意代码攻击技术的较量中得到发展。随着恶意代码清除难度的加大,数据备份和数据恢复技术走向前台。数据备份及恢复技术不仅是灾难备份和灾难恢复的核心技术,也是当前恶意代码防范领域的核心技术。

本章学习目标

- 了解数据备份和数据恢复的概念
- 掌握个人数据备份及恢复的要求
- 掌握企业数据备份及恢复的要求
- 了解典型数据备份及恢复工具

4.1　数据备份与数据恢复的意义

数据丢失看上去并不像一种真正的安全威胁,但它确实是非常严重的安全问题。如果用户丢失了数据,是因为茶水倒在了笔记本上导致的,还是由于恶意代码的攻击导致的,这两者存在根本的区别吗?从数据已经丢失这个事实来看,二者都是安全威胁。

2001年9月11日,美国世贸中心大楼发生爆炸。一年后,原本设立在该楼的350家公司能够继续营业的只有150家,其他很多企业由于无法恢复业务相关的重要数据而被迫倒闭。但是,世贸中心最大的主顾之一摩根斯坦利宣布,双子楼的倒塌并没有导致关键数据的丢失。

这主要是因为,摩根斯坦利精心构造的远程防灾系统,能够实时将重要的业务信息备份到几英里之外的数据中心。大楼倒塌之后,该数据中心立刻发挥作用,保障了公司业务的继续运行,有效降低了灾难对于整个企业发展的影响。摩根斯坦利在第二天就进入了正常的工作状态。摩根斯坦利几年前就制定的数据安全战略,在这次大劫难中发挥了令人瞩目的作用。

据统计在数据丢失事件中,硬件故障是导致数据丢失的最主要原因,占全部丢失事件的42%,其中包括由于硬盘驱动器的故障和突然断电带来的数据丢失。人为原因占了全部数据丢失事件的23%,包括数据的意外删除以及硬件的意外损坏(例如,硬盘跌落导致的损失)。软件原因占了数据丢失事件的13%。盗窃占了全部数据丢失事件的5%。硬件的毁坏占了所有数据丢失事件的3%,包括洪水、雷击和停电造成的毁坏。最后,恶意代码攻击占了全部数据丢失事件的14%,包括各种类型的恶意代码。近年来,随着恶意代码的进一步恶化,其造成的数据丢失也有上升的趋势。

为了减少由恶意代码导致的数据丢失带来的损失，在大力发展恶意代码防范技术的同时，还要重视数据备份和数据恢复策略。只要对数据备份和数据恢复给予足够的重视，即使恶意代码破坏力再强，其损失也会在可控范围内。

4.2 数据备份

数据备份策略要决定何时进行备份，备份何种数据，以及出现故障时进行恢复的方式。根据工作环境的规模，可以简单地分为个人 PC 备份策略和系统级备份策略两类。

4.2.1 个人 PC 备份策略

个人 PC 备份策略可以作为个人计算机防范恶意代码攻击的方法之一。该策略主要考虑了一些单机用户的重要数据备份。这些数据包括以下方面。

1. 备份个人数据

所谓个人数据就是用户个人劳动的结晶，包括用户自己经过思维活动创作的各种文档，编制的各种源代码，下载或从其他途径获取的有用数据和程序等。"一寸光阴一寸金"，这些个人数据包含了用户的很多心血。个人数据的重要性是毋庸置疑的，因此就要注意养成良好习惯，定期备份重要数据。

(1) 个人数据集中存放

进行硬盘分区时，最好专门留出一个逻辑分区存放用户的个人数据。如果没有预留专门的分区，至少应该专门生成一个子目录存放个人的重要数据，包括用户的文档、源代码、重要数据等均存储在这里。切忌因为懒惰而把个人重要数据存放在默认位置。

(2) 经常备份这些数据

当用户的个人数据集中存放后，还要经常备份个人数据。如果不按"个人数据集中存放"的要求去做，用户会发现备份个人数据非常困难，因为用户要到处查找需要备份的文档、源代码等重要数据。备份个人数据的途径有多种：备份到 USB 硬盘、USB 闪存等；备份到文件服务器、FTP 服务器等；备份到光盘，这需要刻录机支持；对于占用空间不大的个人数据，还可以备份到 E－mail 服务器上，这是个非常方便的备份途径。

2. 备份系统重要数据

硬盘的分区表、主引导区、引导区等重要区域的数据，关系着整个系统的安危。一旦这些数据遭到破坏，整个系统将瘫痪，因此需要备份这些数据，以备不时之用。

备份系统重要数据的途径主要是依靠工具，它们包括：Window 自带的 Dskprobe. exe，该程序位于 Windows 安装光盘中的\Support\Tools 目录下；第三方备份工具，例如，EasyGhost，Dist Genius

等;此外,杀毒软件也都有备份系统重要数据的功能。

3. 注册表的备份

注册表是微软操作系统用来保存硬件配置与软件设置的中央数据库,它对系统及其中的软件的正常运行起着至关重要的作用。由于应用程序和硬件配置经常会更改注册表,因此注册表很容易出错或损坏。因此,在注册表完好时对其备份是非常必要的。虽然在逻辑上注册表是一个数据库,但为了管理和使用的方便性,操作系统将它分为两个文件:User. dat 和 System. dat。注册表备份的方法包括以下内容。

(1) Windows 自动备份:User. dat 自动备份为 User. dao,System. dat 自动备份为 System. dao。

(2) Windows 系统备份:在 C:\Windows\Sysbckup 目录中以 cab 文件格式备份最近 5 天的系统文件。其备份文件名分别是 rb000. cab、rb001. cab、rb002. cab、rb003. cab 和 rb005. cab。其中包括了 User. dat、System. dat、System. ini 和 Win. ini 等系统文件。使用 Windows 自带的 Scanreg. exe 命令能够从 cab 文件中提取出相应的系统文件。

(3) 手工备份:最方便的方法就是使用 Regedit 命令启动注册表管理窗口,然后用导出注册表功能备份。当然,也可以直接对注册表的两个文件进行纯手工备份。

4. Outlook 数据的备份

Outlook 中有大量的邮件和联系人列表,其中有一些对用户至关重要。如果想完整地备份 Outlook 数据,用户需要备份相应的注册表表项、备份相应的数据文件等。具体内容如下:

(1) 备份注册表表项。注册表表项" Hkey-current-user \ Software \ Microsoft \ Internet AccountManager\Accounts"中分别有:00000001 和 0000000a 等多个子键(取决于邮箱与新闻组的多少),它们分别代表了用户的邮箱与新闻组。因此,需要将 Accounts 主键下的各子键的注册表导出并备份。

(2) 备份重要文件。备份 Windows 安装目录下的 Application data/Microsoft/Outlook 目录中的所有信息,如果用户的 Windows 是多用户设置,则需备份 Windows\Profiles 目录中的相应信息。

(3) 备份通讯簿。备份通讯簿的步骤是:在通讯簿中单击"文件"菜单,选择"导出"选项,然后选择"通讯簿"选项,接着程序会提示选择何种导出格式进行备份。在没有特殊需要的情况下,用户可以采用默认的格式进行备份。

5. Foxmail 数据的备份

Foxmail 是目前最受欢迎的电子邮件客户端工具软件之一,它的邮件备份比 Outlook 简单。Foxmail 软件会在其安装目录下自动建立一个名为 Mail 的子目录,该子目录中存放有用户收到的和发出的邮件。用户只需将 Mail 目录保存好就可完成备份工作。

6. 输入法自学习数据的备份

输入法的自学习数据的备份是最易被用户忽视的。最重要的是,大多数用户并不知道为什么要备份输入法信息?备份输入法的什么内容?其实,几乎所有的输入法都有自学习和自定义功能。经过用户的长期使用后,输入法的自学习和自定义功能能够提高用户的输入速度和准确度。因此,用户需要备份输入法的这些信息。

(1) 备份五笔输入法的自定义词组

五笔输入是最具影响的中文输入法之一。五笔输入法的自定义词组保存在 C:\Windows\System\Wbx. emb 文件中，因此用户在删除或重装 Windows 系统之前，须将 Wbx. emb 文件保存好。

(2) 备份智能拼音输入法的自定义词组

智能拼音输入法是最适合普通用户使用的输入法之一，它除了能自定义词组外还能自动记忆用户输入的词组。其自定义词组保存在 C:\Windows\System\Tmmr. rem 文件中，因此，用户在删除或重装 Windows 系统之前，须将 Tmmr. rem 文件保存好。

(3) 备份微软拼音输入法的自定义词组

微软拼音输入法在国内拥有庞大的用户群，能输入繁体汉字是它最大的特点。该输入法也具有造词功能，它所有的自定义词组全部保存在 Pjyyp. upt 文件中（路径为 C:\Windows\System）。因此，用户在删除或重装 Windows 系统之前，须备份该文件。

7. 浏览器收藏夹的备份

浏览器收藏夹内保存有用户存储的上网地址，这对于经常上网的用户肯定是很重要的数据。现在有形形色色的浏览器，例如 IE、FireFox、Mozilla 等。在格式化 C 盘或重装 Windows 系统前，一定要先备份各个浏览器收藏夹中的数据。备份 IE 收藏夹的操作非常简单：进入 C:\Windows\Favorites 文件夹，将该文件夹中的文件全部备份即可。

4.2.2 系统级备份策略

随着国际互联网和信息化的发展，企业的服务器运行着企业的关键软件资源，存储着重要的数据和信息，为决策部门提供了多种信息服务，为网络环境下的大量客户机提供快速、高效的信息处理和网络访问等重要服务。因此，建立可靠的系统级数据备份系统，保护关键数据的安全是企业当前的重要任务之一。系统级备份可以在发生数据灾难时，保证数据少丢失或者不丢失，最大限度地减少企业的损失。

1. 导致数据丢失的原因

IT 网络技术在信息的收集、存储、处理、传输、分发过程中扮演着重要的角色，提高了企业的日常工作效率。随之也带来了一些新的问题，其中最值得关注的就是系统错误乃至数据丢失。对数据的安全带来威胁的原因存在于以下几个方面：

(1) 黑客攻击。黑客侵入并破坏计算机系统，导致数据丢失。

(2) 恶意代码。木马、病毒等恶意代码感染计算机系统，损坏数据。

(3) 硬盘损坏。电源浪涌、电磁干扰都可能损坏硬盘，导致文件和数据的丢失。

(4) 人为错误。人为删除文件或格式化磁盘。

(5) 自然灾害。火灾、洪水或地震等灾害毁灭计算机系统，导致数据丢失。

2. 备份的策略

数据备份,就是使用成本低廉的存储介质,定期将重要数据保存下来,以保证数据意外丢失时能尽快恢复,使用户的损失降到最低。常用的存储介质类型有磁盘、磁带、光盘、网络备份等。磁带经常用在大容量的数据备份领域,而网络备份是当前最流行的备份技术。建立完整的网络数据备份系统必须考虑以下内容。

(1) 数据备份的自动化,减少系统管理员的工作量。

(2) 数据备份工作制度化、科学化。

(3) 介质管理的有效化,防止读写操作的错误。

(4) 分门别类的介质存储,使数据的保存更细致、科学。

(5) 介质的清洗轮转,提高介质的安全性和使用寿命。

(6) 以备份服务器为中心,对各种平台的应用系统及其他信息数据进行集中的备份。

(7) 维护人员能够容易地恢复损坏的文件系统和各类数据。

3. 备份管理软件

数据库是企业信息的集中存放地,它是数据备份的核心。市场上流行的数据库管理系统(例如,Oracle、Sqlserver等)都带备份工具,但它们都不能实现自动备份。也就是说,利用数据库管理系统本身的备份工具远远达不到客户的要求,必须使用具有自动加载功能的磁带库硬件产品与数据库联机备份功能的自动备份软件。目前流行的备份软件有多种,例如,CA Arcserve、Veritas Netbackup、HP Openview Omnibackii、Legato Networker及Ibm Adsm等。各软件在备份管理的方式上互有优缺点。它们都具有自动定时备份管理、备份介质自动管理、数据库联机备份管理等功能。其中CA,Legato和Veritas是独立软件开发商开发的产品,更注重于对多种操作系统和数据库平台的支持,而HP和IBM等更注重于对本公司软、硬件产品的支持。

4. 存储备份技术

存储备份技术可以确定需备份的内容、备份时间及备份方式。各个企业要根据自己的实际情况选择不同的备份技术。目前采用最多的备份技术主要有以下3种。

(1) 完全备份

完全备份(Full Backup)是指,对整个系统或用户指定的所有文件进行一次全面的备份。这是最基本也是最简单的备份方式,这种备份方式的优点就是很直观,容易被人理解。如果在备份间隔期间出现数据丢失等问题,可以只使用一份备份文件快速地恢复所丢失的数据。但是它有很明显的缺点:需要备份所有的数据,并且每次备份的工作量也很大,需要大量的备份介质。如果完全备份进行得比较频繁,在备份设备中就有大量的数据是重复的。这些重复的数据占用了大量空间,这对用户来说就意味着增加成本。而且如果需要备份的数据量相当大,备份数据时进行读写操作所需的时间也会较长。因此这种备份不能进行得太频繁,只能每隔一段较长时间才进行一次完整的备份。但是这样一旦发生数据丢失,只能使用上一次的备份数据恢复到前次备份时的数据状况,这期间内更新的数据就有可能丢失。

(2) 增量备份

为了克服完全备份的缺点,提出了增量备份技术。增量备份(Incremental Backup)只备份上一次备份操作以来新创建或者更新的数据。因为在特定的时间段内只有少量的文件发生改变,没有重复的备份数据,既节省了空间,又缩短了时间。因而这种备份方法比较经济,可以频繁地进行。典型的增量备份方案是在长时间间隔的完全备份之间,频繁地进行增量备份。增量备份的缺点是:一旦发生数据丢失时,恢复工作会比较麻烦。

(3) 差分备份

差分备份(Differential Backup)即备份上一次完全备份后产生和更新的所有新的数据。它的主要目的是将完成恢复时涉及的备份记录数量限制在两个,以简化恢复的复杂性。差分备份的优点是:无需频繁地做完全备份,工作量小于完全备份;灾难恢复相对简单。系统管理员只需要对两份备份文件进行恢复,即完全备份的文件和灾难发生前最近的一次差分备份文件,就可以将系统恢复。

增量备份和差分备份都能以比较经济的方式对系统进行备份,这两种方法的备份方法都是依赖于时间,或者是基于上一次备份(增量),或者基于上一次完全备份。表 4-1 对 3 种备份方案的特点进行了比较。

表 4-1 备份策略的比较

比较项目	完全备份	增量备份	差分备份
空间使用	最多	最少	少于完全备份
备份速度	最慢	最快	快于完全备份
恢复速度	最快	最慢	快于增量备份

在实际应用中,通常结合上述 3 种的优点,混合使用。例如,每小时进行一次增量备份或差分备份,每天进行全备份。

4.3 数据恢复

所谓数据恢复是指当系统发生故障时,恢复到原有状态的过程。根据有无数据备份,数据恢复可以分为正常数据恢复和灾难数据恢复。正常数据恢复是具有数据备份的数据恢复,其恢复过程非常简单,这里不再介绍。

由于各种原因导致数据损失时将保留在介质上的数据重新恢复的过程称为灾难数据恢复。即使数据被删除或硬盘出现故障,只要在介质没有严重受损的情况下,数据就有可能被完好无损地恢复。在格式化或误删除引起的数据损失的情况下,大部分数据仍未损坏,用软件重新恢复后，可以重读数据。如果硬盘因硬件损坏而无法访问，更换发生故障的零件，即可恢复数据。在介质严重受损或数据被覆盖情况下，数据将无法恢复。

在当今这样一个信息化和网络化的社会里，计算机正在人们的工作和生活中扮演着日益重要的角色。越来越多的企业、商家、政府机关和个人通过计算机处理信息，同时将自己最重要的信息以数据文件的形式保存在计算机中。一旦重要的数据丢失，将会带来严重的后果！

1. 灾难数据恢复的分类

在大多数情况下，用户找不到的数据往往并没有真正丢失，只要处理得当，恢复是完全有可能的。总体来说，数据恢复可以分为软件恢复和硬件恢复两大类。

由恶意代码攻击、误分区、误格式化等造成的数据丢失属于软损坏，仍然有可能使用第三方软件恢复。硬损坏是由于物理损失造成的，例如盘面划伤、磁头撞毁、芯片及其他元器件烧坏等造成的损失。硬损坏需要在专业人员的指导下修复。

2. 数据可恢复的前提

实践证明，并不是一切丢失的数据都可以恢复，否则就不能称为数据灾难了。如果被删除的文件所在的物理位置（存储空间）已经被其他文件取代，或者文件数据占用的磁盘空间已经分配给其他文件且已经被填充数据，那么该文件就不可能再复原了。电子碎纸机就是利用这种原理设计的。当然，对于硬损坏而言，如果硬件或存储介质损坏得非常严重，并且没有冗余信息存在，也是不可能恢复的。

3. 出现数据灾难时如何处理

一旦出现了数据灾难事件，用户也不用太担心，只要采用适当的处理方式，灾难数据基本能够复原。据调查，数据损坏大多是可以部分或全部恢复的，在不能恢复实际案例中，90%以上是由于用户使用了错误的恢复工具或恢复方法所制。

如果是由恶意代码攻击、误分区、误格式化等原因造成的数据丢失，这将关系到整个硬盘数据的存亡，因此正确的处置方法是：首先，在发生硬盘数据丢失事件后立即关机，不要再对硬盘进行写操作。其次，用户的对硬盘的所有修复操作都应该是可逆的或者是只读的。第三，不能盲目地采用第三方工具修复。最后，立即找专业人员进行咨询并采用合适的方式处理。

4. 低难度数据恢复

有些故障是非常简单的，对于精通计算机的用户来说，完全可以自己设法处理。低难度的可恢复故障包括：

（1）硬盘故障嫌疑。首先检查信号线和电源线是否插好，如果故障仍不能恢复，则需要将硬盘挂到另一台正常计算机上进行测试。在另一台计算机上用 BIOS 的硬盘检测功能进行检测，如果还是无法检测到该硬盘，就肯定是硬件故障。

（2）分区损坏嫌疑。用户可以用 Windows 操作系统自带的 Fdisk 工具进行检测，如果无任何分区信息显示，则说明磁盘分区已被破坏。

（3）硬盘电路板故障嫌疑。可以找一块型号完全相同的好硬盘，并更换其电路板进行测试。如果成功则说明无故障，否则，说明有故障。

(4) 误格式化、误删除故障。将该硬盘连接到另一台正常的计算机上作为辅助硬盘，然后采用 EasyRecovery 等第三方数据恢复工具进行故障修复。

如果上述方法不能诊断或修复这些故障，则说明损坏情况比较严重，不能再由非专业人员处理，应该尽快送给专业人员处理。

5. 高难度数据恢复

高难度的数据恢复需要专业人员处置。日常使用中经常遇到的高难度数据恢复情况有以下几种。

(1) 硬盘分区表损坏

硬盘分区表被破坏的情况，是数据损坏中除物理损坏之外最严重的一种灾难性破坏。导致硬盘分区表损坏的原因主要包括以下方面：

误操作删除分区。这种情况下，只要没有进行其他的额外操作完全可以恢复。

安装多系统引导软件或者采用第三方分区工具导致分区混乱。这种情况具有恢复的可能性。

恶意代码攻击破坏分区。这种情况可以部分或者全部恢复。

Ghost 工具破坏分区，这种情况可以部分恢复。

(2) 硬盘坏扇区

硬盘用久了，出现"坏道"是最常见的故障。硬盘坏道一般分为逻辑坏道和物理坏道。逻辑坏道是由软件操作或使用不当造成的，可以用软件进行修复。物理坏道是真正的物理性坏道，它是由于硬盘磁道上产生的物理损伤造成的。物理坏道只能通过修改硬盘分区或扇区的使用情况解决。硬盘出现坏道的特征如下：

① 在操作某个文件时，硬盘出现操作速度变慢，长时间操作不成功，长时间读某一区域，硬盘异响等现象，操作系统提示"无法读取或写入某个文件"等信息。这些都表明硬盘可能出现了坏道。

② Scandisk 程序在开机时自动运行。这种现象说明硬盘上有需要修复的重要错误（如坏道灯）。该程序如果不能成功检测硬盘，则硬盘肯定有坏道。

③ 硬盘无法启动。用其他途径启动后看不到硬盘盘符，如果可见盘符但无法对该区进行操作，这些现象都表明硬盘上可能出现了坏道。

(3) 磁头损坏

硬盘发展的趋势是越来越多的数据被储存在越来越小的空间中。20 年前，硬盘只能储存兆字节（MB）级的数据，而现在的硬盘可以在比 20 年前更小的空间上储存太字节（TB）级的数据。硬盘储存数据量扩大增加了数据损失的概率。当更多的数据存进更小、更紧密的空间时，机械的精密度就变得非常重要。一个轻轻的推动，电压剧增都可能使磁头碰撞到盘片，从而造成磁头和盘片的损坏。一般情况下，盘片上被磁头碰到的地方数据会永久丢失。

(4) 盘片损伤

计算机硬盘的鼻祖是著名的 IBM。1968 年，IBM 提出了 Winchester（温盘）技术，这是现代绝大多数硬盘的原型。温盘使用密封、固定并高速旋转的镀磁盘片,磁头沿盘片径向移动并且悬浮在高速转动的盘片上方,但不与盘片直接接触。1973 年,IBM 制造出了第一块采用温盘技术的硬盘。

早期的盘片都是使用塑料材料作为盘片基质,然后再在塑料基质上涂上磁性材料构成。目前市场上的 IDE 硬盘几乎都是使用铝质基质。而采用玻璃材料作为盘片基质则是较新的硬盘盘片技术,玻璃材料能使硬盘具有平滑性及更高的坚固性,以及更高的稳定性。大部分影响硬盘的精度是 1 ~2 微寸(灰尘是 4 ~8 微寸,人类的头发是 10 微寸)。微小的动作就能够损坏如此精密的盘片。

4.4　数据恢复工具箱

目前市场上已经有很多非常成功的数据恢复工具,并在实际工作中给用户带来了便利。对于数据修复工具,如果使用不当,也有可能会破坏用户的文件。所以在使用这些工具之前,最好先认真学习或咨询专业公司。本节仅仅介绍几款常见的数据恢复工具,供读者参考。

1. EasyRecovery 工具

EasyRecovery 是一个功能非常强大的硬盘数据恢复工具,能够帮助用户恢复丢失的数据以及重建文件系统。它不仅可以恢复被删除文件,连不小心格式化后的分区数据都可以恢复,不过前提是间隔时间越短越好;它还能恢复被破坏的硬盘中丢失的引导记录、BIOS 参数数据块、分区表、FAT 表、引导区等;而且最新的 6.0 版本使用了新的数据恢复引擎,能够对 zip 文件以及微软的 Office 系列文档进行修复。

2. FinalData 工具

该软件具有功能强大、操作简单、快速高效和覆盖面广等鲜明特点,可以为数据文件提供强有力的安全保障。

因为 FinalData 可以通过扫描整个磁盘进行文件查找和恢复,它不依赖目录入口和 FAT 表记录的信息,所以它既可以恢复被删除的文件,还可以在整个目录入口和 FAT 表都遭到破坏的情况下进行数据恢复,甚至在磁盘引导区被破坏、分区全部信息丢失(例如,硬盘被重新分区或者格式化)的情况下进行数据恢复。一般情况,病毒和黑客通常是选择磁盘引导区、分区信息和目录入口、FAT 表等进行攻击的,因为这样只需破坏掉少量的关键信息就可以造成大量的数据文件甚至使整个磁盘都变得不可用,同时错误的重新分区和格式化则是危害最大的误操作,但是通过 FinalData 的强大恢复功能,就能够帮助用户从数据灾难中轻松解脱。

3. DataExplore 工具

DataExplore(数据恢复大师)是一款功能强大,提供了较低层次恢复功能的硬盘数据恢复软件,只要硬盘数据没有被覆盖掉,文件就能找得到。用户将该数据恢复软件安装到空闲的盘上,在恢复之前不要向需要恢复的分区中写入新的数据。

该数据恢复软件支持 FAT12、FAT16、FAT32、NTFS、EXT2 文件系统，能找出被删除、快速格式化、完全格式化、删除分区、分区表被破坏或者 Ghost 破坏后磁盘中文件。对于删除的文件，该软件具有独特的算法进行恢复，可以恢复出被认为无法恢复的文件，目录和文件的恢复效果非常好。

该软件支持各种存储介质的数据恢复，它们包括 IDE、SATA、SCSI、U 盘、SD 卡、移动硬盘等。

4. PC-3000 工具

PC-3000 是由俄罗斯著名硬盘实验室（ACE Laboratory）研究开发的、商用的专业修复硬盘综合工具。它是从硬盘的内部软件来管理硬盘，进行硬盘的原始资料的改变和修复。可进行的操作包括：伺服扫描、物理扫描、lba 地址扫描、屏蔽坏道、屏蔽磁头、屏蔽磁道、屏蔽坏扇区、修改 BIOS 的字（参数）、改 lba 的大小、改序列号、查看或者修改磁头的信息。

使用 PC-3000 有可能修复 50% ~80% 的缺陷硬盘。如此高的修复率是通过使用特别的硬盘工作模式达到的（例如，工厂模式），在特别的工作模式下可以对硬盘进行以下操作。

(1) 内部低级格式化。

(2) 重写硬盘内部微码模块。

(3) 改写硬盘参数标识。

(4) 检查缺陷扇区或缺陷磁道，并用重置、替换或跳过忽略缺陷的等方式修复。

(5) 重新调整内部参数。

(6) 逻辑切断（即禁止使用）缺陷的磁头等。

4.5　数据备份及恢复常用工具

4.5.1　EasyRecovery 工具使用

1. EasyRecovery 的功能

当不小心对硬盘误格式化（Format）、误分区（FDisk）后，在某个分区或整个硬盘中保存的大量数据将丢失。如果这些数据非常重要而又没有做相应备份的时候，将会带来非常大的损失。EasyRecovery 是一个简单实用的数据修复软件。它能够恢复丢失的数据以及重建文件系统。EasyRecovery 不会向原始驱动器写入任何数据，它主要是在内存中重建文件分区表使数据能够安全地传输到其他驱动器中，以便使用户从被恶意代码破坏或是已经格式化的硬盘中恢复数据。丢失的引导记录、BIOS 参数数据块、分区表、FAT 表、引导区等都可以由该软件进行恢复。

EasyRecover 工具包括数据恢复版、文件修复版、专业版 3 个版本，各版本的功能稍有不同。

(1) 数据恢复版功能

① 支持 Windows 2000、Windows NT、Windows XP。

② 可选择 FTP 作为复制的目标。

③ 数据恢复包括微软 Word、Winzip 文件的修复。

④ 可以从 CompactFlash 卡、SmartMedia 卡、记忆棒、移动硬盘以及软盘上恢复数据。

⑤ 可生成恢复报告。

⑥ 提升了文件搜索功能,支持超过 90 种的文件类型。

⑦ 可根据指定要求进行高级搜索。

(2) 文件修复版功能

在数据恢复版的基础上增加了对微软 PowerPoint、Outlook、Excel、Access 和 Word 文件的修复。

(3) 专业版功能

① 支持数据恢复版本与文件修复版本所有的功能与特性,并另增了诊断功能。

② 提供高级数据恢复选项,包括自定义的文件类型与标志,分区信息,文件系统扫描参数,无效文件夹过滤等。

③ 允许将恢复文件保存为 zip 文件。

④ 包括 SizeManager 工具,以图形化显示驱动器当前工作情况。

2. EasyRecovery 专业版的使用

假设 D 盘根目录下有一文本文件 Test. txt,其内容为 A test file!。首先将 Test. txt 从 D 盘彻底删除。下面利用 EasyRecovery 将该文件恢复。操作步骤如下:

(1) 启动

启动 EasyRecovery 6.04,进入 EasyRecovery 的主窗口,如图 4 - 1 所示,主窗口列出了多项数

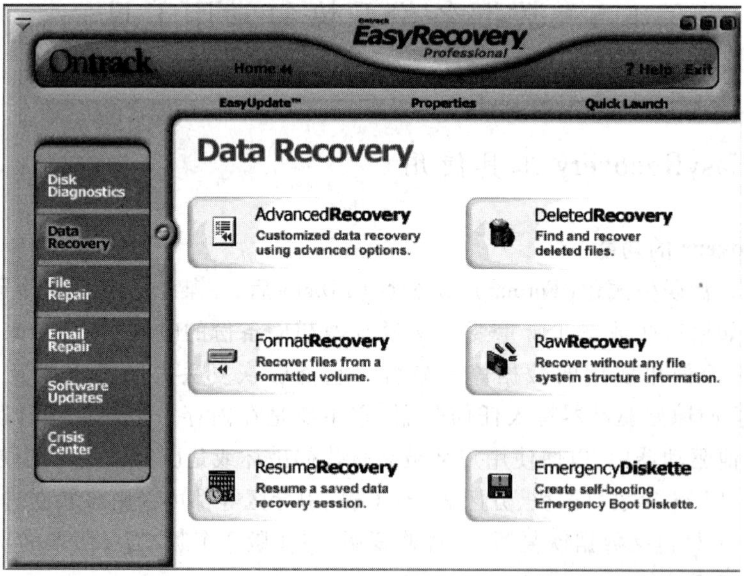

图 4 - 1　EasyRecovery 数据恢复主窗口

据恢复功能：Disk Diagnostics（磁盘诊断）、Data Recovery（数据恢复）、File Repair（文件修复）、Eamil Repair（邮件修复）等。

单击 Data Recovery 选项，将显示各项数据恢复功能：AdvancedRecovery（高级恢复）、DeletedRecovery（删除恢复）、FormatRecovery（格式化恢复）、RawRecovery（低格恢复）、ResumeRecovery（重启恢复对话）、EnmergencyDiskette（创建应急修复盘）等。

单击 DeletedRecovery 选项，恢复误删除的文件。选择该选项后，软件将自动搜索硬盘的逻辑分区情况。

（2）恢复选项

如图 4－2 所示，窗口中列出了恢复误删除文件的各个选项。如果误删除的文件在 D 盘上，则选择 D 盘。文件过滤项提示用户输入将恢复的文件格式，如果不指定将扫描所有已删除的文件，但速度较慢。

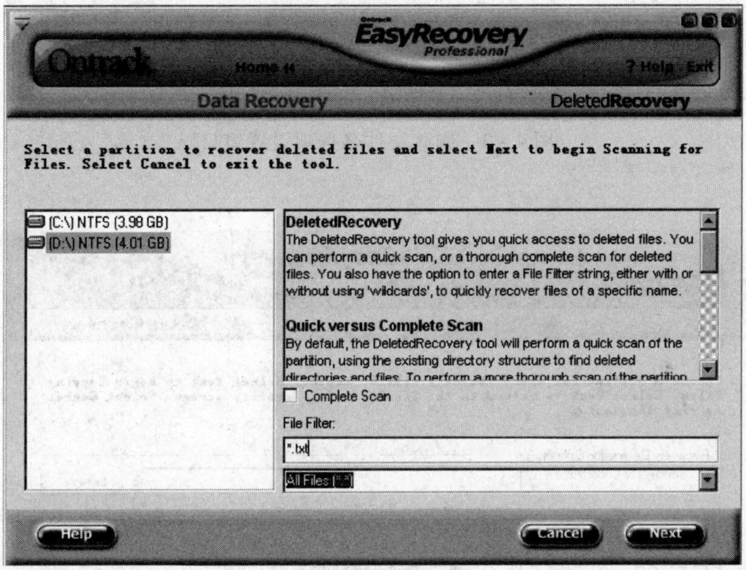

图 4－2 删除文件恢复选项窗口

选项设定后，单击 Next 按钮，程序将自动进行搜索工作。

（3）文件名选项

如图 4－3 所示，EasyRecovery 列出了被删除的 test. txt 文件。选中该文件名前的复选框，并单击 Next 按钮。

（4）恢复位置选择

如图 4－4 所示，选择恢复文件的存放位置，本例存放在 C 盘根目录下。此外，还可以根据情况决定是否生成报告，本例不生成报告。单击 Next 按钮进入下一步。

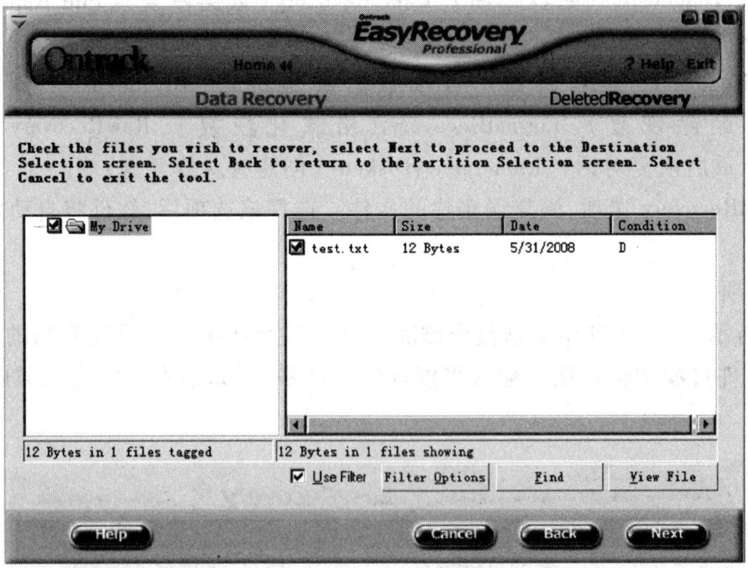

图 4－3　删除文件名选项设置窗口

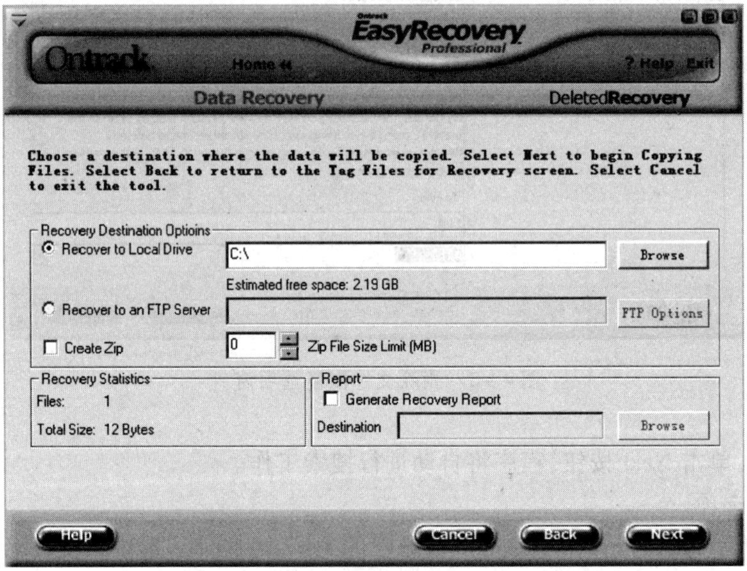

图 4－4　删除文件恢复位置选择窗口

(5) 完成

在上一步的基础上,对标记的文件进行复制,完成后就可以在 C 盘根目录下找到修复好的文件了(即 test. txt)。如图 4 - 5 所示,是恢复结束窗口。单击 Done 按钮退出。

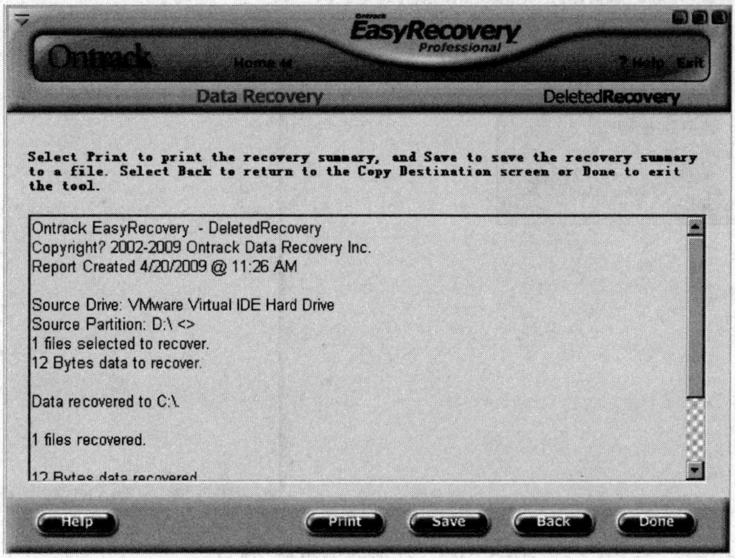

图 4 - 5 删除文件恢复过程结束

4.5.2 注册表备份工具

注册表记录了 Windwos 系统最核心的配置信息,因此,其地位非常重要。恶意代码经常会修改注册表以达到破坏目的。例如,恶意脚本通过修改注册表信息改变用户 IE 配置;木马通过修改注册表实现自动加载功能。注册表备份及恢复有助于分析恶意代码,也有助于系统的恢复。

1. 注册表备份

备份注册表的操作步骤如下:

(1) 依次选择“开始”|“运行”选项,输入 Regedit,然后单击“确定”按钮。打开“注册表编辑器”窗口,如图 4 - 6 所示。

(2) 单击“文件”菜单上的“导出”选项,打开“导出注册表文件”对话框,如图 4 - 7 所示。

(3) 在“文件名”下拉列表框中,输入注册表文件的名称。在“导出范围”选项区,选择以下任一选项。

- 全部:要备份整个注册表,可单击“全部”单选按钮。
- 所选分支:如果只备份注册表树的某一分支,可单击“所选分支”单选按钮,然后输入要导出的分支名称。单击“保存”按钮。

2. 注册表恢复

恢复注册表的操作步骤如下:

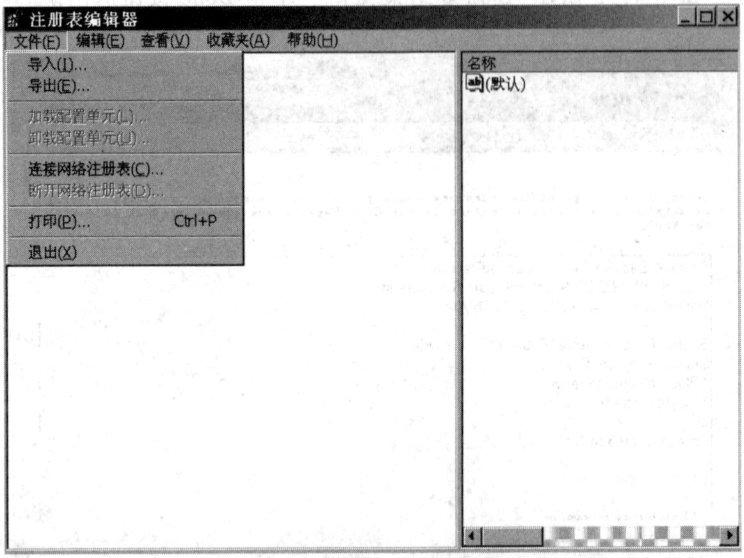

图4-6　“注册表编辑器”窗口

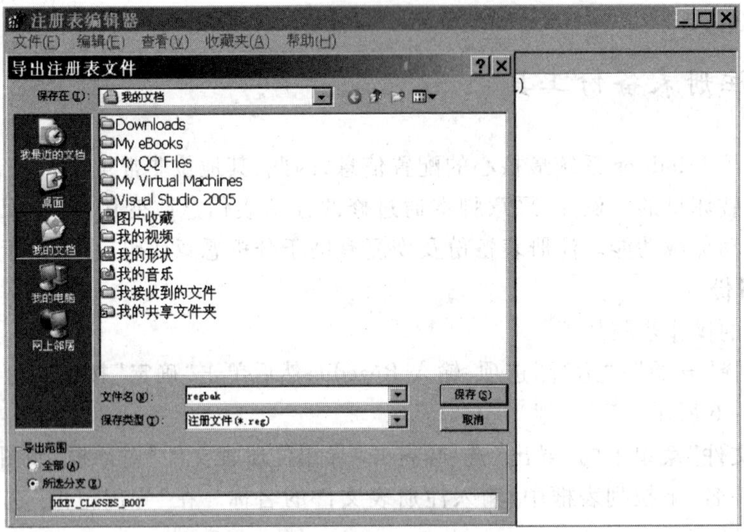

图4-7　“导出注册表文件”对话框

(1) 在“注册表编辑器”窗口的“文件”菜单上,单击“导入”选项,打开“导入注册表文件”对话框。查找要导入的注册表文件,如图4-8所示。

(2) 选择要导入的文件,再单击“打开”按钮。

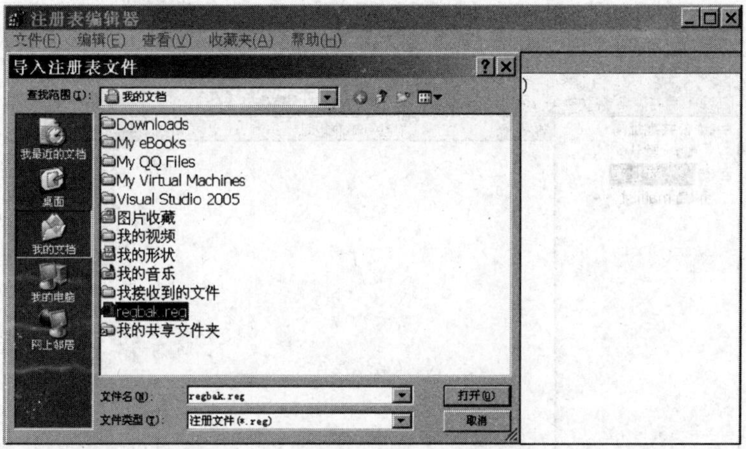

图 4-8 "导入注册表文件"对话框

4.5.3 Foxmail 通信簿备份及恢复

对于个人而言,邮件地址列表(邮件通信簿)是非常重要的信息。邮件接收客户端工具非常多,其中微软公司的 Outlook、Foxmail 是国内用户占有率最高的两款工具。本小节以 Foxmail 5.0 为例,介绍通讯簿的备份及恢复操作。

1. 地址簿备份过程

地址簿备份文件的操作步骤如下:

(1) 在 Foxmail 主窗口中,选择"工具"菜单上的"地址簿"选项,打开"地址簿"窗口,如图 4-9 所示。

(2) 在"地址簿"窗口中,选择要备份的地址簿文件夹,例如,maillist 文件夹。选择"工具"菜单上的"导出"选项,弹出 4 个文件格式选项:CSV 文件、WAB 文件、文本文件、名片,如图 4-10 所示。

- CSV 文件:以逗号分隔的文本文件。CSV 文件可以直接用 Excel 或者 WPS Office 打开,每行一个记录。
- WAB 文件:Windows 地址簿文件。如果想在 Foxmail 和 Outlook 之间共享通讯录,则最好采用 WAB 格式。
- TXT 文件:纯文本文件。
- 名片是 vCard 格式的联系人信息。vCard 格式广泛用于各种数字设备和操作系统。

(3) 以 WAB 格式为例。根据提示指定要备份的位置,命名备份的文件名,单击"保存"按钮即可,如图 4-11 所示。

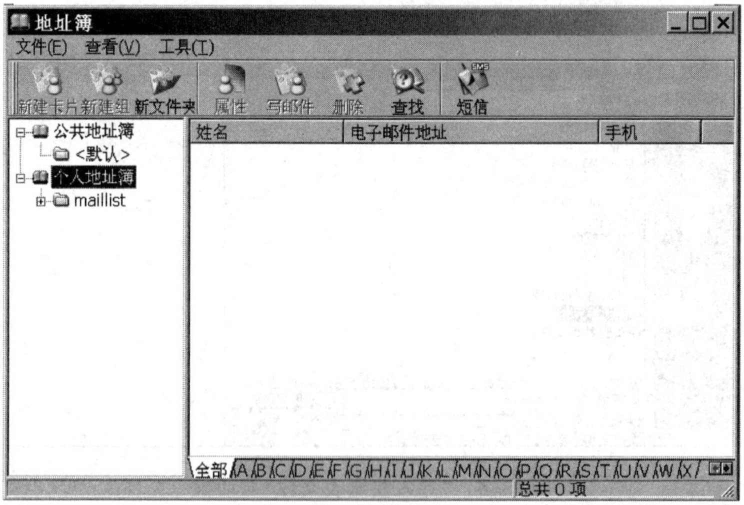

图 4-9 "地址簿"窗口

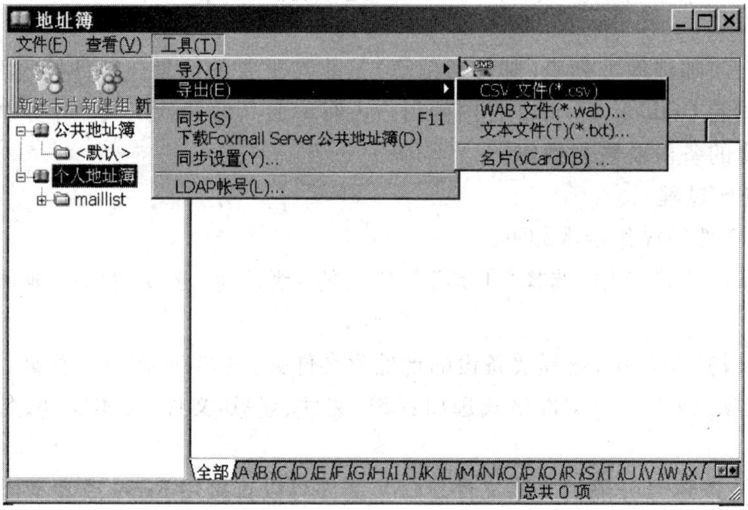

图 4-10 地址簿导出的文件格式

2. 地址簿恢复过程

地址簿恢复文件的操作步骤如下：

(1) 在"地址簿"窗口中，选择"工具"菜单上的"导入"选项，弹出多个文件格式选项，选择备份文件格式。本例为 WAB 文件格式，如图 4-12 所示。

(2) 选择备份文件，单击"打开"按钮，即可完成地址簿恢复文件操作，如图 4-13 所示。

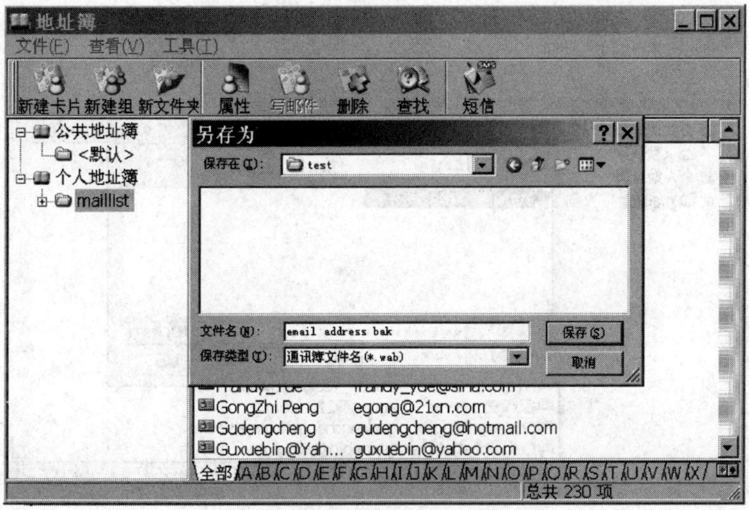

图 4－11 指定文件夹和文件名

图 4－12 地址簿导入的文件格式

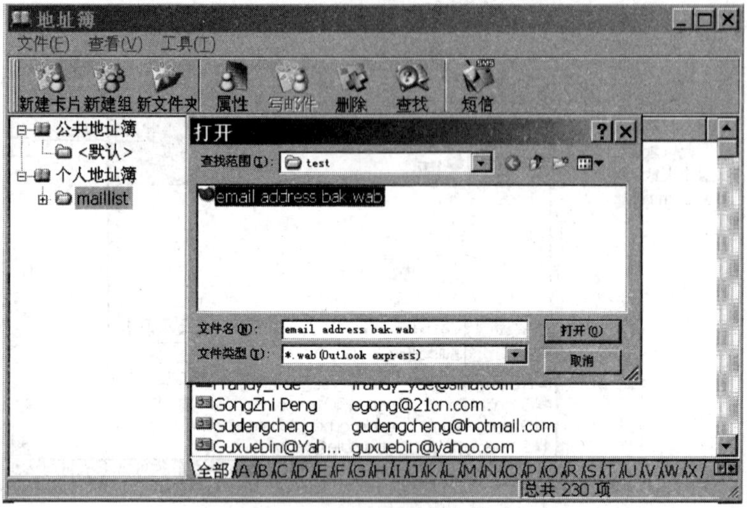

图 4 - 13 地址簿恢复文件

4.6 章节实验

【实验目的】

掌握 EasyRecovery 工具应用。

掌握注册表备份和恢复。

掌握 Foxmail 备份和恢复。

【能力提升】

在学习并掌握了本章所讲述工具的使用方法以后，可以进一步学习并实践 EasyRecovery 的其他恢复功能：Disk Diagnostics（磁盘诊断）、Data Recovery（数据恢复）、File Repair（文件修复）、Eamil Repair（邮件修复）等。

【实验平台】

Windows XP 操作系统

EasyRecovery 6.04 工具

Foxmail 5.0 工具

【实验步骤】

参考第 4.5 节。

【实验素材】

实验素材可在中国高校计算机课程网（http://computer.cncourse.com）上获取，下载方法详见本书前言，解压目录为\Attachment\ch04\。

4.7 习 题

1. 如何理解数据备份与数据恢复技术是恶意代码防范技术的组成部分？
2. 结合个人备份策略，谈谈个人应该养成什么样的数据备份习惯。
3. 什么是完全备份、增量备份、差分备份？并说明3者应用环境的不同。
4. 除了本章提到的数据备份工具外，你还了解哪些数据备份工具？

第5章 商业安全软件的常用技术

恶意代码防治技术涉及的范围非常广，有些技术已经在本书的其他章节穿插介绍。第3章介绍了一些基本的恶意代码防范技术，但这些并不足以做成一个商业软件。商业软件还包含其他一些特殊技术。本章主要介绍这些用于商业软件的特殊防范技术。本章首先介绍了恶意代码防治技术的现状，然后，按类别介绍了一些非常重要的恶意代码防治技术；最后探讨了当前恶意代码防治技术的缺陷，它们在对付恶意代码时都不是万能的。

本章学习目标

- 了解恶意代码防治的现状
- 掌握常用恶意代码防治技术
- 了解恶意代码防治技术的缺陷

5.1 恶意代码防治技术的进展

不断增多的互联网用户，给新恶意代码的产生提供了一个宏观环境，因此新恶意代码不断产生。在这种情况下，反恶意代码事业也得到了飞速的发展。为了对恶意代码进行有效控制，早在几年前，我国就推出了相关的法律，将恶意代码的防治作为一项根本任务纳入了国家信息安全建设体系之中，并设立了国家级恶意代码防范应急机构，即国家计算机病毒应急处理中心(www.antivirus-china.org.cn)。而另一方面，国内外安全企业也迅速发展，不断地研究新的防治技术，不断地推出新的产品，这些都使得国内外的防治水平大大提高。

在恶意代码的自动检测技术方面，商业软件均采用了特征码检测法，也就是说，当扫描某程序时，如果发现某种恶意代码的特征码，便可认为发现了与该特征码对应的恶意代码。早期的特征码法采用的是单特征码，后来发展成为多特征检查法，以便能够查出原种及其变种。随着多态型恶意代码的问世，给在静态方式下采用特征代码检测方式带来了严峻的挑战。此种恶意代码每次感染时，执行代码与上次感染时的代码没有连续3个字节是相同的，根本没有稳定的特征码，特征码检测法也就无能为力了。

另一种检测技术是基于特征标记的方法，这种方法对磁盘上的可执行部分进行一种或几种特殊的运算，从而生成一个特征标记，存于磁盘上，在适当的时机对这些可执行部分进行校验，采用相同的算法再次生成特征标记，若与原先存于磁盘的特征标记不同，一般可认为是染上了恶意程序。这种方法的缺点是无法检测出未知的文件是否被感染,而且在实现技术方面仍然有不完善的地方。

在恶意代码的消除方面,一般而言,都遵循这样一种套路:首先发现一个新恶意代码,然后再分析它的运行机制,感染过程,最后编制清除软件。基本上是基于具体案例具体分析的思路,这种方法即使对专家来说也是很乏味的,更不用说是普通的用户了。多态型恶意代码的出现,更增加了这种分析的难度,这也是当前清除技术的瓶颈所在。

另一种清除恶意代码的方法是给可执行文件加一层免疫外壳,凡是做过这种处理的文件都具有清除外来感染的能力。然而从目前的产品来看,实现技术上仍有不尽如人意的地方。

随着恶意代码的日益增多,不可能对每一种恶意代码都进行分析并完成清除工作。由于被动处理是在计算机系统已被感染后才进行,很可能已对系统造成不可恢复的破坏。因此,防治恶意代码应尽可能"御毒于国门之外"。

综上所述,可将恶意代码防治技术划分为以下几个阶段。

(1) 采取单纯的特征码扫描技术。该阶段对加密、变形等新一代恶意代码无能为力。

(2) 采用静态广谱特征扫描技术。该阶段可以检测变形恶意代码,但是误报率高,清除风险大。

(3) 将静态扫描技术和动态仿真跟踪技术相结合。该阶段可以用行为特征分析的方式实现对变形恶意代码的检测。

(4) 对传统计算机病毒的全面技术。包括基于多位 CRC 校验和扫描技术、启发式智能代码分析技术、动态数据还原技术、内存清除技术、自身免疫技术等,能够较好地完成查杀任务。

(5) 增加对新型恶意代码的防范技术。主要体现在反蠕虫、木马、Rootkit、僵尸网络等方面。这一代技术作为一种整体解决方案出现,形成了包括漏洞扫描、恶意代码查杀、实时监控、数据备份、个人防火墙等技术的立体防治体系。

5.2 商业软件采用的防治技术

当今的恶意代码防范技术已经跟十多年前不一样了,商业安全软件所做的也不仅仅是简单地搜索特征码。现在的扫描引擎已经非常出色,它们不断推出一些极富吸引力的思想和发明,以在这场持续战中获取胜利。以下介绍现今的商业恶意代码防范软件采用的实用技术。

5.2.1 内存检测技术

为了增强自身的感染和破坏效率,从早期的传统计算机病毒(例如,Brain)到现今的恶意代码(例如,CodeRed)都采用了驻留内存技术,因此,内存扫描对所有恶意代码防范软件都是必需的。

恶意代码一旦被装入内存并成为活跃进程后，它就可以用隐藏技术（很多恶意代码都采用隐藏技术）来躲避扫描器。即便是不用隐藏技术躲避，要想从系统中清除这种恶意代码也很困难，因为干净的对象有随时被感染的可能。而且，如果一个文件当前被装入内存成为进程，它就不能从磁盘中被删除。类似地，如果恶意代码防范软件将某个恶意程序添加到注册表中的键删除后，该恶意程序又立刻将这些键重新写回注册表，这些键实际上是删除不掉的。

在DOS上执行内存扫描是非常容易的。DOS使用的是Intel处理器的实模式，因此它只能访问操作1MB的物理内存，也不支持虚拟内存。而且，DOS未实现对操作系统的代码保护机制，所有应用程序和内核共享内存，对内存具有同等权限。

由于虚拟内存的存在，在Windows 9x上实现内存扫描较为困难。由于执行模式分为用户模式和内核模式，在NT内核（含Windows NT/XP/2000等）的操作系统上实现内存扫描则更加困难。当前的操作系统大多已经升级到NT内核操作系统，因此，当今的恶意代码防范软件在实现内存扫描时必须考虑用户模式和内核模式两种情况。

用户模式的内存扫描要解决的第一个问题是如何访问内存中一个特定进程的数据。出于安全性设计，Windows系统中的两个进程是不能相互干扰的，因此，也不能相互读取对方的内存。解决这个问题的办法是使用微软公司提供的API。该API就是ReadProcessMemory，它通常用于调试工具控制和跟踪程序的执行过程。ReadProcessMemory的参数是进程句柄，该句柄可以由OpenProcess获取。如何枚举系统中正在运行的进程呢？这个功能可以由PSAPI提供。那么，如何终止可疑进程，以及如何定位可疑进程对应的磁盘文件。对于前者可以使用TerminateProcess，对于后者仍然需要PSAPI中的进程枚举和模块枚举功能。将可疑进程终止后，再将其对应的磁盘文件也清除和删除，就彻底完成了。

内核模式的内存扫描和用户模式的内存扫描基本类似。根据操作系统设计的特点，在内核模式执行内存扫描比较安全，并且可以扫描内核地址空间上部的2 GB空间，最重要的是可以使驱动程序型的恶意代码失去活性（根据微软公司的设计原则，驱动程序型的恶意代码不能直接卸载）。

5.2.2 广谱特征码

从本质上说，广谱特征码仍然是特征码，只是在特征码技术的基础上做了改进。原来的特征码是恶意代码中可以唯一标示这种恶意代码的一串指令序列。这样的代码是这种恶意代码所独有的，在其他正常程序中不可能出现的序列。为了确保不会把其他程序误判为恶意代码，特征码一般都选得很长，有时甚至可达数十字节。

然而，传统的特征码在查杀多态型恶意代码时就束手无策了，因为大量多态型恶意代码的不同形态之间甚至没有超过3个连续字节是相同的。为了应对多态型恶意代码的威胁，特征码的获取不可能再是简单地取出一串代码，而是采用分段的，中间可以包含任意的内容的特征码。典型的方法是在特征码中加入掩码或通配符。因为这种特征码的抽取完全是通过经验总结，正确程度依赖于恶意代码分析者的经验,要从上亿种甚至无穷种多态型恶意代码的可能静态形态中找到易于描述的规律是非常困难的,所以单纯地使用广谱特征码也无法准确地判断出恶意代码。使用广谱特征码检测恶意代码的误报、误杀、漏报率都较高。

5.2.3 虚拟机技术

对代码加密是多态型恶意代码的关键技术之一。加密算法和密钥不同,都会导致恶意代码内容的不同。将任意两份染毒文件中的代码相互比较,都无法找出相同的可以作为特征码的稳定代码,因此在查杀多态型恶意代码方面,特征码法很难达到理想的效果。另一方面,行为检测法虽然可以检测多态型恶意代码,但是在检测出恶意代码后,由于不能精确确定恶意代码的名称,也无法做后续的清除处理。

虚拟执行法是一种检测多态型恶意代码的新方法。它是一种软件分析器,用软件方法来模拟和分析程序的运行。纳入了虚拟执行法的新型检测工具,开始运行时,使用特征码法检测恶意代码,如果发现隐蔽性恶意代码或多态型恶意代码嫌疑时,启动虚拟执行模块,监视恶意代码的运行,待恶意代码自身的密码解密以后,再运用特征码法识别恶意代码的种类。虚拟机技术是国际恶意代码防范领域的前沿技术。这种技术更接近于人工分析,具有极高的智能性和查毒准确性。

当拿到一个样本时,恶意代码分析者并不敢直接运行它,因为它可能是带毒的,而且极可能是未知的新恶意代码。要分析它,就必须跟踪它的执行,查看它是否有传染模块和破坏模块。如果一个样本中含有传染模块,就无可争辩地认定它是恶意代码,如果它还有破坏模块,就会将它归入恶性恶意代码。

传染性是判定样本是否是恶意代码的重要依据。可以想象,如果能让程序判定一个样本是否有传染性,也就解决了恶意代码防范领域中的一个重要难题。传统的分析者使用 DOS 的 Debug 程序分析恶意代码,现在更多的人选择 SoftICE 等功能更强大的软件。总之,这类动态调试软件的核心就是单步跟踪执行被调程序的每一个语句。

事实上,更为高级的做法就是采用虚拟执行技术。虚拟执行技术在系统底层借鉴了虚拟机技术。既然虚拟机中可以反映程序的任何动态,那么,将恶意代码放到虚拟机中执行,则恶意代码的传染动作一定会被反映出来。

虚拟机技术的原理就是用程序代码虚拟出一个 CPU 来,同样也虚拟 CPU 的各个寄存器,甚至将硬件端口也虚拟出来,用调试程序调入"恶意代码样本"并将每一个语句放到虚拟环境中执行,这样就可以通过内存和寄存器以及端口的变化了解程序的执行过程,从而判断是否中毒。在这样的虚拟环境中,可以通过虚拟执行方法查杀恶意代码。通过这种技术,可以检查加密、变形、加壳、压缩型及大部分未知恶意代码。目前,基于特征码的方法不能识别未知或变种恶意代码,而虚拟执行技术可以部分解决这些问题。虚拟执行技术的主要执行过程如下:

(1) 在查杀恶意代码时,在内存中模拟出一个"指令执行虚拟机"。

(2) 在虚拟机环境中虚拟执行(不会被实际执行)可疑文件。

(3) 在执行过程中,从虚拟机环境内截获数据并观察其行为,据此判断是否为恶意代码。

杀毒过程是在虚拟环境下摘除可疑代码,然后将其还原到原文件中,从而实现对各类可执行文件内恶意代码的清除。

如果按这种说法,未知恶意代码的查出概率岂不可以达到100%?然而事实上这是无法实现的,因为虚拟执行速度太慢,大约会比正常的CPU慢上几十倍甚至更多,根本无法虚拟执行程序的全部代码。某些恶意代码防范软件仅仅选择了样本代码段的前几千字节虚拟执行,其查出概率就可高达95%左右。虚拟机用来侦测已知恶意代码准确率更为惊人,误报率可降到一个千分点以下。这项技术在1997年被认为是国际恶意代码防范领域的杰出贡献,至今仍有许多人在研究和完善它。

5.2.4　驱动程序技术

VxD(虚拟设备驱动)是Windows的设备驱动程序接口规范。通俗地说,VxD程序专门用于管理系统所加载的各种设备,例如,Windows为了管理最常用的鼠标,就会加载一个鼠标虚拟设备驱动程序。由于VxD不仅仅适用于硬件设备,同样也适应于按照VxD规范所编制的各种"软件设备",于是微软公司将它称为"虚拟设备驱动"。

目前,有很多应用软件都需要使用VxD机制实现某些比较特殊的功能,VxD程序具有比其他类型应用程序更高的优先级,而且更靠近系统底层资源,Windows恶意代码防范技术也需要利用VxD机制。只有利用VxD技术,恶意代码防范软件才有可能全面、彻底地控制系统资源,并在恶意代码入侵时及时报警。

基于安全考虑,Windows 9x被设计为Ring0、Ring3两个级别,其中Ring0属于最底层的系统访问。由于常规的文件都是在Ring3级进行操作,因此在基于Ring0级的VxD文件监控技术能够在文件操作之前得到其控制权,这样实现提前对可疑文件进行恶意代码行为识别。如果是染毒文件,则取得其控制权,在查杀恶意代码后再将该文件的控制权交给操作系统继续执行,这就是"恶意代码前杀"技术。此外,如果防毒软件不处于Ring0,就根本不能侦测到基于Ring0技术的恶意代码(例如,CIH),即使监视到了,也往往是在恶意代码文件已经执行或造成了破坏后才发现。通过VxD可以在系统内实现"后台驻留",从而实现对恶意代码的实时、永久、自动监控。VxD在Windows 95、Windows 98等版本上具有非常好的兼容性。

WDM(Windows Driver Model)是Windows驱动程序模型的简称。WDM目前仅适合Intel架构的处理器,实际上它是一系列集成在操作系统之中的常规系统服务集,用于简化硬件驱动程序的编写,并保证它们在Windows 98/Me/2000中的二进制兼容。

WDM的概念在Windows 95发布时便已经提出,但真正实现却是在Windows 98中。Windows Me实现了升级版本,Windows 2000也提供了对它的支持。Windows 98和Windows 2000在内核级针对WDM进行了全面优化。

在 WDM 模型推出之前,如果想让一种硬件设备同时兼容 Windows 9x 和 Windows NT,就必须编写两套截然不同的、完整的设备驱动程序。但如果采用了 WDM 模型,只需编写一套 WDM 兼容的设备驱动程序就可以了。

5.2.5 云查杀技术

2009 年以来,在计算机安全防御领域,越来越多的提到了云计算、云杀毒等概念。360 安全卫士在最新版中推出了“云查杀”技术,瑞星公司推出了“云安全”杀毒方式。

云计算(Cloud Computing)是一种分布式计算技术,是透过网络将庞大的计算处理程序自动分拆成无数个较小的子程序,再交由多部服务器所组成的庞大系统经搜寻、计算分析之后将处理结果回传给用户。通过这项技术,网络服务提供者可以在数秒之内,达成处理数以千万计甚至亿计的信息,达到和超级计算机同样强大效能的网络服务。最简单的云计算技术在网络服务中已经随处可见,例如,网络信箱、搜寻引擎、电子地图等,使用者只要输入简单指令即能得到大量信息。未来如手机、GPS 等移动设备都可以通过云计算技术,发展出更多的应用服务。

云技术的使用,实际上是增强了杀毒软件查杀恶意代码的能力。趋势、瑞星和 360 等厂商相继发布了“云安全”计划。依此看来,互联网对传统软件行业的冲击还在继续。在此之前,由于安全对于每个用户都是很重要的事情,因此在杀毒软件领域,各厂商都以卖 License 为销售模式。

以前的杀毒软件都利用了互联网的传输功能,并没有利用互联网高效的计算功能。用户还是每次上网之后连接到杀毒软件厂商的网站上,下载特征码库,然后依靠自己的计算机进行查杀。长此以往,客户机上的特征码库体积会越来越大,占用越来越多的计算资源,最后使得系统越来越慢。相信用户都有这种体验:计算机杀毒软件会占用很多的系统资源,如果把杀毒软件卸载之后,计算机运行的速度会明显提升。这种下载特征码库本地杀毒的方式,不仅忽视了网络的计算资源,而且对用户是一件很麻烦的事情。

由此可见,依赖客户 PC 的杀毒模式可能已经走到了尽头。采用“云安全”技术把原来放在客户端的分析计算能力转移到服务器端,从而使得客户端减少资源占用的时代已经来临。

当然,云技术是一次新的发展机遇,也对杀毒软件厂商提出了更高的挑战,厂商们必须在最短的时间内分析出用户的计算机是否已经被恶意代码感染了。有专家称,每个小时全世界会产生二万多个新恶意代码,单纯依靠收集它们的特征,被动地防御还是很难奏效的。

由此,一些新的防御技术产生了,例如,趋势厂商最新提出的“Web 信誉服务”,它根据网站网页、历史地址变化以及其他可能揭示可疑行为的多种因素给用户所登录的网页评个信誉分数,当发现某个网页的信誉出现问题的时候,就会将其屏蔽。

5.2.6 无缝连接技术

无缝连接技术也称为嵌入式杀毒技术,通俗地说,该技术是在充分掌握系统的底层协议和接口规范的基础上,开发出与之完全兼容的产品的技术。通过该技术,可以对恶意代码经常攻击的应用程序或对象提供重点保护,它利用操作系统或应用程序提供的内部接口来实现,对使用频度高、使用范围广的主要应用软件提供被动式的防护。作为无缝连接的一个实例,不妨考查一下Windows的快捷菜单,当用户选中某一目标并单击鼠标右键时,系统会根据不同目标而弹出与上下文关联的快捷菜单,帮助用户迅速启动某软件或功能。优秀的软件应该能够自动将有关功能加入到相关的快捷菜单中,这点对于恶意代码防范软件也具有重要启发意义。在资源管理器中对某一文件夹或文件单击鼠标右键,在弹出的快捷菜单中直接选择"恶意代码扫描"之类的功能,将会给用户带来更大的便利!

要实现无缝连接功能,将包括很多方面的技术。例如,必须解决硬盘格式的无缝连接。硬盘格式从FAT16到FAT32,再到NTFS经过了多次变化。在杀毒软件发展的历史上,有一段时间是不支持NTFS格式的,这就限制了杀毒的有效性。无缝连接的概念同样适用于主流应用软件,例如,微软公司的Office、Outlook、IE、Winzip、NetAnt等应用软件。

5.2.7 检查压缩文件

为了提高传输效率和节省空间,压缩文件的使用已越来越普遍,特别是在互联网和各种光盘介质中更是大量使用压缩文件,提供下载的文件和较大文件的电子邮件也大多使用压缩方式。人们接触压缩文件的机会大大增加了,压缩文件也就成了恶意代码藏身之所。

由于恶意代码在被压缩的情况下不会发作,就使人们往往忽视了它的危害,造成恶意代码更为广泛传播。如果不能及时发现并处理掉压缩文件内的恶意代码,一旦发作,将造成不可估量的损失。如果没有查杀压缩文件中恶意代码的能力,虽然进行了杀毒,但压缩形态下的恶意代码并没有被发现和处理,留下了严重的隐患。在CIH的传播过程中就利用了压缩文件隐藏病毒,当其爆发时,许多受害者才意识到此种情况的危害。如何能及早发现恶意代码的存在,防止它的蔓延,在压缩的形态下就将其除掉,防患于未然是用户的迫切需要。对于恶意代码防范产品,在技术上也相应地提出了查杀压缩文件中恶意代码的要求。

检查压缩文件中的恶意代码的基本思路是:在搞清压缩文件的压缩算法和解压缩算法的基础上,首先解压缩待检查的压缩文件。随后在解压后的文件中检查特征码判断该文件是否有毒,以此说明原压缩文件是否有毒。最后将文件还原成原来的压缩格式。

由于目前压缩文件的压缩算法多种,而且有的压缩文件可能是多次压缩,这给恶意代码防范软件提出了很高的要求。然而,在互联网时代,没有查杀压缩文件中恶意代码能力的防范软件将不堪一击,因此,恶意代码防范软件必须具备检查压缩文件恶意代码的功能,否则难以生存。

5.2.8 沙盘技术

沙盘(Sandbox),就像一盘沙子,写在上面的字很容易抹去。早期,该技术主要用于测试可疑软件等，例如，黑客们为了试用某种恶意代码或者不安全产品，往往可以将它们在沙盘环境中运行。国外有个软件叫 Sandboxie，它的原理就是让可执行文件都在它的程序中运行，也就等于在一个真实的沙盘中运行，当这个程序发生改变（例如，强制装上了一些 Toolbar 之类的软件），它只是在这个程序中改变，对真实的系统不会造成任何改变。与沙盘相类似的是影子系统，但影子系统会在重启之后自动抹干净痕迹，而 Sandboxie 这个程序只会在主动去抹时才会抹去痕迹。这样，任何的在 Sandboxie 运行的程序如果下载恶意代码，感染了恶意代码等都不会对系统造成影响，因为它们是在一个隔离的沙盘中，并不真会写到硬盘。

近几年，随着网络安全问题的日益突出，人们更多的将沙盘技术应用于网上冲浪方面。从技术实现角度而言，就是从原有的阻止可疑程序对系统访问，转变成将可疑程序对磁盘、注册表等的访问重定向到指定文件夹下，从而消除对系统的危害。奇虎 360 推出的安全浏览器就是典型代表。360 安全浏览器已经集成好了 Sanboxie，上网时即使被安装了流氓软件等恶意代码，因为它们都存在沙盘中，也不会对真实的系统造成伤害。

5.2.9 启发式扫描技术

恶意代码和正常程序的区别可以体现在许多方面。恶意代码启动时，最初的指令一般是直接写盘操作、解码指令，或搜索某路径下的可执行程序等相关操作指令序列。而一个正常的应用程序的最初指令往往是检查命令行输入有无参数项、清屏和保存原来屏幕等。这些显著的不同之处，在调试状态下，对一个熟练的程序员而言可谓一目了然。启发式代码扫描技术实际上就是将这种经验和知识移植到程序中实现。

启发式是指自我发现的能力或运用某种方式或方法判定事物的知识和技能。一个运用启发式扫描技术的恶意代码检测软件，实际上就是以特定方式实现的动态跟踪器或反编译器，通过对有关指令序列的反编译逐步理解和确定其蕴藏的真正动机。例如，如果一段程序以如下序列开始：

```
MOV AH,5
INT 13h
```

该程序利用 13 号中断的 5 号功能实现磁盘格式化操作，这段程序高度可疑应该引起警觉。特别地，如果这段指令之前不存在取得命令行参数选项，又没有要求用户交互地输入继续进行的操作指令，就可以有把握地认为这是一个恶意代码。

1. 可疑的程序功能

启发式扫描技术的具体实现是相当复杂的。通常这类恶意代码检测软件要能够识别并探测许多可疑的程序代码指令序列，例如，格式化磁盘类操作，搜索和定位各种可执行程序的操作，实现驻留内存的操作，发现非常的或未公开的系统功能调用的操作等，所有上述功能操作将被按照安全和可疑的等级进行排序，根据恶意代码可能使用和具备的特点而授以不同的加权值。

例如，格式化磁盘的操作几乎从不出现在正常的应用程序中，而恶意代码程序中则出现的几率极高，于是，这类操作指令序列可获得较高的加权值，而驻留内存的功能不仅恶意代码要使用，很多应用程序也要使用，于是应当给予较低的加权值。如果对于一个程序的加权值的总和超过一个事先定义的阀值，那么，恶意代码检测程序就可以认为发现恶意代码。仅仅一项可疑的功能操作远不足以触发恶意代码报警，如果要减少虚报现象，最好将多种可疑功能操作同时并发的情况定为发现恶意代码的报警标准。

2. 虚报警

像其他的通用检测技术一样，启发式扫描技术也有可能将一个本无恶意代码的程序当作染毒程序，这就是虚报警现象。产生虚报警的原因很简单，主要是由于被检测程序中含有恶意代码常采用的可疑功能。例如，QEMM 所提供的一个 Loadhi.com 程序就会含有一些可疑功能调用。

Loadhi.com 程序中确实含有一些可疑的功能调用，这些功能调用足以触发报警。因为 Loadhi 的作用就是为了分配高端内存，将驻留程序装入内存，然后移入高端内存等。所有这些功能调用都可以找到一个合理的解释和确认，然而，防范程序并不能分辨这些功能调用的真正用意，因此，该程序经常被当作可疑恶意代码。

3. 启发式代码分析技术的运用

启发式代码分析技术有许多优点，这可能会引起某些人的误解，以为传统的检测扫描技术就可以丢弃了。情况当然不是这样。从实际应用的效果认为，传统的手法由于基于对已知恶意代码的分析和研究，在检测时能够更准确。而启发式代码分析技术则能处理新出现的恶意代码。传统技术与启发式技术的结合运用，可以使恶意代码检测软件的检出率提高到前所未有的水平，而另一方面，又大大降低了总的误报率。

某种恶意代码能够同时逃脱传统和启发式扫描分析的可能性较小，如果两种分析的结论相一致，那么真实的结果往往就如同其判断结论一样，无疑两种不同技术对同一检测样本分析的结果不一致的情况比较少见，这种情形下需借助另外的分析得出最后结论。

抛开实现细节和手法不谈，启发式代码分析技术具备某种人工智能的特点，是代表着未来恶意代码防范技术发展的必然趋势的反毒技术。资料显示，目前国际上最著名恶意代码防范软件均声称应用了这项技术，从来自不同机构和出处的评测结果确认，纯粹的启发式代码分析技术，已能达到 80% 以上的恶意代码检出率，而其误报率极易控制在 0.1% 之下，这对于查毒软件功效，是一次质的飞跃。

在新恶意代码，新变种层出不穷，恶意代码数量不断激增的今天，这种新技术的应用更具有特殊的重要意义。

5.2.10 PE 病毒的启发式特征

启发式分析是检测新恶意代码的一个成功手段。启发式扫描法不是一个孤立的方法，它与是否很好地理解了恶意代码的感染手段密切相关。对不同类型的恶意代码，需要用完全不同的规则构建启发式分析器的判断逻辑。显然,用于捕获引导区型病毒的启发式分析逻辑不能用于分析 Win32 平台下的 PE 文件病毒。

二进制文件恶意代码的启发式检测一般是通过仿真运行程序,然后寻找可疑的代码组合。本小节介绍的一些启发标志大部分不是基于代码仿真,但却反映了 32 为编译器编译得到的 PE 文件中不可能出现的特定结构问题。这些启发标志包括以下特征。

1. 代码从最后一节开始执行

在默认情况下,编译连接器将所有的目标代码都放入.text 节。而大多数 PE 病毒都会将应用程序的入口点修改并指向程序的最后一节,而不是.text 节。创建多个代码节是可能的,但编译器默认不这样做,因此大多数 PE 应用程序永远不会出现这样的结构。如果 PE 映象的入口点不是执行代码节,它就非常可疑了。

2. 节头可疑的属性

所有的节都有一个用于描述某些属性的域,该域包含一组标志用于只是节的属性。代码节要有一个可执行(Executable)标志,但不需要可写(Writeable)标志。一般情况下,病毒所在的节没有可执行标志,但却有可写标志,或同时具有两种标志。这两种情况都非常可疑。

3. 可选头部的有效尺寸的值错误

大部分 Windows 9X 病毒都未把 SizeOfImage 域的值对齐到最接近的 SectionAlignment 的整数倍。9X 版的 PE 装载器却允许这种错误,而 NT 版内核则不允许。因此,如果 SizeOfImage 的值不正确则非常可疑。

4. 节头部错误

有些病毒尽管做了对齐操作,但却不会修改最后一个节头部来反映这个尺寸的差异。9X 版病毒常有这个问题。

5. 可疑的代码重定向

有些病毒不会简单地修改 AddressOfEntryPoint 的值实现跳转,而是在入口点放置一个指向其他节的跳转指令。如果发现执行流在入口点附近就跳转到其他节,即非常可疑。

6. 可疑的代码节

如果一个本不应该包含代码的节(例如,.relco、.debug 等)获取了对程序的控制,就是可疑的。

7. 可能的头部感染

如果 PE 的入口点不是任何节,而是指向第一个节前的某个区域,则该文件可能感染了一个病毒。

8. 来自 Kernel32 的可疑导入表项

一个正常的程序员不会总是用序号进行函数引用,如果这样就非常可疑。有些病毒会修改宿主的导入表,在其中加入基于序号的导入表项。

9. 导入地址表被修改

如果程序的导入表包含 GetProcAddress 和 GetModuleHandleA 两个 API 的导入表项,同时又是用序号导入它们的,则导入表肯定被修改过。这也是非常可疑的。

10. 多个 PE 头

当一个程序有不止一个 PE 头时，必须认为它是可疑的。因为 PE 头包含了许多未被使用的或取值固定的域。当 lfanew 域指向程序的后半部分时，就是这种情况。此时，在文件起点附近可能会找到另一个 PE 头。

11. 多个程序头部

通过检测实际映象尺寸是否超过文件头给出的代码尺寸，可以检测出是否含有多个文件头。如果含有多个文件头，则可能感染了前置病毒。

12. 可疑地址调用

如果代码中包含用于确定病毒实际起始地址的指令，就应该认为其可疑。病毒常用的获取地址的代码是 Call 下一个地址这样的代码。在 32 位系统中，该代码为 E800000000。

13. 内核查询

如果代码中含有硬编码的指针指向了某些系统区域，例如，Kernel32 或 VMM 的内存区域，则该代码是可疑的。

14. 内核的完整性

Kernel32. dll 文件的完整性可以通过 Imagehlp. dll 中的 API(例如，CheckSumMappedFile 或 MapFileAndCheckSum)来检查。这样，感染 Kernel32. dll 而不重新计数其 Checksum 域的病毒可疑被查出。

15. 把节装入 VMM 地址空间

虚拟机管理器(Virtual Machine Manager, VMM)内存区从地址 0xC0001000 处开始。在 0xC0001000 处有一个未用页面。有些病毒占据了这个未用页面。这类病毒在宿主程序的节表中增加了一个新的节头部。这个新的节头部中的虚拟地址指向内存地址 0xC0001000。系统装入宿主程序时会自动地分配该页面，于是，病毒代码就会在内核模式下运行。

16. SizeOfCode 域取值错误

多数病毒在向 PE 程序中添加新的代码节时，都不会去修改可选头部的 SizeOfCode 域。如果重新计算所有节的尺寸，得到的结果与 SizeOfCode 域的值不同，该 PE 文件就有可能被病毒添加了新节。

5.2.11 网络恶意代码立体防御技术

随着网络规模和恶意代码数量的急剧增加，多种恶意代码同时泛滥的概率大大增加，这将会给用户的计算机造成全方位的威胁。此时，单一的恶意代码防治手段已经远远不能担负起防毒的重任，建立立体的防恶意代码体系已成必然。

立体防毒体系将计算机的使用过程进行逐层分解，对每一层进行分别控制和管理，从而达到恶意代码整体防护的效果。该体系是瑞星等防病毒公司提出的一个防毒新概念，通过杀毒软件、漏洞扫描、恶意代码查杀、实时监控、数据备份、个人防火墙等多种恶意代码防护手段，将计算机的每一个安全环节都监控起来，从而全方位地保护了用户计算机的安全。

计算机网络包含服务器、工作站、连接设备等主要的软、硬件实体，所以防治网络恶意代码应该考虑多方面的因素，同时，加强对网络的综合管理也很重要。因此，基于网络的立体恶意代码防护策略成了保障企业信息安全、保证网络安全运行的重要手段。从网络系统的各组成环节来看，多层防御的网络防毒体系应该由用户桌面、Internet 网关、恶意代码防火墙、工作站和服务器等各个层次的防护体系组成。

1. 用户桌面的防护

桌面系统和远程 PC 是主要的恶意代码感染源，因此面向桌面系统的恶意代码检测和清除是保证整个网络正常运行的必要条件。桌面系统的防毒系统应该能很好地融合于整个系统，便于统一更新特征码库、杀毒策略等核心内容。

2. Internet 网关的防护

群件和电子邮件是网络中重要的通信途径。群件的核心是在网络内共享文档，一个被恶意代码感染的文档很容易经由网络内部文件的共享而迅速地传播，因此，对 Lotus Domino 和 Microsoft Exchange 服务器的保护是非常必要的，爱虫和 Sircam 等恶意代码之所以能够以空前的速度传播，主要依赖的是电子邮件通信，这也是当今恶意代码扩散的最主要方式。对付以 Internet 为载体的恶意代码的一个有效办法就是：在 Internet 网关装备恶意代码扫描器，保护企业网络不受电子邮件传播恶意代码的威胁。

3. 防火墙的防护

基于防火墙的恶意代码扫描器能扫描多种 Internet 协议，它不仅能扫描网络文件、电子邮件，以及 Web 通信中包括压缩文件在内的恶意代码，同时也能保护系统免受恶意的 VBScript、ActiveX 或 JavaScript 等恶意代码的攻击。在网关和防火墙检查恶意代码的难点在于：需要扫描所有接收到的数据帧，将它们重组并临时存放，以便进行恶意代码扫描，这需要消耗大量的计算和存储资源。

4. 基于工作站的防治技术

工作站是网络的门户，是对抗恶意代码的前沿阵地，只有把好这道大门，才能有效防止恶意代码的入侵。工作站防治恶意代码主要方法是软件防治，即定期或不定期地用恶意代码防范软件检测工作站的恶意代码感染情况。软件防治可以不断提高防治能力，但需人为地经常启动防范软件，因而不仅给工作人员增加了负担，而且很有可能在恶意代码发作后才能检测到。

5. 基于服务器的防治技术

网络服务器是整个计算机网络的核心和支柱。网络瘫痪的一个重要标志就是网络服务器瘫痪。目前基于服务器的防治恶意代码的方法大都采用服务器专用的恶意代码防治软件，以提供实时扫描恶意代码的能力，保护服务器不受恶意代码的攻击，从而切断恶意代码进一步传播的途径。

6. 计算机网络的防范

在安全领域有一共识，那就是单纯依靠技术手段是不可能有效地杜绝和防止恶意代码的蔓延,只有将技术手段和管理机制紧密结合,提高人们的防范意识,才有可能从根本上保护网络系统的安全运行。目前在网络恶意代码防治技术方面,基本处于被动防御的地位,但管理上应该积极主动。首先应从硬件设备及软件系统的使用、维护、管理、服务等各个环节制定出严格的规章制度,对网络系统的管理员及用户加强法制教育和职业道德教育,规范工作程序和操作规程,严惩从事非法活动的集体和个人。其次,应有专人负责具体事务,及时检查系统中出现恶意代码的症状,汇报出现的新问题、新情况,在网络工作站上经常做好恶意代码检测的工作,把好网络的第一道大门。除在服务器主机上采用防毒手段外,还要定期用查毒软件检查服务器的恶意代码情况。最重要的是,应制定严格的管理制度和网络使用制度,提高自身的防毒意识;应跟踪网络恶意代码防治技术的发展,尽可能采用行之有效的新技术、新手段,建立最佳网络恶意代码安全模式。

5.3 现有防治技术的缺陷

经过数十年的发展,国内外的恶意代码防范软件产业已经相当成熟,各种防范技术应运而生,实时监控、云查杀、主动防御、多平台支持等新的技术名词层出不穷,各种防范软件在消费者面前扮演着无所不能的角色。然而,当“蠕虫”瞬间爆发的时候,它还是造成了史无前例的巨大损失。面对一次又一次大面积恶意代码攻击的事实,人们是否该想一想:当恶意代码攻击事件发生时,防范软件为什么几乎没有作用?这个问题的答案关键是在于产品还是在于服务?抑或是其他?

1. 永无止境的服务

评价杀毒软件产品的好坏首先是查杀能力,而当前评价一款杀毒软件的查杀能力的标准又取决于它所拥有的特征代码数,即特征代码库的大小。根据 ICSA 的调查显示,世界上每天产生新恶意代码超过 30 种,而且恶意代码本身也越来越聪明,它使用各种变种技术、加密技术以及隐藏技术来保护自己,因此安全厂商必须在新恶意代码产生后以最快的速度捕获它的特征代码,从而迅速更新用户的特征代码库。特征代码库的实时更新是当今安全防范产品必需的功能。

欧洲杀毒软件公司熊猫卫士率先提出了每日更新的服务,又进一步开通了 24 小时紧急杀毒服务,150 位工程师全力协作。为了争夺市场份额,目前几乎所有的杀毒厂商都实现了这个目标。恶意代码防范企业进入了服务竞争的时代。安全防范软件的长期竞争将是产品服务的竞争,将是产品背后隐藏的产业技术工程师队伍服务能力的竞争。

由于恶意代码的传播能力很强,服务在蠕虫横行的今天更显得突出。网络上的一台计算机没有杀毒或者杀毒不净,都会导致蠕虫再次充斥整个网络。因此,提供对每一个用户的防治指导也是一项必不可少的服务。此外,防治能力、防范意识较差的企业更加需要类似服务。

2. 未知恶意代码发现

为了解决恶意代码查杀能力总是落后于恶意代码产生的问题,各企业都在致力于未知恶意代码查杀技术的研究。相信用户都应该看到过有些厂商的广告词中总有“可以查杀未知恶意代码”这么一项功能，而实际上现有软件并不能查杀真正意义上的未知恶意代码。

检测未知恶意代码要面对很多问题。首先，这个机制必须是基本可靠，而不能是高误报率的。其次，不允许消耗大量的系统资源。

什么是未知呢？所谓未知就是人们在一定时间内无法知晓的客观实际或者无法预测的未来事物。马列主义哲学告诉人们，在一定时期的认识总是有限的。因此，人们不可能确切知道未来恶意代码的真实模样，一切所谓的预知只是利用现有知识和恶意代码发展史对恶意代码的行为进行的预测。这种预测不可能达到预期的目的。因此，查杀真正意义上的未知恶意代码是不可能的。但是查杀“已知攻击模式的未知恶意代码”却是可能的。这就是哲学上说的预测的结果。

目前的确存在一些“查杀已知攻击模式的未知恶意代码”的技术，并且这些技术也起到了很大的实际作用。这样的技术包括虚拟执行技术、监控典型漏洞方法、采用语法分析的方式检测新的脚本恶意代码等。

目前，对“已知攻击模式的未知恶意代码”的检测的最大的挑战是 PE 病毒和特洛伊木马。PE 程序由于结构复杂，对其的虚拟运行要比虚拟一个 DOS 环境复杂很多，对系统资源的需求也在加大。特洛伊木马采用的技术都非常边缘化，不要说通过虚拟资源的方法，就是通过直接运行进行行为分析的方法，也很难判别其和一些正常网络服务程序的区别。

恶意代码的出现往往无法预料。当前，对恶意代码的处理方法都是在得到样本后，分析其代码和行为，才可以查杀这种恶意代码或行为类似的变种。因此，对于未知的恶意代码并不能完整地、准确地进行判断。换句话说，世界上并不存在能够完全查杀所有未知恶意代码的软件。因此，在第一时间能够及时捕捉到全球出现的新恶意代码，用户的利益就能够得到第一级的保障。很多企业花费巨大的人力物力组建恶意代码监测网，收集现有的最新样本，有助于其软件尽可能多、尽可能快地防治新恶意代码。

3. 恶意代码清除的准确性

从第 3 章内容可知，历史上就存在非常难于清除的恶意代码，例如，覆盖型、交叉感染型的清除等。当前，随着恶意代码技术的发展及其数量的爆炸式增长，恶意代码的清除工作又带来了新的难度。以下介绍几类典型的恶意代码难于清除的情况。

(1) 蠕虫清除难度。在单机环境下，再顽固的恶意代码也可通过删除宿主文件、低级格式化硬盘等措施将其清除。而蠕虫主要是通过网络传播的，其清除难度比单机环境复杂得多。网络中只要有一台工作站未能将其清除干净就可使整个网络重新全部被感染，甚至刚刚完成清除工作的一台工作站马上就能被网上另一台工作站的带毒程序所传染，因此，仅对工作站进行杀除不能彻底解决网络蠕虫的问题。在尼姆达蠕虫刚出现的时候，很多人在清除该蠕虫时经常犯这个错误。

(2) 木马的清除难度。现在有很多的特洛伊木马程序中的功能模块不再由单一的文件组成，而是具有多重备份或多个冗余模块，它们可以相互恢复。当你删除了其中的一个，以为万事大吉，不久它又悄然出现，像幽灵一样，防不胜防。著名的灰鸽子(G_server)就具有这种功能。

(3) 驱动程序型恶意代码的清除难度。近几年,大部分主流恶意代码技术都进入了驱动程序级,它们开始与杀毒软件争夺系统驱动的控制权。驱动级程序是操作系统内优先级最高的程序,它可以获得内核级的系统优先权,可以先于普通应用程序启动并获得系统控制权。“网游窃贼”变种 tyy 是采用内核级 Hook 技术编写而成的驱动程序级木马。该木马主程序安装运行后,会在被感染的计算机系统后台利用内核级 Hook 技术监控用户的操作,从而盗取用户的多种网络游戏账号信息。

根据上述可知,采用以往的思路清除恶意代码的工作越来越难于应用于商业软件。因此,需要寻求新的思路进行清除工作。其中,由健康的备份中恢复是一个不错的想法。

5.4 习　题

1. 简单总结市场上销售的商用杀毒软件采用的技术。
2. 什么是云查杀技术?
3. 什么是网络立体防御技术?
4. 结合恶意代码事件,谈谈你对“未知恶意代码查杀技术”的看法。并说明商业软件宣传的“未知恶意代码查杀”技术是否存在?
5. 在现有恶意代码防治领域,存在哪些有待突破技术缺陷?

第 6 章　OAV 软件分析与使用

OAV(OpenAntiVirus)项目(http://www.openantivirus.org)是在 2000 年 8 月由德国开源爱好者发起,旨在为开源社区的恶意代码防范开发者提供一个交流和项目管理的资源平台。其目标是研发新的安全技术,并为开源社区现有的安全产品提供一个统一的平台。作为一个交流与合作的平台,开发者在该项目的框架下一起工作,分享思想,对项目有兴趣者都可以申请加入项目的研发队伍。

本章学习目标

- 了解 OAV 引擎的框架
- 了解 OAV 的核心代码
- 掌握 OAV 使用方法

6.1　项 目 组 成

OAV 项目由 ScannerDaemon、VirusHammer、PatternFinder 和 VirusSignatures 共 4 个部分组成。项目用 Java 语言写成,并且遵守 GPL 开源软件规范。项目 4 个部分的功能如下。

- ScannerDaemon:OAV 项目下的一个病毒扫描软件。该程序启动后,作为一个守护程序监听 8127 端口,并为客户端提供病毒扫描服务。客户端可以 Telnet 到 8127 端口进行各种工作。
- VirusHammer:OAV 项目下一个具有用户界面的病毒扫描软件,并自带病毒特征码。其与 ScannerDaemon 的区别就在于,这是一个可以独立工作且有可视化界面的程序。
- PatternFinder:OAV 项目下一个查找商业杀毒软件所使用的病毒特征码的工具。有了该工具就不需要开发者手工分析计算机病毒的特征码,而是直接借助商业软件现有的执行情况获得特征码。
- VirusSignatures:OAV 项目发布的计算机病毒特征代码库。该库共有特征码条目约 22 000,当然没有商业杀毒软件那么全面。

为了提高 OAV 项目的适用范围,一些组件被开发并应用。其中重要的组件包括 squid-vscan 和 samba-vscan 等,它们的具体作用如下。

- squid-vscan:利用 squid 代理服务器提供的 http-proxy 功能进行网络流量恶意代码扫描,从而侦测网络流内是否含有恶意代码。

- samba-vscan:利用 samba 服务器功能提供 on-access 病毒扫描。最新的 SUSE Linux 已经包含了该工具。

除了这些主要的工具,很多开源爱好者还开发了很多小工具,详细情况参见 http://www.openantivirus.org/projects.php。

6.2 ScannerDaemon 基本框架

ScannerDaemon 基本上可以分为以下几个模块:扫描引擎模块、扫描配置模块、病毒特征码(Signature)文件解析模块、文件系统支持模块(扫描目标文件、文件夹时所需要)。各部分关系如图 6-1 所示。

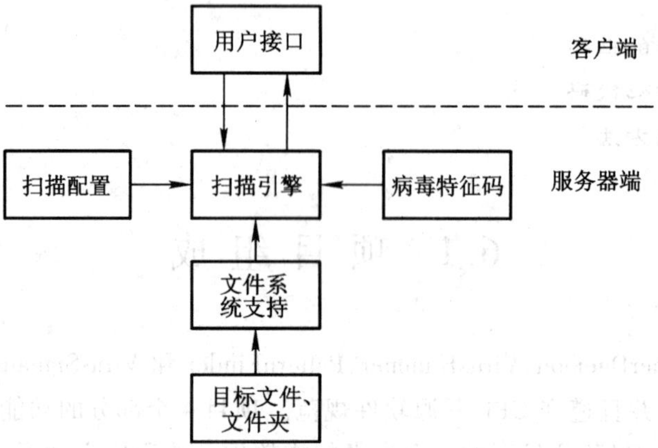

ScannerDaemon 框架

图 6-1 ScannerDaemon 框架

扫描引擎模块根据配置模块的支持,首先初始化扫描引擎的相关属性配置,并根据配置文件确定扫描算法,然后由病毒特征码文件解析模块读入病毒特征码文件,并把相关病毒的模式保存在相关数据结构中。扫描目标文件时,需要文件系统支持模块,如果是目录,则进行遍历扫描。

6.2.1 main-class 分析

这里主要包括两个重要的类:RequestHandler 和 ScannerDaemon。其中 ScannerDaemon 为 mian 方法所在的类。

1. ScannerDaemon 类

ScannerDaemon 的 main-class 为 public class ScannerDaemon，在 package org. openantivirus. daemon 中。

其构造方法如下：

```
public ScannerDaemon(ScanConfiguration scanConfiguration)
                throws CredoException,IOException {
        engine = new ScanEngine(scanConfiguration);
        this.scanConf = scanConfiguration;
    }
```

ScanEngine 类为扫描引擎模块，ScanConfiguration 类包含扫描配置信息。以下部分详述。

分析其 main 方法，其处理过程如下：

初始化 ScanDaemon 扫描服务器的默认配置。

```
final WriteableScanConfiguration loadConf =
new WriteableScanConfiguration(new defaultScanConfiguration());
            final WriteableScanConfiguration scanConf =
        new WriteableScanConfiguration(loadConf);
```

writeableScanConfiguration 和 defaultScanConfiguration 类描述了配置信息。

(1) 根据参数进行服务器配置。

启动参数包括-nosignature，-configfile <configfile-name>。

(2) 如果第二步中未指定 configfile，则在默认的执行目录中查找文件名为 ScannerDaemon-settings. properties 的配置文件，如果不存在，则不作任何处理（采用默认配置，根据 DefaultScanConfiguration 类）。

(3) 启动服务器 new ScannerDaemon(scanConf). start()。

下面看看 start 方法做些什么事情。

首先是打开 8127 端口侦听是否有客户端的连接，如果有连接，则建立一个线程处理该客户端请求（即客户端扫描文件的请求等）。建立新线程代码如下：

```
new Thread(new RequestHandler(
                    serverSocket. accept(),
                    engine,
                scanConf)).start();
```

2. RequestHandler 类（工作线程）

这个类也在 package org. openantivirus. daemon 中。

其构造方法如下：

```
public RequestHandler(Socket socket,
                      ScanEngine scanner,
                      ScanConfiguration scanConfiguration) {
    this.socket            = socket;
    this.scanner           = scanner;
    this.scanConfiguration = scanConfiguration;
}
```

ScanEngine scanner 为扫描引擎,具体对文件、目录的扫描就由该参数根据 ScanConfiguration scanConfiguration 的配置完成。这些类在下面的部分再分析。

该类的 start( )方法中可以看到,服务器可以接受客户端以下的几种简单命令:SCAN < file-name > ,COMMAND SHUTDOWN,根据 ScannerDeamon 的 Howto 文档,服务器应该还支持 POST、FILTER 等命令,但源代码中注释掉了这些命令的处理,以下主要分析 SCAN < file-name > 命令的处理过程。

该类的 run 方法中对于 SCAN 命令的代码如下:

```
if (sCommand.equals("SCAN")) {
    if (argument.length() == 0) {
        System.err.println("Filename not found");
        return;
    }
    scanner.addScanListener(scanListener);
    exceptionOccurred = false;
    scanner.scan(new File(argument), scanConfiguration);
    if (!exceptionOccurred) {
        sResult = OK;
    }
}
```

这里的 scanner 就是初始传递的 ScanEngine 类实例,请参见上面 RequestHandler 类的构造方法。该引擎最初是由 ScannerDaemon 类的构造方法初始化。

scanner. addScanListener(scanListener) ,scanListener 是用于侦听 scan 过程所发生的事件(当扫描开始时或者扫描完一个文件,或者扫描全部结束时,需要做些额外的事情,例如,给出提示信息,当前的扫描进度等)。sanListener 是 ScanListener 接口的一个实现类的实例。

scanner. scan(**new** File(argument) ,scanConfiguration)对文件进行扫描。

6.2.2 扫描配置模块

扫描配置模块(从源代码的组织结构分析,可归入到扫描引擎模块中,这里单独拿出来分析)。

扫描配置模块主要包括两个类:WriteableScanConfiguration 类和 DefaultScanConfiguration 类。

1. WriteableScanConfiguration 类

这个类放了一些扫描引擎的属性名。属性分了 3 类:属性值为 boolean、int 和 Sring。这些属性名存放于 3 个对应的 Collection 变量中,例如,int 型的属性名存放如下:

```
private static final Collection INT_SETTINGS = Arrays. asList(
        new String[ ] {
                "credo. level"
        });
```

除了存放属性名,该类还包括很多 getXXX(String)类型和 putXXX(Sring,value_tye)类型的方法,其中 getXXX 方法根据传递给它的 String 类型属性名得到相应的属性值,而 putXXX 方法对 String 类型属性名赋以 value_type 类型的属性值,例如:

```
public boolean getBoolean(String key) {
        return ((Boolean) getObject(key)). booleanValue();
}
public void putBoolean(String key, boolean value) {
        putObject(key, value ? Boolean. TRUE : Boolean. FALSE);
}
```

2. DefaultScanConfiguration 类

该类是默认的属性配置类,其构造方法就是对扫描引擎的属性赋以默认值。构造方法如下:

```
public DefaultScanConfiguration() {
        putBoolean("engine. halt-on-malware-found", true);
        putBoolean("engine. use-trie", false);
        ……
}
```

6.2.3 病毒特征码模块

这个模块中涉及到的类与接口包括 CredoFile 类、CredoEntry 类、PositionFoundEvent 类、PositionFoundListener 接口、StringFoundListener 类、StringsParser 类、WildcardPattern 类、StringFinder 类等,其中 StringsParser 类、WildcardPattern 类和 StringFinder 类尤为重要。但是 StringFinder 类与扫描引擎模块的联系也是十分紧密,因此关于这个类在病毒特征码模块和扫描引擎模块中都将作细致的分析。而与事件侦听器有关的类和接口(PositionFoundEvent 类、PositionFoundListener 接口、StringFoundListener 类),在病毒特征码模块中会用到。该模块在解析特征码文件时,为每个

病毒都初始化一个 PositionFoundEvent 类,用于在以后扫描目标文件阶段使用,但这 3 个类的重要功能主要在扫描阶段体现,所以将放在扫描引擎模块中分析。

1. 病毒特征码文件

下载 VirusSignatures-latest. zip,然后解压缩,里边的 VirusSignatures. credo 文件就是病毒特征码文件,该文件实际上是一个 jar package,用 winRAR 可以打开,可以首先看看病毒特征码文件到底是什么形式。从 http://www. openantivirus. org/latest. php 可以下载到最新的病毒特征码文件,类似于病毒定义可以看到里面包括 clamav. strings 和 clamav2. strings 两个子文件,这两个子文件同样可以用 notepad 文本工具打开。

摘取 clamav2. strings 文件中的一段内容如下:

```
Oror-fam (Clam)[1 * 0 * 3 * 0 * 3] = 495243 * 56697275 * 53455859330F5455 * 4B617A61
                                     * 536E617073686F
……
```

摘取 clamav. strings 文件中的一段内容如下:

```
……
Eicar-Test-Signature[32] = 58354F2150254041505B345C505A58353428505E2937434329377D244549
                           4341522D5354414E4441
……
```

从这段代码大致可以认为,Oror-fam(Clam)、VBS. Kristen 等为病毒名称,[1 * 0 * 3 * 0 * 3] = 495243 * 56697275 * 53455859330F5455 * 4B617A61 * 536E617073686F 等字串为该病毒的一段特征模式串。

另外,仔细观察文本行的内容并结合之后的源码,通过比较发现,文本行中的“ * ”号是分隔符,[ ]中的内容跟“ = ”后面的特征码具有对应关系,且每个特征码都是偶数个字符,这些字符都是 16 进制字符(0—9A—F)。例如,对 Oror-fam 文本行,“[”“]”中的内容为 1 * 0 * 3 * 0 * 3,1 对应特征码的 495243,字符数为 6,0 对应 56697275,字符数为 8,以此类推。

结合之后的代码分析,可以进一步地发现一个文本行的确切含义(以 Oror-fam 文本行为例):[ ]中的 1 与第一个模式串 495243 对应,而 495243 实际上是 3 个 16 进制值为 49、52、43 的字符,1 是指索引为 1(即第二个字符)的字符作为该模式串的一个 hash 码,建立一个包含所有模式串的 hash 表,而 hash 表的表项为 PositionFoundListener 接口类型实例,其中存储了完整的模式串及相应的病毒名字,并且在扫描过程中,如果发现病毒,将文件信息也保存在该类中。

2. CredoFile 类

该类只是把普通文件包装成 jar 格式输入流(上面介绍过病毒特征码文件. credo 实际上是一个 package)。

该类的两个构造方法如下:

```
public CredoFile(File file) throws CredoException {
```

```
        if ( !file. exists( ) ) {
            jarInputStream = null;
            throw new CredoException( " Credo-File does not exist" ) ;
        }
        if ( !file. isFile( ) ) {
            jarInputStream = null;
            throw new CredoException( " Credo-File is not a file" ) ;
        }

        try {
    jarInputStream = new JarInputStream( new FileInputStream( file) ) ;
        } catch( IOException ioe) {
            throw new CredoException( ioe. getMessage( ) ) ;
        }
    }

    public CredoFile( InputStream is) throws CredoException {
        if ( is == null) {
            throw new CredoException( " Credo-File not found" ) ;
        }
        try {
            jarInputStream = new JarInputStream( is) ;
        } catch ( IOException ioe) {
            throw new CredoException( ioe. getMessage( ) ) ;
        }
}
```

这个类的两个构造方法的意义不言自明,此处不做分析。

3. CredoEntry 类

根据(病毒特征码文件)的介绍,病毒特征码文件. credo 文件是一个 jar package,这个 package 中的每一个文件就用一个 credoEntry 类实例表示。这个类十分简单,此处不作进一步分析。

4. CredoParser 类

这个类的作用是:在指定的目录下查找. credo 文件,供 StringsParser 类解析. credo 文件的具体内容。

这个类的构造方法如下:

```
public CredoParser( ScanConfiguration scannerConfiguration,
                    StringSearch stringSearch) {
```

```
        this. scanConfiguration = scannerConfiguration;

    stringsParser = new StringsParser( new StringFinder( stringSearch) ) ;
        }
```

前面已经简要介绍了病毒特征码文件的结构和形式,StringsParser类就是用来解析clamav. strings和clamav2. strings文件的具体内容。该类在以下部分详细介绍。

这个类的public void parse(File file)方法如下:

```
/* *
        * Recursively parses all credo files in this directory and
 * subdirectories
        * if this is a directory; otherwise the file itself
        */
    public void parse( File file) throws CredoException,IOException {
        if (file. isDirectory( ) ) {
            final File[ ] afFiles = file. listFiles( new FilenameFilter( ) {
                public boolean accept( File directory,String name) {
                    return name. endsWith( CredoFile. EXTENSION) ;
                }
            } ) ;
            for ( int i = 0; i < afFiles. length; i ++ ) {
                parse( afFiles[ i] ) ;
            }
        } else {
            doParse( new CredoFile( file) ) ;
        }
    }
```

该方法是个递归算法,如果是目录,则遍历目录下的所有文件,如果是以. credo为扩展名的病毒特征码文件,则调用doParse(new CredoFile(file))。

doParse方法所做的事情就是解析. credo包中的. strings文件(clamav. strings和clamav2. strings),该方法调用StringsParser类完成对这些文件的解析。

下面是该方法的部分代码。

```
    switch ( credoEntry. getType( ) ) {
                    case CredoEntry. STRINGS:
                        stringsParser. parse( new InputStreamReader(
                                credoEntry. getInputStream( ) ) ) ;
                        break;
```

```
        default:
            throw new CredoException("Unknown CredoEntry-type:"
                                     + credoEntry.getType());
    }
```

如果是.strings 文件,则对此进行解析,调用

```
stringsParser.parse(new InputStreamReader(
                    credoEntry.getInputStream()));
```

5. StringsParser 类

这个类具体完成对.strings 文件的解析。

构造方法如下:

```
public StringsParser(StringFinder stringFinder) {
        this.stringFinder = stringFinder;
}
```

这个类的 parse 方法如下:

```
public void parse(Reader patternReader)
    throws IOException {
        final BufferedReader br = new BufferedReader(patternReader);
        String sLine;
        while ((sLine = br.readLine()) != null) {
            parseLine(sLine);
        }
        // br may not be closed!
    }
```

从这段代码可以很显然的看出,对于.strings 文件,解析的单位是每一个文本行,而通过文本工具打开.strings 文件,也可清晰地看到,对于某一种病毒的名称和特征字串都对应一个文本行(参见 1.病毒特征码文件中的部分介绍)。

这个类的 parseLine 方法如下:

```
private void parseLine(String line) {
        final int equalsPos = line.indexOf('=');
        if (equalsPos == -1) {
            System.err.println("Malformed pattern line:" + line);
            return;
        }
        final int offsetStart = line.lastIndexOf('[');
```

```
        final String sPattern = line.substring(equalsPos + 1);
        final PositionFoundListener pfl = new StringFoundListener(
                new String(line.substring(0, offsetStart)));
        try {
            if (sPattern.indexOf('*') != -1) {
                stringFinder.addMultipartString(
                        sPattern,
                        line.substring(offsetStart + 1, equalsPos-1),
                        pfl);
            } else {
                final int offset = Integer.parseInt(
                        line.substring(offsetStart + 1, equalsPos-1));
                if (sPattern.indexOf('?') != -1) {
                    stringFinder.addWildcardString(
                            new WildcardPattern(sPattern),
                            offset,
                            pfl);
                } else {
                    stringFinder.addString(sPattern, offset, pfl);
                }
            }
        } catch (Exception e) {
            System.err.println("Malformed pattern line: " + line);
            e.printStackTrace();
        }
    }
```

对于这里的代码，简单举例进行说明，从 clamav2.strings 找出 3 个模式匹配串如下：

1. Oror-fam(Clam)[1*0*3*0*3] = 495243*56697275*53455859330F5455*4B617A61*536E617073686F
2. Win32.Powerful(Clam)[14] = 609CFCE8000000005D83ED08B0? B91D0600008D751B300646E2FB
3. Trojan.Small.U(Clam)[0] = 2E6578650000000025746 56D70255C0025733F703D25642669643D25253038582530385800000000 5C77696E636F6D732E6C6F67000000002B25732B00000000494F4B00494F4B3332307072650000000000000000FF

以上是 3 个典型的匹配串。下面结合代码分析。

sPattern 这个 String 类型的变量，保存的是"="后面的字符串，表示该病毒的特征模式串。

接下来初始化了 StringFoundListener 类的一个实例，记录了病毒名称，如 Oror-fam(Clam)、Win32.Powerful(Clam)等。对于每一行(对应一个类病毒)初始化一个 StringFoundListener 类，然

后通过接下来的 stringFinder. addXXXString 方法将该病毒的名称和特征模式串 sPattern 联系起来,保存到相关数据结构中。以下部分详细分析 StringFinder 类。

接着,对不同的模式串进行不同的处理,即调用不同的 stringFinder. addXXXString 方法进行以下处理。

```
if 模式串中包含" * "字符                //如上面的 1 号文本行,实际上就表示具有多种形式的模式串
    则调用 stringFinder. addMultipartString(
                                 sPattern,
                                 line. substring( offsetStart + 1, equalsPos-1),
                                 pfl);      //第二个参数为文本段的[ ]中的内容
else                                     //即模式串不含" * "字符,表示只有一种模式串形式
if 模式串中包含"?"字符                  //"?"为通配符,如上面的 2 号文本行
        则调用 stringFinder. addWildcardString(
                                   new WildcardPattern( sPattern),
                                   offset,
                                   pfl);  //第二个参数 offset 为[ ]中的整数,因为不含" * "字符,所
                                         //以[ ]中必然也不含" * "字符,所以就可解析为一个整数。
                                           见 6.1 节得到的文本行的一些特点
        Else                             //即模式串中既无" * "字符,也无"?"字符,如 3 号文本行
    则调用 stringFinder. addString( sPattern, offset, pfl);
                                         //第二个参数为[ ]中的整数
```

6. WildcardPattern 类

这个类是用来处理不包含“ * ”字符的模式串,即模式串具有统一的形式,无须用“ * ”字符分隔开,例如,(5. StringsParser 类)节中文本行 2 和 3 中“ = ”后面的模式串。该类是病毒特征码模块中的一个重要类。

整个类就只有一个构造方法和 3 个成员变量。

成员变量如下:

```
public final byte[ ] pattern;
    public final int[ ] skipList;
    private final String HEXDIGITS = "0123456789ABCDEF";
```

构造方法的代码如下:

```
public WildcardPattern( String hex) {
        if (hex. length( ) % 2 !=0) {
            throw new IllegalArgumentException( "Malformed hexstring: " + hex);
        }
```

```
pattern = new byte[ hex. length( ) / 2 ];

final Collection colSkipList = new LinkedList( );

int skipCount = 0;
boolean skip = false;
for (int i = 0; i < hex. length( ); i += 2) {
    final char c1 = hex. charAt(i);
    final char c2 = hex. charAt(i + 1);
    if (c1 == '?' && c2 == '?') {
        if (skip) {
            skipCount ++;
        } else {
            skip = true;
            colSkipList. add(new Integer(skipCount));
            skipCount = 1;
        }
    } else {
        if (!skip) {
            skipCount ++;
        } else {
            skip = false;
            colSkipList. add(new Integer(skipCount));
            skipCount = 1;
        }
        pattern[i / 2] = (byte) ((HEXDIGITS. indexOf(c1) << 4)
                                        + HEXDIGITS. indexOf(c2));
    }
}

if (skipCount > 0) {
    colSkipList. add(new Integer(skipCount));
}

skipList = new int[colSkipList. size( )];
final Iterator it = colSkipList. iterator( );
for (int i = 0; i < skipList. length; i ++) {
    skipList[i] = ((Integer) it. next( )). intValue( );
```

```
        }
}
```

这里 String hex 就是如(5. StringsParser 类)节中 StringsPattern 类解析得到的 sPattern 变量，即原始的模式串。构造方法的处理过程如下：

(1) 检查模式串是否合法。单个独立的模式串应包含偶数个字符。实际上，每个字符都是一个 16 进制字符，所以就代表 4 位。

(2) 每两个相邻字符作为一个处理单位，凑成一个 8 位的字节类型来处理。并将连续的非"*"字符对数或者连续的"??"字符对数存入 colSkipList 链表中。

(3) 在处理第(2)步的同时，把连续的非"*"字符对当作一个 8 位的 byte 类型数据存放到 pattern 数组中，pattern 数组的坐标就是对应字符对数在模式串中的位置。

例如，对于以下的原始模式串

609CFCE8000000005D83ED08B0?? B91D0600008D751B300646E2FB

colSkipList 链表中的数据就是：13，1，13(?? 前后共有 26 个字符，即 13 个 8 位 byte 数据)。而 pattern 数组中的数据如下：

60 9C FC E8 00 00 00 00 5D 83 ED 08 B0 null B9 1D 06 00 00 8D 75 1B 30 06 46 E2 FB

(4) 最后将 colSkipList 中的数据全部存到 skipList 数组。这里可能是从程序运行效率考虑，数组比链表的查询效率更高，这个数组在字符串匹配时将会用到。

7. StringFinder 类

这个类是病毒特征码模块中的核心类，该类具体保存了各种病毒的名称和特征码，并给每个病毒加上了一个相应的侦听器。下面对该类的成员方法逐个分析。

这个类的成员变量和构造方法如下：

```
private final StringSearch stringSearch;
    private int multipartCount = 0;

    public StringFinder(StringSearch stringSearch) {
        this.stringSearch = stringSearch;
    }
```

(1) addString 方法

该方法处理具有独立形式模式串，即不带"*"字符。

```
    public void addString(String sPattern,
                          final int offset,
                          final PositionFoundListener pfl) {
        final byte[] pattern = new WildcardPattern(sPattern).pattern;
        final byte[] searchPattern = new byte[pattern.length-offset];
```

```
                System. arraycopy( pattern, offset,
                          searchPattern, 0, searchPattern. length);
                stringSearch. addString( searchPattern, new
        PositionFoundListener( ) {
                public void positionFound( PositionFoundEvent pfe)
                          throws MalwareFoundException {
                    if ( checkString( pattern, offset, pfe) ) {
                        adjustPosition( offset, pattern, pfe);
                        pfl. positionFound( pfe);
                    }
                }
            });
        }
```

先从原始串处理,得到解析后的模式串,放到 pattern 数组中,而 stringSearch. addString 方法就做了两件事,首先把该模式串添加到 hash 表中,然后为该模式串注册侦听器,即第三个 PositionFoundEvent 类型参数,这里对 PositionFoundEvent 接口的实现用于之后的扫描。在下小节"扫描引擎模块"中对此作详细分析。

(2) addWildcardString 方法

这个方法通过调用 addString 方法实现对带"?"字符的处理。本质上与 addString 方法无异。

(3) addMultipartString 方法

该方法处理形如 495243*56697275*53455859330F5455*4B617A61*536E617073686F(如上面1号文本行)的模式串。

先对原始串进行分割,以"*"为分隔符,分成 495243、56697275、53455859330F5455、4B617A61、536E617073686F 共5个独立的子串,然后对每个字串调用 stringSearch. addString 方法,这里在对侦听器的实现中,同时将子串的序号也记录下来了。

这个类接下来的方法都用于扫描过程,因此在扫描引擎模块中再作进一步描述。

6.2.4 扫描引擎模块

这个模块是 ScannerDaemon 的中心模块,先简单介绍对几个与事件侦听器有关的类与接口,然后按着扫描的整个过程对相关类逐个进行分析。

1. PositionFoundEvent 类、PositionFoundListener 接口和 StringFoundListener 类

PositionFoundEvent 这个类的代码比较简单,除了构造方法,另有一个 setValues 方法。

PositionFoundListener 是一个接口,侦听扫描文件时的事件,它的一个未实现的方法如下:

```
void positionFound( PositionFoundEvent pfe) throws
```

```
MalwareFoundException;
```

这个方法在 StringFinder 类中得到实现,用于扫描缓冲区中字符串块。

StringFoundListener 这个类记录病毒名称,通过抛出 MalwareFoundException 异常将病毒名称和发现病毒的文件节点记录下来,其定义如下:

```
private static class StringFoundListener implements  PositionFoundListener {
        private final String virusName;
        public StringFoundListener(String virusName) {
                this.virusName = virusName;
        }
        public void positionFound(PositionFoundEvent pfe)
        throws MalwareFoundException {
                throw new MalwareFoundException(virusName,pfe.entry);

        }

}
```

2. ScanEngine 类

回顾在 RequestHandler 类中当服务器端接到客户端发来的 SCAN 命令时,就会调用 scanner.scan(new File(argument),scanConfiguration)扫描文件,这里 scanner 就是 ScanEngine 类的实例。该类的构造方法如下:

```
public ScanEngine(ScanConfiguration scanConfiguration)
throws IOException,CredoException {
        this.scanConfiguration = scanConfiguration;

        loadCredoFiles(scanConfiguration);
}
```

以下是 loadCredoFiles(scanConfiguration)具体所作的内容。

```
public void loadCredoFiles(ScanConfiguration scanConfiguration)
                throws CredoException,IOException {
        final StringSearch stringSearch;
        if (scanConfiguration.getBoolean("engine.use-trie")) {
                stringSearch = new Trie();
        } else {
                stringSearch = new MatchArray();
        }

        new CredoParser(scanConfiguration,stringSearch).parse(
```

```
        new File(scanConfiguration.getString("credo.directory")));
            stringSearch.prepare();
        censorFactories[0] = stringSearch;
        System.gc();
}
```

按照默认的配置属性，stringSearch 赋值为 new MatchArray()，下面内容具体还会对 MatchArray 类分析。之后就调用病毒特征码模块的 CredoParser 类的 parse 方法（详细过程参见第6.2.3小节病毒特征码模块的内容），读取病毒定义文件，并建立相关的数据结构，例如，将模式串 hash 表（该表的表项为实现 PositionFoundListener 接口类型的实例）等。StringSearch.prepare 方法只是改变 hash 表的存储方式，将链表改换成数组，可能是从程序运行效率考虑。

public void scan(File file, ScanConfiguration conf)方法调用 scan(new FileVfsEntry(file), conf)，这个方法根据传递过来的文件节点类型（文件或者文件夹）进行递归遍历扫描，这里只介绍对文件的扫描过程，下面是这个方法中的部分代码（扫描文件部分）。

```
for (int i = 0; i < censorFactories.length; i++) {
    try {
        final int result =
            censorFactories[i].createCensor().censor(entry);
            if (result == Censor.ENTRY_CLEAN) {
                return;
            }
    } catch (MalwareFoundException mfe) {
        notifyMalwareFound(mfe);
        if (conf.getBoolean("engine.halt-on-malware-found")) {
            throw mfe;
        }
    } catch (Exception e) {
        // this does not keep us from scanning
        notifyException(e);
    }
}
```

这里 censorFactories.length 的值为1，censorFactories 只有一个元素，即 StringSearch 接口实例，实际上是 MatchArray 类（实现了 StringSearch 接口）的实例，censorFactories[i].createCensor().censor(entry)实现对文件节点(entry)的扫描，扫描结果保存在 result 中，如果发现病毒，就会抛出 MalwareFoundExceprion 异常，异常一步步向上层传递，在 RequestHandler 类中最终处理，输出扫描匹配后得到的病毒名称。

在这个类中，有很多事件通知的机制，例如，扫描开始、扫描结束等，如果需要，可以进行一些必要的操作,但这个版本中对这些事件不做处理。

下面介绍 MatchArray 类。

3. MatchArray 类

这个类包括两方面的功能。

(1) 根据病毒特征码文件,建立模式串 hash 表,在 ScanEngine 类的初始化方法中,调用方法 loadCredoFiles(scanConfiguration),这个方法经过层层调用,最终调用 MatchArray 类的 addString 方法建立 hash 表。

这个类的一些成员变量如下:

```
public final static int MINIMUM_LENGTH = 2;
private Collection[ ] colMatches = new Collection[1 << 16];
private PositionFoundListener[ ][ ] matches =
    new PositionFoundListener[1 << 16][ ];
```

这里,colMatches 就是 hash 表创建过程中所用的表结构,当创建完成后,再改变表结构,将第一维的 Collection 类型改换成 PositionFoundListener[ ]数组类型,这个过程通过 prepare 方法实现,这可能是从扫描效率考虑。

```
public void addString(byte[ ] abPattern, PositionFoundListener pfl) {
    if (abPattern.length < MINIMUM_LENGTH) {
        throw new IllegalArgumentException("String too short");
    }
    final int match = ((abPattern[0] << 8) ^ abPattern[1]) & 0xffff;
    Collection colMatch = colMatches[match];
    if (colMatch == null) {
        colMatch = new LinkedList();
        colMatches[match] = colMatch;
    }
    colMatch.add(pfl);
}
```

这个方法中的 abPattern 数组,实际上已经不是病毒的模式串,而是模式串的一个子串,这可以通过 StringFinder 的代码查看 abPattern 到底是哪一个子串。下面举例说明 abPattern 是如何得到的。

```
Win32.Powerful(Clam)[14] = 609CFCE8000000005D83ED08B0?? B91D0600008D751B300646E2FB
```

对于改文本行,原始串经处理后的模式串如下:

```
60 9C FC E8 00 00 00 00 5D 83 ED 08 B0 ?? B9 1D 06 00 00 8D 75 1B 30 06 46 E2 FB
```

从 index 为 14 开始的字串就是这里 abPattern 所代表的串。这里就是

B9 1D 06 00 00 8D 75 1B 30 06 46 E2 FB

进一步分析 match 的值,实际上就是将初始的两个 8 位字节型数据拼凑成一个 16 位的整型数据(类型转换至 int 类型,32 位)。这里的 match 就是 B91D,这个 32 位整型数就是该文本行模式串的 hash 码,作为 colMatches 的纵向索引,然后将 pfl 这个侦听器加入到 colMatches[match]中。

(2) 通过调用 createCensor 方法返回 MatchArrayCensor 类实例,而 MatchArrayCensor 类提供对文件的扫描。

```
public Censor createCensor( ) {
        return new MatchArrayCensor( matches) ;
}
```

4. MatchArrayCensor 类

上面已经提过,MatchArrayCensor 类提供对文件的扫描功能。在 Engine 类中,调用 censorFactories[i].createCensor( ).censor(entry)对文件扫描,实际上就是调用 MatchArayCensor 类的 censor 方法。

public int censor (VfsEntry entry) 方法调用 protected void scanStream (VfsEntry entry, InputStream is)完成对目标文件(文件输入流)的扫描。

图 6 - 2 是扫描过程所用缓冲区的示意图,即程序中的 abBuffer,其中 BUFFER_SIZE = 32768,这实际上是当作一个循环缓冲区使用的。

图 6 - 2 abBuffer 缓冲区

扫描过程中,如果文件的容量小于 3*BUFFER_SIZE,那么,一次性就对整个缓冲区扫描,如果文件容量大于 3*BUFFER_SIZE,则初始对前两个块扫描,以后每次先预读一个块(循环放入缓冲区中),然后扫描前一次预读的块,当某次预读后文件已被读完,则扫描当前缓冲区中还未扫描的所有块。这个过程大致就是 scanStream 方法的处理过程。

为什么不扫描当前缓冲区中所有的内容,原因在于 update 方法首先找到与 hash 码匹配的那些 hash 表项,然后,才进一步匹配,而 hash 码是根据病毒定义文件得到的,例如,Win32.Powerful (Clam)[14] = 609CFCE8000000005D83ED08B0?? B91D0600008D751B300646E2FB 这个文本行的 hash 码就是 B91D(模式串索引为 14 + 1 的 16 位字节),那么,匹配完第一个字符对后,其前、其后均由字符串需要进一步匹配,所以就有前后相关性,从而在匹配过程中,当前扫描模块的前后仍需保留前后文环境。

先分析对缓冲区中的某个块进行扫描的算法,即 scanStream 方法所调用的 update 方法。代码如下：

```
protected void update( VfsEntry entry,
                    long fileOffset,      //当前待匹配的字符串在文件中的偏移
                    byte[ ] ab,
                    int iOffset,          //当前待扫描的字符串在缓冲区中的偏移
                    int iLength,          //当前待扫描字串的长度
                    int iPrefix,          //缓冲区中当前待扫描字符串前的有效字节数
                    int iSuffix)          //缓冲区中当前待扫描字符串后的有效字节数
                throws MalwareFoundException {
    final int prefix = iOffset + iPrefix;
    final int scanLength = iOffset + iLength;
    final int postfix = scanLength + iSuffix;
    for ( int i = iOffset; i < scanLength; i ++ ) {
        match = ( ( match << 8 ) ^ ab[ i ] ) & 0xffff;

        final PositionFoundListener[ ] matchListener = matchArray[ match ];
        if (matchListener != null) {
            final int iPosition = i - 1;
            pfe. setValues(
                entry,
                fileOffset + iPosition,
                ab,
                iPosition,
                2,
                iPosition-prefix,
                postfix-iPosition);

            for ( int j = 0; j < matchListener. length; j ++ ) {
                matchListener[ j ]. positionFound( pfe);
            }
        }
    }
}
```

update 方法的具体做法是:对于当前扫描的缓冲区中的块,每相邻两个字符作一次匹配,这里并不用搜索,只要以这两个字符的 16 进制码为索引,找到 matchArray 数组(hash 表)的对应项,然后作进一步的匹配。

如果是对缓冲区中间的块进行扫描,即位置从 BUFFER_SIZE 到 2*BUFFER_SIZE-1 的区域,

如图 6－3 所示。

图 6－3 Buffer 移位示意图

update 方法所接受的各项参数如下。

- fileOffset：当前等待扫描的字符串在文件中的偏移。
- iOffset：当前扫描字符串在缓冲区中的偏移，为 BUFFER_SIZE。
- iLength：当前待扫描字符串的长度，为 BUFFER_SIZE。
- iPrefix：缓冲区中当前待扫描字符串前的有效字节数，为 BUFFER_SIZE。
- iSuffix：缓冲区中当前待扫描字符串后的有效字节数，为 BUFFER_SIZE。

然后，对该区域的字节逐个配成对扫描，如果该字符对的 16 进制码对应的 hash 表项非零，意味着可能存在完全的匹配，但是进一步的匹配交由 matchListener[j].positionFound(pfe) 完成。进一步的匹配在下面部分分析。

5. StringFinder 类再分析

StringFinder 类的 3 个 addXXXString 方法分别对 PositionFoundListener 接口的 positionFound 方法作了实现，而这个实现正好是 MatchArrayCensor 的 scanStream 方法作了初步匹配（找到 hash 表项）后进行完全匹配的过程。

对应 3 种类型的模式串：第一类，既不含"*"字符也不含"??"字符；第二类，不含"*"字符但含"??"字符；第三类，含"*"字符。对 PositionFoundListener 分别作了 3 种不同的实现，以下逐类分析。

（1）第一类模式串

以下面的字符串为例。

```
Trojan. Small. U(Clam)[0] = 2E6578650000000025746 56D70255C0025733F703D25642669643D25253038
                            582530385800000000 5C77696E636F6D732E6C6F670000000002B25732B000
                            00000494F4B00494F4B33323070726500000000000000000FF
```

StringFinder 类的 addString 方法中对 positionFound 方法作了实现。

```java
public void positionFound(PositionFoundEvent pfe)
            throws MalwareFoundException {
        if (checkString(pattern, offset, pfe)) {
            adjustPosition(offset, pattern, pfe);
            pfl.positionFound(pfe);
        }
}
```

checkString 方法的处理过程如下：

```
public static boolean checkString(byte[] pattern,
                                  int offset,
                                  PositionFoundEvent pfe) {
    if (pfe.fileOffset < offset) {
        return false;
    }

    int iBufferPos = pfe.bufferOffset-offset;
    if (iBufferPos < 0) {
        iBufferPos += pfe.buffer.length;
    }

    final int iSuffixEnd = pfe.bufferOffset + pfe.suffix;

    for (int i = 0; i < pattern.length; i++) {
        if (iBufferPos == iSuffixEnd) {
            return false;
        }

        if (pattern[i] != pfe.buffer[iBufferPos]) {
            return false;
        }

        iBufferPos++;
        if (iBufferPos == pfe.buffer.length) {
            iBufferPos -= pfe.buffer.length;
        }
    }

    return true;
}
```

传递给 checkString 方法的 offset 参数，是[ ]中的整数，表示 hash 码代表的字符对在字符串中的位置，此处为 0，那么，hash 标的下标为 2E65，同一个 hash 码对应的模式串可能有好多，在 MatchArrayCensor 类中，matchListener[j]. positionFound(pfe)就是对每一个具有相同 hash 码的模式串遍历匹配。

意味此处 hash 码在模式串中的位置就是其实位置，所以直接向后匹配就可以，但是如果

hash 码在模式串中的位置非零,例如,为 offset,那么,就需要向前扫描缓冲区中的内容,然后再逐个向后遍历。

以下的这个语句就是在当前缓冲区中定位开始遍历的位置。

```
iBufferPos = pfe. bufferOffset-offset;
```

当匹配结束,如果成功,就会放回 true,然后更新 positionFoundListener 类事例中的文件、相关位置、病毒名称等信息,待以后输出给用户。

(2) 第二类模式串

以下面的字符串为例。

```
Win32. Powerful(Clam)[14] = 609CFCE8000000005D83ED08B0?? B91D0600008D751B300646E2FB
```

StringFinder 类的 addWildcardString 方法对 positionFound 方法作了实现。

```
public void positionFound(PositionFoundEvent pfe)
            throws MalwareFoundException {
        if (checkWildcardString(wp,offset,pfe)) {
            adjustPosition(offset,wp. pattern,pfe);
            pfl. positionFound(pfe);
        }
}
```

分析 checkWildcardString 方法的处理过程。

首先,也要根据 hash 码在模式串中的位置定位开始扫描的位置,接下来,逐个字符匹配,根据 WildcardPattern 类中的 skipList 数组,可以知道模式串中连续的非"??"字符个数和连续的"??"字符个数。例如,对于上面的字符串,skipList 数组的元素为 13、1、13,那么,对待扫描字符串,首先,是一次扫描 13 个字符,然后,忽略一个字符,接下来,继续扫描匹配 13 个字符,如此继续,如果得到匹配,则作相应处理(与第一类处理类似)。

(3) 第三类模式串

以下面的模式串为例。

```
Oror-fam(Clam)[1*0*3*0*3] = 495243*56697275*53455859330F5455*4B617A61*536E617073686F
```

StringFinder 类的 addMultipartString 方法对 positionFound 方法作了实现。

```
public void positionFound(PositionFoundEvent pfe)
            throws MalwareFoundException {
        int[] foundParts = pfe. entry. foundParts;
        if (foundParts == null) {
            foundParts = new int[multipartCount];
            pfe. entry. foundParts = foundParts;
        }
```

```
        final int foundPart = foundParts[ multipartId];
        if (foundPart != partId - 1) {
            return;
        }

        if (checkWildcardString(subPattern,subOffset,pfe)) {
            if (partId == partCount) {
                pfl.positionFound(new PositionFoundEvent(
                        pfe.entry,
                        -1,
                        null,
                        -1,
                        -1,
                        -1,
                        -1));
            } else {
                pfe.entry.foundParts[ multipartId] = partId;
            }
        }
}
```

对第三类模式串的处理与前两类有很多不同,前两类只是对一种形式模式(非复合)进行扫描匹配,而第三类则须对所有以"*"字符相隔的模式串进行匹配,只有所有的模式串都得到匹配,而且必须按照子模式串的顺序依次得到匹配,那么才算匹配成功。因此,对于一个文件,有可能会满足多种病毒的不同子模式中的几种,所以需要在文件节点处用一个数组记录每个病毒多重模式的匹配情况,这个数组的维数是在 hash 表初始化的时候统计得到,即对病毒特征码文件中的所有第三类模式串进行统计,读取时,每碰到一个第三类模式串,StringFinder 的成员变量 multipartCount 就自增,最后的第三类模式串总数就保存在这个变量中。当对文件第一次尝试第三类模式串匹配时,文件节点就初始化一个 foundParts 的整型数组。那么,如何对这个数组操作,例如,上面所示的模式串,假定是所有第三类模式串中的第 k 个,那么,与之对应的 foundParts 数组中的元素下标为 k-1。对于 Oror-fam 病毒,需要同时依次匹配 5 个子模式串才能判定文件中含有该病毒代码,如果当前匹配到其中之一,就把当前的子模式串的 ID(partId)与前次匹配的字串 ID(即 foundParts[multipartCount])作比较,如果正好是前后两个顺序字串,则更新 foundParts[multipartCount]的值为当前 partId,否则就认为匹配不成功,如果已经是最后一个字串,则匹配成功。

6.2.5 文件系统支持模块

文件系统支持模块主要包括 VfsEnty 类、FileVfsEntry 类、VfsContainerFactory 接口、ScanEngine 类和容器类等。

1. VfsEntry 类

这是个抽象类,表示一个文件或者文件夹节点,以下简单分析这个类中的一些成员变量和方法。

```
public static final int MAX_START_SIZE = 4096;
public int[] foundParts;
/** @return File this entry represents */
public abstract File getFile() throws IOException;
/**
 * @return the first block of bytes from the object; should be at least 4kB
 */
public abstract byte[] getStart() throws IOException;
/**
 * called if the VfsEntry is not needed any more; no method may be called
 * afterwards.
 */
public abstract void dispose() throws IOException;
/** @return (file-) name of the entry */
public abstract String getName();
```

结合注释,分析各个成员变量和方法的作用如下:

MAX_START_SIZE:

- foundparts 数组:这个数组在扫描阶段非常重要。在扫描引擎模块扫描目标文件过程中,第一次碰到第三类模式子串的匹配时,初始化该数组,数组的维数表示病毒特征码文件中所有的第三类模式串总数,每个元素代表当前索引下的已扫描的子模式串。举个简单的例子,假设所有第三类模式串的总数为4(如果这些串对应的病毒分别是 A、B、C、D),如果当前数组元素为0、0、1、3,那么,就表示当前文件中,尚未发现 A 和 B 病毒模式串的子串,已发现 C 病毒模式串的第一个字串,已发现 D 病毒模式串的第 3 个字串。如果已发现了某病毒的所有子串,则表明该病毒被发现。
- getFile 方法:返回该节点所表示的文件或文件夹的 File 类实例。
- getStart 方法:返回文件或者文件夹内容的第一个块(至少 4 KB)。
- dispose 方法:当文件或者文件夹扫描完成时,析构该类时调用,做一些收尾工作。

- getName 方法:得到该节点文件或者文件夹的名字。

2. FileVfsEntry 类

该类是 VfsEntry 抽象类的子类。该类实现了 VfsEntry 中为定义的抽象方法。其中几个重要的成员和方法如下:

```
private byte[ ] start = null;
start 用于存放文件的第一个块;
public byte[ ] getStart( ) throws IOException {
        if ( start == null) {
            final RandomAccessFile raf = new RandomAccessFile( file, "r" );
            start = new byte[ Math. min( MAX_START_SIZE, ( int) file. length( ) ) ];
            raf. readFully( start) ;
            raf. close( ) ;
        }
        return start;
}
```

getStart 方法先以随机访问且只读的方式打开目标文件,然后读取文件的第一个块,存放在 start 数组中。

3. VfsContainerFactory 接口、DirectoryContainerFactory 类和 CompressedContainerFactory 类

这里实际上是一种 Factory 的设计模式。DirectoryContainerFactory 类和 CompressedContainerFactory 类都是 VfsContainerFactory 接口的实现类。

在文件系统中,容器可以分两种,目录是一种容器,一些压缩包实际上也是一种容器,容器中可以递归地存放容器,也可以存放文件。DirectoryContainerFactory 和 CompressedContainerFactory 类分别代表了这两类容器。

VfsContainerFactory 接口只有一个 getContainer 方法,该方法返回容器(VfsContainer 类型,下面部分分析该类)。

DirectoryContainerFactory 类对该方法的实现如下:

```
public VfsContainer getContainer( VfsEntry entry,
                                  ScanConfiguration configuration)
    throws IOException {
        return entry. getFile( ). isDirectory( )
                ? new DirectoryContainer( entry, configuration)
                : null;
}
```

该方法根据 VfsEntry 类实例代表的节点的类型不同,返回不同的值,如果为目录,就放回一个目录容器(DirectoryContainer 类型,下面部分分析该类),反之就返回空值。

CompressedContainerFactory 类对该方法的实现如下：

```
public VfsContainer getContainer( VfsEntry entry,
                                   ScanConfiguration scanConf)
                                   throws IOException {
        if ( !scanConf. getBoolean( " vfs. archive. enable" ) ) {
            return null;
        }
        final byte[ ] start = entry. getStart( ) ;
        // ZIP
        if ( scanConf. getBoolean( " vfs. archive. zip" )
                && startsWithMagic( start,ZIP_MAGIC) ) {
            return new ZipContainer( entry,scanConf) ;
        }
  ......
}
```

首先，得到压缩包文件的第一个块（包含该压缩包的元数据），然后，根据配置文件信息，解析压缩包，返回相应压缩包容器，例如，Zipcontainer 类。

4. 容器类（XXXContainer 类）

最顶层的容器是 VfsContainer 接口，它只声明了两个方法如下：

```
boolean hasNext( ) throws IOException;
VfsEntry next( ) throws IOException;
```

hasNext 方法判断当前容器中是否还有元素，next 方法返回下一个元素。

除了顶层的 VfsContainer 接口，ScannerDaemon 还支持 DirectoryContainer 目录容器和 ZipContainer、ArchiveContainer、SingleFileContainer、UpxContainer 等压缩包容器。而上面所述的 CompressedContainerFactory 类又构成这些压缩包容器的一个 Factory。

对于压缩包容器的扫描需要涉及临时文件和临时文件夹。ScannerDaemon 对压缩包容器文件扫描的基本方法是：首先，解析压缩包，然后，将压缩包中当前待扫描的子文件先释放到临时目录，之后，扫描相应临时文件。如果临时文件没有病毒，那么，压缩包中的原文件也就不可能有病毒。

下面的内容首先分析与临时文件有关的一些类，包括 TemporaryFile 类、TemporaryDirectory 类、TemporaryVfsEntry 类、TemporaryOsEntry 类和 TemporaryIsEntry 类，然后，通过分析 ZipContainer 类的实现明确压缩包文件是如何解析的。

（1）TemporaryFile 类和 TemporaryDirectory 类

TemporaryFile 类的构造方法如下：

```
public TemporaryFile( ScanConfiguration scanConfiguration)
    throws IOException {
        tempFile = File. createTempFile(
                TEMP_PREFIX,
                TEMP_SUFFIX,
                new
File( scanConfiguration. getString( " engine. tempdirectory" ) ) ) ;
}
```

这里,TEMP_PREFIX 和 TEMP_SUFFIX 是类的成员变量,其中,TEEM_PREFIX 的值为 file, TEMP_SUFFIX 的值为. oav,分别表示创建的临时文件的前缀和后缀,生成临时文件的形式如 fileXXX. oav,XXX 为系统自动生成的数字常量。

TemporaryDirectory 类根据配置文件的临时目录名,即 temp 创建临时目录。

(2) TemporaryVfsEntry 类、TemporaryOsVfsEntry(输出)类以及 TemporaryIsVfsEntry 类(输入)

TemporaryVfsEntry 类生成一个临时文件,然后,用该临时文件初始化一个输出流。

```
public TemporaryVfsEntry( String name,
                    ScanConfiguration scanConf) throws IOException {
        this. name  = name;
        this. scanConf = scanConf;

        tempFile = new TemporaryFile( scanConf) ;
        osTempFile = new FileOutputStream( tempFile. getFile( ) ) ;
    }
```

TemporaryOsVfsEntry 是 TemporaryVfsEntry 类的子类,它的 getOutputStream 方法直接返回 TemporaryVfsEntry 类初始化的输出流。而其 getFile 方法返回的是新建的临时文件(实际上是输出流)。

TemporaryIsVfsEntry 也是 TemporaryVfsEntry 类的子类,其构造方法如下:

```
public TemporaryIsVfsEntry( String name,
                    ScanConfiguration scanConf,
                    InputStream is) throws IOException {
        super( name, scanConf) ;
        this. is  = is;
        // read the start of the stream
        int pos = 0;
        byte[ ] buffer = new byte[ MAX_START_SIZE] ;
        int read;
        while ( ( read = is. read( buffer, pos, MAX_START_SIZE-pos) ) != -1) {
```

```
            osTempFile.write(buffer,pos,read);
            pos += read;
            if (pos == MAX_START_SIZE) {
                break;
            }
        }

        fileComplete = (read == -1);

        // if the file is smaller than the start-buffer,we have to
        // create a smaller start-buffer and copy the file into it
        if (pos < MAX_START_SIZE) {
            start = new byte[pos];
            System.arraycopy(buffer,0,start,0,pos);
        } else {
            start = buffer;
        }
    }
```

这个构造方法将传递进来的输入流(is)数据输出到TemporaryVfsEntry类生成的输出流(osTempFile)。

其getFile方法最终返回的是super.getFile(),也就是TemporaryVfsEntry生成的临时文件(即osTempFile输出流对应的临时文件)。

(3) ZipContainer类

ZipContainer类的构造方法如下:

```
public ZipContainer(VfsEntry entry,ScanConfiguration configuration)
throws IOException {
    this.configuration = configuration;
    this.entry = entry;
    zipFile = new ZipFile(entry.getFile());
    entries = zipFile.entries();
    determineNext();
}
```

构造方法首先将zip压缩包中的元素集合返回给Enumeration变量entries,然后通过调用determineNext方法将下一个待处理的文件节存放到nextEntry变量中,具体过程如下:

```
protected void determineNext() {
        do {
```

```
            if ( !entries. hasMoreElements( ) ) {
                nextEntry = null;
                break;
            }

            nextEntry = ( ZipEntry ) entries. nextElement( ) ;
        } while ( nextEntry. isDirectory( ) ) ;
    }
```

hasnext 方法只要简单地判断 nextEntry 是否为空即可。

next 方法的处理过程如下：

```
    public VfsEntry next( ) throws IOException {
            final VfsEntry result = new TemporaryIsVfsEntry(
                entry. getName( ) + " >> zip:" + nextEntry. getName( ),
                configuration,
                zipFile. getInputStream( nextEntry) ) ;
            determineNext( ) ;
            return result;
    }
```

通过上面对 TemporaryIsVfsEntry 类的分析，可以清楚地看到，next 方法返回的就是由压缩包中文件生成的临时输出文件节点。这说明返回给 ScanEngine 类扫描的就是临时文件。

ScannerDaemon 运行扫描压缩包文件后，在 temp 目录下是找不到任何文件的，原因在于临时文件的节点析构时，会将临时文件删除，TemporaryFile 类中的 delete 方法如下：

```
        /* * called if the VfsEntry is not needed any more */
        public void delete( ) throws IOException {
            tempFile. delete( ) ;
        }
```

只要将 tempFile. delete( )方法注销，那么，当 ScannerDaemon 扫描 zip 文件运行结束，就会在 temp 目录下保留临时文件。

5. ScanEngine 类对目录(容器)文件的扫描

以下分析 ScanEngine 类中对目录文件的扫描过程。这由 scanContainer 方法完成。这个方法首先试图遍历地用两种类型的容器去提取容器中的文件，如下：

```
    for ( int i = 0;
                i < containerFactories. length && ! containerFound;
                i ++ ) {
        ......
```

```
        container = containerFactories[i].getContainer(entry,conf);
        ......
    }
```

这里,containerFactories 的定义如下:

```
private final VfsContainerFactory[] containerFactories = {
                new DirectoryContainerFactory(),
                new CompressedContainerFactory()};
```

scanContainer 方法试图以遍历地方式匹配当前节点的容器类型(如果没有一种匹配,就返回 false,表明当前节点并非容器,而是文件)。

对于容器扫描如下:

```
while (container.hasNext()) {
    try {
    scan(container.next(),conf);
    } catch (MalwareFoundException mfe) {
        throw mfe;
    } catch (Exception e) {
        // ok,try the next one
        notifyException(e);
    }
}
```

实际上,scanContainer 方法本身就是由 protected void scan(VfsEntry entry,ScanConfiguration conf)方法调用,而这里,对于 Container 中的每个子元素,又再次调用 scan 方法,构成递归调用,对目标文件夹进行遍历扫描。

6.3 测试示例

为了验证以上对代码的分析,可以自己构造测试例子进行验证。各测试文件的内容如下:

```
test1.txt(不含病毒):
It's a good day!
test2.txt(含 Eicar-Test-Signature 病毒):
X5O!P%@AP[4\PZX54(P^)7CC)7}$EICAR-STANDARD-ANTIVIRUS-TEST-FILE!$H+H*
test3.txt(含 W32.GriYo 病毒):
Coded by GriYo 29A W32.GriYo
test4.txt(不含病毒):
```

29A Coded by GriYo W32. GriYo

test5. txt(含 Eicar-Test-Signature 和 W32. GriYo 病毒):

X5O!P% @ AP[4\PZX54(P^)7CC)7} $ EICAR-STANDARD-ANTIVIRUS-TEST-FILE! $ H + H *

Coded by GriYo 29A W32. GriYo

test6. zip(含含 Eicar-Test-Signature 和 W32. GriYo 病毒):

包含 test2. txt 和 test3. txt 两个子文件

test7. zip(不含任何病毒):

包含 test1. txt 和 test4. txt 两个子文件

1. 对不含病毒模式串文件的测试

测试文件名为 test1. txt(放在项目文件夹下),内容如下:

It's a good day!

客户端和服务器建立 telnet 连接后,输入

scan test1. txt

就会在客户端命令行窗口中输出

OK

表明未发现任何病毒。

2. 对第一类模式串的测试

测试文件名为 test2. txt(放在项目文件夹下),内容如下:

X5O!P% @ AP[4\PZX54(P^)7CC)7} $ EICAR-STANDARD-ANTIVIRUS-TEST-FILE! $ H + H *

其中

X5O!P% @ AP[4\PZX54(P^)7CC)7} $ EICAR-STANDA

是 Eicar-Test-Signature[32]病毒的模式串

58354F2150254041505B345C505A58353428505E2937434329377D2445494341522D5354414E4441

翻译后得到的字符串(每两个 16 进制码翻译成一个 ASCII 字符,例如,58—X,35—5),运行 ScannerDaemon,然后客户端连接 telnet localhost 8127。

之后,输入 scan test2. txt,就会输出

Found 'Eicar-Test-Signature' in 'test2. txt'

说明匹配成功。

3. 对第三类模式串的测试

测试文件名为 test3. txt(放在项目文件夹下),内容如下:

Coded by GriYo 29A W32. GriYo

其中 Coded by GriYo 和 29A 是 W32. GriYo 病毒的两个顺序子串 436F646564206279204772695996F 和 323941 的 ASCII 码翻译串,同样测试后,客户端会输出

```
Found 'W32.GriYo(Clam)' in 'test3.txt'
```

说明匹配成功。

为了说明第三类模式串必须按模式字串的顺序得到匹配，另测试文件 test4.txt，内容如下：

```
29A Coded by GriYo W32.GriYo
```

运行后，客户端输出

```
OK
```

说明子串顺序改变后，匹配未成功。

4. 对含多个病毒模式的文件的测试

测试文件名为 test5.txt，内容如下：

```
X5O!P%@AP[4\PZX54(P^)7CC)7}$EICAR-STANDARD-ANTIVIRUS-TEST-FILE!$H+H*
Coded by GriYo 29A W32.GriYo
```

输出如下：

```
Found 'Eicar-Test-Signature' in 'test5.txt'
```

说明扫描并未发现 W32.GriYo 病毒。

在含有多个病毒模式的文件中，扫描引擎发现第一个病毒之后，就停止扫描，通过异常输出扫描结果，这在源代码的结构中可以得到验证。处理异常时，将停止当前的执行路径（即扫描匹配过程），而转向异常处理块。

在 StringFinder 类的 addXXXString 方法中，对 PositionFoundListener 接口的 positionFound 方法作了实现，当发现病毒时，就会调用 pfl.positionFound(pfe)，实际上调用的是 StingFoundListener 类（该类实现了 PositionFouondListener 接口）的 positionFound 方法，该方法直接抛出 MalwareFoundException 异常，表明发现病毒，之后就会停止扫描工作，转而处理异常，该异常会层层向外传递，直到 RequestHander 类（工作线程），代码如下：

```
catch (MalwareFoundException mfe) {
            sResult = "FOUND '" + mfe.getName()
                  + "' in '" + mfe.getEntry().getName() + "'\n";
}
```

sResult 字符串的信息就是发现病毒时客户端所看到的扫描结果信息。

5. 对含多个病毒的 zip 压缩包的测试

测试的压缩包文件为 test6.zip，包含 test2.txt 和 test3.txt 两个子文件。其中 test2.txt 含有 Eicar-Test-Signature 病毒，test3.txt 含有 W32.GriYo 病毒，扫描的输出结果如下：

```
FOUND 'W32.GriYo (Clam)' in 'test6.zip >> zip:test3.txt'
```

说明只发现了一个病毒。

6. 对不含任何病毒的 zip 压缩包的测试

测试的压缩包文件为 test7. zip,包含 test1. txt 和 test4. txt 两个子文件,不含任何病毒,扫描后,客户端的输出如下:

```
OK
```

表明未发现任何病毒。

6.4 ScannerDaemon 使用实验

6.4.1 ScannerDaemon 配置说明

从 SourceForge. net 下载 ScannerDaemon(也可直接从中国高校计算机课程网 http://computer. cncourse. com 下载)。ScannerDaemon-0. 6. 0-src. zip 为源代码包,如果只要运行 ScannerDaemon,那么,只要下载 ScannerDaemon-0. 6. 0. zip 即可。除此,还需要从 http://www. openantivirus. org/latest. php 下载最新的病毒特征码文件,文件名为 VirusSignatures-latest. zip。将 ScannerDaemon-0. 6. 0. zip 释放到目标目录,为说明方便,假设释放后 ScannerDaemon 的工作目录为 ScannerDaemonDir。

在% ScannerDaemonDir% 目录下建立 credo 目录和 temp 目录,将 VirusSignatures-latest. zip 解压缩得到的 VirusSignatures. credo 文件放到 credo 目录下,temp 目录为扫描压缩包文件所必需。

默认的配置文件是 ScannerDaemon-0. 6. 0. zip 解压缩后得到的名为 ScannerDaemon-settings. properties 的文件,可以用 wordpad(或 notepad)工具打开。要使该文件中的配置信息起作用,只要去掉属性名前的"#"(以"#"字符开头表示注释行)字符即可。可根据需求适当改变属性的值。例如,可以改变 engine. tempdirectory 属性的值为 tempfile(默认为 temp),于是在% ScannerDaemonDir% 目录下建立 tempfile 文件夹,用于存放临时文件。

用户也可以指定配置文件的位置,只要符合配置文件的格式即可,在使用说明部分介绍如何制定自定义的配置文件。

6.4.2 ScannerDaemon 使用说明

1. 服务器端启动 ScannerDaemon

(1) 启动命令说明

启动 ScannerDaemon 时可以接受的参数列表如下:

- -nosignature:表示无需检查 VirusSignatures-latest. zip 中的文件是否含有特征码。运行

ScannerDaemon 必须加上此参数。

- -configfile filename:指定配置文件,为指定该参数,默认的配置文件为% ScannerDaemonDir % \ScannerDaemon-settings. properties。
- -name_of_property value_of_property:指定属性名和属性值。

使命令行的当前工作目录进入% ScannerDaemonDir% ,一般只要运行

```
java -jar ScannerDaemon.jar -nosignature
```

便可按照默认配置启动 ScannerDaemon。

如果执行

```
java -jar ScannerDaemon.jar -nosignature -configfile configure.txt
```

表示将按照 configure. txt 文件配置启动 ScannerDaemon。

```
java -jar ScannerDaemon.jar -nosignature -engine.tempdirectory tempfile
```

表示临时文件夹名为 tempfile。

(2) 配置属性的优先级

总共有多种配置 ScannerDaemon 的方法:默认属性,默认配置文件,自定义配置文件,在命令行参数中指定某个属性的值。

各种配置方式的优先级关系如下:

命令行指定属性 > 自定义配置文件 > 默认配置文件 > 默认属性。

2. 客户端连接

ScannerDaemon 服务器的端口是 8127,在客户端 telnet 连接到服务器端的 8127 端口,便可执行客户端的扫描命令。

```
telnet server_ip 8127
```

客户端可以执行的命令(命令大小写不敏感)包括以下 2 个。

(1) scan filename 命令

这个命令扫描目标文件,文件名可以是文件或者目录,也可以是 ScannerDaemon 支持的各种压缩包,例如,zip、tar、gzip 等,对于某些压缩包,需要服务器端环境的支持,例如,tar 包,需要服务器端环境的支持。如果待扫描的文件中含有某病毒,则在客户端就会输出相应的信息。输出的信息如图 6-4 所示。

```
FOUND 'W32.GriYo (Clam)' in 'test.zip >> zip:test3.txt'
```

图 6-4　示例病毒检测结果

如果扫描之后未发现任何病毒,则输出 OK。

(2) command shutdown 命令

该命令关闭服务器。

另外,filter 和 post 命令在 0.6.0 版本的源代码中被注释掉了。

6.5 VirusHammer 分析与使用

VirusHammer 是一个不用借助其他任何工具的独立的病毒扫描工具。它具有良好的用户界面,可以直接将文件或文件夹添加到扫描目标中,然后进行扫描,并且支持同时扫描多个目录和文件。从 SourceForge. net 上可以下载到 VirusHammer 最新版 0.1.1,其中包含了病毒特征码文件 virussignatures. txt。这个文件的内容比先前 ScannerDaemon 用的 credo 文件要少很多。

现在,从 SourceForge. net 上只能下载到编译后的. class 二进制字节码,不能下载到源码。除非进行反编译,否则就不能看到其程序具体实现方法。

6.5.1 VirusHammer 运行环境

VirusHammer 既可以在 Linux 上运行,也可以在 Vindows 上运行。实验环境如下:

- Linux 操作系统:Linux Fedora 9
- Windows 操作系统:Windows XP SP2
- Java 环境:JDK 1.6(最好支持 server-VM)
- VirusHammer 版本:0.1.1

VirusHammer 有两种启动方式,一种是使用 JRE 的 client-VM 启动,还有一种是使用 server-VM 启动。使用 client-VM 启动的优点是启动时间短,但是病毒扫描速度慢;使用 server-VM 启动的优点是病毒扫描速度快,但启动时间偏长。

两种启动方式在 Linux 环境和 Windows 环境略有不同。但 VirusHammer 中直接为用户提供了分别适用于 Linux 和 Windows 的启动脚本,方便了用户的使用。下面,分别介绍如何从 Linux 和 Windows 环境中启动 VirusHammer。

6.5.2 Linux 环境下的启动

在 Linux 环境下,一种启动方式便是直接使用 Java 打开 VirusHammer 目录下的 VirusHammer. jar 这个可执行文件。当然,也可以在命令行中进入 VirusHammer 所在目录,并输入

```
Java -jar VirusHammer. jar
```

然后,即可打开初始用户窗口,如图 6-5 所示。这样,VirusHammer 就启动成功了。

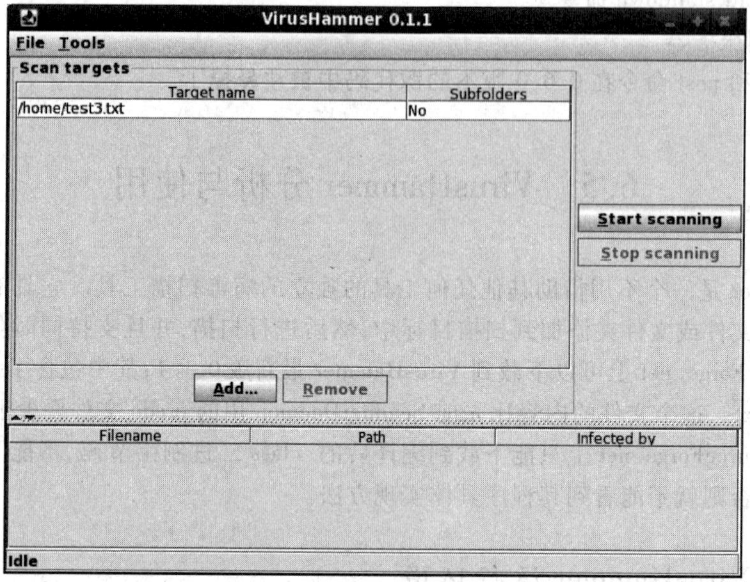

图6-5 VirusHammer在Linux下的运行窗口

若要使用前面说的server-VM来启动VirusHammer,则可以使用其目录下的virushammer-servervm.sh这一启动脚本。在命令行下输入命令如下:

```
Sh virushammer-servervm.sh
```

其实,从该脚本文件中的内容可以看到,其中只有一条以下命令。

```
java -server -jar VirusHammer.jar
```

所以,用户完全也可以不使用脚本,直接在命令行中输入这条命令,便能适用server-VM启动VirusHammer。

6.5.3 Windows环境下的启动

在Windows环境下,只要安装了JRE,直接双击VirusHammer.jar这个可执行文件便能打开界面。由于Java的平台无关性,运行界面和Linux系统下的界面完全一样。

如果使用命令行运行VirusHammer,也和Linux完全一样。可在命令提示符下输入内容如下:

```
java -jar VirusHammer.jar
```

但是,如果想用server-VM运行该程序,就和Linux系统下有所不同。在Windows系统下,需要使用安装目录下的Windows启动脚本virushammer-servervm.bat启动,即在命令行中输入

virushammer-servervm. bat

这样便成功使用脚本打开了 VirusHammer。

6.5.4 VirusHammer 使用

在启动了 VirusHammer 进入扫描界面后，可以清楚地看到一个简单的病毒检测程序。由于是图形界面，所以其使用非常简单。

首先，单击 Add 按钮添加文件或目录。这里仍然使用第 6.3 节中所构造的病毒测试示例进行测试。所有文件添加完毕后，单击 Start scanning 便能开始病毒扫描了。

最后的扫描结果会显示在下方的扫描结果框中。

图 6－6 是对 test1 ~ test7 进行扫描后的结果。

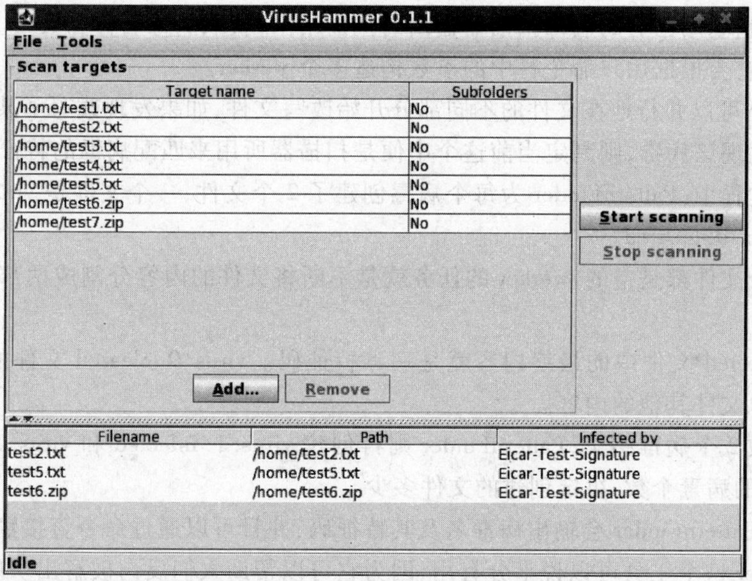

图 6－6 ViursHammer 扫描结果图

从图 6－6 中可以看到，test2. txt、test5. txt、test6. zip 中均因为含有 Eicar-Test-Signature 病毒而被检查出来，但原本 test3. txt 中含有的 W32. GriYobi 病毒却没有被检查出。这是因为，VirusHammer 所使用的病毒特征码库中未包含 W32. GriYobi 的特征码。因为 W32. GriYobi 病毒无法被检出，人们就无法知道 VirusHammer 能否同时查出一个文件中的两种病毒。

由于 VirusHammer 的病毒特征码比较少，且其中大多数特征码都包含了 80 ~ FF 的特殊 ASCII 字符，很难手工构造病毒测试文件。但是借助 UltraEdit 等二进制编辑工具，可以添加特征码。

6.6 PatternFinder分析与使用

PatternFinder是一个用来检测某一个商业病毒扫描器是用何种特征码去匹配病毒的工具，简单地说，就是特征码自动发现工作（这个工具对研究人员应该非常具有吸引力）。从SourceForge. net的OAV项目下可以下载得到源码，并且源码中已封装成了一个可执行的jar文件。

6.6.1 PatternFinder工作原理

该工具的工作原理不是很复杂，其流程如下：

（1）首先，它利用已有的病毒扫描器输出的扫描结果，获取病毒名称和数量。

（2）然后，它会根据用户命令行中的参数构造多个worker。

多个worker可以并行地在文件的不同部分开始改写文件，如果发现改写了某个串后，导致病毒扫描器不能发现该病毒，则判定当前这个串便是扫描器所用来匹配病毒的特征码。

在判定的过程中，PatternFinder为每个病毒创建了2个文件，一个文件是virus. 0. infected，另一个文件是virus. 0. cleared。

起初这两个文件都是空的，worker的任务就是不断将文件的内容分割成两部分，再交给扫描器判断。

virus. 0. infected文件中的最终内容就是病毒特征码。virus. 0. cleared文件的最终内容就是除去特征码后原文件其他的内容。

如果文件被2个病毒感染，PatternFinder则再创建virus. 1. infected和virus. 1. cleared。以此类推，根据感染的病毒个数，决定创建的文件多少。

（3）最后，PatternFinder会输出病毒名及其特征码，并且可以通过命令直接输出到文件。

PatternFinder这个工具可以说十分有用，因为它可以帮助人们反向破解出一些商用杀毒软件宝贵的病毒特征码库，从而为开源杀毒软件所利用。

6.6.2 PatternFinder运行环境

操作系统：Linux Fedora 9

JAVA JDK：JDK 1.6

PatternFinder：PatternFinder-0. 7. 2

6.6.3 PatternFinder 启动

将源码包 PatternFinder-0.7.2.zip 解压后，可以看到其中有可执行的 PatternFinder.jar 文件。在命令行中，该文件的执行方式如下：

java-jar PatternFinder < scannercommand > < # of workers > < # of lines to skip > < prefix > < postfix > < filename > [< filename > ...]

其中，各参数的含义如下：

- < scannercommand >：商业病毒扫描软件的可执行扫描命令。
- < # of workers >：指定安排多少 worker 进行文件的分段扫描。通常来说，32 个 worker 是一个比较好的选择。如果 worker 选择太多，系统则会报错，因为代码中只使用了 1 个 ASCII 字符区分不同的 worker（每个 worker 的名字为"A + worker 编号"，当 worker 过大时，会有溢出）。有时候如果文件很短的话，也不能使用太多的 worker，因为每个 worker 的最小长度如果比文件还要小的话，也会报错。
- < # of lines to skip >：指定 PatternFinder 获取杀毒软件输出的结果时应跳过的行数。
- < prefix >：指定 PatternFinder 获取杀毒软件输出的结果时应跳过的病毒名前缀。
- < postfix >：指定 PatternFinder 获取杀毒软件输出的结果时应跳过的病毒名后缀。
- < filename > [< filename > ...]：待扫描文件的路径。后面可以跟多个待扫描的文件一起运行。例如：

java-jar PatternFinder.jar avscan 32 2 "" "" Codered2.exe Nimda.eml

在这些参数中，< # of lines to skip >、< prefix >、< postfix > 这 3 个参数较复杂，其目的都是为了让 PatternFinder 能够正确地读到病毒的名称。为了更好地说明这 3 个参数的意义，以下举一个实际的例子。

扫描器选用的 Linux 环境下的杀毒软件 AntiVir Server Pro，该软件每次扫描的输出结果具有的格式如图 6-7 所示。

```
file: /home/test/afrca109.zip
  last modified on  date: 1997-12-21  time: 19:41:46,  size: 232 bytes
  ALERT: Tic ; virus ; Contains detection pattern of the Tic virus
  ALERT: AFRCA109.COM <<< Tic ; virus ; Contains code of the Tic virus
  ALERT-URL: http://www.avira.com/en/threats?q=Tic
which action to take (quit, none, rename, move, delete)? [none] none
will use the specified action [none]
no action taken
scan progress: file "/home/test/afrca109.zip"
```

图 6-7 AntiVir Server Pro 扫描结果

由图 6-7 可以看到，从第三行开始，在 ALERT 后出现了所要的病毒名称。所以在设置参数时,选择跳过的行数为 2,前缀字符为 ALERT:,后缀字符为 ; virus ;。经过这种配置,PatternFinder 便能读取正确的病毒名称了。

这里给出一些常用的杀毒软件的参数设置,如表 6-1 所示。

表 6-1　针对常用杀毒软件的参数示例

杀毒软件	# of lines to skip	prefix	postfix
AntiVir	2	“,”	“,”
F-Prot	0	“Infection:”	“”
NAI uvscan	1	“Found”	“!!!”

6.6.4 PatternFinder 使用

启动 PatternFinder 后,就可以自动识别已有杀毒软件使用的病毒特征码了。这可是开源软件获取特征码的关键步骤。

本书使用的杀毒软件是 AntiVir Server 3.0.2 专业版,所以 PatternFinder 的启动命令如下:

```
Java -jar PatternFinder.jar avscan 32 2 "ALERT:" ";virus;" /home/test/afrca109.zip
```

其中,/home/test/afrcal109.zip 是感染病毒的文件所在的目录。

在正式开始自动识别特征码之前,首先看一下直接用杀毒软件查杀病毒的结果,如图 6-8

```
[root@localhost PatternFinder-0.7.2]# avscan /home/test/afrca109.zip
Avira AntiVir
Copyright (C) 2009 by Avira GmbH.
All rights reserved.

SAVAPI-Version: 3.0.5.17, AVE-Version: 8.2.0.168
VDF-Version: 7.1.4.22 created 20090527

AntiVir license: 1400303863

Info: automatically excluding /sys/ from scan (special fs)
Info: automatically excluding /proc/ from scan (special fs)
Info: automatically excluding /home/quarantine/ from scan (quarantine)

  file: /home/test/afrca109.zip
    last modified on  date: 1997-12-21  time: 19:41:46,  size: 232 bytes
    ALERT: Tic ; virus ; Contains detection pattern of the Tic virus
    ALERT: AFRCA109.COM <<< Tic ; virus ; Contains code of the Tic virus
    ALERT-URL: http://www.avira.com/en/threats?q=Tic
  which action to take (quit, none, rename, move, delete)? [none]
  empty response. Will use (default or previous) action [none]
  no action taken
scan progress: file "/home/test/afrca109.zip"
```

图 6-8　AntiVir Server 3.0.2 查毒结果

所示。

从图 6－8 的结果可以看到,AntiVir 检查出了该文件含有 Tic 病毒的特征码,并且该压缩文件中的 AFRCA109. COM 含有 Tic 病毒的代码。

只要杀毒软件能够查出病毒,就可以使用 PatternFinder 找出杀毒软件到底是用何种特征码匹配成功的。使用 PatternFinder 进行搜索特征码时,首先给出如图 6－9 所示的提示。

```
[root@localhost PatternFinder-0.7.2]# java -jar PatternFinder.jar avscan 32 2 "
ALERT: " " ; virus ;" /home/test/afrca109.zip
Clearing /home/test/afrca109.zip...
```

图 6－9　开始进行 Tic 病毒特征码识别

图 6－9 中的 Clearing /home/test/afrca109. zip 说明 PatternFinder 已经开始查找该文件中含有的病毒特征代码串。由于破解病毒特征码的时间复杂度非常高,往往需要花费两个多小时。

要注意的是,如果要扫描的文件不存在或没有病毒,则 PatternFinder 会出现文件未被感染的提示,如图 6－10 所示。

```
[root@localhost PatternFinder-0.7.2]# java -jar PatternFinder.jar avscan 32 2 "ALERT: " " ; vi
rus ;" /home/test/test1.txt
Clearing /home/test/test1.txt...
ERROR: File is not infected
```

图 6－10　没有发现特征代码串的情况

如果想要把自动识别出的病毒特征代码串做成一个病毒特征码文件,则可以在启动时添加重定向参数 >>/home/virussignatures. txt,如图 6－11 所示。这样,PatternFinder 便会将结果直接输出到指定的目录文件中。若不指定目录,PatternFinder 则默认以 System. out 的方式直接输出到终端命令行。

```
[root@localhost PatternFinder-0.7.2]# java -jar PatternFinder.jar avscan 32 2 "ALERT: " " ; vi
rus ;" /home/test/afrca109.zip >> /home/VirusSignatures.txt
Clearing /home/test/afrca109.zip...
```

图 6－11　输出结果重定向到文件

尤其要注意的是,参数中一定要以“ >> ”再后跟目标文件路径。如果只输入 1 个“ > ”的话,则会将目标文件重写。用户还需注意的是,PatternFinder 对微软公司 Office 格式的文件查找效率尤其低,这点不足会在日后更高的版本中有所改善。

6.7 章节实验

【实验目的】

掌握 OpenAntiVirus 使用方法。

掌握 PatternFinder 使用方法。

掌握 VirusHammer 的使用方法。

【能力提升】

在掌握本章设计实验的基础上,有富余时间的高校可以要求学生在 OpenAntiVirus 的源代码方面做一些修改工作,以提升能力。

【实验平台】

Windows XP 操作系统

Linux Fedora 9

Java JDK:JDK 1.6

ScannerDaemon-0.6.0

PatternFinder-0.7.2

VirusHammer-0.1.1

【实验步骤】

详细参考本章第6.3、6.4、6.5、6.6节的内容。

【实验素材】

实验素材可在中国高校计算机课程网(http://computer.cncourse.com)上获取,下载方法详见本书前言,解压目录为\Attachment\ch06\。

6.8 习题

1. 叙述 OAV 软件采用特征码查找算法,并用伪代码加以表示。
2. OAV 软件采用哪几种方式组织特征码?

第 7 章　ClamAV 软件分析与使用

ClamAV 是运行在 Linux 操作系统上的病毒检测软件,应用非常广泛且升级及时。如果用户的计算机是允许公共账号上传文件服务器或者是 E-mail 服务器,那么强烈推荐安装一款优秀的杀毒软件。安装了杀毒软件后,每个新文件都会被扫描,以去除潜在的威胁。ClamAV 对邮件网关非常有用,大多数情况下,它会和 MTAs(例如,sendmail、exim 等)集成在一起来过滤邮件。本章的主要内容是介绍 ClamAV 项目的使用方法并分析该项目的部分核心代码,以让读者更加了解 ClamAV。

本章学习目标

- 了解 ClamAV 引擎的框架
- 了解 ClamAV 的核心代码
- 掌握 ClamAV 使用方法

7.1　ClamAV 总体结构

本章将重点分析 ClamAV 软件的病毒检查过程,对比第 6 章的 OpenAntiVirus(OAV)软件的源代码分析报告,可以知道二者的区别和联系如下:

ClamAV 和 OAV 两个防病毒软件非常类似,二者都是使用匹配特征码的方式来检查病毒,甚至它们的病毒特征码库都是一样的。但是二者在匹配的实现上却有很大的差异。ClamAV 是在 clamd 启动时将病毒特征码库加载入内存,并且根据文件类型将特征码库进行了分类。在内存中,为每种文件类型对应的特征码库建立了一棵庞大的树,然后,依据这棵树为核心的数据结构,使用有限自动机进行匹配。而 OAV 则是对每个特征码作一个 HASH,匹配的时候先匹配 HASH,从而缩小了匹配范围,最后再逐个匹配。从语言上分析,ClamAV 使用 C 语言编制,而 OAV 使用 Java 语言。经过简单的分析可知,当特征码数量特别大时,ClamAV 的效率会有明显优势,但是,当特征码数量不是很大的时候,OAV 的速度可能更快。限于篇幅,本章没有给出二者的详细性能对比。

ClamAV 是一个开源的杀毒软件,不但可以过滤掉病毒邮件,还可以对付文件服务器上的潜在威胁。ClamAV 主要设计用来在邮件服务器的网关上对电子邮件进行扫描,著名的 iredmail 就是通过集成 ClamAV 引擎杀毒的。

ClamAV使用线程池技术对多个文件进行扫描,因而速度较快。在安装dazuko组件的前提下,它能够在访问时(on-access)扫描,并且支持几乎所有流行的文件格式和邮件格式,功能非常强大。

ClamAV还提供了一些灵活的工具,用来快速地扫描病毒以及进行病毒特征码库的更新。

ClamAV由很多组件组成,这些组件有机地协作来完成对于病毒的查杀、病毒库升级、软件的配置等功能。图7-1是核心组件之间的关系,即ClamAV的系统结构图。

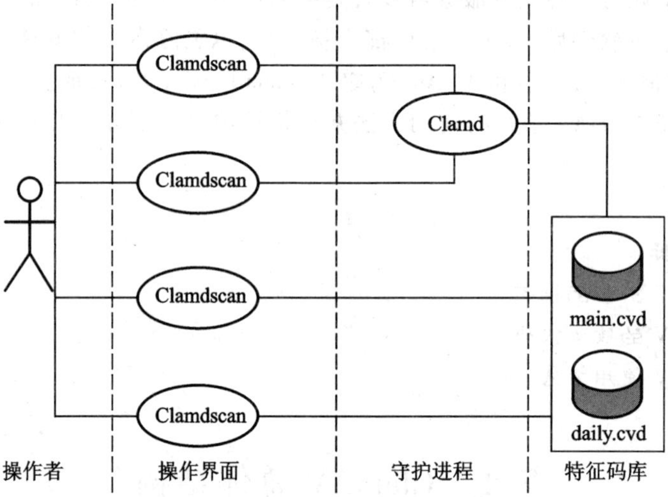

图7-1 ClamAV的系统结构

ClamAV的关键组件如下。

- main. cvd:计算机病毒特征码库,该部分为主库。
- daily. cvd:计算机病毒特征码库,该部分为日常更新的库。
- clamd:基于多线程开发的查杀引擎守护进程,通过socket、streams、file descriptor进行扫描操作。
- clamdscan:调用clamd进行病毒扫描的客户端程序。二者通过Socket进行通信。
- clamscan:可独立响应用户请求(在clamd未运行时)的客户端程序。clamscan读取病毒特征码库的信息,并进行病毒扫描。其效率不如clamdscan和clamd的组合高。
- freshclam:更新病毒特征码库的程序。
- libclamav:病毒扫描函数库,这是核心算法部分。
- sigtool:clamav管理工具,可以查看病毒特征码库文件(. cvd)的信息、解压病毒特征码库(. cvd)文件、制作病毒特征码库文件等。
- clamav-milter:email扫描器。在该组件的配合下,ClamAV可以完成对邮件服务器的病毒扫描工作。

- clamuko：在 Linux/FreeBSD 系统中，为了实现 on-access 病毒扫描功能，必须安装 dazuko 组件，这就是所谓的 clamuko。
- freshclam. conf：用于配置病毒特征库升级程序（freshclam）。
- clamd. conf：用于配置 clamd 和 clamscan 程序。

7.2 ClamAV 使用说明

在了解了 ClamAV 项目的组成后，本节将介绍其主要功能的使用方法，即 clamdscan 和 clamd 的使用。其他配置选项会在后续章节的分析中涉及。

1. 客户端指令集

客户端指令集如表 7-1 所示。

表 7-1 客户端指令集

命 令	命 令 解 释
PING	检查守护进程的状态
VERSION	输出版本信息
RELOAD	重新加载数据库
SHUTDOWN	正常退出
SCAN file/directory	扫描文件或目录，同时支持压缩文件
RAWSCAN file/directory	扫描文件或目录，但是考虑文件类型
CONTSCAN file/directory	扫描文件或目录，并且找到病毒后仍继续扫描
MULTISCAN file/directory	使用多线程扫描文件或目录
INSTREAM	扫描流，输入格式：< 长度 > < 数据 >。其中 < 长度 > 用无符号 4 字节整数表示数据的字节数，< 数据 > 是实际的数据。扫描以 < 长度 > = 0 表征结束，另外总长度不能超过配置文件中设置的流最大长度 < StreamMaxLength >，否则连接将被关闭
FILDES	Unix 特有的，根据文件描述符进行扫描
STATS	返回服务端的队列状态信息以及内存的使用情况
IDSESSION、END	用来发起或结束一个会话，这样，就能在一个连接中，进行多次不同的扫描，省去建立新的连接
STREAM (deprecated, use INSTREAM instead)	废弃

2. 工具说明

ClamAV 工具的功能如表 7-2 所示。

表 7-2 ClamAV 工具的功能

工 具 名	功 能 介 绍
Clamscan	最简单的扫描工具,它是一个独立的程序,可以单独运行而无须 Clamd 支持。但是,它的缺点是不能与其他 Clamscan 实例共享内存线程等。它适合于对单个文件进行临时的扫描
Clamdscan	功能与 Clamscan 一样,但是它依赖于 Clamd,它是通过将请求借助 Socket 发给 Clamd 让 Clamd 做实际的扫描工作,再从 Clamd 取回结果。它的效率高,推荐使用
Clamuko	这并不是一个工具,而是 Clamd 中的一个重要模块,开启了它才能进行访问时扫描。但它不支持 NFS,原因是其底层模块没有捕获 NFS 请求

3. 输出说明

Clamscan 工具的输出结果格式分为普通文件和压缩文件两种,分别描述如下。

普通文件扫描结果格式:<文件路径>:[病毒名 FOUND,OK]

举例如下:

```
/tmp/test/removal-tool.exe: Worm.Sober FOUND
/tmp/test/md5.o: OK
/tmp/test/blob.c: OK
/tmp/test/message.c: OK
/tmp/test/error.hta: VBS.Inor.D FOUND
```

压缩文件扫描结果格式:<文件路径>:[病毒名 FOUND,OK]

其中病毒名为扫描到的第一个病毒的名称,其他病毒的名称不列出。

Clamdscan 工具的输出结果与 Clamscan 工具的输出结果非常相似,不再描述。

Clamdscan 出错时的格式:<文件路径>:错误信息 ERROR

举例如下:

```
SCAN /no/such/file
/no/such/file: Can't stat() the file. ERROR
```

7.3 ClamAV 安装与配置

安装环境是 Fedora 7 操作系统。软件版本是 ClamAV 0.94.2。尽管在当前 Linux 已经发展到了 Fedora 11,ClamAV 也已经发布了 0.95.1 版,但是,考虑到稳定性,还是采用了较老的版本。在其他操作系统下,安装配置 ClamAV 的其他版本可能有所不同,相信读者可以克服这些问题。

1. 软件与硬件环境

硬件:普通 PC 机

操作系统:Fedora 7

软件版本:ClamAV 0.94.2

2. 安装准备

安装前要先创建用户 clamav 和用户组 clamav,如下:

```
groupadd clamav
useradd-g clamav-s /bin/false-c "Clam AntiVirus" clamav
```

3. 安装

在 ClamAV 代码目录下执行如下命令,进行安装。

```
./configure
make
(as root)make install
```

在 Linux Fedora 7 系统下,ClamAV 的运行文件会默认安装在/usr/local/sbin 目录下。在这个目录下可以找到 Clamd 等可执行程序。

4. 配置

安装好程序后,接下来要进行配置。配置工作主要有 3 件事情。

(1) 修改配置文件 clamd.conf

该文件默认路径为/usr/local/etc/clamd.conf。根据 man clamd.conf 的信息设置 clamd.conf。特别要注意的是,要把 Example 这一行注释掉,否则 clamd.conf 不生效。

(2) 修改配置文件 freshclam.conf

该文件默认路径为/usr/local/etc/freshclam.conf。如果英文阅读能力较强,可以非常容易理解各个配置项的意思。同样,也要将 Example 这一行注释掉,否则 freshclam.conf 不生效。最关键的配置项包括如下。

- Checks:配置特征码库的更新频率。
- ProxySettings:设置代理服务器的地址、账号、口令等。
- MaxAttempts:最大尝试联网次数。

(3) 下载特征码库

特征码库可以从 http://www.clamav.net/download/cvd 下载 main.cvd 和 daily.cvd。如果采用默认的 database-dir 设置,下载至/usr/local/share/clamav 目录下。如果计算机已经联通了 Internet,也可以直接运行 freshclam 更新特征码库。

5. 运行

先以 root 用户运行 clamd(默认路径:/usr/sbin/clamd)。如果要进行例行扫描,用普通用户运行 clamdscan(默认路径:/usr/bin/clamdscan)即可。clamdscan 可以支持当前文件夹(递归)扫描,也支持一个特定文件的扫描。还可以指定所用的扫描特征码库,这个功能可以用来帮助测试自己制作的病毒特征码库的正确性。

7.4　源代码分析

ClamAV 是个非常大的软件系统,其中涉及的组件非常多,但最为核心的就是 clamd、clamdscan 和 clamscan 三者。由于 clamscan 仅仅是 clamd 和 clamdscan 二者部分功能的结合,所以本文不予介绍,而是主要对 clamd 和 clamdscan 的核心源代码进行分析。透彻地分析 clamd 和 clamdscan 的原理,对整个系统扫描的过程就有了清晰地认识。由于篇幅问题,本节的重点在于系统的组织结构和核心算法上,一些细节可能不会涉及。更详细地分析,还请在本文的基础上自己去探索。

为了更加贴近使用者的心理,本节将循着软件的使用顺序对软件进行分析,以期对软件的使用及结构都有一定的认识。因此,将先讨论软件的配置和病毒特征码库,再讨论 clamd 的启动,接着讨论 clamdscan 的启动及其向 clamd 发送请求的过程,最后讨论 clamd 对请求的响应和扫描过程。

7.4.1　ClamAV 配置

ClamAV 的配置选项记录在/etc/clamd.conf 文件中。当然部分选项也可以直接在启动命令中指定。ClamAV 的可配置项超过三百多个。如此繁多的配置项一定要有一种好的管理方式才行。在 Windows 操作系统中,可以通过类似注册表或.ini 文件等方式对用户软件的配置项进行管理,用户开发接口一致,使用非常方便。ClamAV 主要是面向 Linux 系统的软件,因此非常复杂,这也是 Linux 软件的一个通病。在 Linux 操作系统下,各种应用软件的配置方式各不相同,既不利于代码的重用,也增加了开发的复杂性。

1. 数据结构

ClamAV 配置选项的数据结构如下:

```
struct clam_option {
    const char * name;
    const char * longopt;
    char shortopt;
    int argtype;                          //选项的类型
```

```
        const char * regex;                //如何匹配
        int numarg;                        //可能是数值默认值
        const char * strarg;               //可能是字符串默认值
        int flags;                         //选项的标识
        int owner;                         //该选项针对哪个模块
        const char * description;          //选项的描述
        const char * suggested;            //选项推荐的值
    };
```

2. shared/optparser.c 文件

该文件存储了所有选项的描述,并完成各种参数的解析。下面介绍该文件涉及的主要的函数。

函数名称:optparser()

函数功能:

对参数进行解析,以链表形式返回选项,选项的节点如下:

```
    struct optstruct{
        char * name;
        char * cmd;
        char * strarg;
        int numarg;
        int enabled;
        int active;
        int flags;
        int idx;
        struct optstruct * nextarg;
        struct optstruct * next;
        char ** filename; /* cmdline */
    };
```

函数名称:optfree()

函数功能:

释放选项链表。

函数名称:optaddarg()

函数功能:

向选项链表中加入新的选项。

7.4.2 病毒特征代码库

ClamAV 有两个官方病毒特征码库文件:main.cvd 和 daily.cvd。这种文件实际上是带有数字签证的压缩文件，它包含了一个或多个真正的病毒代码库文件。

1. CVD 文件格式

CVD 文件有一个 512 字节的头，记录它的基本信息。可以通过 ClamAV 自代码的工具(sigtool)来展示 CVD 文件的基本格式。

输入命令：sigtool -- info main. cvd

Shell 打印结果如下：

```
File: main. cvd
Build time: 15 Feb 2009 16:47-0500
Version: 50
Signatures: 500667
Functionality level: 38
Builder: sven
MD5: a275ce1afb36cbda8e3627ff4c0c165b
Digital signature:
ee+8gulsIvjBBZU3hZiWrAWV/y0zuKj3zxYjVVSz/vWswJw5yzECQufVvJB4syUFgwtR5B9Jk8j0R9iLf
K0rwW/mI3PNpuuYDx95Jz4c4wW9wmDPgzZ3fpH73BXGrAUohe9TK3SlVL2v3lLYPv3zoGFc6qnJFjiyyh/
SrJuPYwg
Verification OK.
```

2. CVD 解压缩

CVD 实际上是压缩文件，也可以通过 sigtool 解压该文件。以下操作都在特征码库文件所在文件夹中执行。

输入命令：sigtool-u main. cvd

Shell 打印结果如下：

```
main. db
main. fp
main. hdb
main. info
main. mdb
main. ndb
main. zmd
```

以上 7 个文件都可以通过文本文件编辑器打开。这些文件的扩展名不同，代表着不同形式的病毒特征码。以下仅对其中重要的 3 个文件予以介绍。

(1) main. db 文件中病毒特征码的形式如下：

```
MalwareName = HexSignature
```

其中 HexSignature 可以由“ * ”、{数字}分隔成一个一个的 part-signature。

(2) main.ndb 文件中的病毒特征码的形式如下:

MalwareName:TargetType:Offset:HexSignature[:MinEngineFunctionalityLevel:[Max]]

(3) main.mdb 文件中的病毒特征码的形式如下:

PESectionSize:MD5:MalwareName

7.4.3 clamd 初始化

ClamAV 执行过程的第一步就是进行执行环境的初始化,其主要工作包括:解析命令、载入配置文件、解除特权、初始化日志、选择 socket 类型、配置对可疑程序类别的检测处理、设置临时文件夹等。这些工作主要涉及的文件包括 calmd/clamd.c、calmd/server-th.c 和 calmd/readdb.c 等,本小节将作较为详细的分析。

1. clamd/clamd.c 文件

clamd.c 文件是 clamd 组件的主要文件。在该文件中 main 函数是第一个要运行的函数,因此,主要介绍 main 函数的执行过程。main 函数中使用了大量的宏,用以实现跨平台。这是值得大家学习的地方,但是,为了弄清程序的脉络,先不要将精力放在这些宏上。

函数名称:main()

函数功能:

这是入口函数,主要完成对引擎的初始化。工作包括:解析命令、载入配置文件、解除特权(如果不是 Windows 或 OS2 系统)、初始化日志、选择 socket 类型、配置对可疑程序类别的检测处理、设置临时文件夹、编译引擎和初始化 socket 可能有多个、转入后台工作调用 acceptloop_th()等待客户端连接。

执行流程:

(1) 解析用户的命令行输入参数

如果命令行参数含有 help,直接输出 help 信息,退出程序。

(2) 解析 clamd 的配置文件参数(clamd.conf)

① 如果配置文件参数中有 version 选项,则显示病毒特征码库的 version 后退出程序。

② 如果配置文件参数中有 User 选项,并且调用 clamd 的是 root 用户,就将当前的程序以 User 选项所指定的用户来运行。

Clamd.conf 中的相关内容如下:

```
#Run as another user (clamd must be started by root for this option to work)
#Default: don't drop privileges
User clamav
```

以上表明如果 clamd 检测到调用它的是 root 用户,则会自动以用户 clamav 运行此程序。这就是一个 drop privilege 的过程。

③ 如果配置文件参数中设置了和 log 有关的选项(LogFileUnlock、LogTime、LogClean、LogFileMaxSize、LogVerbose),那么就要根据这些选项初始化 Log 文件。这里还有很重要的一步,那就是初始化 libclamav,调用的函数是 cl_init()。

④ 确定 socket 类型。确定是用 TCPSocket 还是 LocalSocket。Socket 用于建立服务器端和客户端传递信息的通道。二者至少选一种,否则出错。

⑤ 创建引擎。

⑥ 读取数据库目录(DataBaseDirectory),存储于变量 dbdir 中,在稍后装载数据库时使用该变量。

⑦ 读取是否检测可疑程序(PUA),并且据此进行内存分配。Include_PUA 和 Exclude_PUA 不能同时选择,否则报错。

⑧ 读取临时文件夹的目录:在扫描病毒文件时,需要建立临时文件夹,将待扫描的文件存入临时文件夹中,然后扫描此备份。在其他地方也有可能用到临时文件夹。

⑨ 读取是否检测网络钓鱼(Phising)参数。

⑩ 读取是否检测基于邮件中的 URL 的网络钓鱼(PhishingScanURLs)参数。

⑪ 根据第6步中所得到的 dbdir 装载病毒特征码数据库,在装载数据库的时候,要读取数据库中的病毒特征码,然后对扫描引擎(Engine)进行初始化。

⑫ 根据 socket 的类型(TCP 还是 Local)在服务器端建立 socket,转入后台,将控制权交给 recvloop_th(),等待客户端的扫描连接请求。

⑬ 释放资源,结束程序。

2. clamd/server-th.c 文件

这个文件中包含的是守护程序中使用的一些函数,详细介绍如下。

函数名称:acceptloop_th()

函数功能:

该函数主要功能是拦截消息,添加消息处理函数,调用 reload_db()加载数据库,利用 thrgmr_new()创建线程池,等待客户端连接,调用 thrmgr_dispatch()函数分发工作。

函数流程:

(1) 解析 clamd.conf 的参数

① 如果设置了 MaxScanSize/MaxFileSize,则过大的文件就不扫描,默认为无病毒感染,这样有利于保护系统免受档案炸弹(archive bomb)造成的 DOS 攻击。并且根据此参数设置扫描引擎(Engine)相应的值。

② 如果设置了 MaxRecursion,则目录层次太深的文件就不扫描。并且根据此参数设置扫描引擎(Engine)相应的值。

③ 如果设置了 MaxFiles,则包含文件数量过多的档案(archive)文件就只扫描到此上限数量的文件。并且根据此参数设置扫描引擎(Engine)相应的值。

④ 如果设置了 ScanArchive,则扫描 Archive 文件。

⑤ 如果设置了 ArchiveBlockEncrypted，则直接将加密的 Archive 文件视为病毒。

⑥ 如果设置了 AlgorithmicDetection，则 clamav 会采用特殊的算法扫描一些复杂的病毒，例如，图片文件中的病毒。

⑦ 如果设置了 ScanPE，则会扫描 PE 文件（32 位 Windows 可执行文件）。

⑧ 接下来会查看是否设置了对其他文件类型的扫描（PDF、HTML 等），这里不予赘述。

(2) 接收连接

通过轮询的方式查看是否有新的连接请求。代码如下：

```
if(nsockets > 1) {
    int pollret = poll_fds(socketds, nsockets, -1, 1);
    if(pollret > 0) {
        socketd = socketds[pollret - 1];
    } else {
        new_sd = -1;
    }
}
……
if (new_sd != -1)
    new_sd = accept(socketd, NULL, NULL);
if((new_sd == -1) && (errno != EINTR)) {
    pthread_mutex_lock(&exit_mutex);
    if(progexit) {
        pthread_mutex_unlock(&exit_mutex);
        break;
```

(3) 分配任务

在成功接受连接后，分配任务。代码如下：

```
client_conn -> sd = new_sd;
client_conn -> options = options;
client_conn -> opts = opts;
if(cl_engine_addref(engine)) {
    closesocket(client_conn -> sd);
    free(client_conn);
    logg("! cl_engine_addref() failed\n");
    pthread_mutex_lock(&exit_mutex);
    progexit = 1;
    pthread_mutex_unlock(&exit_mutex);
```

```
} else{
    client_conn -> engine = engine;
    client_conn -> engine_timestamp = reloaded_time;
    client_conn -> socketds = socketds;
    client_conn -> nsockets = nsockets;
    if( !thrmgr_dispatch( thr_pool, client_conn) ) {
        closesocket( client_conn -> sd);
        free( client_conn);
        logg( "! thread dispatch failed\n");
    }
}
```

client_conn_tag 数据结构代表与客户的一次会话。结构含义如下:

```
typedef struct client_conn_tag {
    int sd;                              //socket 描述符
    unsigned int options;                //扫描选项
    const struct optstruct * opts;       //配置选项
    struct cl_engine * engine;           //扫描引擎
    time_t engine_timestamp;             //时间戳
    int * socketds;                      //所有的监听的 socket
    int nsockets;                        //监听 socket 的个数
} client_conn_t;
```

函数名称:reload_db()

函数功能:

检查病毒特征码库状态或者调用 cl_load()加载病毒特征码库,重新加载后调用 cl_engine_compile()为开始扫描作最后的准备。

函数名称:scanner_thread()

函数功能:

本函数是服务器收到客户端请求的处理函数。它主要的功能是添加消息处理函数。然后调用 command()处理客户端的请求,并处理 command()的返回结果。

3. readdb.c 文件

该文件主要包含从病毒特征码库中提取数据的函数。详细介绍如下。

函数名称:cl_load()

函数功能:

根据输入的参数,决定如何装载病毒特征码库。

函数流程:

根据提供的路径是文件还是文件夹加载病毒特征码库。

如果是文件,调用 cli_load()。

如果是文件夹调用 cli_loaddbdir()。

函数名称:cli_loaddbdir()

函数功能:

在指定的文件夹内加载特征码库。

函数流程:

先加载默认的病毒特征码库文件。

加载用户自定义的病毒特征码库文件。

以上两者均使用 cli_load()。

函数名称:cli_load()

函数功能:

根据病毒特征码数据库文件的扩展名加载、解析病毒库文件,并向扫描引擎(engine)中添加由解析病毒库文件得到的病毒特征码、病毒名等。

函数名称:cli_initroots()

函数功能:

初始化各种文件类型匹配的根结构。

函数流程:

```
for(i = 0; i < CLI_MTARGETS; i ++ ) {
    if( !engine -> root[i]) {
        cli_dbgmsg( "Initializing engine -> root[%d]\n", i);
        root = engine -> root[i] = (struct cli_matcher *) mpool_calloc(engine -> mempool, 1, sizeof
        (struct cli_matcher));
#ifdef USE_MPOOL
        root -> mempool = engine -> mempool;
#endif
        if( !root) {
            cli_errmsg( "cli_initroots: Can't allocate memory for cli_matcher\n");
            return CL_EMEM;
        }

        if(cli_mtargets[i].ac_only || engine -> ac_only)
            root -> ac_only = 1;

        cli_dbgmsg( "Initialising AC pattern matcher of root[%d]\n", i);
        if( (ret = cli_ac_init(root, engine -> ac_mindepth, engine -> ac_maxdepth))) {
            /* no need to free previously allocated memory here */
```

```
                cli_errmsg("cli_initroots: Can't initialise AC pattern matcher\n");
                return ret;
            }

            if(!root->ac_only) {
                cli_dbgmsg("cli_initroots: Initializing BM tables of root[%d]\n", i);
                if((ret = cli_bm_init(root))) {
                    cli_errmsg("cli_initroots: Can't initialise BM pattern matcher\n");
                    return ret;
                }
            }
        }
    }
```

可以处理的文件类型共有9种,代码如下:

```
static const struct cli_mtarget cli_mtargets[CLI_MTARGETS] = {
{ 0,                "GENERIC",   0,  0  },
{ CL_TYPE_MSEXE,    "PE",        1,  0  },
{ CL_TYPE_MSOLE2,   "OLE2",      2,  1  },
{ CL_TYPE_HTML,     "HTML",      3,  1  },
{ CL_TYPE_MAIL,     "MAIL",      4,  1  },
{ CL_TYPE_GRAPHICS, "GRAPHICS",  5,  1  },
{ CL_TYPE_ELF,  "ELF",   6,  1  },
{ CL_TYPE_TEXT_ASCII,  "ASCII",   7,  1  },
{ CL_TYPE_PE_DISASM,  "DISASM",  8,  1  }
}
```

函数名称:cli_dbgets()

函数功能:

从病毒特征码库中读取数据。病毒特征码库既可能是普通文件,也可能是压缩包,通过这个函数对上层屏蔽了这个区别。

函数流程:

```
if(fs) {
    return fgets(buff, size, fs);
} else {
    char * pt;
    unsigned int bs;
```

```
    if( !dbio -> size)
        return NULL;
    bs = dbio -> size < size? dbio -> size + 1 : size;
    if( dbio -> gzs)
        pt = gzgets( dbio -> gzs, buff, bs);
    else
        pt = fgets( buff, bs, dbio -> fs);

    dbio -> size - = strlen( buff);
    if( !pt)
        cli_errmsg( "cli_dbgets: Preliminary end of data\n");
    return pt;
}
```

4. db 文件的加载

为了使读者进一步清晰病毒特征码库的加载过程,本节仅以.db 文件为线索,详细介绍病毒特征码库的加载过程。虽然这里只分析了一种病毒库的加载流程,但是其他格式的只是大同小异,这里不再赘述。

函数名称:cli_loaddb( )

函数功能:

该函数完成对.db 文件的解析,并加载到引擎中。它首先初始化各种类型的匹配器的根结构。然后从文件中读入部分数据到缓存中,调用 cli_parse_add( )将其加入引擎。

函数名称:cli_parse_add( )

函数功能:

解析病毒特征码库中的一条记录,并通过 cli_ac_addsig( )将其加入到引擎。

函数流程:

首先判断特征码中是否存在“{”或者“*”,由此判断出这是否是一个多段的特征码。如果是则逐段分解,加入引擎中。以下代码是包含“{”的处理过程,仅包含“*”的代码非常类似。

```
if( strchr( hexsig, '{')) {
    root -> ac_partsigs ++;
    if( !( hexcpy = cli_strdup( hexsig)))
        return CL_EMEM;

    len = strlen( hexsig);
    for( i = 0; i < len; i ++)
        if( hexsig[ i] == '{' || hexsig[ i] == '*')
            parts ++;
```

```
if(parts)
    parts ++ ;

start = pt = hexcpy;
for(i = 1; i <= parts; i ++ ) {
    if(i != parts) {
        for(j = 0; j < strlen(start); j ++ ) {
            if(start[j] =='{') {
                asterisk = 0;
                pt = start + j;
                break;
            }
            if(start[j] =='*') {
                asterisk = 1;
                pt = start + j;
                break;
            }
        }
        * pt ++ =0;
    }

    if((ret = cli_ac_addsig(root, virname, start, root -> ac_partsigs, parts, i, rtype, type, mindist,
    maxdist, offset, lsigid, options))) {
        cli_errmsg("cli_parse_add(): Problem adding signature (1). \n");
        error = 1;
        break;
    }

    if(i == parts)
        break;

    mindist = maxdist = 0;

    if(asterisk) {
        start = pt;
        continue;
    }
```

```
if( !( start = strchr( pt, '}') ) ) {
    error = 1;
    break;
}
*start ++ = 0;

if( !pt) {
    error = 1;
    break;
}

if( !strchr( pt, '-') ) {
    if( !cli_isnumber( pt) || ( mindist = maxdist = atoi( pt) ) <0) {
        error = 1;
        break;
    }
} else {
    if( ( n = cli_strtok( pt, 0, "-") ) ) {
        if( !cli_isnumber( n) || ( mindist = atoi( n) ) <0) {
            error = 1;
            free( n);
            break;
        }
        free( n);
    }

    if( ( n = cli_strtok( pt, 1, "-") ) ) {
        if( !cli_isnumber( n) || ( maxdist = atoi( n) ) <0) {
            error = 1;
            free( n);
            break;
        }
        free( n);
    }

    if( ( n = cli_strtok( pt, 2, "-") ) ) { /* strict check */
        error = 1;
        free( n);
```

```
                    break;
                }
            }
        }

        free(hexcpy);
        if(error)
            return CL_EMALFDB;
    }
```

对于只有一个段的特征码又分为两种方式，一种包含了通配符，一种则没有。

包含通配符的处理如下：

```
if(root -> ac_only || strpbrk(hexsig, "?(") || type || lsigid) {
    if((ret = cli_ac_addsig(root, virname, hexsig, 0, 0, 0, rtype, type, 0, 0, offset, lsigid, options)))
    {
        cli_errmsg("cli_parse_add(): Problem adding signature (3).\n");
        return ret;
    }
}
```

不包含通配符的处理如下：

```
bm_new = (struct cli_bm_patt *) mpool_calloc(root -> mempool, 1, sizeof(struct cli_bm_patt));
if(!bm_new)
    return CL_EMEM;
bm_new -> pattern = (unsigned char *) cli_mpool_hex2str(root -> mempool, hexsig);
if(!bm_new -> pattern) {
    mpool_free(root -> mempool, bm_new);
    return CL_EMALFDB;
}
bm_new -> length = strlen(hexsig) / 2;

bm_new -> virname = cli_mpool_virname(root -> mempool, (char *) virname, options & CL_DB_OFFICIAL);
if(!bm_new -> virname) {
    mpool_free(root -> mempool, bm_new -> pattern);
    mpool_free(root -> mempool, bm_new);
    return CL_EMEM;
}
```

```
if(offset) {
    bm_new -> offset = cli_mpool_strdup(root -> mempool, offset);
    if(!bm_new -> offset) {
        mpool_free(root -> mempool, bm_new -> pattern);
        mpool_free(root -> mempool, bm_new -> virname);
        mpool_free(root -> mempool, bm_new);
        return CL_EMEM;
    }
}

bm_new -> target = target;

if(bm_new -> length  >  root -> maxpatlen)
    root -> maxpatlen = bm_new -> length;

if((ret = cli_bm_addpatt(root, bm_new))) {
    cli_errmsg("cli_parse_add(): Problem adding signature (4).\n");
    mpool_free(root -> mempool, bm_new -> pattern);
    mpool_free(root -> mempool, bm_new -> virname);
    mpool_free(root -> mempool, bm_new);
    return ret;
}
```

可见多段特征码或含通配符的均通过 cli_ac_addsig()加入引擎,否则通过 cli_bm_addpatt()加入,这两种不同的特征码的扫描方式也不同。

函数名称:cil_ac_addsig()

函数功能:

该函数完成添加一个段的工作。

函数流程:

首先,判断分段是否合法。

```
if(strlen(hexsig) / 2 < root -> ac_mindepth)
    return CL_EPATSHORT;
```

因为数据库中保存的特征码实际上是 16 进制数据的字符形式。故特征码真正的长度为字符串长的 1/2。长度不能小于这种类型要求的最小长度。

接下来,给新的分段加上各种属性。

```
new -> rtype = rtype;
new -> type = type;
```

```
new -> sigid = sigid;
new -> parts = parts;
new -> partno = partno;
new -> mindist = mindist;
new -> maxdist = maxdist;
new -> customdata = NULL;
new -> ch[0] |= CLI_MATCH_IGNORE;
new -> ch[1] |= CLI_MATCH_IGNORE;
if(lsigid) {
    new -> lsigid[0] = 1;
    memcpy(&new -> lsigid[1], lsigid, 2 * sizeof(uint32_t));
}
```

暂时不分析扩展的特征码,那么,下一段代码应如下:

```
new -> pattern = cli_mpool_hex2ui(root -> mempool, hex? hex:hexsig);
if(new -> pattern == NULL) {
    if(new -> alt)
        mpool_ac_free_alt(root -> mempool, new);
    mpool_free(root -> mempool, new);
    free(hex);
    return CL_EMALFDB;
}

new -> length = strlen(hex? hex:hexsig) / 2;
free(hex);
```

很明显这里是将原本的字串转换成了匹配的模式,需要注意的是 new 的类型如下:

```
struct cli_ac_patt {
    uint16_t * pattern, * prefix, length, prefix_length;
    uint32_t mindist, maxdist;
    uint32_t sigid;
    uint32_t lsigid[3];
    uint16_t ch[2];
    char * virname, * offset;
    void * customdata;
    uint16_t ch_mindist[2];
    uint16_t ch_maxdist[2];
    uint16_t parts, partno, alt, alt_pattern;
```

```
    struct cli_ac_alt **alttable;
    struct cli_ac_patt *next, *next_same;
    uint8_t depth;
    uint16_t rtype, type;
}
```

由此可见,其中 pattern 的类型为 uint16_t *,因此每个待匹配的字符实际为 16 位。这是为什么呢?原来是 clamav 对 pattern 中的每个字符都标记有进行何种方式的匹配。从下面的代码就可以看出。

```
for(i = 0; i < root -> ac_maxdepth && i < new -> length; i ++ ) {
    if(new -> pattern[i] & CLI_MATCH_WILDCARD) {
        wprefix = 1;
        break;
    }
    if(zprefix && new -> pattern[i])
        zprefix = 0;
}
```

这里是要得出这个匹配模式是以 NULL 开头的,还是以扩展字符开头的。暂时跳过这一步,接下来判断长度,设置病毒名称后,就可以通过 cli_ac_addpatt( )将匹配模式加到所属类别了。

函数名称:cli_ac_addpatt( )

函数功能:

更新转移矩阵,添加匹配模式。

函数流程:

函数从根开始,更新转移矩阵。

```
for(i = 0; i < len; i ++ ) {
    if( !pt -> trans) {
        pt -> trans = (struct cli_ac_node **) mpool_calloc(root -> mempool,256,sizeof(struct cli_ac_node *));
        if( !pt -> trans) {
            cli_errmsg("cli_ac_addpatt: Can't allocate memory for pt -> trans\n");
            return CL_EMEM;
        }
    }

    next = pt -> trans[(unsigned char) (pattern -> pattern[i] & 0xff)];

    if( !next) {
        next = (struct cli_ac_node *) mpool_calloc(root -> mempool, 1, sizeof(struct cli_ac_node));
```

```
            if( !next) {
                cli_errmsg( "cli_ac_addpatt: Can't allocate memory for AC node\n" );
                return CL_EMEM;
            }

            if(i != len - 1) {                      //如果是最后一个节点,就不需要转移矩阵了
                next -> trans = (struct cli_ac_node **)mpool_calloc(root -> mempool,256,sizeof(struct cli
                _ac_node * ));
                if( !next -> trans) {
                    cli_errmsg( "cli_ac_addpatt: Can't allocate memory for next -> trans\n" );
                    mpool_free(root -> mempool, next);
                    return CL_EMEM;
                }
            }

            root -> ac_nodes ++ ;
            newtable = mpool_realloc (root -> mempool, root -> ac_nodetable, root -> ac_nodes * sizeof
            (struct cli_ac_node * ));          //重新分配内存,使得可容纳新的节点
            if( !newtable) {
                root -> ac_nodes -- ;
                cli_errmsg( "cli_ac_addpatt: Can't realloc ac_nodetable\n" );
                if(next -> trans)
                    mpool_free(root -> mempool, next -> trans);
                mpool_free(root -> mempool, next);
                return CL_EMEM;
            }
            root -> ac_nodetable = (struct cli_ac_node **) newtable;
            root -> ac_nodetable[root -> ac_nodes - 1] = next;

            pt -> trans[ (unsigned char) (pattern -> pattern[i] & 0xff) ] = next;
        }

        pt = next;
    }
```

接下来,就是将匹配模式加进去了。

```
    root -> ac_patterns ++ ;
    newtable = mpool_realloc(root -> mempool, root -> ac_pattable, root -> ac_patterns * sizeof(struct cli_ac_
```

```
patt *));
if(!newtable) {
    root -> ac_patterns --;
    cli_errmsg("cli_ac_addpatt: Can't realloc ac_pattable\n");
    return CL_EMEM;
}
root -> ac_pattable = (struct cli_ac_patt **) newtable;
root -> ac_pattable[root -> ac_patterns - 1] = pattern;

pattern -> depth = i;                    //设置深度
```

因为可能出现一模一样的匹配模式,因此下面就把一样的模式串起来了,否则 pattern 被作为一个单独的匹配模式。

7.4.4 clamdscan 模块

clamdscan 的运行流程是:读取并解析命令行参数、读取并解析 clamd. conf 配置文件的参数、建立到服务端(clamd)的 socket、向 socket 写入待扫描的文件名(或者 file descriptor)和扫描方式。该模块主要涉及 clamdscan. c 和 clinet. c 两个文件。

1. clamdscan. c 文件

clamdscan. c 包含了 clamdscan 模块最上层的几个函数,特别是 main 函数。

函数名称:main()

函数功能:

该函数主要是解析一些配置信息,创建连接 clamd 的信息,然后通过 client()函数与 clamd 交互,并打印最后的统计信息。

函数流程:

(1) 调用 optparse 函数对用户在命令行输入的参数进行解析,把解析的结果存入 opts 结构体内。

(2) 根据解析得来的 opts 进行逐项分析每个选项,并且对相应的变量值进行设定,以表明某个功能或者选项的开启或者关闭等状态。

所解析的选项如下:

- verbose:是否产生详细的输出信息。
- quiet:不要产生输出信息(只输出出错信息)。
- stdout:将 stderr 重定向到 stdout。
- version:显示 version。
- help:显示 help。

- infected：只显示被感染的文件。
- log：是否要生成 log 文件，并指定 log 文件。
- reload：要求重新读取病毒数据库。
- no-summary：在扫描的最终不显示 summary。

（3）运行 client 函数，进行扫描。

函数名称：help( )

函数功能：

打印帮助信息。

函数名称：reload_server_database( )

函数功能：

通过该函数重新加载 clamd 的病毒特征码库。

2. client. c 文件

在 client. c 文件中，对 clamdscan 中的各种请求给出了实现，下面将分别介绍。

函数名称：client( )

函数功能：

根据扫描类型的不同，调用不同的函数进行扫描，如果是文件或文件夹则调用 dsfile( )、dsstream( )用于发送数据流给 clamd 扫描。如果支持对文件描述符进行扫描，则调用 clamd_fdscan( )。这些函数都返回扫描到的病毒的个数。

函数流程：

（1）先分析命令行的参数 opts，看它设定的是 MULTISCAN 还是 CONTSCAN，其中 MULTISCAN 是多线程的扫描，在 SMP 机器上更快。

在分析命令行中有没有指定要扫描的文件，如果没有，则扫描当前目录下的所有文件和子目录。

而要进行扫描，就必须由守护进程 clamd 来完成。因此，必须先开启 socket，使客户端和服务端可以有通道进行通信，相应的代码如下：

```
sockd = dconnect( opts, NULL)
```

dconnect 的操作就是扫描、解析 clamd. conf 这个配置文件（位置事先已经定义好），然后根据此配置文件的参数，建立到守护进程 clamd 的连接。

（2）socket 建立好后，将要扫描的文件（或者目录）和扫描方式写入 socket，然后服务器端（clamd 程序）获得这些后对文件进行扫描，将扫描结果也写在这个 socket 中。

（3）最后，client 函数（通过调用 dsfile 函数）调用 dsresult，获得 socket 中的扫描结果信息。

扫描还有许多具体的方式，例如，传入 file descriptor 的扫描还是传入 file name 的扫描，但是从 clamdscan（客户端）建立扫描请求到 clamd（服务器端）的过程是一样的。在此不赘述。

7.4.5 clamd 响应模块

clamd 程序的功能之一是响应 clamdscan 的命令,其实现方式是通过监听 clamdscan 的 socket 连接做到的。事实上,为了测试方便,读者可以直接通过 telnet 或者类似工具直接与 clamd 进行交互,查看二者的交互效果。clamd 对 clamdscan 的响应源代码实现主要放在 clamd/thrmgr. c 文件中。在这个文件里,主要完成线程池的操作,包括线程的创建和分配。涉及的主要函数包括 thrmgr_dispatch( )和 thrmgr_worker( )。该文件中的其他函数都比较简单,就不详细介绍了。

函数名称:thrmgr_dispatch( )

函数功能:

使用 work_queue_add( )将指定的客户请求加入到工作队列,并适时地安排工作给 thrmgr_worker( )。

函数名称:thrmgr_worker( )

函数功能:

创建并管理客户端连接线程池。

函数流程:

(1) 调用 stats_init( )初始化线程。循环地尝试 work_queue_pop( )提取工作队列中的客户请求。

```
while (((job_data = work_queue_pop(threadpool -> queue)) == NULL)
        && (threadpool -> state != POOL_EXIT)) {
    /* Sleep, awaiting wakeup */
    pthread_cond_signal(&threadpool -> idle_cond);
    retval = pthread_cond_timedwait(&(threadpool -> pool_cond),
            &(threadpool -> pool_mutex), &timeout);
    if (retval == ETIMEDOUT) {
        must_exit = TRUE;
        break;
    }
}
```

(2) 调用线程池中的 handle 指向的函数(即 scanner_thread( ))完成客户请求的工作。

```
if (job_data) {
    threadpool -> handler(job_data);
} else if (must_exit) {
    break;
}
```

（3）如果有工作，则处理之；否则等待，直到超时，如果超时则结束当前线程。

```
threadpool -> thr_alive -- ;
if ( threadpool -> thr_alive == 0) {
    /* signal that all threads are finished */
    pthread_cond_broadcast( &threadpool -> pool_cond) ;
}
stats_destroy( threadpool) ;
```

7.4.6 clamd 扫描模块

Clamd 扫描模块是 ClamAV 软件的核心部分，它向读者展示了如何在一个染毒文件中发现病毒的具体过程。Clamd 扫描模块的函数调用关系描述如图 7-2 所示。

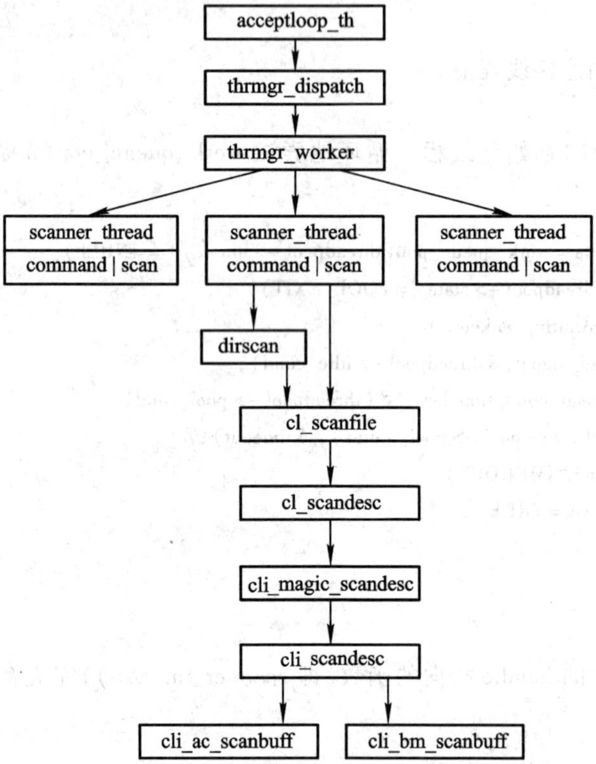

图 7-2 Clamd 扫描模块的函数调用关系

服务器端在 acceptloop_th( ) 函数中通过 socket 与客户端的连接后，再通过 thrmgr_dispatch( )

函数将任务分配给指定的线程来运行 thrmgr_worker()函数。然后在 scanner_thread()函数中调用 command()对客户端的不同请求做出响应。对于扫描请求,则会调用 scan()函数进行扫描。而函数 scan()事实上仅仅是对路径的合法性进行检查,如果是文件则调用 cl_scanfile()函数进行文件扫描工作,如果是文件夹则调用 dirscan()函数处理文件夹扫描请求。函数 dirscan()会对文件夹中的每个文件调用 cl_scanfile()函数进行扫描。

函数 cl_scanfile()本身也不对文件进行直接扫描,而是将接收到的路径参数转换成文件描述符,然后传给 cl_scandesc()函数继续处理。cl_scandesc()函数则先对描述符上下文件进行初始化,然后调用 cli_magic_scandesc()函数。在函数 cli_magic_scandesc()中,根据不同的文件类型调用不同的扫描函数。这些函数针对各种类型的文件进行一些处理后,最终都会调用 cli_scandesc()进行下一步处理。cli_scandesc()函数是整个病毒扫描过程的核心函数之一,在这个函数中,会将部分文件内容装入缓存,然后调用 cli_ac_scanbuff()函数或者 cli_bm_scanbuff()函数与病毒特征码库中的特征码进行比对,以判断文件是否正常。下面将对几个重要的函数进行具体介绍。

1. session.c 文件

函数 command()是 session.c 中的重要函数。

函数名称:command()

函数功能:

判断客户端的请求类型并调用相应函数予以执行。

函数流程:

读数据,直到遇到'\n'结束。然后调用函数 cli_chomp()去掉路径中末尾多余的空字符,提高程序的容错性。用函数 thrmgr_setactiveengine()设置当前任务的引擎,对不同请求,使用函数 thrmgr_setactivetask()设置当前任务要扫描的文件名,记录当前时间以及设置命令等。如果申请内存失败且定义了 ExitOnOOM 则返回 COMMAND_SHUTDOWN,然后做不同处理。

- SCAN、CONTSCAN、MULTISCAN:调用 scan()来扫描。
- STREAM:调用 scanstream()。
- FILDES:调用 recvfd_and_scan()。
- QUIT:直接返回 COMMAND_SHUTDOWN。
- RELOAD:返回 COMMAND_RELOAD。

函数名称:recvfd_and_scan()

函数功能:

接收文件描述符,调用 scanfd()进行扫描。

2. scanner.c 文件

文件 scanner.c 包含了扫描引擎的最核心算法。在该文件中分别对不同类型的文件进行了病毒的扫描工作。为了让读者快速搞清楚扫描的整个过程,以下仅分析最基本文件类型的扫描工作,其他类型的文件基本类似。

函数名称:scan()

函数功能:

该函数主要是对要扫描的对象做初步鉴定,并决定是否进行扫描。

函数流程:

(1) 使用函数 lstat()获得文件信息,检查文件可读性。

```
/* stat file */
if(lstat(filename, &sb) == -1) {
    mdprintf(odesc, "%s: lstat() failed. ERROR\n", filename);
    return -1;
}
```

(2) 使用函数 access()判断文件是否允许访问。

```
/* check permissions */
if(access(filename, R_OK)) {
    mdprintf(odesc, "%s: Access denied. ERROR\n", filename);
    return -1;
}
```

(3) 检查文件是否在排除区。

```
if((opt = optget(opts, "ExcludePath")) -> enabled) {
    if(match_regex(filename, opt -> strarg) == 1) {
        mdprintf(odesc, "%s: Excluded\n", filename);
        return 0;
    }
}
```

(4) 对特定的文件类型,查看配置和参数,决定是否进行扫描。

对于软链接文件,查看配置文件,如果需要扫描则继续判断;

对于普通文件设置当前任务针对的文件名,并调用 cl_scanfile()函数进一步处理。

如果是文件夹并且参数中指定了多文件扫描,则新建线程池,并设置其处理函数为 multiscanfile(),接着调用 dirscan()函数对文件夹进一步处理。源代码如下:

```
#ifdef  S_IFLNK
    case S_IFLNK:
        if(!optget(opts, "FollowFileSymlinks") -> enabled)
            break;
        /* else go to the next case */
#endif
```

```
    case S_IFREG:
        if(sb.st_size == 0) { /* empty file */
            mdprintf(odesc, "%s: Empty file\n", filename);
            return 0;
        }
#ifdef C_LINUX
        if(procdev && (sb.st_dev == procdev))
            ret = CL_CLEAN;
        else
#endif
        {
            thrmgr_setactivetask(filename, NULL);
            ret = cl_scanfile(filename, &virname, scanned, engine, options);
            thrmgr_setactivetask(NULL, NULL);
        }

        if(ret == CL_VIRUS) {
            mdprintf(odesc, "%s: %s FOUND\n", filename, virname);
            logg("~%s: %s FOUND\n", filename, virname);
            virusaction(filename, virname, opts);
        } else if(ret != CL_CLEAN) {
            mdprintf(odesc, "%s: %s ERROR\n", filename, cl_strerror(ret));
            logg("~%s: %s ERROR\n", filename, cl_strerror(ret));
            if(ret == CL_EMEM)
                return -2;
        } else if (logok) {
            logg("~%s: OK\n", filename);
        }
        break;
    case S_IFDIR:
        if(type == TYPE_MULTISCAN) {
            int idletimeout = optget(opts, "IdleTimeout")->numarg;
            int max_threads = optget(opts, "MaxThreads")->numarg;

            if((multi_pool = thrmgr_new(max_threads, idletimeout, multiscanfile)) == NULL) {
                logg("! thrmgr_new failed for multi_pool\n");
                mdprintf(odesc, "thrmgr_new failed for multi_pool ERROR\n");
                return -1;
```

```
        }
    }

    ret = dirscan(filename, &virname, scanned, engine, options, opts, odesc, &reclev, type, multi_
    pool);

    if(multi_pool)
        thrmgr_destroy(multi_pool);

    break;
default:
    mdprintf(odesc, "%s: Not supported file type. ERROR\n", filename);
    return -1;
```

3. scanners.c 文件

该文件中包含 cl_scanfile()、cl_scandesc()、cli_magic_scandesc()、dirscan()等几个函数,它们的功能介绍如下。

函数名称:cl_scanfile()

函数功能:

打开文件,调用 cl_scandesc()通过文件描述符扫描文件,返回扫描结果。

函数名称:cl_scandesc()

函数功能:

初始化 cli_ctx 上下文,调用 cli_magic_scandesc()进行扫描,如果扫描结果是 CL_CLEAN 则表示正常。如果发现了可疑程序,则返回 CL_VIRUS。所有的根据文件类型的调用,最终都要调用此函数进行病毒扫描。

函数名称:cli_magic_scandesc()

函数功能:

根据文件类型,进行区别扫描。

函数流程:

通过文件描述符获取文件状态信息。如果是 raw 模式,则调用 cli_scandesc()函数进行扫描并返回结果。

函数名称:dirscan()

函数功能:

该函数主要是对文件夹进行处理,然后对其中的文件逐一扫描。

函数流程:

(1) 判断文件夹是否在排除区。

(2) 判断当前深度是否超过上限。

(3) 逐一打开文件夹中的文件判断类型并调用相应函数进行操作。

(4) 如果是文件夹,递归调用 dirscan();

如果是文件,创建新的任务描述加入线程池的任务队列。

(5) 关闭文件夹。

4. matcher.c 文件

该文件包含了 cli_scandesc()、cli_validatesig()、cli_caloff 等函数,简单介绍如下。

函数名称:cli_scandesc()

函数功能:

通过文件描述符进行扫描。

函数流程:

(1) 决定是否加载通用文件类型扫描。

(2) 为缓存分配空间。

(3) 调用 cli_ac_initdata()对进行初始化(为相关结构体 malloc/calloc 内存空间)。

(4) 初始化 md5 上下文件。

(5) 读入数据。

(6) 利用指定比对器,调用 cli_ac_scanbuff()扫描(如果非 ac_only 先调用 cli_bm_scanbuff()函数进行扫描);

利用通用比对器,调用 cli_ac_scanbuff()扫描。

函数名称:cli_validatesig()

函数功能:

验证特征码起始偏移是否有效。

函数名称:cli_caloff()

函数功能:

计算特征码偏移的范围。

5. matcher-ac.c 文件

该文件主要实现了 AC(Aho_Corasick 自动机)多模式匹配算法,该算法在 1975 年产生于贝尔实验室。AC 模式匹配算法的总时间为 O(M+n),与文本长度及模式的总长度都有关,而与模式及文本的内容无关,也即最好和最坏及平均扫描时间均为 O(M+n)。涉及的函数包括 cli_ac_initdata()、cli_ac_scanbuff()和 ac_findmatch 等,简单介绍如下。

函数名称:cli_ac_initdata()

函数功能:

初始化 struct ac_data。

函数名称:cli_ac_scanbuff()

函数功能:

对 buffer 中的数据进行扫描。

函数流程:

(1) 逐个比对 buffer 与病毒特征码库中的特征码。

如果找到匹配的特征码则调用 ac_findmatch( )检测,判断类别是否符合。

(2) 调用 cli_validatesig( )验证特征码的位置。

如果是部分特征码,则初始化特征码偏移矩阵。

函数名称:ac_findmatch( )

函数功能:

匹配一个 pattern。

7.5 章节实验

【实验目的】

掌握 ClamAV 杀毒工具的使用。

【能力提升】

在掌握本章设计实验的基础上,有富余时间的高校可以要求学生在 ClamAV 的源代码方面做一些修改工作,以提升能力。

【实验平台】

Fedora 7

ClamAV 0.94.2

【实验步骤】

详细参考本章第 7.2、7.3 节。

【实验素材】

实验素材可在中国高校计算机课程网(http://computer.cncourse.com)上获取,下载方法详见本书前言,解压目录为\Attachment\ch07\。

7.6 习题

1. ClamAV 与 OAV 的主要区别是什么?

2. 详细叙述 ClamAV 采用的特征码查找算法,并用伪代码加以表示。

第 8 章　恶意代码检测用匹配算法

恶意代码检测引擎的关键是恶意代码特征码库和扫描算法。扫描算法主要包括单模式匹配和多模式匹配两种算法。根据资料显示,大多商业杀毒引擎的匹配算法都采用的单模式匹配算法中的 BM 算法。著名的 Word 编辑软件中的查找功能也是用 BM 算法实现的。多模式匹配算法是近年来研究的热点,估计在不久的将来会被广泛采用(ClamAV 已采用)。经过分析 OAV 代码可知,HASH 算法的效率也是可以接受的,因此,也可以用于恶意代码检测。

本章的主要内容包括:单模式匹配算法、多模式匹配算法、开源引擎采用的 HASH 算法等。

本章学习目标

- 理解单模式匹配算法
- 掌握多模式匹配算法
- 理解 HASH 算法

8.1　模式匹配算法概述

在传统计算机病毒自动诊断过程中,特征码的查找是一个关键问题。查找的速度是评价一个扫描引擎的关键因素之一。在早期的商业软件中,大多都采用了单模式匹配算法中的 BM 算法及其变种。尽管 BM 算法是单模式匹配算法中速度最快的算法之一,但是随着计算机理论的发展,人们提出了多模式匹配算法的概念。多模式匹配算法是字符串查找的革命性进步,因为它可以通过对源串的一趟扫描来定位多个子串。

在一个串中查找用户指定的子串,即所谓的模式匹配问题是计算机进行信息处理的一个基本问题。这个问题一直受到人们的关注,其研究内容在计算机安全(病毒特征码查找、IDS 模式定位)、信息处理、分子生物学中的 DNA 测序乃至计算理论等诸多方面都有着重要的理论价值和应用前景。根据一次查找的模式的数目,模式匹配算法可以分为单模式匹配和多模式匹配两类。设待处理文本为 $T=t_1t_2\cdots t_n$,其定义在一个有限的字母表 A(大小为 σ)上。假设 T 是动态文本(对于静态文本可以建立索引以提高响应速度)。单模式匹配是从文本 T 中查找模式串 $P=p_1p_2\cdots p_m$,而多模式匹配则是从文本 T 中一次查找多个模式串 $P_1,P_2,\cdots,P_q$,所有模式串形成模式串集合 $\{P\}$,其中 q 为模式串的数目,模式串 P_k 的长度是 m_k,即 $P_k[1:m_k]\,(1\leqslant k\leqslant q)$,minlen 是模式串集合 $\{P\}$ 中最短模式串的长度,即 $\mathrm{minlen}=\min\{\mathrm{m_k}\mid 1\leqslant \mathrm{k}\leqslant \mathrm{q}\}$。单模式匹配算法是匹配算法研究中最为重要的一部分,其算法的匹配思想对多模式匹配算法具有借鉴作用。

8.2 经典单模式匹配算法

单模式匹配问题可以描述为:设 $P = p_1p_2\cdots p_m$(长度为 m),$T = t_1t_2\cdots t_n$(长度为 n),并且 $n > m$,要求找出 P 在 T 中的所有出现。查找的过程分以下两部分。

(1) 匹配过程:设某个时刻 P 与 T 的第 i 个字符(称 i 为文本指针)对齐。逐个比较对应位置的字符,判断这个过程是否成功。成功则发现了 P 在 T 中的一次出现(比较 m 个字符),否则没有出现(比较字符个数小于等于 m 个字符)。

(2) 后移过程:无论是否成功,P 都要后移一定的步骤,开始一个新的匹配过程。

在 Brute-Force 算法的查找过程中,设 P 的第 1 个字符与 T 的第 i 个字符(称 i 为文本指针)对齐,P 的第 j(称 j 为模式指针)个字符与 T 的第 $i+j-1$ 个字符匹配不成功,比较容易想到的作法是将 i 加 1(后移步骤),P 与 T 重新进行匹配。该算法某次匹配过程的情形如图 8-1 所示。显然,这种算法匹配过程中存在许多重复操作,影响了执行效率。

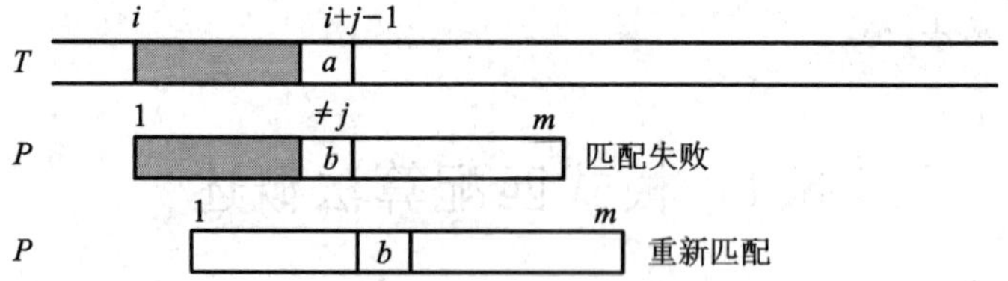

图 8-1 Brute-Force 算法匹配过程

加速单模式匹配算法的关键点如下:

(1) 尽量加快"匹配过程"的完成速度。

特别应设法加快不成功"匹配过程"的完成速度,本文提出的算法特别利用了这一点。

(2) 使"后移过程"的步骤尽量大。

最基本的单模式匹配算法是 BF 算法(如图 8-1 所示),该算法非常简单,这里不再介绍。通过对模式 P 进行预处理,国内外研究人员针对(2)开展了一系列研究,并提出许多有效的算法。其中,3 种经典的单模式匹配算法对该领域影响巨大。

1. KMP(Knuth-Morris-Pratt)算法

假设匹配过程进行到当模式 P 的第 j 个字符 $P[j]$ 与 T 的第 $i+j-1$ 个字符发生失配时,可知模式 P 的前缀 $u = P[1,j-1] = T[i,i+j-2]$ 及 $a = T[i+j-1] \neq P[j] = b$,为了避免 i 指针的回溯,需要将 P 往右移动,而移动的距离必须根据已经实现的"部分匹配"信息计算所得。由图 8-2所示,可以利用已匹配的前缀 u 的部分前缀 v 来计算模式的右移距离。同时,为了避免模式右移后即刻发生失配,要求 v 随后的字符必须与 u 随后的字符不同。计算 kmp_next[j]的过程只与模式 P 有关,其目标是获取最长的前缀 v。前缀 v 称为 u 的边界,因为 v 既是 u 的前缀也是 u 的后缀。

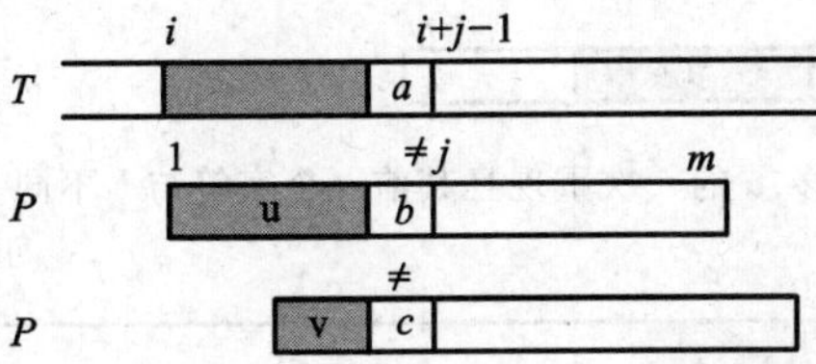

图 8-2　KMP 算法匹配过程

KMP 算法中最为关键的是对 kmp_next[j]的预先计算,其物理意义是当模式 P 中第 j 个字符与文本 T 中相应字符失配时,在模式 P 中需要重新计算和文本 T 中该字符进行比较的字符的位置。

KMP 算法在预处理阶段的时间复杂度为 $O(m)$,查找过程实际平均复杂度为 $O(n+m)$,最坏情况下的时间复杂度为 $O(2n)$。

2. BM(Boyer-Moore)算法

BM 算法对模式 P 从右向左进行扫描。如果发生字符失配,算法采用两个预先计算的函数将模式串进行右移“滑动”。这两个函数被称为 bad-character 位移函数和 good-suffix 位移函数。假设匹配过程进行到当模式 P 的第 j 个字符 $P[j]$与 T 的第 $i+j-1$ 个字符发生失配时,可知模式 P 的后缀 $u=P[j+1,m]=T[i+j,i+m-1]$及 $a=T[i+j-1]\neq P[j]=b$。good-suffix 位移表示已经“部分匹配”的片段 u 在模式串 P 中的最右出现位置,同时还必须满足 u 前一个字符与字符 b 不同(如图 8-3 所示)。如果在模式串 x 中没有这样的片段 u,则 good-suffix 位移表示 u 的最长可用后缀(P 的前缀)v(如图 8-4 所示)。而 bad-character 位移表示文本 T 中字符 $T[i+j-1]$在模式 P 中的最右出现位置(如图 8-5 所示)。如果在模式 P 中没有出现字符 $T[i+j-1]$,则模式 P 可以向右移动 j 个位置(如图 8-6 所示)。最终当发生字符失配后,模式右移“滑动”的距离为两个函数 bad-character 位移和 good-suffix 位移中的最大值,因此 BM 算法可以获得最大的右移距离,使得算法匹配的速度明显加快。

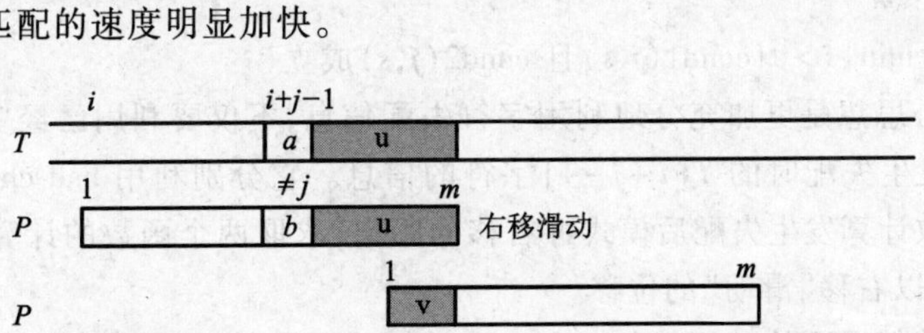

图 8-3　good-suffix 位移,只有 u 的前缀 v 在 P 中重现

函数 good-suffix 被存储于表 bm_gs 中,表的大小为 $m+1$。函数 bad-character 被存储于表

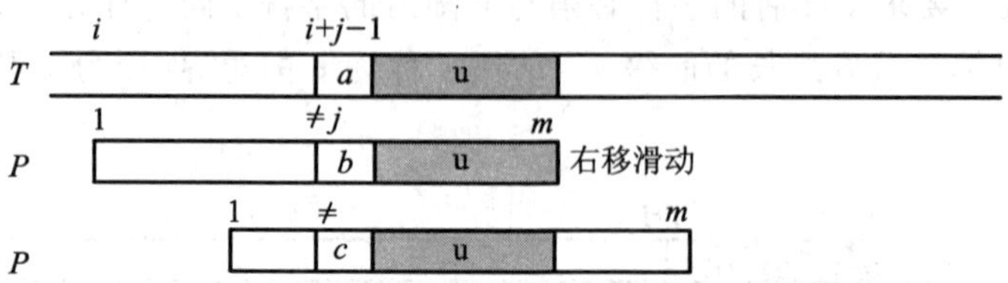

图 8-4 good-suffix 位移，u 的一次重现且其前一个字符与 b 不同

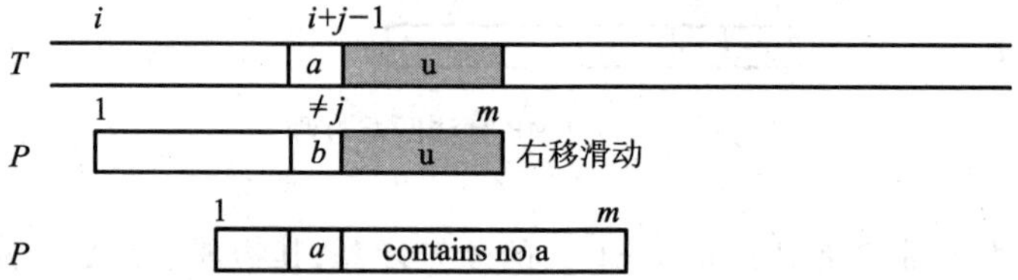

图 8-5 bad-character 位移，字符 a 在 P 中出现

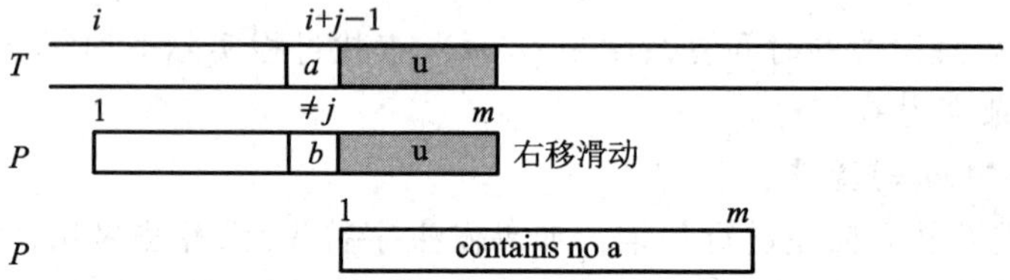

图 8-6 bad-character 位移，字符 a 在 P 中不出现

bm_bc 中，表的大小为 σ（字母表 A 的大小）。对于所有 $a \in A$，即

$$\text{bm\_bc}[a] = \begin{cases} \min\{j \mid 0 \leqslant j < m-1 \text{ 且 } P[m-1-j] = a\} & \text{如果 } a \text{ 在模式 } P \text{ 中出现} \\ m & \text{否则} \end{cases}$$

首先定义两个条件。

cond1(j,s)：对每个 $k, j<k<m, s \geqslant k$ 或者 $P[k-s]=P[k]$

cond2(j,s)：如果 $s<j$，那么 $P[j-s] \neq P[j]$

然后对于 $0 \leqslant j < m$

$\text{bm\_gs}[j+1] = \min\{s>0 \mid \text{cond1}(j,s) \text{ 且 } \text{cond2}(j,s) \text{ 成立}\}$

BM 算法的核心思想是更加充分地利用字符失配信息，不仅要利用已经“部分匹配”的 u 片段信息，还要利用发生失配时的 $T[i+j-1]$ 字符的信息。它分别利用 bad-character 位移函数和 good-suffix 位移函数计算发生失配后模式可右移的距离，求取两个函数的计算结果中的最大值，以其作为模式 P 可以右移“滑动”的位移。

BM 算法在最优情况下的时间复杂度为 $O(n/m)$，在最坏情况下的时间复杂度为 $O(nm)$，找到模式第一次出现的时间复杂度为 $O(3n)$。

KMP 算法代表了一种悲观的思想，它假设文本中的每个字符都有可能是模式中的字符，至

少需进行 $n-m+1$ 次字符比较;BM 算法则代表了一种乐观的观点,它假设文本中的每个字符都不会在模式中出现(如果出现了,再修正偏移量),尽可能多地跳过文本中的字符。由于通常情形是,模式在文本中出现的次数比较少,在字母表比较大的情况下,文本中某个字符在模式中出现的可能性也较小,这样有可能进行跳跃性查找,从而降低匹配次数,这也是 BM 算法的平均性能比 KMP 算法快 3 ~4 倍的原因。

3. QS(Quick Search)算法

当字母表较小时,BM 算法中的 bad-character 位移函数作用并不大。但是,当字母表中字母的个数与待匹配模式的长度相比较而较大时,它的作用就变得相当明显了。通常,在文本编辑器(Word 等)中进行 ASCII 字符、字串查找便属于这类应用。由于该算法简单快速,所以它被广泛应用于实际算法中。

与 BM 算法相比较,QS 算法的思想较为简单。QS 算法中对模式 P 从左向右进行扫描。在对模式 P 的预处理过程之中,只计算偏移函数 bad-character。但其在查找方式上有所改进:假设匹配过程进行到当模式 P 的第 j 个字符 $P[j]$ 与 T 的第 $i+j-1$ 个字符 $T[i+j-1]$ 发生失配时,文本指针至少往右移动 1 个位置,那么在下一次匹配中,$T[i+m]$ 就是待处理对象,因而在计算偏移量时,可将 $T[i+m]$ 先考虑进去。对于模式中不出现的字符,其偏移量为 $m+1$,这样有可能跳过更多的字符。

预处理过程可描述如下:

对于所有 $a \in A$

$$\text{qs\_bc}[a] = \begin{cases} \min\{m-j \mid 1 \leqslant j < m+1 \text{ 且 } P[j] = a\} & \text{如果 } a \text{ 在模式 } P \text{ 中出现} \\ m+1 & \text{否则} \end{cases}$$

QS 算法的查找过程可以描述如下:

(1) 如果 $i \leqslant n-m$,比较 P 与 $T[i,i+m-1]$。

(2) 如果 P 与 $T[i,i+m-1]$ 匹配成功,记录相应位置。

(3) 发生字符失配,则 $i \leftarrow i+\text{qs\_bc}[T[i+m]]$,转(1)。

QS 算法的核心思想是:如果模式 P 中未使用的字符在文本 T 中大量出现,可以利用它们的信息加快模式匹配的速度。当发生字符失配时,直接查看第 $T[i+m]$ 个字符。因为该字符可能是模式 P 中未使用的字符,因此,可以在最佳情况下右移"滑动"$m+1$ 位,而 BM 算法在最佳情况下模式只能右移"滑动"m 位。所以,在一定条件下,QS 算法速度快于 BM 算法。

QS 算法在最优情况下的时间复杂度为 $O\left(\frac{n}{m+1}\right)$,在最坏情况下的时间复杂度为 $O(nm)$。QS 最适合于待处理文本字母表较大,而模式串长度较短的情况,这样模式串 P 中未使用字符将会大量出现在文本 T 中,从而使得模式在发生失配时尽可能右移,加快匹配速度。但是如果在文本 T 中只有少数的字符未在模式串 P 中使用,这时 good-suffix 函数的作用明显要大于 bad-character 函数的作用,导致在这种情况下 BM 算法要快于 QS 算法。

8.3 多模式匹配算法

在文本分析处理领域中,大多数情况下需要在文本 T 中查找多个模式。如果仍然采用单模式匹配算法,需要对文本 T 进行 k(待匹配模式的个数)次扫描,这样显然会导致效率低、速度慢的结果。多模式匹配算法可以解决这类问题。

8.3.1 经典多模式匹配 DFSA 算法

经典的多模式匹配算法是 AV. Aho 提出的基于有限自动机的 DFSA(Deterministic Finite State Automata)算法,该算法在匹配前对模式串集合{P}进行预处理,转换成树型有限自动机,然后只需对文本串进行一次扫描即可找出所有的模式串,其时间复杂度为 $O(n)$。

1. DFSA 算法的预处理过程

预处理过程的主要任务是计算 3 个函数。

(1) 转向函数 g

设 $U=\{0,1,2,\cdots\}$ 为状态集合,C_{pk} 为待匹配模式集{P}中的模式 P_k 中所包含的字符,转向函数 $g:(U,C_{pk})\rightarrow U$ 为一种映射。其建立过程如下:

逐个取出{P}中模式 P_k 中的字符,由 0 状态出发,根据所取出的字符和当前状态决定下一个状态。如果该字符是字母,且遇到一个从当前状态出发、标有该字母的矢线时,那么,将下一个状态赋给当前状态,否则要加上一条标有该字符的相应矢线,并且在矢线的终点加上一个新状态,并将该状态作为当前状态;如果该字符是分隔符,则将分隔符前的字符串作为当前状态的输出,并将当前状态恢复成 0 状态;当{P}中的所有模式处理完毕,则应从 0 状态画出一条不能从 0 状态开始的其他字符的自返。对模式集合{he,she,his,hers}处理完毕后,形成如图 8-7 所示的树型有限自动机。

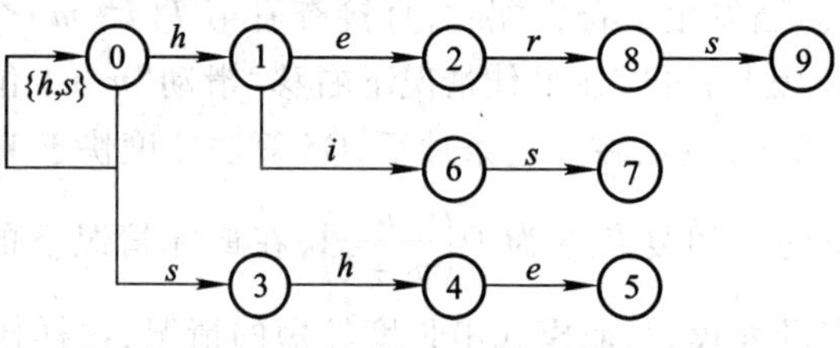

图 8-7 有限自动机

(2) 失效函数 f

当发生字符失配时,失效函数指明下一个应处理的状态。

定义从 0 状态到任一状态的最短路径中通过的矢线条数为该状态的层次，并且规定：

- 所有第一层状态 s 的失效函数 $f(s)=0$（如图 8－7 所示，$f(1)=f(3)=0$）；
- 对于非第一层的状态 s，若其父状态为 r（存在某个字符 a，$g(r,a)=s$），其失效函数为

$$f(s) = g(f(s^*),a)$$

状态 s^* 为追溯状态 s 的祖先状态所得到的最近一个使 $g(f(s^*),a)$ 存在的状态。

由上述两个规定，可以计算获得失效函数，如表 8－1 所示。

表 8－1　有限自动机 DFSA 的失效函数 $f(s)$

s	1	2	3	4	5	6	7	8	9
$f(s)$	0	0	0	1	2	0	3	0	3

（3）输出函数 output

在构建转向函数时，每遇到叶子节点时，应给当前状态 s 赋予输出函数值 output(s) = {根节点到叶子节点路径上字符组成的字符串}，在构造出失效函数 $f(s)=s'$ 后，应修改输出函数为 output(s) = output(s) ∪ output(s')。函数 output(s)表示自动机在状态 s 时可提供的输出，该输出就是所找到的目标串。output(s)如表 8－2 所示。

表 8－2　有限自动机输出函数

s	2	5	7	9
output(s)	{he}	{she, he}	{his}	{hers}

2. DFSA 算法的查找过程

利用已构成的有限自动机进行多个模式串一次查找的过程如下：

（1）从有限自动机的 0 状态出发，逐个取出 {P} 中模式 P_k 中的字符 c，并按转向函数 $g(s, c)$ 或失效函数 $f(s)$ 进入下一状态。

（2）当输出函数 output(s) 不为空时，输出 output(s)。

如若用图 8－7 中的有限自动机扫描文本串 ushers。开始为 0 状态，因 $g(0,u)=0$，$g(0,s)=3$，$g(3,h)=4$，$g(4,e)=5$，而 output(5) = {he, she}，故输出 {he, she}；因 $f(5)=g(f(4),e)=2$，$g(2,r)=8$，$g(8,s)=9$，output(9) = {hers}，故输出 {hers}。即文本串 ushers 中含有 he、she、hers 这 3 个模式串。

8.3.2　基于有序二叉树的多模式匹配算法

有限状态自动机(DFSA)算法是解决多模式匹配问题的常用方法。DFSA 算法在匹配前对模式串集合进行预处理,转换成树型有限状态自动机,然后只需对文本串进行一次扫描就可找出所有模式串,其查找时间复杂度是 $O(n)$。后来,在这个算法的基础上又有一些改进,实现了跳跃式查找。基于树型结构的有限自动机特别适用于模式串集合相对稳定的情况。例如,词典是一个相对稳定的模式串集合。只需在应用程序中构造一次,就可以随时在应用程序中使用。

在实际应用中,有一些新的问题逐渐受到重视。联网更新的模式串集合查找的需求(实现编辑软件中多字符串的查找和替换功能);内存节约的需求(使算法方便应用于 PDA、嵌入式系统软件等);同时要求匹配速度不能降低。然而基于树型结构的有限自动机由于存在构造速度慢、内存空间耗费大的缺点,不能很好地满足这些要求。

1. 传统算法的缺点

为描述方便举例如下:给定模式串集合{he, hers, his, hour, she, our},其对应的树型结构如图 8-8 所示。

在树型结构中,如果一个节点有 n 个子树,那么,该节点就应有 n 个指针分别指向这 n 个子树。在树的构造过程中,由于不能预先知道每个节点有几个子节点,所以只能采取两种处理方法。第一种方法是,每次增加子节点时,重新分配父节点的内存空间。这种方法造成频繁的内存释放和分配操作,使树型结构的构造速度大大降低。第二种方法是每个节点都分配 m(m 是所有节点子树个数的最大值)个指针空间。这种方法会造成内存的极大浪费。

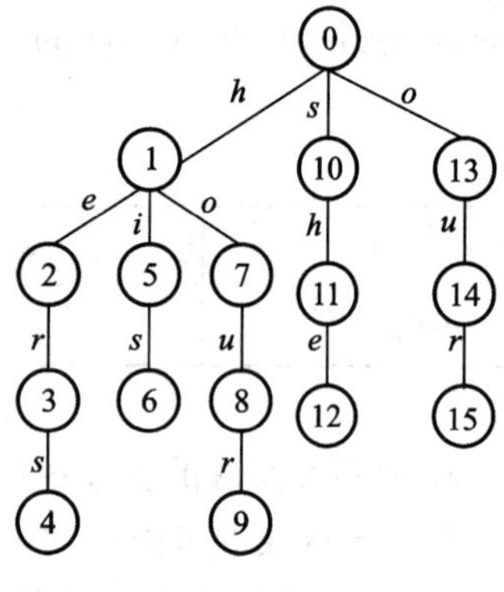

图 8-8　树型结构的有限自动机

传统算法的转向、失败和输出表也需要大量的空间。它们的大小都与树中节点个数成正比例关系。传统算法在构造过程中,没有对模式串进行排序。如果给定的模式串集合中的模式串不是按字典序排列的,构造出的树也不会排序。不排序的情况会影响查找阶段的速度。给定例子中,she 和 our 的顺序不是按字典序升序排列的。

2. SMA 算法的优点

为了克服传统算法的缺点,本文首次提出有序二叉树(Sequential Binary Tree)的概念,并用有序二叉树代替树型结构实现了一种新的多模式匹配算法——基于有序二叉树的多模式匹配算法(以下简称 SMA 算法)。实验证明,采用本文方法有下列优点:构造速度快;便于动态增删节点;不用额外的转向、失败和输出表;同时查找效率和传统算法一样高。SMA 算法采用有序二叉树代替树型结构实现了多模式匹配算法。给定模式串集合{he, hers, his, hour, she, our},SMA 算法对应的有序二叉树结构如图 8-9 所示。

采用本文方法有下列优点。

(1) 提高构造速度

二叉树只有左右两棵子树,实现时不用预测有几个子节点,避免了内存的浪费和频繁的分配释放操作。

(2) 提高查找速度

由于有序二叉树结构体现了模式串的字典序,状态转向的速度得到了提高。

(3) 便于动态增删模式串

采用二叉树结构使节点的增删更加方便。所以,本文算法易于实现模式串的增删。

(4) 不用额外的转向、失败和输出表

本文算法用指针代替了额外的转向、失败和输出表,节省了内存开销。

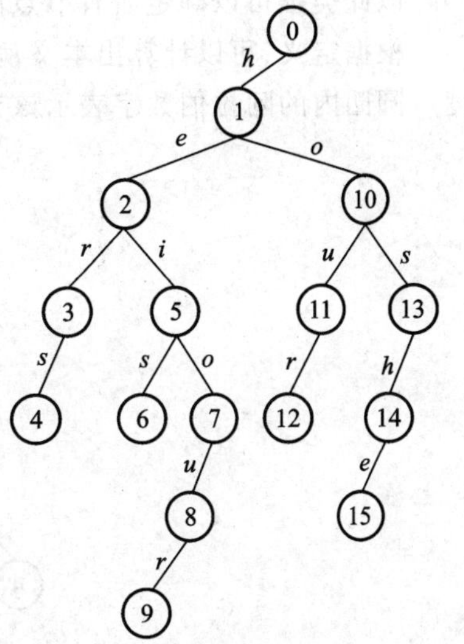

图 8-9 基于有序二叉树结构的有限自动机

3. 有序二叉树的构造

图 8-9 是根据模式集合{he, hers, his, hour, she, our}构造的有序二叉树。根据一定的规则访问二叉树,从根到某一个叶子节点的过程就可以得到一个相应的模式串。访问规则描述如下。

定义 访问规则

栈 s 用来存放模式串。指针 p 用来跟踪节点。当 p 指向当前节点的右子树时,s 的栈顶元素出栈,右树枝上的元素入栈。当 p 指向当前节点的左子树时,左树枝上的元素直接入栈。重复上述过程直到 p 指向叶子节点。此时,栈内的元素就是某一个模式串。例如,访问模式串 our 的过程如下:

(1) $s=\Phi$; $p=0$;(根节点)

(2) $s=\{h\}$; $p=1$; (左子树)

(3) h 出栈,o 入栈,$s=\{o\}$; $p=10$; (右子树)

(4) u 入栈,$s=\{o, u\}$; $p=11$; (左子树)

(5) r 入栈,$s=\{o, u, r\}$; $p=12$; (左子树)

算法遇叶子节点结束。此时栈 s 中的字符就对应模式 our。

定义 状态深度

节点的状态深度和二叉树的节点深度的定义不同。状态深度反映了字符在相应的模式串中的位置。状态深度可以递归定义如下:

根节点的状态深度为 0。

如果某节点的状态深度是 h, 则它的左儿子节点的状态深度是 $h+1$;右儿子节点的状态深度为 h。

以此类推可以确定所有节点的状态深度。

根据定义,可以计算出本文例子的每个节点的状态深度。图 8 - 10 示意了各节点的状态深度。圆圈内的阿拉伯数字表示该节点的状态深度。

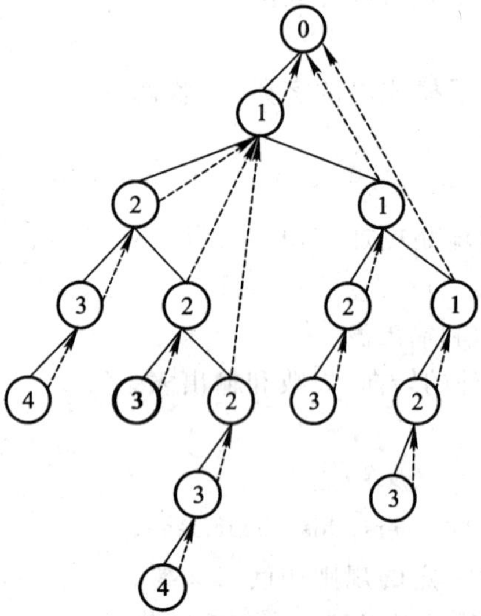

图 8 - 10　状态深度和它们的父子关系

定义　父、子状态节点

如果节点 l 是节点 f 的左子树,节点集合 $R = \{r | r$ 是 l 的右子树上的节点并且具有和 l 相同的状态深度$\}$。则 f 是 l 和 R 中所有节点的父状态节点,l 和 R 中所有节点是 f 的子状态节点。图 8 - 10 示意了父子状态节点的关系。带箭头的点线描述了状态节点的父子关系,箭头端的节点是末端节点的父状态节点,末端节点是箭头端节点的子状态节点。

定义　有序二叉树

对二叉树按 NLR 方式遍历,应用本文访问规则可以得到一系列的模式串。如果这些模式串得到的先后顺序和它们的字典序相同,那么,这棵二叉树就是有序二叉树。图 8 - 9 就是一棵有序二叉树。

给定一个模式串集合(各模式一般不是按字典序排列的),本文首要的任务就是构造一个有序二叉树。在构造的过程中完成以下工作:构造整个有序二叉树;确定输出节点和确定每个节点父状态节点指针;在构造中对模式串进行排序,以提高查找时的速度。节点的数据结构如下:

```
Structure Node{
    Node * Lchild;
    Char Lchar;
    Node * Rchild;
```

```
    Char Rchar;
    Node * fatherstate;
    Node * failstate;
    Boolean output;
}
```

算法 有序二叉树的构造

输入:模式串集合

输出:有序二叉树、输出节点和父状态节点指针

```
Begin
for each pattern do{
    p = root; i = 0;
    while((p = goto(p, pattern[i]))!= NULL ) i ++ ;
    在 p 处插入相应的 pattern[i:strlen(pattern)];
}
End
```

定义 goto(state, character)函数

根据访问规则从状态节点 state 出发到其任一子状态节点的过程中,如果到达了子状态节点 child 并且此时栈中有且仅有字符 char,则 goto(state, char) = child,否则 goto(state, char) = NULL。算法的描述参见"算法有序二叉树的构造"和算法"goto(p,char)"。

算法 goto(p, char)

输入:节点 p, 字符 char

输出:相应的子状态

```
Begin
if ((char < p.Lchar) || (p.Lchild == NULL)){
        return NULL;
}else if (char == p.Lchar){
    return p.Lchild;
    }else{
        p = p.Lchild;
        while((pattern[i] > p.Rchar) && (p!= NULL)) p = p.Rchild;
        if (pattern[i] == p.Rchar)
            return p.Rchild;
        else
            return NULL;
    }
End
```

失败指针表示:在状态 state 时,如果 goto(state, char) = NULL(也就是说,从状态 state 经过

字符 char 不可能到达 state 的任一个子状态节点)，当前状态应改为 state. failstate。失败指针的处理原则如下。

- 根节点的失败指针指向根节点；
- 状态深度为 1 的节点的失败指针指向根节点；
- 对于状态深度大于等于 2 的节点 s，若其父状态为 r 且 goto(r, a) = s。经过下列运算：

  while (goto((s. fatherstate). failstate, a) == NULL) s = s. fatherstate;

则 s 的失败指针指向状态节点 s. fatherstate。

如图 8－11 所示，失败指针用点线标出。每一个状态节点都有一个指针指向一个失败状态节点。例如，状态节点 2 的失败指针指向状态节点 0。

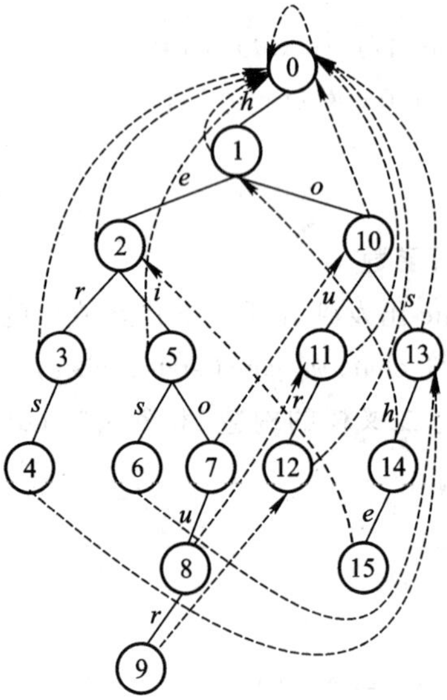

图 8－11 带有失败指针的有序二叉树

标注失败指针的算法见以下算法失败指针的确定。

算法 失败指针的确定

输入：有序二叉树，根节点是 root；

输出：标注了失败指针的右序二叉树

```
Build_Fail_Func( Structure Node s)
Begin
    按上述原则标注节点 s 的失败指针；
Build_Fail_Func( s. Lchild) ;
    Build_Fail_Func( s. Rchild) ;
End
```

4. 查找阶段

在搜索过程中,当遇到 output 为真值的节点 *s* 时,按访问规则从根到状态节点 *s* 访问,并输出栈中的字符作为结果。令状态节点 *f* 是状态节点 *s* 的失败指针指向的节点,如果 f. output 为真值时,同时按访问规则从根到状态节点 *f* 访问,并输出栈中的字符作为结果。由于输出需要一步回溯,对查找速度有一定的影响。

算法 模式匹配算法

输入:文本串 string = $a_1 a_2 \cdots a_n$.

根为 root 的有序二叉树。

输出:各个模式以及它们在文本 string 中出现的位置

```
p ← root;
for i ← 1 until n {
    while ((p = goto(p, ai)) == NULL ) do p ← p.failstate;
    if (p.output) {
        print i; print p;
        if(p.failstate.output)
            print p.failstate
    }
}
```

有序二叉树构造完成以后,就可以方便地从字符串中经过一次扫描查出一切与给定模式串集中任何模式串相同的子字符串。查找的过程如下:从有序二叉树的根节点出发,逐个取出文本串中的字符,根据 goto 函数和失败指针确定下一个状态节点。当某状态节点的 output 域为真值时,输出结果。以本文构成的有序二叉树为例(图 8-11),查找文本串 ushers 的过程如下:

从根 root 开始,goto(root, u) =0,goto(0, s) =13,goto(13, h) =14,goto(14, e) =15。此时输出节点 15,也就是输出 she,同时输出节点 2,也就是输出 he。接下来,状态节点 15 的失败指针指向状态节点 2。goto(2, r) =3,goto(3, s) =4。此时输出状态节点 4,也就是输出 hers。至此查找过程结束。上述过程可以形式地用算法模式匹配算法描述。

8.4 HASH 算法

能够以线性速度匹配在源文件中一次性定位多个模式串的另一个有效数据结构是 HASH 算法。当模式串的数量达到一定数量的时候,即使数量再增长,总体需要的时间也不会明显增加。该方法在现实世界中主要用于机械式的中文分词算法。如果将词看作恶意代码的特征码,那么,词典则可以当作恶意代码库,于是,在中文文本中定位某个中文词的算法则和在文件中定位特征码的过程完全相同。因此,这类算法也常常被称为词典匹配算法。接下来,本节将以英文单词为例，介绍该类算法的原理。

8.4.1 算法条件

为了详细说明该算法的原理，首先假设一些前提条件。

假设词典是由以下几个单词组成：an、and、another、bus、but、buzzy、school、shot、zig、zigzag。

由于词典里的词汇量非常少，因此，仅仅使用第一个字母建立索引就可以。因此，采用的散列函数为 Hash(x) = 字符(sub(0,1))存放的地址。

最终要在一个文本串定位这几个单词，假设文本串为 We go to school by bus。

8.4.2 词典构造

首先将所有的词按某种规定的格式放在文件中，在本文中按最简单的格式构造词典，即将所有的英文单词连续地放在几个文件中。存放在文件中的格式如下：

anandanotherbusbutbuzzyschoolshotzigzigzag

词典的构造如图 8 - 12 所示。英文字符有 26 个，每个字母对应一个地址。该地址存放了以该字符开始的一系列单词。这些单词需要进行排序。

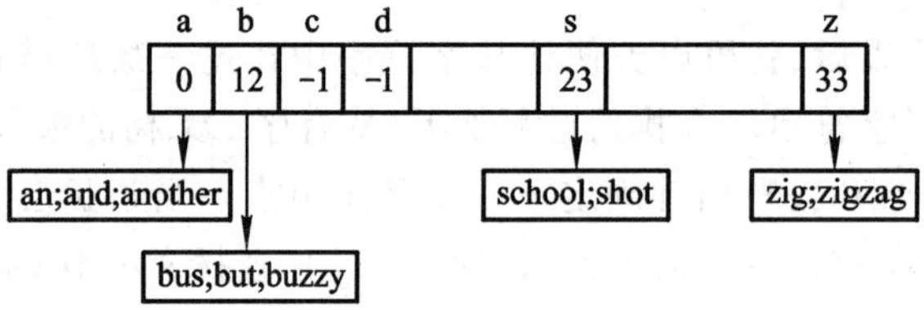

图 8 - 12 构造的词典结构

8.4.3 查找过程

在查找的过程中，逐个检查文本中的字符。当遇到每个字符时，则根据该字符去查词典。然后，根据词典中的地址，读取该地址处的词串。最后，再逐个核对每个词。就能在文本串中成功定位词典中的所有词。上述过程用伪代码表示如下：

```
算法：查找过程
输入：文本串，及相应的词典
算法开始：
For(文本串中的每个字符 char)
```

```
{
    获取 char 对应的地址 address;
    If ( address == -1 ) break;
    在 address 地址处读取相应的词序列;
    逐个匹配相应的词,如果匹配成功则有一个成功的定位。
}
算法结束。
```

8.4.4 改进思路

本章节介绍的基于词典的 HASH 算法是最基本的理论。在实际应用中,需要定位的模式串数量都非常巨大。例如,恶意代码的特征码总量可达一百多万条;普通的中文词典词汇量约 10 万,大型的词典词汇量有 100 万之巨。由于模式串的量非常大,因此需要做以下改进。

(1) 索引不能以一个字符建立。如果由一个字符建立,仅仅能将词典进行 26 分。最多能 128 分。如果按两位 byte 建立索引,可以将词典 256 分。如果按 4 位字节建立索引,可以将词典 256 × 256 = 65536 分。

(2) 不能仅仅建立一级索引。如果模式量大的时候,可以建立多级索引。其实,建立多级索引的目的也是将词典分成更多份。

(3) 每个小类中也不能随意存放。经过索引将模式串集合分为了很多份。在每份中,也要对相应的词进行字典序排序。其目的也就是能够按二分法在小类中进行快速匹配。

8.5 章节实验

【实验目的】

掌握计算机病毒扫描算法的原理。

【能力提升】

在掌握本章设计实验的基础上,有富余时间的高校,可以将该实验的要求提高:修改 ScanAlgorithm 目录下的 BinTree 算法,并将其加入本书第 3 章 3.10 节的工程中,以替代原工程中简单的扫描算法。

【实验平台】

Windows 系列操作系统

Visual Studio 6.0 应用程序

【实验步骤】

源码位置:源码可在中国高校计算机课程网(http://computer.cncourse.com)上获取,下载方法详见本书前言,解压目录为\Attachment\ch08\。

该目录下有 4 部分内容:BF algorithm. mht、BM algorithm. mht、ScanAlgorithm、DemoGUI。这 4 个部分有不同的用途。

BF algorithm. mht、BM algorithm. mht 用于讲述单模式匹配算法时进行演示。该演示可以将 BF 和 BM 两种单模式匹配算法的过程详细展示给读者。

ScanAlgorithm 目录是多模式匹配算法源代码(BinTree)。该算法是根据第 8.3.2 小节的原理实现的。

DemoGUI 是一个演示程序。用于演示 BinTree 算法的使用过程。读者可以根据该程序提供的方法,将 BinTree 集成到读者的其他程序中去。

1. DemoGUI 的使用

打开 DemoGUI 的操作界面,如图 8 - 13 所示。

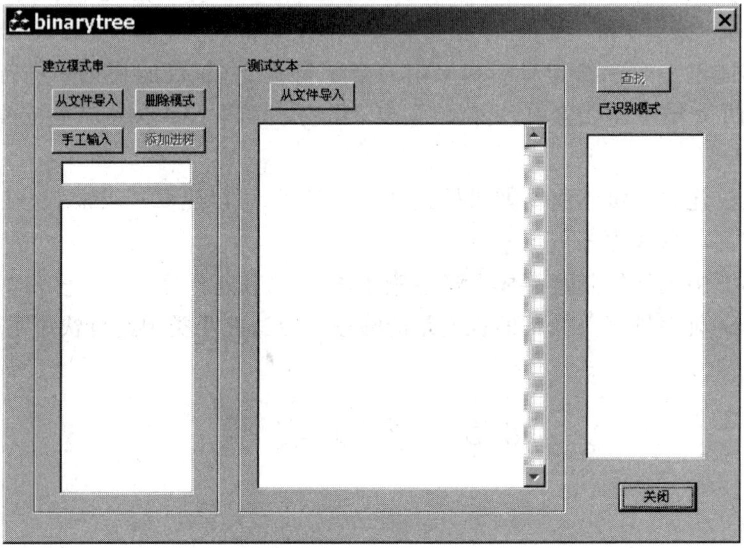

图 8 - 13 DemoGUI 的界面

具体操作步骤如下:

(1) 在“建立模式串”区域,单击“从文件导入”按钮,选择 Patterns. txt 文件。打开后,文件中的模式会显示在列表框中。然后,点击“添加进树”按钮,构造算法的核心数据结构。

(2) 在“测试文本”区域:单击“从文件导入”按钮,选择 testfile. txt 文件。打开后,文件的内容会显示在编辑框中。

(3) 在“已识别模式”区域:程序将从 testfile 文件中,查找出 Patterns 中的所有模式,并给出其出现位置。单击“查找”按钮。查找结果会显示在列表框中,如图 8 - 14 所示。

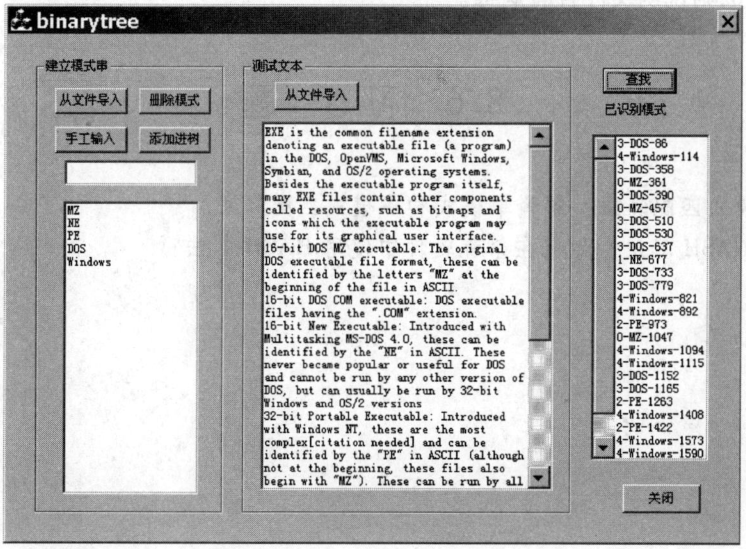

图 8-14 DemoGUI 的执行结果

2. DemoGUI 的集成

接下来，将简单介绍 DemoGUI 的代码框架。如果要使用该算法，读者需要一定的 VC++ 编程基础，具体使用过程如下。

(1) 在 VC 工程中，引入文件 BinTree.h 和 BinTree.cpp。

(2) 声明变量：CBinTree * tree。

(3) 将病毒特征代码库中的所有特征码插入 tree 树中。

```
for ( 病毒特征代码库 ){
    tree -> InsertString (特征码, 病毒标示);
}
```

(4) 构造 tree 树如下：

```
tree -> Build_Parent_State( tree -> mRoot);
tree -> Build_Fail_Func( tree -> mRoot);
tree -> Build_State_No( tree -> mRoot);
```

(5) 查毒过程如下：

打开待查毒文件，将文件内容读入缓存 memory 中；

```
int iRet = tree -> Search( memory );
```

(6) 判断是否染毒。

如果 iRet > 0，则说明文件含有病毒。

8.6 习　　题

1. 什么是模式匹配算法？解释单模式和多模式匹配算法。
2. 什么是 HASH 算法？如何在杀毒软件中使用 HASH 算法？

第9章　常用杀毒软件及解决方案

随着数字技术及 Internet 技术的日益发展,恶意代码攻击技术也在不断发展提高。恶意代码的传播途径越来越多,传播速度越来越快,造成的危害越来越大,几乎到了令人防不胜防的地步。企业在建立了网络系统后,急需一个切实可行的解决方案,确保整个企业的业务数据不受到恶意代码的破坏,日常工作不受恶意代码的侵扰。

本章将首先介绍国内外著名的反病毒软件评测机构,以及国内经常使用的多款杀毒软件,然后介绍企业网络的典型结构、典型应用、网络时代的恶意代码特征,最后,给出企业网络结构对恶意代码防范技术和工具的需求,从而得出一些典型恶意代码防治方案。

本章学习目标

- 了解国内外恶意代码防范产业发展历史
- 了解国内外反病毒软件评测机构
- 了解国内外著名杀毒软件
- 掌握恶意代码防治解决方案

9.1　恶意代码防范产业发展

在全球恶意代码防范产业发展的历史上,曾经出现过几个著名的人物:一是俄罗斯的 Eugene Kaspersky。1989 年,Eugene Kaspersky 开始研究计算机病毒。从 1991 年到 1997 年,他在俄罗斯计算机公司 KAMI 的信息技术中心,研发出了 AVP(AntiViral Toolkit Pro)反病毒程序。Kaspersky Lab 于 1997 年成立,Eugene Kaspersky 是创始人之一。2000 年 11 月,AVP 更名为 Kaspersky Anti-Virus。Eugene Kaspersky 是计算机反病毒研究员协会(CARO)的成员,该协会的成员都是国际顶级的恶意代码防范专家。

第二位是 Doctor Soloman。他创建的 Doctor Soloman 公司曾经是欧洲最大的反病毒企业,后来被 McAfee 兼并,成为最为庞大的安全托拉斯 NAI 的一部分。

还有两位是 Peter Norton 和 McAfee。相信读者都知道 Symantec 和 McAfee 两款杀毒软件,这两位就是这两个公司的创始人。

在全球专家和企业家的努力下,恶意代码防范的早期曾经出现了一大批有影响力的恶意代码防范软件,这些软件主要有:

Anti-virus collection by V. Bontchev

F-Prot

File Shiled by McAfee

NOD of Slovak AV

TbScan

AVP by E. Kaspersky

Dr. Web by Igor Daniloff

Norton AV

Solomon's Toolkit

IBM Anti-Virus

在恶意代码防范产业的早期，主要集中在传统计算机病毒的防治软件开发。在我国，也是以防范传统计算机病毒的杀毒软件为主。以下介绍我国杀毒软件的发展过程①。

1988年引导区型病毒小球和石头开始在中国流行。之后，新病毒不断出现。当时国内并没有专门的企业和管理部门，只能靠一些程序员防范计算机病毒。

1989年7月，中国公安部计算机管理监察局监察处病毒研究小组编制出了中国最早的杀毒软件Kill 6.0。这一版本可以检测和清除当时在国内出现的6种病毒。Kill在随后的很长一段时间内一直由公安部免费发放。

1990年，深圳华星公司推出了一种硬件反病毒工具，即华星防病毒卡，这是世界上最早的一块防毒卡。在那个年代，用户们对计算机还缺乏足够的了解，认为磁盘上的东西不值钱，只有计算机里的看得见摸得着的硬件设备才值得花钱买。市场一度被这种价值观念所引导，这也使华星防病毒卡获得了很好的销售业绩。

1991年，计算机病毒的数量持续上升，在这一年已经发展到几百种，杀毒软件这一行业也日益活跃。也是在这一年，美国Symantec公司开始推出杀毒软件，同年11月，北京瑞星公司成立，并推出硬件防病毒系统，即瑞星防病毒卡。随后的几年，病毒数量和技术不断提高，频繁的升级需要严重制约了这类防病毒卡的进一步发展，硬件防范工具慢慢退出了历史的舞台。

1993年上半年，微软公司发行了自己的反病毒软件——微软反病毒软件(MSAV)。MSAV是微软公司购买了另一家公司的CPAV杀毒软件后推出的，但不久后就放弃了。同年6月，中国公安部正式决定以金辰安全技术实业公司的名义进行Kill的商品化推广。

1993年冬，美国Trend Micro(趋势科技)成立了趋势科技北京分公司，开始推广趋势的PC-cillin。然而，坚持了不到两年，这个分公司就关掉了。2001年8月，趋势科技重新成立了中国分公司，在北京、上海和广州设立了分部，开始在国内市场主打网关防毒产品。

1994年，王江民编制KV100杀毒软件，并以20000元的价格转让了销售许可，其推广名为

① 瑞星：中国反病毒产业发展概述，http://edu.rising.com.cn。

"超级巡警"。一年后,KV100 升级为 KV200,并和北京华星合作,取得了营销成功。

1997 年,南京信源公司首次推出具有实时监控功能的病毒防火墙。同年,华美星际推出了"病毒克星"。

1998 年,瑞星公司依靠 OEM 策略,先后与方正、联想、同创、浪潮、实达等计算机生产商达成合作协议,捆绑销售其杀毒软件,获得了市场成功。到 1998 年底为止,瑞星杀毒软件已经尽人皆知。

1998 年,南北信源开始分家,先是划分成北方市场和南方市场分别经营,然后由于市场和经营观念的冲突以及公司内部的矛盾,开始相互起诉和争斗,两家公司因此元气大伤,市场份额和影响力急剧下降。

1998 年 5 月,中国金辰安全技术实业公司和美国 CA 公司共同合资成立北京冠群金辰软件有限公司,同时宣布在北京成立产品研发中心。1998 年 7 月,冠群金辰公司发布 Kill 认证版。该产品虽然还叫做 Kill,但核心技术已经完全转换为 CA 公司的技术。

1999 年 6 月,金山公司首次发布金山毒霸的测试版,开始尝试进入杀毒软件市场。2000 年 11 月,金山毒霸正式进入恶意代码防范软件市场。

2000 年前,北京时代先锋推出了"行天 98"杀毒软件,但不久即退出市场。其间,交大铭泰公司推出的东方卫士也曾经在杀毒市场上风光一时,但由于种种原因,逐渐退出了杀毒市场。

奇虎公司创立于 2005 年 9 月,并于 2006 年 7 月推出了专门查杀流氓软件的 360 安全卫士(http://www.360.cn)。经过不断地改进和升级,截止到 2009 年底,360 安全卫士已发展成为最受网民欢迎的集查杀木马、防盗号、漏洞管理等功能为一体的安全工具软件,拥有 1.6 亿用户,网民覆盖率超过 60%。此后,奇虎公司还推出了 360 安全浏览器、360 保险箱等系列产品,并完全免费。

9.2 国内外反病毒软件评测机构

在网站或杀毒软件产品的宣传资料上看到各种杀毒软件的评测和自我宣传,经常会谈及一些软件评测机构,那么这些评测机构哪些是最权威的呢?它们的评测依据是什么?为什么会被用户认可?

本节首先介绍维护全球恶意代码库的著名机构——WildList,以及全球最著名的 5 大权威评测机构,AV-test、Virus Bulletin(VB100)、AV-Comparatives、ICSA(International Computer Security Association)、WestCoastLabs(Checkmark),最后再介绍恶意代码防范产品在中国的市场准入评测机构。

需要说明的是,国际著名的 5 大权威评测机构都是由民间自发组织,并且是独立存在的,与厂商及政府间没有任何利益关系,不收取任何被测试厂商的赞助费。WildList 是提供恶意代码样本的主要机构,本身并不进行任何测试,而进行测试的 5 大机构,其恶意代码样本主要来源却是

WildList。这种独特的评测方式,一是为了更公平、公正的去检测产品;二是为了让检测变得更专业和全面。

9.2.1 WildList——恶意代码清单资料库

阅读有关防恶意代码技术的文章时,经常会看到 Wildlist 这个字眼,事实上它就是由 Wildlist 提供的恶意代码清单。

Wildlist Organization(http://www.wildlist.org)于 1993 年由 Joe Wells 所创办,现在约有 80 名顶尖防毒研究人员参与其中工作,每月重新修订该清单并向外发布。该机构在成立之初便整理了当时多份病毒清单报告,并将该报告交由几位恶意代码防范专家作参考,之后还参与了对遗漏部分的修改与补充。该清单公布后不久,Wildlist 即成为业界用以测试与认识产品的重要标准。Wildlist 成立的目的并不是进行反病毒产品的评测,而是为其他评测机构提供最准确的恶意代码清单或样本,因而备受评测机构或研究机构推崇。

现在,Wildlist 已成为全球主要恶意代码信息的提供者,它所提供的 Wildlist 是来自全球权威组织与专家,并由恶意代码防范研究者 Joe Wells 主持维护与更新,业界所有成员都可以快速而安全地分享最紧急的恶意代码样本。该列表里包含的恶意代码是当时有实际感染和传播行为而被发现的恶意代码种类。Wildlist 对恶意代码的收录采取非常严谨的态度,首先必须有两位或两位以上的恶意代码专家向该机构报告发现该款恶意代码,该报告亦必须附有恶意代码的样例,才能列入主要清单中。Wildlist 的收集过程虽然较慢,但却可确保所有收录恶意代码都是确实存在并具有破坏性,实际发生过感染的恶意代码。

由于该组织是各种评测机构进行评测时的主要恶意代码样本来源,而自身不进行评测,再加上其大而全面的恶意代码库,所以被各组织机构和专业人士一致推举为最公平的组织。虽然不进行评测,但它地位非常高,在恶意代码防范行业内的影响力也极其深远,很多厂商都要寻求和其交换恶意代码样本。可以说,Wildlist 是恶意代码防范行业最不可缺的资料库。

9.2.2 德国 AV-Test 评测机构

AV-Test(http://www.av-test.org)起源于德国马德堡大学和 AV-Test GmbH 共同合作的研究计划,各项反病毒测试是由技术与商业资讯系统学院(Institute of Technical and Business Information systems)的商业资讯系统团队在研究实验室进行。2004 年,安德烈亚斯·马克思(Andreas Marx),奥利弗·马克思(Oliver Marx)和吉多·哈比希特(Guido Habicht)在马格德堡创立 AV-Test 反病毒测试有限责任公司。AV-Test 拥有全球最大的恶意代码防范测试中心,由资深业界专家定期做恶意代码分析与防毒产品测试。AV-Test 是国际权威的第三方独立测试机构之一,其采用海量样本库(大于 100 万种的恶意代码样本库)进行自动测试,这种方式可以极大地减少人为因素对测试结果的干扰,其测试结果被国际安全界公认为独立客观。

AV-Test 能在多个不同的平台上对产品进行全面测试,测试内容包括(但不限于)恶意代码爆发测试、压缩档案测试、对海量恶意代码样本的按需扫描与常驻防护测试、ItW(In the Wild,自动散播型)恶意代码测试、扫描速度测试、系统性能影响测试等。其测试方法公开,但需付费获取。测试结果在流行的电脑杂志上都可找到,但其官方网站不提供下载。

9.2.3 英国 Virus Bulletin 评测机构

Virus Bulletin(http://www.virusbtn.com)于 1989 年在英国成立,是国际最有名、历史最悠久的恶意代码测试机构之一。Virus Bulletin 除了致力于提供给计算机使用者公正、客观、独立的防病毒相关信息,同时也定期出版同名杂志——Virus Bulletin Magazine,主要以有害软件与垃圾邮件防护,检测及清除为题材,登载由业界专家撰写的技术文章,最新恶意代码威胁分析,探索恶意代码防范领域的最新进展,并提供恶意代码防范软件的详尽测试报告。同时,它也经常在世界各地举办不同题材的 VB 会议(VB Conference),给予专业人士聚在一起讨论最新研究成果与分享新技术的机会。

Virus Bulletin 的认证标示为 VB100。Virus Bulletin 定期对各大防毒品牌产品进行测试,其测试着重恶意代码防范软件对侦察率与扫描速度的表现,测试报告得到全世界恶意代码防范界的公认与推崇。

由于不同产品会随着网络上的恶意代码不断更新而表现时好时坏,Virus Bulletin 每 2 个月便会针对不同的计算机软件与硬件平台进行防毒测试。官方指出应以防毒软件取得 VB100 次数多少来衡量其表现。由于只有那些能够在主动与被动两种模式下均能完全辨认出 Wildlist 清单中的所有恶意代码,并在扫描过程中没有任何误判的防病毒软件,才能取得 Virus Bulletin 的最高荣誉 VB 100% 认证,所以连续在多次测试中取得 VB100 表示出该软件在长时间测试里也能 100% 拦截所有现实世界中的任何恶意代码感染。

每次参与 Virus Bulletin 测试的品牌约有 30 种,而提供测试的恶意代码则是世界各地的防病毒专家每月发现的新样本。从 2006 年到 2008 年 6 月发表的测试报告,只有不超过四分之一的防病毒软件是可以 100% 的清除样本恶意代码。例如,2008 年 6 月只有 8 家机构取得 VB100 认证,而在 2006 年间曾经有一个月只有 4 家机构取得 VB100 认证。

9.2.4 奥地利 AV-Comparatives 评测机构

AV-Comparatives(http://www.av-comparatives.org)同样是国际性的民间第三方独立测试机构,由 Andreas Rechengasse 在 2003 年成立于奥地利。由于成立以来一直坚持独立运作,所有测试项目均不接受任何赞助,AV-Comparatives 保持了很高的公正性。截至 2008 年 6 月,AV-Comparatives 的防毒软件测试对象一共有 17 个品牌,而测试项目共有 5 项,其中以手动扫描与主动式智能检测扫描为主,以误报率测试、速度测试和变种病毒测试为辅。

AV-Comparatives 进行手动扫描测试的最大特色是恶意代码样本库庞大，目前该恶意代码样本库已增至 110 万种以上，数量相当惊人。然而，单凭数量并不足以证明测试的完整性，毕竟 110 万种之巨的数量难免让人质疑有多少恶意代码是真正存在于网络世界的。

AV-Comparatives 测试时，先冻结防毒软件引擎与恶意代码数据库 3 个月，并以这 3 个月内出现的恶意代码新品种作为测试样本测试其检查新恶意代码的能力。在测试中，除了会考虑防病毒软件发现的新恶意代码比例外，也会考虑其扫描速度与恶意代码误判数量，最后给予各参评防毒软件 3 个不同的成绩评分：最佳（ADVANCED +）、满意（ADVANCED）与一般（STANDARD）。

例如，在 2007 年 5 月的 AV-Comparatives 扫描测试中，各防毒软件对 3 个月内的新恶意代码品种成功检出率为 7% ~70%，其中 NOD32 是唯一取得 ADVANCED + 最高分的产品，表现最优秀。

9.2.5 Verizon 公司的 ICSA 评测机构

ICSA（http://www. icsalabs. com）是 Verizon 公司的下属单位，作为独立的检测机构，ICSA 提供网络安全产品功能性和安全性方面的认证，以及网络和系统管理人员安全专业技术的能力认证。ICSA 的认证标准是由咨询界的专家、厂商以及使用者的意见制定出来的，以认证项目的安全性及功能性为主要考察内容。ICSA 的认证标准会随着各项安全技术以及安全威胁的不断发展而每年更新，并以更新后的标准来测试产品。另外，如果厂商之前推出的产品已经获得认证，其之后推出新款的产品也会自动得到 ICSA 的认证。但是为了确保新款的产品一样符合原先认证的标准，ICSA 会与厂商签订条约，要求厂商的产品发展不能违背原先标准。如果 ICSA 抽测发现没有符合原先认证的内容，厂商会被要求限期改善，否则即吊销认证。

ICSA 实验室的产品认证程序可以为用户提供保证：凡是获得 ICSA 实验室认证的反病毒产品在减少因恶意代码而引起的安全隐患方面，都可以满足一系列的公众检验标准和业界接受的规范。

ICSA 实验室在 Internet 网关领域认证的标准极其严格，产品必须要 100% 检测到当前 WildList 恶意代码列表中已列出的恶意代码；检测 ICSA 宏病毒库中 90% 的病毒；检测到压缩文件中的恶意代码；检测到以 uuencode 格式进行编码的电子邮件中的恶意代码；检测到以 MIME 格式进行编码的电子邮件中的恶意代码，并且在扫描时能够记录所有的活动。

认证的测试是由 ICSA 实验室或受过其训练及授权的实验室进行。ICSA 的评测对象除了恶意代码防范产品以外，还包括以下几类安全产品：Firewall（防火墙）、Secure Internet Filtering（互联网安全过滤）、PC Firewall（个人防火墙）、Cryptography（密码防护）、Intrusion Detection（入侵检测）、IP SEC（网络安全协议）、Web Applications（Web 应用）、WLAN Security（无线网络安全）等。从这些评测项目可以看出 ICSA 认证对象是以保护内部网络的安全产品为主。

ICSA 每个月都会做出一次防病毒的认证评测，并将评测的报告公布到网站上，任何人都可以查阅最新的评测报告。从 2004 年至今的所有评测结果也都可以在该网站上查阅。任何一款安全产品都是以通过（Pass）和失败（Fail）标示。测试结果不是通过就是失败，没有其他级别。

9.2.6 WestCoastLabs——西海岸实验室

西海岸实验室,即 WestCoastLabs(http://www.westcoastlabs.com/checkmark/),位于英国,它与 ICSA 实验室一样,是一个独立的恶意代码防范产品测试组织。它 1996 年推出了 Checkmark 认证方案,测试各类信息安全产品与国际统一认可的最基本标准及规范的符合性情况。目前,Checkmark 认证标准已被认可为全球最值得信赖的指标之一。西海岸实验室的职能就是为信息安全产品和服务提供准确且高质量的技术确认,该机构建立以来始终都在提供安全产品测试与评估。

西海岸实验室的权威认证包括 Checkmark 一级(Level 1)、二级(Level 2)和木马(Trojan)3 项内容。Checkmark 一级认证颁发给能侦测到恶意代码的防毒产品。

Checkmark 二级认证,是西海岸实验室(WestCoastLabs)所授予的高级别认证,仅授予那些既能够侦测恶意代码又能够清除恶意代码威胁的产品,即侦测和清除 WildList 发布的各种极具破坏性恶意代码的威胁。

Checkmark 木马认证难度极大,要求被评测的产品能够 100% 查出西海岸实验室所有木马样本,并且扫描误报测试专用样本时的误报率为 0,其严格的测试程序充分表明了 Checkmark 认证专业性和权威性。获得木马认证意味着杀毒软件的核心技术达到了世界一流水平。

西海岸实验室颁发的 Checkmark 认证证书,体现产品在真实环境标准下的测试结果。目前市面上的多数防毒产品都能通过其一级测试,但二级测试的通过与否才是选择反病毒软件的较好参考。在选择一款产品时,读者应该明白,长期的获奖结果才能证明该产品的长期稳定可靠性。

9.2.7 中国的反病毒软件评测机构

国家计算机病毒应急处理中心(http://www.antivirus-china.org.cn)下属的计算机病毒防治产品检验中心是中国内地的反病毒软件评测机构,该测试是大陆地区的市场准入资格测试。

计算机病毒防治产品检验中心(以下简称检验中心)是目前我国计算机病毒防治领域唯一获得公安部批准的病毒防治产品检验机构。检验中心按照国家质量技术监督局的要求,建立了办公室、资料室、样品室、设备维护室、单机产品检验室、网络产品检验室、质量监督室。检验中心的工作人员均经过上岗前的技术、业务、法律的培训,并通过了国家技术监督局和天津市技术监督局的双重考试和考核,取得了《检验员上岗证》和《产品抽样员证》。

为了完成计算机病毒防治产品的检验任务,检验中心共收集各种恶意代码几万种。通过分析,选出危害性比较大,在国内流行的恶意代码样本,建立了中国计算机恶意代码样本库。此样本库分为 4 部分:基本样本库、流行样本库、压缩样本库及变形样本库。这是目前我国最具有权威的中国恶意代码样本库,并将随着恶意代码流行趋势和防治产品的发展而不断扩充。到目前为止，检验中心以公正、科学的态度，严格按照 GA135 - 1996 标准和各企业标准，共检测了国内外 31 个厂家送检的近百个产品，出具检验报告 146 份。作为中介技术检验机构，检验中心还承担了各种应用软件是否含有恶意代码的认证工作，以及其他的有关的技术纠纷的检验认定工作。

计算机病毒防治产品检验和认证工作是一个新的检验认证领域，国家和行业标准体系尚不健全。为保证科学、公正地从事检验认证工作，检验中心向公安部社会公共安全行业标准管理部门申请标准编制项目，编制了中华人民共和国社会公共安全行业标准《计算机病毒防治产品评级准则》(GA243 - 2000)。该标准已于2000 年3 月20 日由公安部发布，并于2000 年5 月1 日起实施。目前，检验中心对计算机病毒防治产品的检验和认证工作既有检验方法的标准，又有评级准则的标准，这样就逐步健全和完善了计算机病毒防治产品检验标准体系和认证标准体系，进一步规范了其检验认证工作。

9.3 国内外著名杀毒软件比较

恶意代码在给人类带来危害同时，也带来了巨大的商机。于是，很多企业涉足这个领域并开发出了林林总总的恶意代码防范产品。粗略统计，国内知名恶意代码防范产品的品牌有十多家，全世界的绝对不下 100 家。面对如此多的产品，一般用户将做出什么样的选择？为了对抗现阶段的恶意代码，恶意代码防范产品需要哪些必要的功能呢？

9.3.1 杀毒软件必备功能

基于安全方面的考虑，每一个计算机用户或企业信息系统管理者都应该选择一款正版的杀毒软件以预防各种类型的恶意破坏。使用盗版杀毒软件带来的质量和服务问题都会像恶意代码一样危害到用户的安全。一些安全防范知识很少和刚刚要学习计算机又怕被恶意代码感染的用户在花钱买安全的时候，如何选择一款优秀的杀毒软件成了摆在他们面前的头等问题。以下介绍选择杀毒软件时应注意的问题。

1. 查杀能力

这项功能是恶意代码防范软件最原始也是最基本的能力，也是考察一款恶意代码防范软件是否优秀的重要指标之一。杀毒必先识毒，也就是说，恶意代码防范软件必须首先能够做到对恶意代码的有效检测识别。传统的反病毒软件以恶意代码特征码匹配扫描为基础，但是随着恶意代码技术的不断发展和恶意代码数量的不断增加，简单的特征码匹配慢慢变为文件头检测等一系列比较复杂的行为特征识别机制。为了对付变形恶意代码和未知恶意代码，这要求恶意代码防范软件具备一种“自我发现的能力”或“运用某种方式或方法去判定事物的知识和能力”，恶意代码防范软件采用了虚拟机等新技术，通过虚拟机将可执行文件在内存还原，捕捉执行行为特征，再通过恶意代码库进行加权处理。

恶意代码防范软件在查毒误报率方面的准确性也是一项重要指标，一款好的恶意代码防范软件，既要避免漏报带来的安全隐患，另外，也要避免误报给广大用户带来的损失。当发生误报时，恶意代码防范软件有可能将正常文件误报成是恶意代码，也可能将一种新出现的恶意代码误报成其他恶意代码，或者是将一些恶意代码误报成多种恶意代码。

另外，恶意代码防范软件对恶意代码的清除能力和自身的防御能力也是其基本功能。

2. 防范新恶意代码的能力

对新恶意代码的发现和处理是否及时，是考察一个防病毒软件好坏的另一个非常重要的因素。这一点主要由以下 3 个因素决定：软件供应商的恶意代码信息收集网络，供应商对用户发现的新恶意代码的反应周期和恶意代码的代码更新周期。

通常，恶意代码防范软件供应商都会在全国甚至全世界各地建立一个恶意代码信息的收集、分析和预测网络，使其软件能更加及时、有效地查杀新出现的恶意代码。因此，这一收集网络在一定程度上反映了软件商对新恶意代码的反应能力。

3. 备份和恢复能力

虽然数据恢复和数据备份在某种程度上说，并不是恶意代码防范软件的主要功能，但是在目前恶意代码程序越来越狡猾，破坏数据资料越来越狠毒的情况下，一款好的杀毒软件应该具备足够的备份数据文件和恢复数据的能力。

4. 实时监控能力

按照统计，邮件系统和网页是目前最常见的恶意代码传播方式。这些传播途径具有一定的实时性，而用户在感染一段时间后还无法察觉。因此，恶意代码防范软件的实时监测能力显得相当重要。目前绝大多数恶意代码防范软件都具有实时监控功能，但实时监测的信息范围仍值得注意。

5. 升级能力

在网络世界里，新恶意代码是层出不穷的，尤其是蠕虫，具有相当快的传播速度和繁殖能力，如果恶意代码防范软件不能及时升级应对的话，短时间内可能会造成大批的计算机被恶意代码感染，所以恶意代码防范软件的升级能力是非常关键的。而且这种升级信息也需要和安装一样能方便地“分发”到各个终端。

各个恶意代码防范软件的特征码更新周期都不尽相同，有的一周更新一次，有的半个月更新一次。对用户发现的新恶意代码的反应周期不仅能够体现出厂商对新恶意代码的反应速度，而且也反映了厂商对新恶意代码查杀的技术实力。

6. 智能安装能力

在局域网中，由于服务器、客户端承担的任务不同，对恶意代码防范软件的功能要求也不大一样。因此，如果恶意代码防范软件在安装时能够自动区分服务器与客户端，并进行相应的安装，这对管理员来说将是一件十分方便的事。远程安装和远程设置也是网络防毒区别于单机防毒的一个关键点。这样一来，管理员在进行安装和设置工作时就不用再来回奔波于各台终端，从繁重的工作中解放了出来，既可以对全网的机器进行统一安装，又可以有针对性的设置。

7. 简单易用

界面操作风格应该注重简单易用，美观大方。

系统的可管理性是需要管理员特别注意的部分。管理员应该从系统整体角度出发对各台计算机进行设置。如果允许各员工随意修改自己使用的计算机上的防毒软件参数，可能会给整个安全体系带来一些意想不到的漏洞，使恶意代码乘虚而入。

生成恶意代码监控报告等辅助管理措施，可以帮助管理者随时随地地了解局域网内各台计算机的安全情况，并借此制定或调整恶意代码防范策略，将会有助于恶意代码防范软件的应用更加得心应手。

为了降低用户企业的管理难度，有些恶意代码防范软件采用了远程管理的措施，一些企业用户的恶意代码防范管理由专业厂商的控制中心专门管理。

8. 资源占用情况

恶意代码防范程序需要占用部分系统资源进行实时监控，这就不可避免地要带来系统性能的降低。特别执行对邮件、网页和FTP文件的监控扫描任务，工作量相当大，所以会占用较多的系统资源。有些用户会感觉上网速度太慢，这在某种程度上是恶意代码防范程序对网页执行监控扫描带来的影响。

另一个是升级信息的交换，下载和分发升级信息都将或多或少地占用网络带宽。但多数产品每次升级信息包的数据不过几百KB而已，这一影响比起其他方面来说要小得多。

9. 兼容性

系统兼容性并不仅仅是选购恶意代码防范软件时需要考虑的事，而且在选购绝大多数软件时也要尽量避免与恶意代码防范软件发生冲突，恶意代码防范软件的一部分常驻程序如果跟其他软件不兼容将会带来更大的问题。

10. 价格

就价格来说，企业级恶意代码防范软件初次购买和后继的升级费用大多是按照网络规模确定的。购买后，恶意代码防范厂商一般会提供一定时期的免费升级，而此后的升级及服务如何收费也需做到心中有数。

对不同的用户来说，不同的选购参数应该有不同的权重。企业可以根据具体系统的情况确定哪一因素作为购买时最重要的参考。

11. 厂商的实力

软件厂商的实力一方面是指它对现有产品的技术支持和服务能力，另一方面是指它的后续发展能力。因为企业级恶意代码防范软件实际是用户企业与厂商的长期合作，软件厂商的实力将会影响这种合作的持续性，从而影响到用户企业在此方面的投入成本。

9.3.2　流行杀毒产品比较

计算机杀毒产品的数量越来越多，用户也越来越难以决策选择何种产品保护自己的个人计算机和网络的安全。针对这个问题,有很多权威部门和民间组织发布过一些测试报告,目的是指导用户选择产品,但有时也有作产品宣传的嫌疑。在此,以下完全转述了赛迪网 2009 年作的一份部分知名恶意代码防范产品的评测报告。报告中涉及的杀毒软件包括《瑞星全功能安全软件 2009》(以下简称瑞星 2009)、《金山毒霸 2009》、《江民杀毒软件 KV2009》(以下简称江民 KV2009)、《Kaspersky Anti-Virus 2009》(以下简称卡巴斯基 2009)和《Norton Anti Virus 2009》(以下简称诺顿 2009)等。

这次评测除了进行常规查杀能力、查杀速度测试以外,还对软件的资源占用情况、系统漏洞修复能力以及云安全技术应用情况等多方面进行对比,力求做到综合展示和评价软件的性能。

为了评测的公正性和权威性,赛迪网一共选取了网上搜集到的 300 个样本,它们都是近段时期在网络上比较流行的木马程序、蠕虫、后门程序、流氓软件以及广告程序等①。

1. 硬件环境

CPU:Intel Core 2 Duo E7200 (2.53 GHz)

内存:KingMax DDR 667MHz 1GB X 2

硬盘:希捷 SATA 500GB

有线网络:1Mbps ADSL

操作系统:Windows XP SP2

2. 资源占用情况评测

现在市场上的内存和硬盘相当便宜,但并不意味着可以忽略软件对系统资源的占用情况。尽管双内核甚至多内核的 CPU 大大提高了计算机处理数据的能力,但是也不应该忽略资源的浪费。在大力提倡节约能源的今天,资源占用较低的软件,除了意味着速度更快以外,还意味着计算机能耗的降低,因此,第一项选择资源占用评测。

测试方法如下:安装好杀毒软件后,使用默认安全配置,统一升级更新到最新版本和恶意代码库后,查看软件所占用的硬盘空间大小。接着重新启动计算机在不运行任何程序的情况下,静置 5 分钟后,打开任务管理器查看软件实时监控各文件进程所占用的内存总数。

(1) 瑞星 2009

新版本的瑞星安装文件包为 53MB,安装后文件夹目录一共占用 165MB 空间,重启后任务管理器中可以查看到六七个监控进程,占用内存总数大约在 47MB。是本次评测所有杀毒软件中,占用内存最多的一个。当运行扫毒任务时,这一数值达到 110MB,CPU 占用率达到 86%,此时进行多任务操作影响稍大。

(2) 金山毒霸 2009

软件下载安装包 42MB,安装后文件夹一共占用 157MB 硬盘空间,重启后任务管理器中可以查看到 6 个监控进程文件,但占用内存总数大约只有 41MB,与毒霸的上一个版本相比,在监控项目增加的情况下,资源占用却没有随之增长,控制工作做得不错。在进行恶意代码扫描时,高峰

① 赛迪网:流行杀毒软件产品比较,www.ccidnet.com。

内存控制在100MB以下，表现依然不错。

（3）江民KV2009

江民软件安装文件49MB，软件安装后占用大约100MB硬盘空间，实时监控进程文件个数较少，只有3个，总共占用32MB内存空间，表现得也不错。不过当进行恶意代码扫描时，这一数值会成倍增长，峰值内存占用会超过100MB。

（4）卡巴斯基2009

卡巴斯基的软件安装包只有35MB，是所有软件中最小的一个，软件安装文件夹只有23MB，也是最小的一个，不过其在系统分区写入的文件较多，从而减少了安装目录的空间占用。另外，2009版本只能在Win XP SP2或以上版本的操作系统上才能安装使用。

一直以来，卡巴斯基都以资源占用率低而著称，不过在这次评测的2009版本中，它虽然只有2个监控进程，内存占用量却也达到了38MB，超出了预期，看来较多的主动防御功能，确实带来了较大的资源占用。

（5）诺顿2009

诺顿安装包为52MB，安装后占用89MB硬盘空间。无任务操作时，进程文件占用内存约20MB，在几个软件中占用最小，这与以往有很大的提高。但当执行查杀恶意代码操作时，这一数值会暴增数倍，峰值接近100MB。另外，这里还需要肯定的是，以前诺顿的安装速度相当慢，如今在2009版中虽然与其他软件还有差距，但已经得到了较大的改善。

3. 查杀能力评测

近年来的新增应用程序中，有60%以上的软件包含恶意程序或恶意代码。恶意软件的增长率首次超过正常文件。恶意代码查杀能力是衡量一款杀毒软件性能优劣的重要标准。

（1）瑞星2009

在经过3分09秒的等待后，300个恶意代码样本文件中，瑞星一共查杀掉204个恶意代码。

（2）金山毒霸2009

毒霸以往一直以查杀扫描速度快而著称，这次表现依然不错，只用了1分10秒即告扫描完成，与同类软件相比优势明显。在300个恶意代码样本文件中一共查杀掉301个恶意代码，其中包括36个风险程序，这一结果仅比卡巴斯基少了7个，可以说是表现得非常不错！（在样本文件中，其中有几个是压缩包或自解压文件，这其中可能含有多种恶意代码。还有些文件是经过加壳压缩，或者利用捆绑器捆绑而成，因而恶意代码总数会超出文件总数）。

（3）江民KV2009

江民本次测试一共查杀到190个恶意代码，由于它对引导区、内存以及部分系统文件附带进行了扫描，故而用时稍多，耗时4分14秒。两项数据在所有软件中处于中游水平，表现算得上是中规中矩。

（4）卡巴斯基2009

2008年卡巴斯基凭借与奇虎360合作，抢占了不少国内市场份额，不过它的恶意代码处理速度一直不令人满意，这次2009版仍然保留着这一缺点，一共用时15分20秒。在恶意代码查杀过程中,能清楚地看到它所进行的大量的脱壳扫描操作,这也正是它查杀恶意代码较彻底的原因之一。查杀结果,一共消灭掉 308 个恶意代码,是所有软件中查杀数量最多的一个。

(5) 诺顿 2009

新版本诺顿仍然未提供查杀时间显示,前后一共耗时 6 分 13 秒,最终查杀到 77 个恶意代码,其中包括两个压缩文件。由于它无法直接清除压缩包内的恶意代码,只能手动选择忽略或直接删除整个压缩包,比较令人遗憾。

4. 云安全技术应用评测

云安全是近年来兴起的一种新概念、新技术。云安全技术应用后,识别和查杀恶意代码不再仅仅依靠本地硬盘中的恶意代码库,而是依靠庞大的网络服务,实时进行采集、分析以及处理。整个互联网就是一个巨大的杀毒软件,参与者越多,每个参与者就越安全,整个互联网就会更安全。

(1) 瑞星 2009

瑞星的云安全(Cloud Security)计划是将用户和瑞星技术平台通过互联网紧密相连,组成一个庞大的木马/恶意软件监测、查杀网络。具体表现在,每一个瑞星卡卡用户,都将成为一个木马的监测点。每当用户的计算机中检测出木马,在线诊断程序都会自动将恶意代码的样本上传到瑞星木马/恶意软件自动分析系统(简称 RsAMA)中,并最终由 RsAMA 将分析结果导入瑞星安全资料库(简称 RsSD),以提供给其他用户使用。

(2) 金山毒霸 2009

金山公司研究云安全技术时间比较早,金山毒霸的云安全主要由可支撑海量样本存储及计算的水银平台、互联网可信认证服务、爬虫系统 3 大架构组成。这其中除了包括与前面瑞星相类似的可疑文件分析处理以外,云安全理念在金山毒霸 2009 的应用还包括以下两个方面。

第一、恶意网址拦截。目前,木马下载器是黑客入侵用户计算机系统的主要途径之一。为了拦截未知木马下载器对用户系统植入木马的行为,金山网镖依托金山可信认证服务的网址认证功能,提供了恶意网址拦截功能。

当一个安全性未知的程序试图访问一个网址时,金山网镖会截获这一访问请求,并使用网址认证功能进行网址安全性分析。假如发现这个程序试图访问的是一个恶意网址,则金山网镖会拦截这一请求,并向用户发出警报。通过这一功能,网镖可以有效抑制木马下载器这一木马传播的重要渠道。

第二、智能判断自动生成程序规则。网络防火墙一般都带有程序控制功能,即当本地硬盘中某个应用程序第一次发出访问网络的请求时,网络防火墙会拦截并询问用户是否允许此程序访问网络。这项功能对于帮助用户管理网络访问,防御木马攻击方面具有重要作用。但是,很多用户在判断究竟是否应该允许一个程序访问网络时遇到了困难。对于新安装了软件或者重新安装了操作系统的用户,这种选择更是让人比较烦。

新版本的网镖当中新增加了可信认证智能判断功能,采用金山可信认证服务对请求访问网络的程序进行安全性分析,并且根据程序的安全性自动判定是否允许程序访问网络。只有在可信认证没有相关文件数据的时候,才会询问用户。通过这一改进,有效减少了用户使用网镖时的困扰，使得防火墙的使用更加人性化了。

(3) 江民 KV2009

云安全的一个关键环节就是恶意代码上报分析处理系统，不过由于担心误报误杀等问题，江民这套系统很长时间都是由人工来完成，也就是说，软件厂家的工程人员，每天需要面对搜集到的大量可疑文件后，在进行筛选鉴别后，再通过升级恶意代码库完成整个处理过程。一个可疑文件的处理，可能需要数小时、甚至数天才能完成。

江民在对虚拟机、启发式、沙盒等技术深入研究和改进后，提高了恶意代码处理速度和准确率。此时融合云安全技术更有保障。2009 版软件设置中的"Internet 文件验证"就属于云安全范畴。

(4) 卡巴斯基 2009

在强大的后台技术分析能力和在线透明交互模式的支持下，卡巴斯基 2009 可以在用户知情并同意(Awareness & Approval)的情况下在线收集、分析(Online Realtime Collecting & Analysing)用户计算机中可疑的恶意代码和木马等恶意程序样本，并且通过平均每小时更新 1 次的全球恶意代码防范数据库进行用户分发(Instant Solution Distribution)。从而实现恶意代码及木马等恶意程序的在线收集，即时分析及解决方案在线分发的卡巴斯基安全网络，这就是卡巴斯基的云安全计划。

卡巴斯基 2009 将云安全技术和主动防御相结合，使得全球的卡巴斯基用户组成了一个具有超高智能的安全防御网，能够在第一时间对新的威胁产生免疫力。

(5) 诺顿 2009

恶意代码被激活后都会加载到系统进程中，但由于恶意代码会通过更改文件名、插入线程、设置隐身钩子等进行伪装，一般用户很难进行识别。诺顿 2009 的云安全策略是，通过软件中的 Norton Insight 模块，连接到互联网中的服务器，自动对用户计算机上的进程文件进行识别，即安全地标记为可信文件。这种认证是一次性的，以后监控和恶意代码查杀时就可以无需扫描这些已知文件，从而加快扫描的速度。在实测过程中，感觉认证速度比较慢，有时甚至出现了卡死现象。另外由于可信比例不是很高，对日后扫描速度的提高作用也比较有限。

5. 主动安全漏洞修复

Windows 漏洞数量之多、危害之严重，想必读者都很清楚。微软公司目前每月的第二个星期二都会发布安全公告，而利用这些新暴露出来的安全漏洞进行攻击的恶意代码，也不再以月计，而是以天，以小时计算。此外，第三方应用软件漏洞也越来越多地成为黑客攻击的重点，及时主动修复这些安全漏洞，可以将风险降到最低。

(1) 瑞星 2009

瑞星的系统漏洞修复其实是由卡卡来完成的，除了操作系统漏洞以外，还可以修复少量第三方应用程序漏洞，不过在实测过程中，补丁文件下载速度较慢。

(2) 金山毒霸 2009

金山毒霸中的金山清理专家模块，以修复能力强，种类多而闻名。经过研究发现，这得益于金山新加入的 P2SP 急速补丁下载技术。它通过将下载任务分解到有效整合的服务器端和客户端资源当中,极大地提高了漏洞补丁的下载速度和稳定性。特别是在对体积较大的补丁进行下载时,速度提升更加明显。

在第三方应用软件漏洞修复方面,毒霸 2009 采用了全新的漏洞数据自动收集技术,该技术基于搜索爬虫技术,通过搜索爬虫自动从互联网上挖掘最新的系统漏洞,进一步改进了漏洞库信息的更新速度。目前支持的第三方软件多达十多种,涵盖了普通用户日常互联网应用中常用软件,其中包括 RealPlayer、迅雷、暴风影音、QQ 等。

(3) 江民 KV2009

KV2009 只能对操作系统安全漏洞进行检查,没有将第三方软件包括在内。安全设置方面,提供有一个弱口令测试,显得测试项目比较单一。此外,还提供了一个江民安全检测,主要是用来检测江民杀毒软件自身的运行状态是否正常。

(4) 卡巴斯基 2009

以往的卡巴斯基单机版都不带有操作系统安全漏洞的检测,在新版本中依然没有发现该功能。在系统安全模块中有一项安全分析,其中快速诊断可以扫描一些系统设置方面的安全漏洞,例如,允许了 U 盘和光盘自动运行等。另一项全面诊断,主要针对应用软件是否存在安全漏洞,不过从实际测试中感觉,检测的软件数量很少,实用价值大打折扣。

(5) 诺顿 2009

以前的诺顿杀毒软件功能中,曾经内置过操作系统漏洞扫描,不过修复时调用的是 Windows 系统更新。但在 2009 版中并没有这一模块,更别说第三方应用软件漏洞的修复了。

6. 评测总结

表 9-1 是这次评测结果的对比表。通过该表可以清晰地了解各个杀毒软件的情况及软件间的功能对比。

表 9-1 杀毒软件测试总结

评测项目	瑞星 2009	金山毒霸 2009	江民 KV2009	卡巴斯基 2009	诺顿 2009
内存资源占用(MB)	47	41	32	38	20
查杀数量(个)	204	301	190	308	77
查杀速度	3′09″	1′10″	4′14″	15′20″	6′13″
云技术应用	★★★★	★★★★☆	★★★★	★★★★	★★★★
漏洞修复	★★★★	★★★★☆	★★★★	★★★☆	★★★☆

通过对 2009 版恶意代码防范软件的横向对比测试,可以发现所有安全厂家都对云安全进行了高度关注,并已经进入了正式商用阶段。国内产品甚至同时采用了多项云安全应用,大大提高了它们的性能和效率。

曾有业内人士宣称,没有一千台服务器就休谈云安全。可见这项技术需要强大的财力物力和人员作后盾。通过云安全技术,恶意代码方法软件已经彻底转成了一种网络服务。这种转型,对于用户来说无疑是一大利好。

但人们也必须清楚地意识到,以云技术构建的大规模特征库,并不足以从根本上杜绝恶意代码的威胁,国内外厂商还需要在核心技术上再下工夫,完善主动防御体等新技术,这样才能更好地保证用户的安全。

9.3.3　恶意代码防范产品的地缘性

由于恶意代码的传播是受到介质和条件限制的,因此在不同的历史阶段形成了不同的地缘性特征。以下因素是产生恶意代码地缘性的主要原因。

(1) 恶意代码制作者的生活空间

最早的恶意代码完全依靠软盘介质传播,传播速度比较慢,除了一些大批量的染毒介质可能造成瞬间的大面积传播外,一般恶意代码的传播以恶意代码制作者初始的地点为中心,缓慢地向周围扩散。

(2) 特定的操作系统及软件环境

如们仔细调查后会发现,如果 FreeBSD 系统在某地比较流行,则某地最可能流传 BSD 系统的蠕虫;中国内地的 Windows 系统普及率最高,那么基于 Windows 系统的恶意代码也就最多。这是因为,恶意代码若要获得比较强的生命力,造成大规模传播,只有选择寄生于主流操作系统。由于不同地域人群可能会对系统环境有不同的选择,所以恶意代码制作者会据此做出不同的考虑。除了操作系统外,一些可能传播恶意代码的软件环境也是恶意代码地缘性的原因之一。宏病毒、irc. worm、p2p. worm、outlook 等特殊环境的蠕虫,都依赖于特定的软件环境甚至软件的版本。

(3) 定向性攻击和条件传播

在传统病毒之后发展出一种称为"网络蠕虫"的新型恶意代码,它在攻击和传播上有别于传统病毒,它可以根据 IP 地址范围作定向性的扫描,同时还可以根据运行的操作系统的语言或者其他特性判别是否感染。网络蠕虫的这种定向性攻击和条件传播改变了传统病毒以扩散点为中心的特性。

1. 地缘性对恶意代码防范产品的影响

恶意代码产生之初,是以磁盘为主要介质,因而传播速度比较慢。由于政策性和其他的因素,国内反病毒产品和国外没有实际的竞争。随着攻防双方技术的发展,DOS 时代的几个病毒家族在中国本土的制造技术逐渐成熟而且都比较完整地综合了一些新的技术手段。纵观 DOS 时代,与中国内地具有亲缘关系的病毒,总数比较少,基本没有出现那种几十乃至上百种变种的庞大家族。这些国产病毒的陆续出现,客观上增加了用户对国内产品的信任。当时,除了 CPAV 外,国内用户对国外产品缺乏了解,虽然有盗版光盘流入,但由于难以升级,所以也很少使用。同时,当时多数国外产品在国内确实没有代理机构,也并没有样本采集网络,对国内样本的搜集也比较迟钝。因此,当时国内的几个主要的反病毒产品确实占了绝对优势。

这种状况在宏病毒出现后发生了骤然变化。宏病毒采用类 Basic 语言,编写非常容易,加上 Macro. Word. Concept 病毒的源码迅速被公开,宏病毒数量瞬间呈级数增长。我国的台湾省是亚太地区的一个重要的病毒生产基地。当时有很多宏病毒在台湾先流行起来,然后又流入中国内地的。其中,非常有代表性的是台湾 1 号宏病毒家族,传播范围非常广,变种也很多。

由于微软公司未公开 Office 文档的二进制结构,当时国内几家恶意代码防范企业与微软公司的相关谈判都以失败告终,因此国内厂家只能用各种比较粗糙的办法来争取时间,力求通过逆向工程破解 Office 文档的二进制结构。有些厂家不得不暂时使用“以宏杀宏”的临时措施,有些则采用简单的搜索宏指令的位置,然后将其后 20 个字节清零以使宏病毒失效的土方法。而形成对比的是当时国外一些企业(例如,McAfee 等)很容易地从微软公司取得了 Office 文档结构。应该说,这种企业的“地缘性”差异,让中国恶意代码防范企业在自己的家门口第一次感受到了压力。

微软系统从 16 位平台向 32 位平台跨越的过程中,系统内核也随之发生了很大的变化,文件结构经历了 MZ、NE、PE 的过渡。而系统的权限结构也逐渐的严格,这使得大量 DOS 病毒失去传播能力。同时也给了国内厂商在查杀流行病毒方面重新和国外企业站到一个起跑线上的机会。

由于编制 Win32 平台病毒需要制作者对 Win32 系统的结构和 PE 文件结构作比较深入的分析,在 Windows 时代的前期,病毒出现的节奏开始减慢。而 Win32 系统所提供的多进程、多任务的特性,使恶意代码防范产品真正实现了实时监控技术。此时,境外主流商用产品开始全面向企业级解决方案过渡。来自台湾的 CIH,是一个标志性的 PE 病毒。

由于网络在这个阶段开始普及,国外恶意代码防范软件厂商开始进入国内市场并获得用户认可,相比较从前也更容易获取国内恶意代码样本,因此在对国内恶意代码的响应速度上,基本能做到与国内恶意代码防范软件同步。与此同时,国内厂商也逐渐积累了足够的实力,可以对流入国内的境外恶意代码做出迅速响应。因此,虽然在查杀恶意代码总数上国外软件相比国内主流软件有一定优势,但在中国内地这个特定的区域内,双方基本持平,都没有明显差距。当时,专家们也曾经认为,在 Internet 的普及、样本交换等诸多因素的影响下,地缘性问题已经基本消亡。但随即发生的变化,则向另一个方向发展,使地缘性成了对国外主流产品的新挑战。

2. 地缘性对国外主流产品的新挑战

目前,中国新恶意代码的地缘性表现在以下 3 点。

(1) 中国已经成为全球恶意代码扩散的中心节点之一

Worm. Solaris. Sadmind 是第一个造成比较大的影响的国产蠕虫,它基于 Solaris 系统传播,可以多线程扫描 IP,如果发现远端是 NT 系统,并具有 IIS 漏洞的话,就修改 Web 页面。其后国产典型蠕虫大量涌现,例如,IIS-Worm. BlueCode、IIS-Worm. CodeRed、IIS-Worm. CodeGreen,直到类似 I-Worm. Nimda 这样长时间肆虐的蠕虫,这些蠕虫都有一定的技术特点,和造成微软公司源码失窃的 Worm. Qaz 一样,都被怀疑出自国人之手。这个阶段的蠕虫,在编制技术上表现出一些创新点,而不像最早的国内恶意代码,只是修改显示特性或感染标记,好一点的也只是综合了国外恶意代码的技术经验。这些恶意代码体现出网络安全问题和主机安全问题的融合性,同时也告诉人们,中国正在成为全球恶意代码扩散的中心节点之一。

(2) 木马大量出现

国产木马程序开始爆发式增长,这一时期比较有代表性的木马程序有冰河、广外女生、网络神偷等。当时,国外的主流木马基本是开放式架构,可扩展插件,甚至提供跨平台特性,逐步向协作方向发展,例如,BO2K、SubSeven等一些典型木马。与之相比,国内木马表现出完全不同的走势,技术上侧重于对恶意代码防范产品的对抗。虽然,国内木马有一些小的比较突出的技术构想,但从整个技术含量上已经落后于国外。可是,国内木马的种类和小版本更新的速度则令人瞠目结舌。

(3) 针对国内网络工具的专用木马大量出现

当前,由于利益的驱使,相当数量的国产木马程序都是以窃取网络游戏相关信息为目的,例如,国内的QQ和边锋、联众、传奇等网络游戏就颇受国产木马的青睐,而这些应用产品在欧美基本没有用户,因此,这些样本往往得不到一些国际主流安全企业的重视。

以上3点基本构成了当今中国新的恶意代码地缘性特色。这种特色不仅给国外在中国的主流反恶意代码产品构成了严峻的挑战,而且对中国本土产品也带来了很大的挑战。

3. 国外主流产品的本土化改造

由于恶意代码的地缘特性,使反恶意代码产品的本土化与其他软件产品的“本土化就是汉化”的概念完全不同。国外主流产品虽然在查杀恶意代码总数积累,全球恶意代码采集网络、引擎和产品结构,企业级反恶意代码模式等方面优于国内产品,但也必须解决好以下问题:如何有效地对抗本土恶意代码的新技术点;如何更迅速地采集并响应本土恶意代码样本;如何使产品逐步符合中国用户的习惯;如何推广企业级的反恶意代码思路;如何让国内用户认识到国际产品的技术优势。

为了解决本土化问题,国外恶意代码防范企业基本上走了以下几条道路。

(1) 在中国建立分支机构,不设立研发部门,通过用户渠道解决相关问题,这种方式成本低,但是很多方面都受到一定限制。

(2) 在国内建立独立研发中心。完成汉化和本土恶意代码处理,这种方式效果好,但是成本比较高。

(3) 与国内反恶意代码企业合资,使国内现有品牌结合国外先进的引擎,利用原有企业力量完成汉化和本土恶意代码处理,这种方式需要一定的机遇。

(4) 选择一个非商用反恶意代码的本土技术型企业合作,开展全新的模式,既降低成本,也保证效果。

2002年9月,欧洲最大的安全厂商熊猫的在华机构——熊猫中国有限公司与国内著名安全企业安天实验室进行合作,以安天实验室在相关领域的丰富经验和积累,与熊猫厂商的现有与现今技术结合,全面提高熊猫中文版本响应本土恶意代码的速度和对本土恶意代码新技术点的对抗能力。这项合作有望使熊猫对抗国内蠕虫、木马、后门工具的能力大大加强,领先于其他国际主流产品。

9.4 企业级恶意代码防治方案

经过几十年的发展,尽管恶意代码防治技术仍然在发展,但单机用户的杀毒方案已经趋于稳定。随着网络技术的日益发展,恶意代码的传播途径越来越广,传播速度越来越快,造成的危害越来越大,几乎到了令人防不胜防的地步。在网络普及率非常高的今天,单机用户恶意代码防治方案的重要地位也逐渐被企业级恶意代码防治方案取代。很多企业在建立了一个完整的网络平台之后,急需一个切实可行的防恶意代码解决方案,来确保整个企业的业务数据不受到恶意代码的破坏,日常工作不受恶意代码的侵扰。

防毒软件的易管理性和全面防毒功能是多数企业网络管理者关注的焦点。现在的恶意代码防范软件已不仅仅是检测和清除恶意代码。企业级的恶意代码防范方案应更加注重对恶意代码的防护工作,通过远程安装全面部署防范软件,保证不出现漏洞。因此,远程安装、集中管理、统一防范策略成为企业级恶意代码防范产品的重要功能。

目前,大型企业网络系统的恶意代码防范工作已不再是简单的、针对单台计算机的检测及清除,而需要建立多层次的、立体的恶意代码防护体系,而且要具备完善的管理系统来设置和维护恶意代码防护策略。多层次的防护体系是指在企业的每个台式机上安装台式机的恶意代码防范软件,在服务器上安装基于服务器的恶意代码防范软件,在 Internet 网关上安装基于 Internet 网关的恶意代码防范软件。因为对企业网络系统来说,防止恶意代码的攻击并不是保护某一台服务器或台式机,而是从工作站到服务器到网关的全面保护,这样才能保证整个企业网不受恶意代码的侵害。

在大型跨地区的企业广域网内,要保证整个广域网安全无毒,首先要保证每一个局域网的安全无毒。也就是说,一个企业网的恶意代码防范体系是建立在每个局域网的防范系统上的。应该根据每个局域网的防护要求,建立局域网恶意代码防范控制系统,分别设置有针对性的防范策略。从总部到分支机构,由上到下,各个局域网的防范系统相结合,最终形成一个立体的、完整的广域网恶意代码防护体系。

9.4.1 企业恶意代码防范需求

制定恶意代码防范方案的第一步是弄清楚企业的实际需求。面对来势汹汹的恶意代码,企业的系统管理员必须对系统现有防毒功能有清楚地认识和判断,必须明确新方案的目标,必须清楚需要什么样的产品才能实现这个目标。

1. 企业自身评估

只有在系统管理员对自己管理的系统安全程度充分理解后,才能设计出防止恶意代码破坏的最佳方案,承担系统安全重任。其实,对于一台独立的计算机而言,恶意代码防范软件应该是第一个必须安装的应用软件。对于一个网络系统,建立先进的全方位恶意代码防范方案是系统安全的重要保证。在制定企业恶意代码防治方案以前,企业系统管理员应该重点考虑以下几个问题。

(1) 哪些计算机正在运行实时性的防范软件?

(2) 如何更新恶意代码的特征码?

(3) 哪些计算机没有运行恶意代码防范软件?

(4) 现有的防范软件效果和功能是否能保证系统的安全?

(5) 过去是否曾遭受恶意代码的侵害?

(6) 谁负责处理用户恶意代码问题?

(7) 用人工处理一次恶意代码危机的费用是多少?

(8) 计算机系统停机一天的损失是多少?

(9) 恶意代码发作能否导致系统瘫痪?

(10) 如果系统瘫痪或重要数据丢失,恢复的费用有多高?

2. 影响因素

完善的企业网络防毒解决方案,除了防毒软件的强大功能之外,尚有下列几项重要的问题需要非常严谨的考虑。

(1) 在每台计算机都安装防毒软件,很麻烦且费时费力!

(2) 大批计算机的恶意代码特征码需要更新,这需要专人管理。

(3) 一般行政人员或不太了解计算机的人员是否可以轻松使用,简捷更新和升级?

(4) 并不是每个使用者都知道如何对恶意代码防范软件的一些功能选项进行设置,需要用简单的方式一次性设定,甚至完全自动化。

(5) 标准预设的防毒选项设置不一定适用所有的工作站。

(6) 很难分析统计恶意代码攻击事件的次数、原因以及来源。

(7) 用户可能会随意更改防范策略和选项设置或忘记更新最新的恶意代码特征码和扫描引擎,甚至卸载恶意代码防范软件。

(8) 移动用户太多,无法有效、及时地掌握和将最新的恶意代码特征码送到移动用户手中。

(9) 是否能够很方便地在多种平台下进行软件安装、维护和升级?

(10) 是否可以对网络进行全方位、多层次的预防和过滤?

3. 对恶意代码防范产品的要求

针对上述问题,建议在评估和购买防毒软件时考虑以下几个因素。

(1) 多层次、全方位的恶意代码防范工作环境。

(2) 先进的恶意代码防范技术。

(3) 简易快速的网络恶意代码防范软件安装和维护。

(4) 集中和方便地进行恶意代码特征码和扫描引擎的更新。

(5) 方便、全面、友好的恶意代码警报和报表系统管理机制。

(6) 恶意代码防护自动化服务机制。

(7) 客户端防范策略的强制定义和执行。

(8) 快速、有效地处理未知恶意代码。

(9) 合理的预算规划和低廉的成本。

(10) 良好的服务与强大支持。

9.4.2 企业网络的典型结构

现代化企业的计算机网络是在一定的硬件设备系统构架下对各种信息进行收集、处理和汇总的综合应用体系。大多数的企业网络都具有大致相似的体系结构,这种体系结构的相似性表现在网络的底层基本协议构架、操作系统、通讯协议以及高层企业业务应用上,这为通用的企业网络恶意代码防范软件提供了某种程度的参考。

从网络基本结构上看,一个典型的企业网络包括网关、服务器和客户端。尽管不同的企业可能选择千差万别的联网设备,但基本都是基于 IEEE 802.2 和 802.3 规范以太网结构。事实证明,这是一种成熟、经济的网络方案。企业内部网和互联网通过网关连接在一起。企业内部网目前应用最多的是一种交换到桌面的 10M/100M 快速以太网,此外,无线网络也越来越成为一种流行趋势。典型的企业网络基本结构如图 9-1 所示。

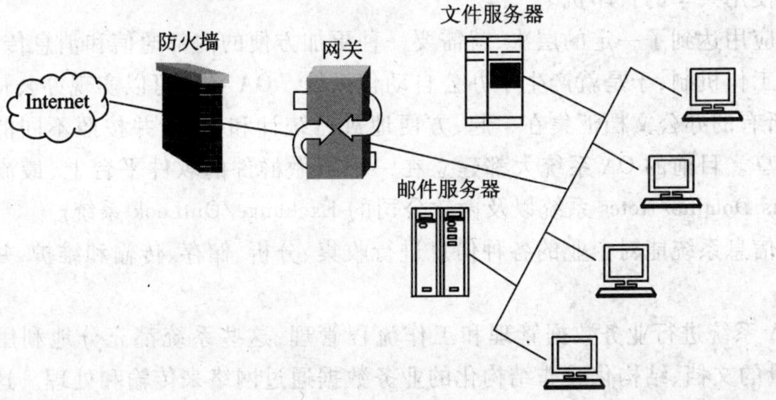

图 9-1 典型的企业网络基本结构示意图

从网络的应用模式上看,现代企业网络都是基于 C/S 的计算模式,由服务器来处理关键性的业务逻辑和企业核心业务数据,客户机处理用户界面以及与用户的直接交互。服务器是网络的中枢和信息化核心,具有吞吐能力强、存储容量大和网络管理能力强等特点。客户机的硬件没有特殊的要求,一般普通 PC 就可以胜任。企业网络往往有一台或多台主要的业务服务器,在此之下分布着众多客户机或工作站,以及不同的应用服务器。根据不同的任务和功能服务,典型的服务器应用类型有:文件服务器、邮件服务器、Web 服务器、数据库服务器和应用服务器等。

从操作系统上看,企业网络的客户端基本上都是 Windows 平台,中小企业服务器一般采用 Windows 2000/2003 等系统,部分行业用户或大型企业的关键业务应用服务器采用 Unix。Windows 平台的特点是价格比较便宜,具有良好的图形用户界面;而 UNIX 系统的稳定性和大数据量可靠处理能力使得它更适合于关键性业务应用。

从通信协议上看,企业网络绝大部分采用 TCP/IP 协议。TCP/IP 本来是一种 Internet 的通信协议,但是主流操作系统和绝大部分应用软件的支持以及它本身的发展,已经使得它足以承担从企业内网到 Internet 的主要通信重任。此外,在企业内网上常见的协议也包括 NetBIOS、IPX/SPX 等。

9.4.3 企业网络的典型应用

企业网络的主要应用包括文件共享、打印服务共享、办公自动化(OA)系统、企业信息管理系统(MIS)、Internet 应用等。

文件和打印共享是企业建网的最初目的,也是计算机网络的最基本应用。有了网络,文件再也不用通过磁盘来传递,大文件的交换、应用程序共享等也更加方便,具有权限的用户可以在自己的计算机上使用共享的打印机。

企业网络应用达到了一定的层次,就需要一种更加方便的内部通信和消息传递机制,以及工作流程的协同工作机制,于是就产生了办公自动化系统。OA 系统可以实现办公信息规范化和一致化,能够将所有的办公文档汇集在一起,方便地进行统计和查找,并按照不同的权限设置在企业成员之间共享。目前的 OA 系统大都建立在一种叫做群件的软件平台上,最流行的群件系统有 IBM 的 Lotus Domino/Notes 系统以及微软公司的 Exchange/OutLook 系统。

企业管理信息系统能对企业的各种信息进行收集、分析、储存、传输和维护,并为企业管理者提供决策。

MIS 和 OA 系统进行业务数据管理和工作流程管理,这些系统都充分地利用了网络的数据交换特征,大量的文档、结构化或非结构化的业务数据通过网络来传输和处理。这种频繁和大规模的文件、数据交换也为恶意代码通过网络传播打开了便利之门。

企业 Internet 应用包括企业需要收发 Internet 邮件、浏览外部网页、发布企业信息等功能。所有这些都需要企业内部网络与 Internet 之间连接的畅通无阻。畅通的 Internet 连接使得企业方便地获取和发布信息的同时,也为恶意代码的乘虚而入创造了条件。

总之,企业应用需要网络的便利信息交换特性,恶意代码也可以充分利用网络的特性来达到它的传播目的。企业在充分地利用网络进行业务处理时,就不得不考虑企业的恶意代码防范问题,以保证关系企业命运的业务数据完整且不被破坏。

9.4.4　恶意代码在网络上传播的过程

目前,互联网已经成为恶意代码传播最大的来源,电子邮件和网络信息传递为恶意代码传播打开了高速的通道。企业网络化的发展也有助于恶意代码的传播速度大大提高,感染的范围也越来越广。可以说,网络化促进了恶意代码的传染效率,而恶意代码传染的高效率也对防范产品提出了新的要求。

近几年,全球的企业网络经历了网络恶意代码的不断侵袭。爱虫、灰鸽子、尼姆达可以算是大名鼎鼎了。这些恶意代码几乎一夜之间让世界为之震惊,唤醒了人们对于网络防毒的重视。

网络恶意代码在企业网络内部之所以能够快速而广泛传播,是因为它们充分利用了网络的特点。根据使用条件和环境的不同,企业网络上恶意代码传播过程如图 9 - 2 所示。

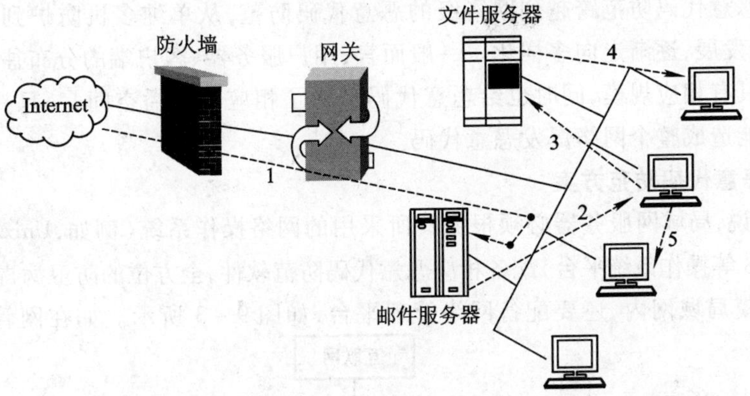

图 9 - 2　恶意代码在企业网上的传播过程

图中虚线 1 表示互联网上的恶意代码经过防火墙、网关到达邮件服务器,这样邮件服务器就染毒了。虚线 2 表示某一个用户使用邮件服务器从而染毒。经过虚线 3,恶意代码扩散到文件服务器上。虚线 4 表示通过资源共享,文件服务器感染了客户端。虚线 5 表示客户端之间的交叉感染。

根据恶意代码在企业网中的传播过程,可以归纳出恶意代码在企业网中的几种传播途径。

1. 互联网

网络上有些计算机具有连接互联网的功能,而互联网上有许多可供下载的程序、文件、信息。另外,收发 E-mail 也必须通过互联网。这些都是恶意代码进入企业内部网络的入口。

2. 网络共享

当使用网上服务器或其他计算机上的带恶意代码共享文件或开机时使用了服务器中带毒的引导文件时,网络用户计算机系统就可能被感染恶意代码,也可能将恶意代码感染到其他计算机中共享目录下的文件。如果服务器本身已感染了恶意代码,则联在网上的计算机在共享服务器资源和操作时，很容易引起交叉感染。

3. 客户端

如果某个客户端不小心感染了经过其他途径（移动硬盘、光盘等）传染的恶意代码，就很容易导致网络内部交叉感染。

由以上恶意代码在网络上传播方式可以看出，在网络环境下，网络恶意代码除了具有可传播性、可执行性、破坏性、可触发性等恶意代码的共性外，还具有感染速度快、扩散面广、传播的形式复杂多样、难于彻底清除、破坏性大等新的特点。由此可见，基于网络的整体解决方案势在必行。

9.4.5 企业网络恶意代码防范方案

魔高一尺道高一丈，随着恶意代码的不断发展，安全厂商研发出不同的防毒安全产品予以应对，从传统单机恶意代码防范跨越到网络级的恶意代码防范，从单纯多机防护到定点网关杀毒，防范模式有很大发展，逐渐走向多样化。一般而言，用户服务器、客户端的分布往往集中在总部、分支机构，网络具有相应规模，同时也给恶意代码带来了相应的传播空间，一旦一点或多点感染恶意代码，很可能造成整个网络爆发恶意代码。

1. 局域网恶意代码防范方案

从整体上来说，局域网服务器必须根据其所采用的网络操作系统（例如，Unix/Linux、Windows 98/NT/2000、DOS 等操作系统平台）配备相应恶意代码防范软件，全方位的防卫病毒的入侵。

另外，在规模局域网内，还要配备网络管理平台，如图 9－3 所示。如在网管中心可以配备

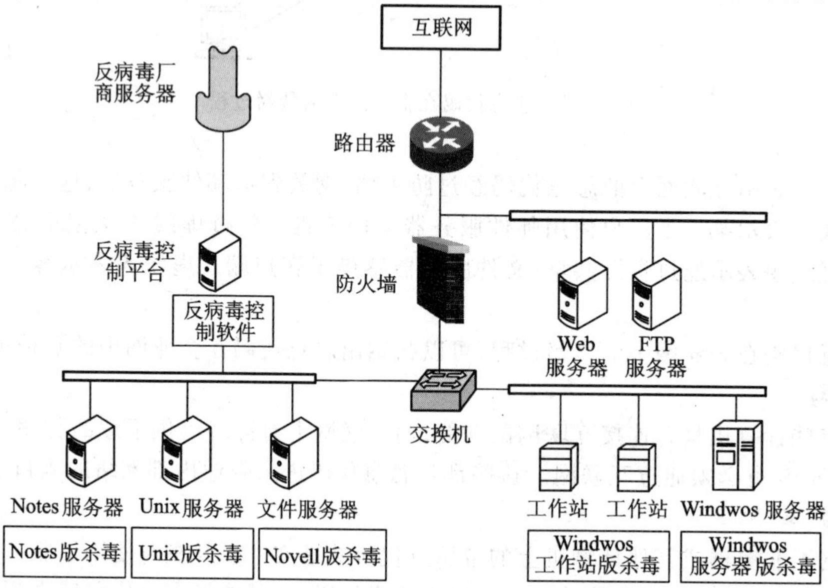

图 9－3 局域网恶意代码防御结构图

恶意代码集中监控中心，可以做到对整个网络的恶意代码疫情进行集中管理，在各分支网络也配备监控中心，以提供整体防范策略配置、恶意代码集中监控、灾难恢复等管理功能，另外，工作站、服务器较多的网络可配备软件自动分发中心，以减轻网络管理人员的工作量。

2. 广域网络恶意代码防范方案

广域网恶意代码防御策略是基于“单机杀毒”“局域网集中监控”“广域网总部管理”三级管理模式，如图9－4所示。

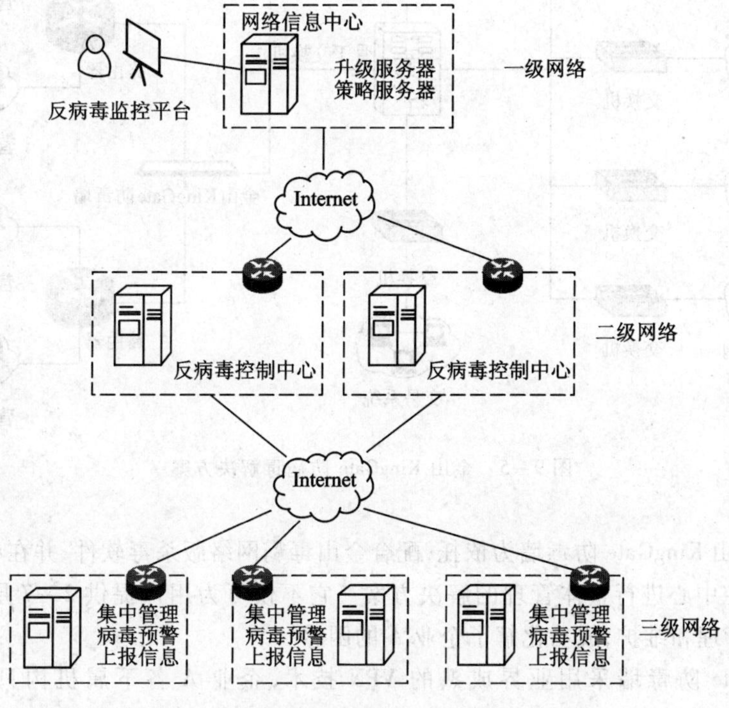

图9－4 多级恶意代码安全管理结构图

另外，还可以在局域网恶意代码防御的基础上构建广域网总部恶意代码报警查看系统，该系统在监控本地、远程异地局域网恶意代码防御情况的同时，还可以对整个集团网络的恶意代码爆发种类、发生频度、易发生源等信息做统计分析。

3. 某企业恶意代码防范应用案例①

假设某企业（以下称企业A）网络由4个部分组成：总部网络、营业部网络、交易系统和网站系统等。网络安全威胁是全方位的，大多数恶意代码来自于互联网，发作时会导致整个网络系统瘫痪，针对当前的网络现状，企业A需要在现有的网络体系下建立起一套统一完整的恶意代码防范安全解决方案。该方案如图9－5所示。

① 金山毒霸：企业防病毒方案，http://ep.duba.net/Column/2008/09/28/127998.shtml。

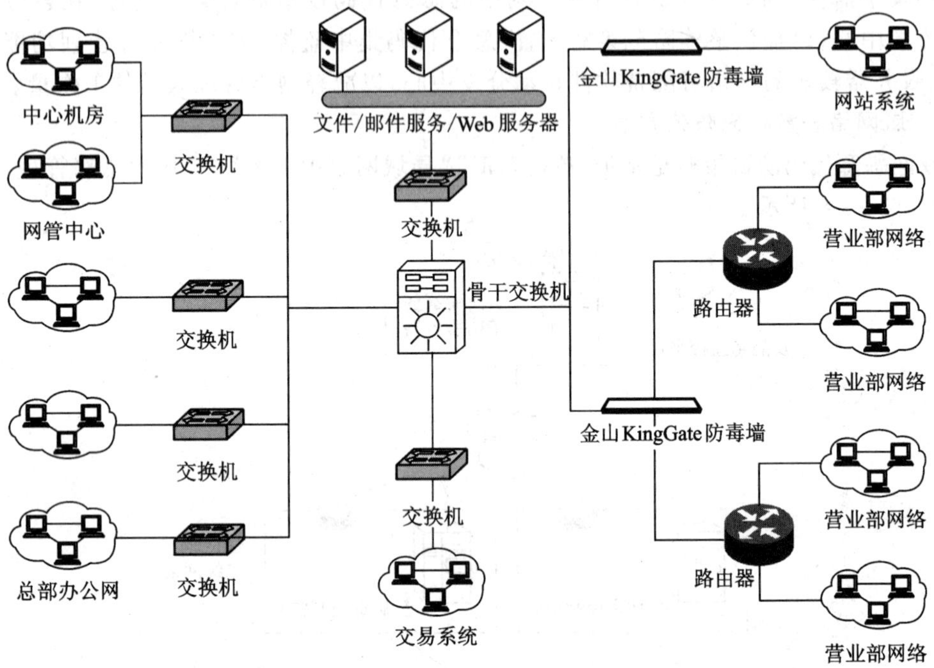

图9-5 金山 KingGate 防病毒解决方案

该方案以金山 KingGate 防毒墙为依托,配合金山毒霸网络版杀毒软件,并在中心机房利用金山 InfoCenter 管控中心进行整体管理的解决方案。它不仅可为用户提供 2~7 层的全面安全防护,同时简化了管理和维护,成功化解了企业 A 的困惑。

金山 KingGate 防毒墙采用业界成熟的 VPN 技术,企业 A 各下属机构只需接入本地的 Internet 中,就可以通过部署的防毒墙设备与总部建立安全加密的网络连接。同时,针对连锁机构分布地点广泛,接入条件不同的特点,金山 KingGate 防毒墙还可支持多种 VPN 接入模式,例如,固定 IP 地址、ADSL、DHCP 等。

金山 KingGate 防毒墙为用户提供全方位的恶意代码和攻击过滤。并使用 USE(统一安全引擎),运用高效的引擎集成技术,将多个安全功能有机地整合为一体。它实现了状态检测、入侵防护、恶意代码防范、反垃圾邮件等引擎的并行处理,防护能力大大超出传统病毒防护产品,为用户的 VPN 网络进行恶意代码攻击防护,彻底解决了恶意代码等各种安全威胁通过 VPN 加密通道进行传播和攻击的问题,可以对网络恶意代码、混合攻击、端口扫描、网页钓鱼、间谍软件等各种广义恶意代码进行全面彻底的拦截。

金山 KingGate 防毒墙还可以对多种 P2P(例如,BT、eMule/eDonkey 等)和 IM(MSN、Skype、QQ)等应用协议进行阻断和流量限制,可配合 UTM 的流量整形功能,限制 IM 和 P2P 软件对网络带宽的滥用,最大限度地保障业务数据的高速传输。

方案中配合的金山毒霸网络版杀毒软件，以其强劲的功能和网络版独有的管控特性，防毒结合反黑，全网修复漏洞，为企业A总部和各地分部的局域网的安全进一步保驾护航。

通过网关端的金山KingGate防毒墙设备和局域网内的金山毒霸网络版杀毒软件，实现了真正的"软硬结合，全程联防"的立体防御模式，为客户打造了一个极为可靠的网络安全环境。

通过金山InfoCenter控管中心对金山信息安全系列产品进行统一管理，集中实现远程布控、策略分发、实时报警、日志查询等功能。极大地减轻管理者的管控难度，通过一体化的恶意代码防范解决方案有效提升企业使用多台安全设备的综合防护能力，增强企业安全设备的可用性和通用性，是企业安全部署的理想选择。

9.5 习　题

1. 恶意代码评测机构在信息安全领域所起的作用是什么？
2. 作为一款成熟的商业杀毒软件，应该具备什么样的功能？
3. 如何理解恶意代码的地缘性？并举例加以解释。
4. 企业恶意代码防范的关键环节有哪些？
5. 以一家小型企业为例，试给出该企业的恶意代码防范方案。

第 10 章　Linux 系统杀毒工具

Linux 的应用软件和系统软件几乎都是开源的，Linux 系统对系统资源访问控制比较严格，具有良好的用户权限管理体系，由于其受到的攻击事件较少，针对 Linux 系统的杀毒工具容易被用户忽略。早期，Linux 上的杀毒软件应用面比较窄，主要是针对企业的邮件和文件服务器。如今，随着恶意代码的泛滥和 Linux 桌面用户数量的增长，安全工具厂商也逐渐涉足 Linux 杀毒工具领域，开发出了一些较好的杀毒软件。

本章主要介绍 3 款适用于 Linux 桌面用户使用的杀毒软件，它们具有良好的面向用户的图形化操作界面和杀毒性能，且都有免费版本供读者选择。

本章学习目标

- 了解 Linux 系统下的安全工具
- 掌握 Linux 系统下的杀毒软件配置和使用方法

10.1　avast!杀毒软件

avast!杀毒软件是 ALWIL Software 的旗舰产品，ALWIL Software 于 1991 年 4 月成立于捷克，该公司偏重于开发与计算机安全相关的软件。avast!杀毒软件已有数十年的历史，多次获得过互联网计算机安全盟（International Computer Security Association，ICSA）和英国权威 IT 安全杂志 Virus Bulletin 100%（VB 100）认证。avast!主要有 Windows 和 Linux 两个版本，也有基于 Palm OS 平台的，其对恶意代码的脱壳能力较强，具有比较精美的用户界面。本章介绍的 Linux 版本采用与 Windows 版本一样的杀毒内核，体积小巧，资源占用低，在 Linux 杀毒软件中一直受到很高的评价。最新版本的 avast!运行性能高，误报率非常低，查杀能力特别突出，能出色地检测出木马病毒，几乎能检测 100% 的流行病毒。avast!是一款商业软件，但其家庭版本（avast! Linux Home Edition），可供非商业性质的家庭用户免费使用，超过了免费期限可以通过注册的电子邮件即可获得新的注册号继续使用。

10.1.1　avast!的主要功能

avast!主要由多个防护模块组成，其主要功能如下：

1. 多种格式解压和扫描

avast!的 Linux 杀毒引擎解压功能突出,支持 CAB、MAPI、ACE、CHM、7ZIP 等一些格式,能扫描多种格式的内部内容:RAR、TAR、GZIP、ZIP、ARJ、MIME(所有组合格式),MAPI(Outlook pst 文件),DBX(Outlook Express 压缩档),CAB、BZIP2、ZOO、ACE、ARC、LHA/LHX、TNEF(winmail.dat)、CPIO、CHM、RPM、ISO、7ZIP 和 SIS,而且支持多种可执行文件压缩器,例如,PKLite、Diet、UPX,ASPack、FSG、MEW、PeShield,另外,它还能够扫描出隐藏在 NTFS 卷交换数据流中的病毒。

2. 病毒清理器

avast!的病毒清理器的作用是清除病毒感染,使计算机恢复到正常状态。它可以作为独立模块使用,而无需安装整个 avast!程序。

3. 计算机系统实时防护

avast!拥有强大的实时防护计算机系统的常驻防护模块,这是杀毒软件的重要功能,它可以提前检测要感染计算机的病毒。

(1) 文件系统实时防护。avast!提供了灵活的文件系统的防护设置功能,能保护计算机的文件系统,例如,扫描文件复制过程中的文件,或者只扫描包含指定扩展名的文件。

(2) E-mail 新闻防护。包含多种协议的扫描器和 MS Outlook 插件两个独立的模块,前者可以为 E-mail 用户提供保护,扫描 SMTP、POP3、IMAP4 和 NNTP 等多种协议;后者无需特别设置能全自动扫描邮件。

avast!版本 4 增加了启发式分析 E-mail 扫描器,对于普通扫描工具无法检测的新的、未知病毒能有效进行防护抵抗,其工作机理是全面检查每个 E-mail 信息,进行病毒的可疑特征检测,对于超过用户定义水平的特征信息视为危险信息,它将发出警告。另外 avast!4 Server Edition 为终端服务器使用设计了专门的 E-mail 常驻防护(Outlook/Exchange、Internet Mail) 和浏览器防护(Script Blocker)。

4. IM 和 P2P 防护

IM(即时聊天)本身不存在病毒问题,但是由于 IM 的应用程序能提供文件共享服务、能发送接收文件,因而使用 IM 可能会引起病毒感染,需要进行检测。P2P 网络(例如,Kazaa)中包含有大量的潜在感染的文件,如果不进行有效防护,也可能造成病毒干扰。avast!提供了 IM 和 P2P(Peer-to-Peer)程序的防护模块,监控 IM 文件传输与 P2P 下载,能有效提供对超过 30 种 IM 和 P2P 程序的防护,当然,其不支持国内的 BT 下载防护。

5. 网页防护

avast!网页防护功能很有特色,它不同于其他杀毒工具的解决方案,采用独特的智能流量扫描(Intelligent Stream Scan)功能,无需缓存,对访问网页速度几乎没有影响。网页防护起到透明 HTTP 代理的作用,与 Microsoft IE、FireFox、Mozilla 和 Opera 等主流的网页浏览器兼容,而且可以扫描 HTTP 流量,检测网页上的恶意代码,监控压缩文件的下载,防范网络病毒、恶意软件通过访问网页传播。

avast!还提供网络防护功能,但其网络防护功能实际上主要应用于基于 NT 的系统(Windows

NT/2000/XP/2003)，能分析所有网络流量，扫描恶意脚本，防护已知互联网病毒及攻击。此功能相当于简易防火墙的功能，但其不能控制应用程序访问外部网络，并不能取代防火墙。

6. 病毒隔离

与其他杀毒工具一样，avast!也提供了将病毒与操作系统完全隔离的病毒隔离区，病毒隔离区的特殊属性使得其中的文件不可任意执行，这样可以储存病毒文件或可疑文件，保护计算机系统的安全，用户可以删除隔离区中的文件，也可以在安全限制的保护下有限度地使用这些文件或者执行其他操作。

7. 集群设置

avast! 4 Server Edition 包含有针对集群安装的向导功能，支持集群设置。

8. 通告管理器

在 avast! Server Edition 版本中包含一个可以定义通告对象的通告管理器，可由用户根据需要定义通告对象，在检测到病毒时可根据预先的设置使用定义的通告对象，这样可以和杀毒任务有效结合起来。通告对象有很多种，例如，发送邮件信息、使用弹出消息窗机制等和发送即时消息等。

9. 增量 PUSH 更新升级

采用增量更新方式，在更新升级时只下载新的或者缺少的数据，这样减少了网络数据传送量，也有利于加快更新速度，提高病毒防护能力。avast! Professional Edition 采用 PUSH 推送的升级方式，通常是客户端轮询检查是否需要更新，当客户端发现新版本或新的病毒库时，由服务器发起 PUSH 更新，客户端下载安装新版本工具或更新病毒库。avast!病毒定义码更新比较及时，一般每周更新至少3次，可以确保计算机用户得到最新的病毒数据库。

10. 多语言版本

avast!有多种语言的版本，也可见其杀毒能力强及受欢迎的程度。其版本语言包括：简体中文、繁体中文、英语、捷克语、荷兰语、芬兰语、法语、德语、意大利语、挪威语、韩语、波兰语、葡萄牙语、罗马尼亚语、俄罗斯语、塞尔维亚语、西班牙语和土耳其语等。

10.1.2 avast!安装

avast!有多个平台的版本，下面以 Linux 平台下 avast! Linux Home Edition(见图 10－1)为例对其使用进行介绍。

1. 安装与注册

avast!Linux Home Edition 是一个专为家庭和非商业用途而设计的全功能杀毒程序包，是免费的家庭用户使用的杀毒软件，仅提供了本地扫描功能，用于扫描 Linux 系统中的文件，并没有提供自动防护功能。avast! Linux Home Edition 提供针对计算机32位的安装包，包括3种格式：RPM、DEB 和 TAR GZ。RPM 安装包在红帽 Linux、SUSE、Fedora 系统上可以直接进行安装，但在 Ubuntu 中由于无法识别不能安装。而 DEB 安装包在 Ubuntu 中安装非常方便，双击 DEB 包就可以进入自动安装进程。TAR GZ 安装包在所有的 Linux 版本中都可以使用，先解压缩，然后进入

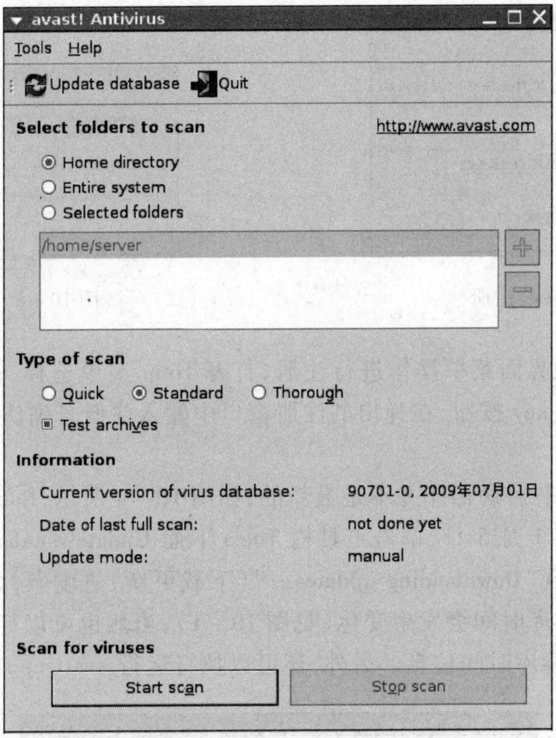

图 10－1　avast! Linux Home Edition 窗口

刚才解压的目录运行文件。下面以 TAR GZ 包安装使用为例进行说明。

可从地址 http://www.avast.com/cns/download-avast-for-linux-edition.html 下载安装包。安装 avast!的过程比较简单,解压后可以直接运行。将下载的 Avast Linux Home Edition 免费版解压(在 Linux 系统中解压),进入解压后目录中的 bin 下,有 3 个主要执行文件:avast、avastgui、avast-update。使用 avast 是运行 avast 命令行模式;使用 avastgui 是图形界面模式,双击 avastgui 就可以运行。

首次运行时会询问注册号,如图 10－2 所示,单击 Click here to obtain license key 栏,弹出如图 10－3 所示的对话框,直接单击“确定”按钮,为使用浏览器的方式注册,此时如果计算机能够访问互联网,则会进入注册地址:http://www.avast.com/eng/home-registration.php,注册比较简单,填写表单(邮箱地址、名字、国家/地区),一般过几分钟后会收到来自 register@ register.avast.com 的邮件,提示 avast! 4 家庭版注册已经成功,并提供注册号,当然,此次注册的有效期为一年,期满后需要重新注册获取新的注册号才能正常使用。商业用途的 avast!版本可以在网站找到:http://www.avast.com/cns/products.html。获取到注册号后在如图 10－2 所示界面中填入注册号,单击“确定”按钮即可完成注册。

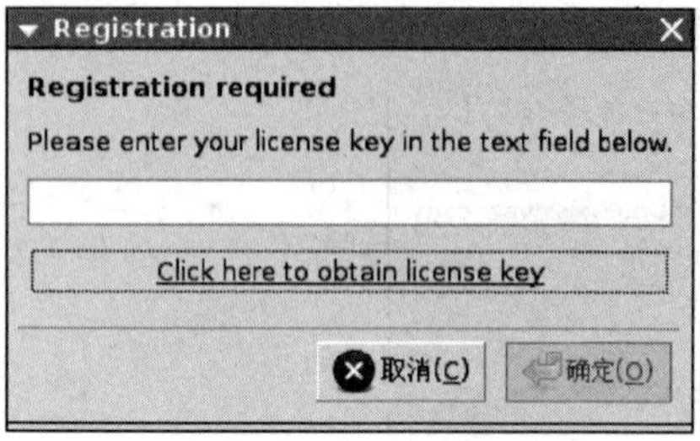

图 10－2 avast!注册

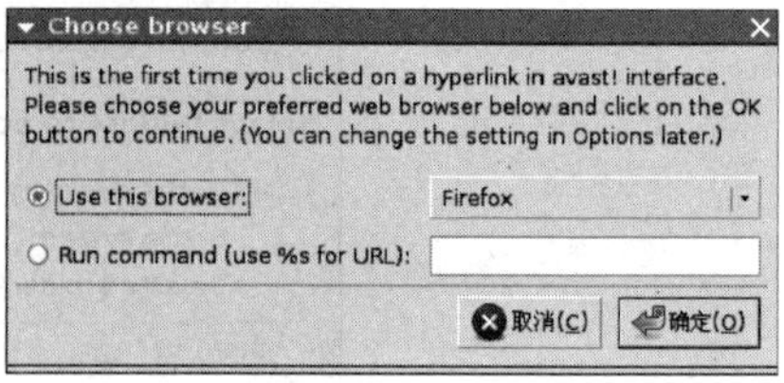

图 10－3 选择注册方式

另外,也可以通过主界面菜单操作进行注册,打开 Help 菜单选择 About avast!选项,在弹出界面窗口中单击 License key 按钮,在弹出的注册窗口中输入注册号确认后即可。

2．更新

avast! Linux 首次安装后病毒库并不是最新的,如图 10－4 所示,Information(信息)中显示当前病毒库时间是 2009 年 1 月 5 日,单击工具栏 Tools 下面 Update database(更新数据库)图标按钮,开始更新病毒库,出现“Downloading updates…”(下载更新)进度条,如图 10－5 所示,表示正在更新,更新完毕后病毒库时间会发生变化(见图 10－1),当然也可以打开 Help 菜单选择 About avast!选项,从中查看病毒库时间信息。另外,还可以执行运行 avast-update 进行更新。

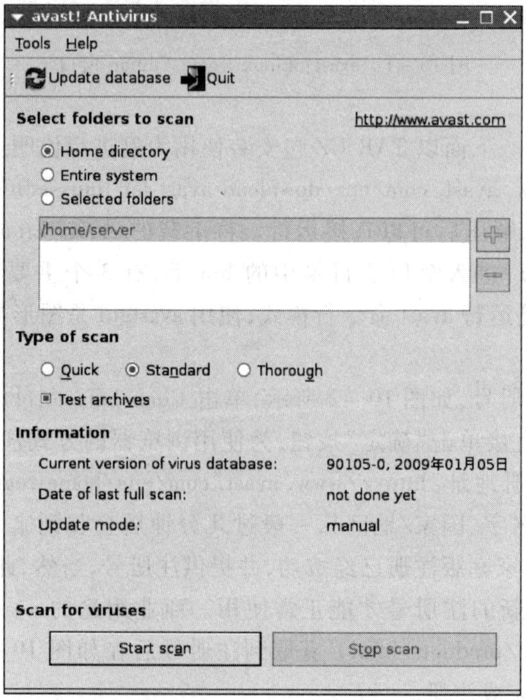

图 10－4 安装后首次更新前主窗口

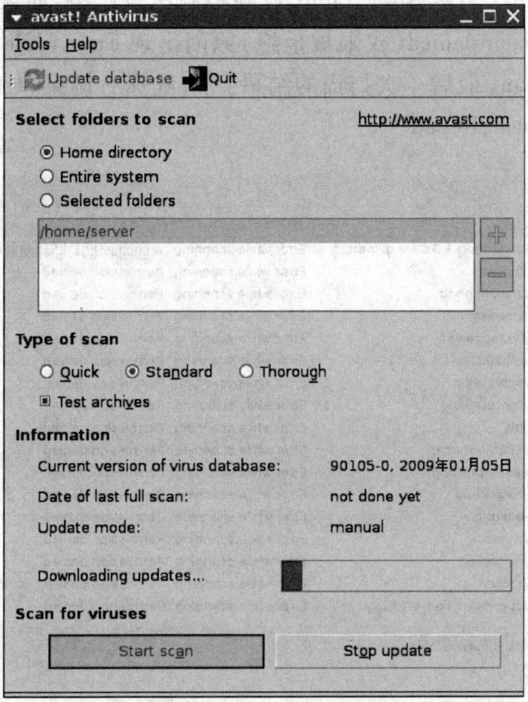

图 10-5 正在更新的窗口

10.1.3 avast!使用与配置

avast! Linux Home Edition 虽然没有保持 Windows 版本精美的操作界面,但是在简洁的外观下蕴涵了丰富的功能:简易用户界面,独立安装图像库,选择测试整个磁盘或者指定文件夹,设置和执行杀毒测试,处理扫描结果,处理感染文件,储存扫描结果,显示病毒库和方便用户查阅等。

1. 工具菜单

使用工具菜单,除了不能执行扫描病毒功能外,可以很方便使用 avast! Linux Home Edition 其他各项功能,单击各项工具菜单,会分别弹出窗口显示相关信息。

(1) Show status information(显示状态信息)

在主界面窗口中显示杀毒软件当前程序状态信息,包括数据库的当前日期、最后扫描时间和更新选择的方式等。

(2) Show last scan results(显示最后一次扫描的结果)

显示扫描的结果,如图 10-6 所示。显示最后一次扫描的结果,以表格方式显示,包括 File name、Result 和 Operation。File name 是指受影响的文件路径、文件名,Result 是指文件感染的病毒名称，Operation 显示操作。当然，由于 Linux 权限控制比较严格，如果当前用户权限不足，扫描结果可能显示由于 Permission denied（权限被拒绝）原因出现 Error while scanning（扫描时出错）的结果。在 Results of last scan（最后一次扫描的结果）中，鼠标右键菜单工具可以执行操作：Move/Rename、Delete、Move to chest、Repair。

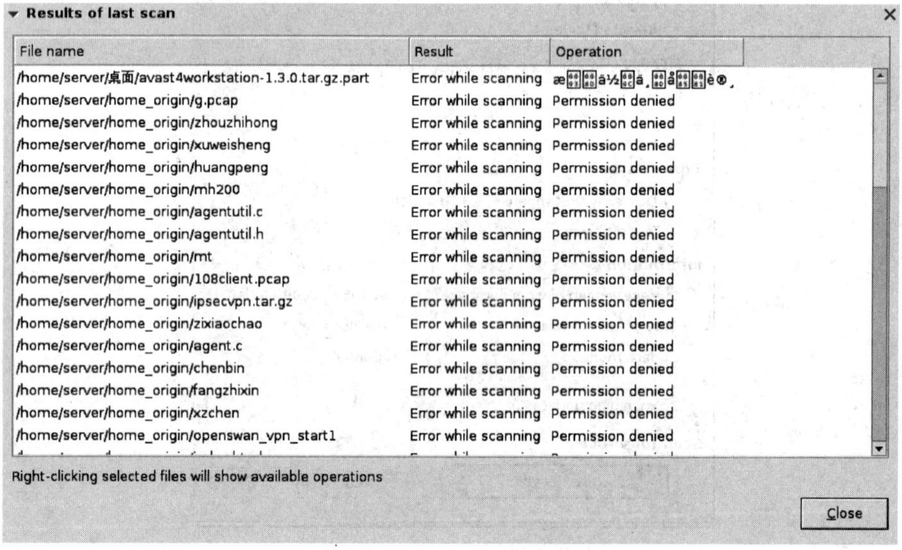

图 10－6　显示扫描结果

（3）View scan reports（显示扫描报告文件）

如果没有创建过报告文件，该项功能就不起作用。

（4）Virus database（显示病毒库）

显示 avast！能检测到的所有的病毒信息（见图 10－7），可以通过多种参数查询病毒。对于 Search results 列表中病毒分类、特点说明如下。

- ITW：表示正在广泛传播的病毒，这些病毒当前非常活跃。
- Worm：表示的不是文件病毒，而是通过邮件等方式感染传播的网络蠕虫病毒。
- Macro：表示宏病毒。
- Rep：如果该项勾选，表示是 avast！可以修复的病毒。
- Care：表示 avast！建议查杀这些病毒时需要谨慎避免破坏感染的文件，需要遵循杀毒步骤。
- Boot：感染磁盘启动分区表的病毒。
- MBR：感染磁盘主分区表的病毒。
- COM：感染 COM 执行文件的病毒。
- EXE：感染 EXE 可执行文件的病毒。

- RES:驻留内存的病毒,这些病毒驻留内存,在文件运行时感染。

对于某个病毒恶言,可能包含了以上的多个特点,如该病毒是 ITW,同时能感染 COM、EXE 文件。

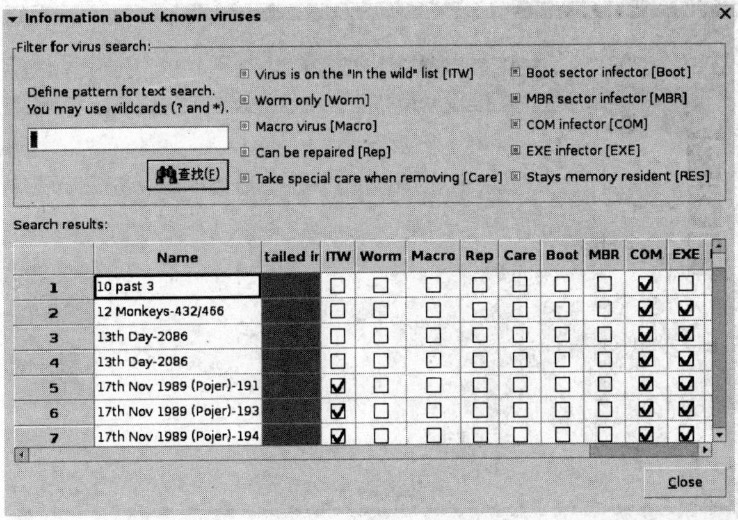

图 10-7 显示病毒库

(5) Virus chest(病毒隔离区)

avast!专门隔离感染病毒文件的目录,可以对隔离区中病毒文件进行删除、恢复、转移到其他目录等操作。病毒文件隔离窗口如图 10-8 所示。

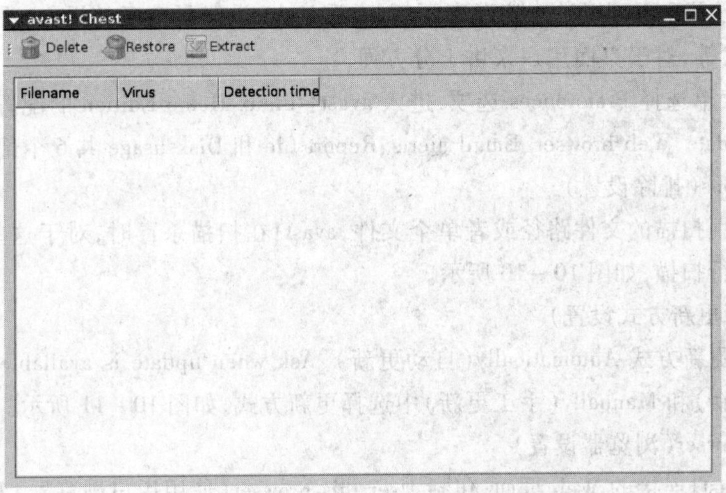

图 10-8 病毒文件隔离窗口

(6) Log viewer(查看日志)

查看工作日志。显示 4 个等级的日志:Critical(危险)、Error(错误)、Warning(警告)、Info(一般信息),如图 10-9 所示。

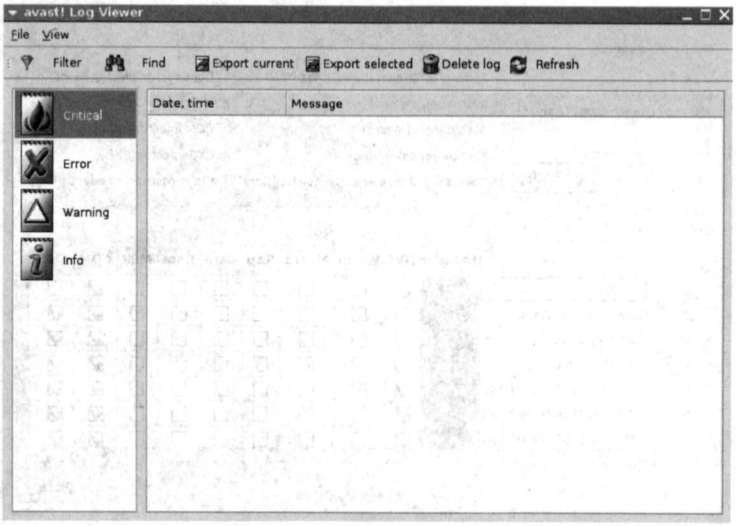

图 10-9 日志显示操作窗口

(7) Update database(更新数据库)

执行病毒数据库更新操作。

2. 配置

在 avast!图形界面下可以进行病毒库更新、查看日志、设置隔离区的操作,设置排除目录、邮件提醒、报告格式等,对于桌面用户来讲十分方便。

打开 Tools 菜单选择 Preferences 选项,进入 avast! Linux Home Edition 的配置界面,选项栏包括 Exclusions、Update、Web browser、Email alerts、Report file 和 Disk usage 共 6 个部分。

(1) Exclusions(排除设置)

添加设置不用扫描的文件路径或者单个文件,avast!在扫描杀毒时,对于这些路径下的文件或单个文件不进行扫描,如图 10-10 所示。

(2) Update(更新方式设置)

可以在 3 种更新方式 Automatically(自动更新)、Ask when update is available(检查到更新可用时询问是否更新)和 Manually(手工更新)中选择更新方式,如图 10-11 所示。

(3) Web browser(浏览器设置)

设置包含 avast!连接的 Web 页面,包括 User this browser(使用用户浏览器)和 Run Command(使用命令运行的方式,使用% s 作为 URL 的参数)选项,如图 10-12 所示。

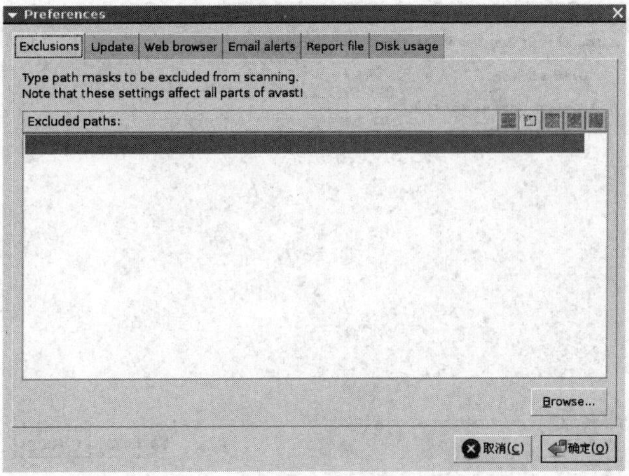

图 10 - 10 路径或文件扫描排除设置

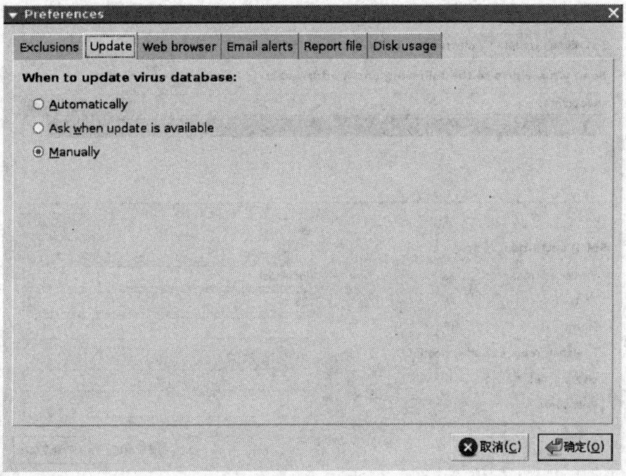

图 10 - 11 更新方式设置

(4) Email alerts(报警 Email 设置)

设置检测到病毒时发送邮件的方式,在 Recipients 中添加接收方的邮件地址,在 SMTP settings 中设置发送邮件的邮箱账号、SMTP 邮件服务的地址和端口,如图 10 - 13 所示。

(5) Report file(报表文件设置)

如图 10 - 14 所示,其功能是创建和保存病毒扫描报告文件相关设置,可以自定义报告文件存储的目录,指定报告文件记录的信息类型:Task start(扫描起始日期和时间)、Task stop(扫描结束日期和时间)、Hard errors(扫描文件时发生严重的或异常错误)、Soft errors(由于文件拒绝访问

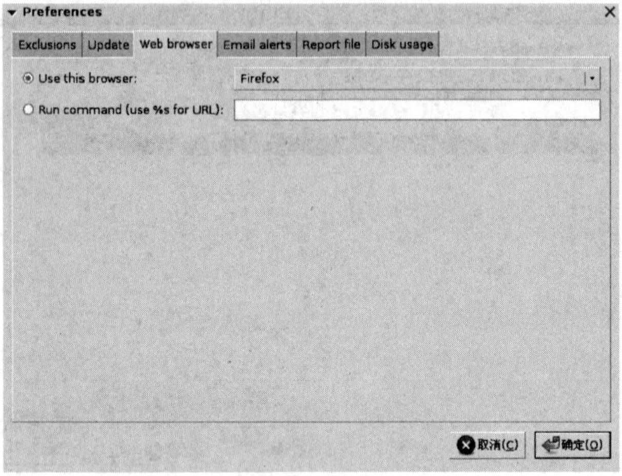

图 10 - 12 Web 访问设置

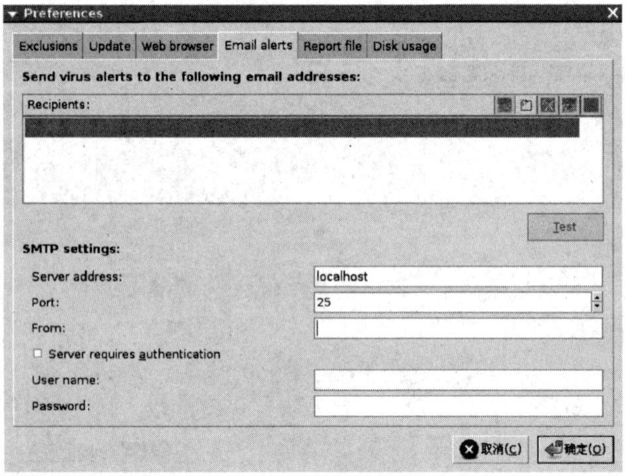

图 10 - 13 邮件告警设置

等原因不可能检测到的文件信息)、Skipped files(扫描忽略的文件)、Infected files(感染病毒的文件)、OK files(未感染病毒正常的文件)。

(6) Disk usage(磁盘空间设置)

设置包括 Maximum size of the chest 和 Maximum size of the log file 两个方面,即可以设置病毒隔离区的硬盘使用空间的大小和日志文件存储空间的大小,如图 10 - 15 所示。

3. 查杀病毒

avast!提供了简易友好的用户界面,方便计算机用户执行手动扫描操作,并处理扫描结果,也

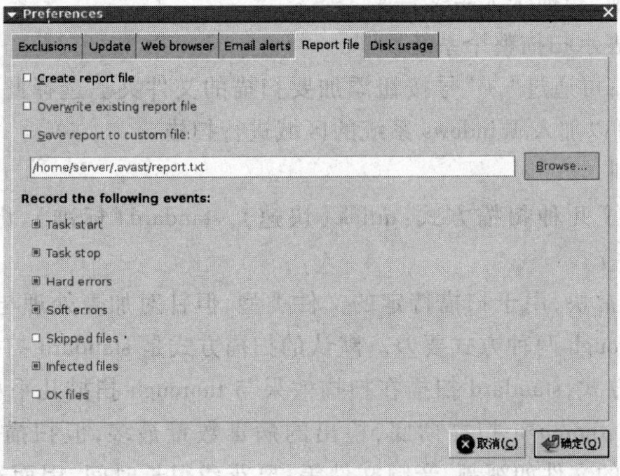

图 10-14 病毒扫描报告文件设置

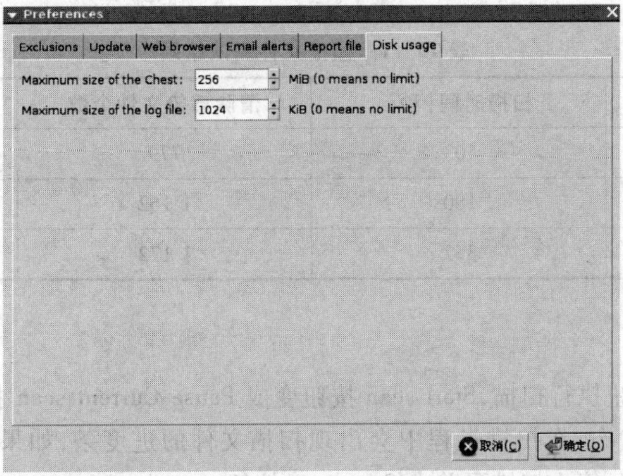

图 10-15 隔离区和日志存储设置

可以灵活更改扫描选项进行扫描。用户界面需要 GTK +2. X 库,如果系统没有安装这些程序库,可使用安装套装里面的配置。计算机用户在使用图形界面时,可以选择多个不同的目录进行扫描,avast!提供了快速、标准、深入 3 种不同扫描程度的方式,计算机用户可以灵活选择,且针对压缩文档可以自由选择是否扫描。在需要帮助时按下 F1 可以查看帮助信息,avast!采用的是 GTK2 的相关帮助组件。具体杀毒操作如下。

(1) 选择扫描路径

在 select folder to scan 中选择要扫描的路径,有以下可选择项。

- Home：选择此项，扫描个人主文件夹。
- Entire system：表示扫描整个系统。
- Selected folders：可通过"+"号按钮添加要扫描的文件夹。选择此项，对于包含 Windows 的双系统，也可以加入 Windows 系统的区域进行扫描。

（2）选择扫描级别

Type of scan 包含了几种扫描方式：quick（快速），standard（标准），thorough（完全）和 Test archives（扫描存档文件）。

quick 扫描速度非常快，用于扫描特定的文件类型，但针对加壳处理与多次压缩的病毒检查效果比 standard 和 thorough 两种方式要差。默认的扫描方式是 standard 扫描，通常建议在扫描整个系统时使用此扫描方式，standard 扫描在扫描效果与 thorough 扫描几乎相同的同时，大大节约了扫描所需要的时间。thorough 扫描彻底，检出的病毒数量最多，但扫描时间比前两者要长很多，尤其对于一些较大的文件如视频、音频文件等，要花费很长时间，因而通常情况下，没有必要选择这种扫描方式。Test archives 扫描方式比较简单，只扫描一些存档文件。有人曾做过测试，下面以扫描 1 172 个文件为例，测试结果如表 10－1 所示。

表 10－1 扫描文件测试结果

扫描方式	扫描时间（秒）	清除感染文件个数	扫描结果（%）
quick	103	779	66.5%
standard	180	1 162	99.1%
thorough	352	1 172	100%

（3）执行扫描

单击 Start scan 按钮执行扫描，Start scan 按钮变成 Pause Current scan 按钮，Stop scan 按钮由不可用状态变成激活状态，在扫描过程中会出现扫描文件的进度条，如果需要暂停扫描可单击 Pause Current scan 按钮，停止扫描可单击 Stop scan 按钮。

运行 avastgui 后出现的图形界面如图 10－16 所示。

计算机用户也可以通过 avast！命令行运行 avast！，控制手动扫描器。avast！命令行扫描允许扫描指定远程或本地目录中的文件，提供日常扫描任务的 Shell 脚本，在 Shell 脚本上使用 STDIN/STDOUT 模式扫描病毒，运行方式非常灵活，可以使用大量参数指令，还能够创建大量用于事后病毒分析的报告文件。

从总体性能而言，avast！杀毒性能速度不快，但是 avast！解压缩能力相当强，压缩档案支持很好，对于多种 EXE 加壳手段都能检测出来，不过也因此导致了含有大量压缩档案的测试用时较长。

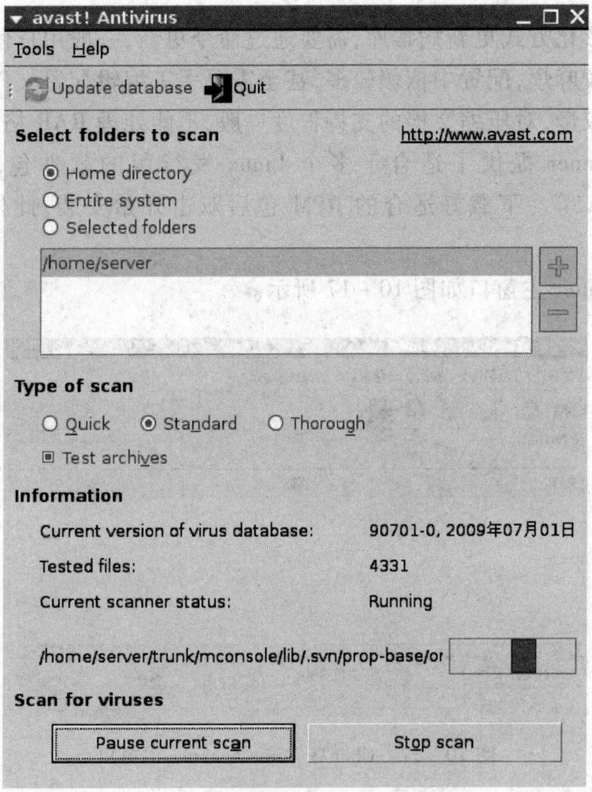

图 10－16　隔离区和日志存储设置

10.2　ClamTk 杀毒软件

ClamTk Virus Scanner 提供开放源代码，可免费使用，它是基于著名的开源代码软件 ClamAV① 开发的具有图形化界面的版本，但与采用 KDE 组件构造的 ClamAV 比较而言，ClamTK 对以 GNOME 为桌面环境的用户更加适合。ClamTk Virus Scanner 的图形化界面与 GNOME 风格协调统一，计算机用户可以正确使用全局设置中的图标集和字体，在安装后会在应用程序菜单集中自动创建启动项，还能集成在 Nautilus 文件管理器中实现右键弹出菜单杀毒功能。另外，它还提供了快捷键设置，可以快速切换各种设置选项。ClamTk Virus Scanner 采用了 GTK2－Perl 脚本，在计算机 32 位和 64 位的系统上都可以运行。当然，ClamTk Virus Scanner 也存在一些不足，

① 关于 ClamAV 的详细介绍请参考本书第 7 章。

主要表现如下：

(1) 没有提供图形化方式更新病毒库，需要通过命令更新，一般用户使用不太方便。

(2) 安装配置比较麻烦，配置中依赖较多，甚至需要手工编辑配置文件。

(3) 杀毒速度比较慢，对压缩文档的支持程度一般，不能处理 RAR 格式的压缩文档。

ClamTk Virus Scanner 提供了适合于多个 Linux 发行版的软件包，包括 Debian、Fedora、CentOS、SuSE、Mandriva 等。下载好适合的 RPM 包后双击开始安装，此外，也可以安装相关支持包。

ClamTk Virus Scanner 主窗口如图 10－17 所示。

图 10－17 ClamTk Virus Scanner 主窗口

10.2.1 ClamTk 安装与更新

1. 安装防病毒软件

在安装 ClamTk Virus Scanner 时，有两种方式可供用户选择如何运行程序杀毒：一种方式是手动扫描文件和文件夹；另一种方式是将 ClamTk Virus Scanner 关联到守护进程，在后台作为服务一直运行。下面以第二种方式进行说明。

启动终端后，输入以下命令，安装一个名为 clamav-freshclam 的包，这是程序的升级包。

sudo① apt-get install clamav-daemon

按 Enter 键，按照提示输入正确的密码后再按 Enter 键，在满足提示安装使用多少磁盘空间的情况下，输入 Y 后按 Enter 键继续安装过程。

安装过程开始后通常约几分钟就可以完成安装，当安装过程结束时，程序会提示病毒库已过

① Sudo 是 Unix/Linux 平台上的一个非常有用的工具，它允许系统管理员分配给普通用户一些合理的权利，让他们执行一些只有超级用户或其他特许用户才能完成的任务。

期，应该尽快更新病毒库定义，便于安全保护系统，这也是使文件免受恶意软件感染的最重要的步骤。

也可以通过“添加/删除”程序安装 ClamTK。在“应用程序”(Applications)中点击“添加/删除”(Add/Remove)，在出现的窗口中，需要更改出现的应用程序。在屏幕的顶端，从“显示”(Show)下拉列表框中选择“所有可安装应用程序”(All Open Source applications)在“搜索”(Search)框中输入 clam 或 clamTk 按 Enter 键，然后找到 ClamTK 在窗口的主区将它列为 Virus Scanner，如图 10－18 所示，选择 Virus Scanner 旁的复选框。如果提示启用维护软件的安装，可以勾选，然后单击右下角的“应用改变”(Apply Changes)按钮，随后单击“应用”(Apply)，此时将要求输入密码；输入密码后单击 OK 按钮。

安装完成后，可以看到一个弹出窗口表明安装完成。单击 Close 按钮继续。

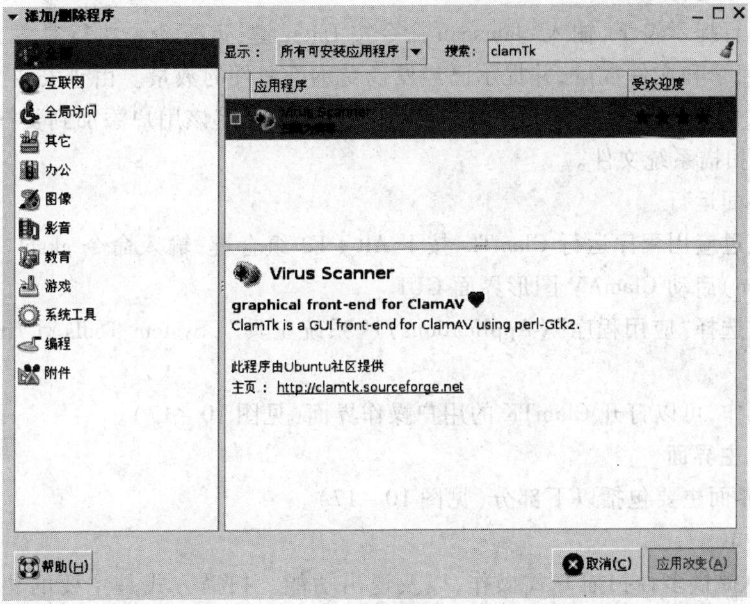

图 10－18 使用添加/删除程序安装 ClamTk

2. 更新病毒定义

ClamTk Virus Scanner 在终端安装的同时也安装了 freshclam，因而可以立即更新升级病毒库。更新过程遵循以下步骤。

(1) 在提示符下，输入以下命令。

```
sudo freshclam
```

(2) 按 Enter 键。同样，将提示输入密码，输入正确的密码后按 Enter 键，运行该命令将使病毒定义更新至最新的数据库。

(3) 要查看是否有新的定义,在提示符下输入以下命令。

```
sudo freshclam-v
```

通过返回的信息可以判断病毒库定义是最新的还是已过期的。

10.2.2 ClamTk使用与配置

1. ClamTk运行

更新了病毒库后,就可以启动杀毒软件进行恶意代码的扫描工作。启动运行ClamTk有以下几种方式。

(1) 终端命令运行

在终端命令行提示符下,输入clamscan命令按Enter键,运行命令执行对主文件夹的手动扫描,报告扫描的目录和文件数量,并提示已经发现受感染文件的数量。由于安装了守护进程版本的ClamAV,输入clamdscan运行后会创建一个用户ClamAV,将该用户添加到要扫描的文件组中,可以让ClamAV扫描系统文件。

(2) 图形界面运行

用户可以通过应用程序运行ClamTk,按下Alt+F2组合键,输入命令gksu clamtk,然后鼠标单击“运行”(Run)启动ClamAV图形界面GUI。

也可以通过选择“应用程序”(Applications)|“系统工具”(System Tools)|Virus Scanner从桌面启动ClamTK。

通过以上操作,可以打开ClamTK的用户操作界面(见图10-17)。

2. ClamTk主界面

ClamTK主界面主要包括以下部分(见图10-17)。

(1) 文件菜单

“文件”菜单提供多种扫描方式操作,以及退出功能。扫描方式是主要的功能,其中扫描方式有以下选项。

- 扫描文件:单击“文件”菜单项后,出现如图10-19所示的Select File(文件选择)对话框,可以选择要扫描的文件。
- 快速扫描:扫描系统文件和内存。
- 完整扫描:扫描整个系统。
- 扫描目录:扫描指定目录。
- 递归扫描:选择一个路径,递归搜索。

执行扫描时(见图10-20),ClamTK会在ClamTK Virus Scanner窗口中显示文件列表,并显示扫描信息,包括文件的状态、扫描进度和扫描已耗费的时间。对于感染病毒的文件,ClamTK会标注出来。在该窗口的底端信息栏,会显示已扫描文件的数量,以及发现感染病毒的文件数量。

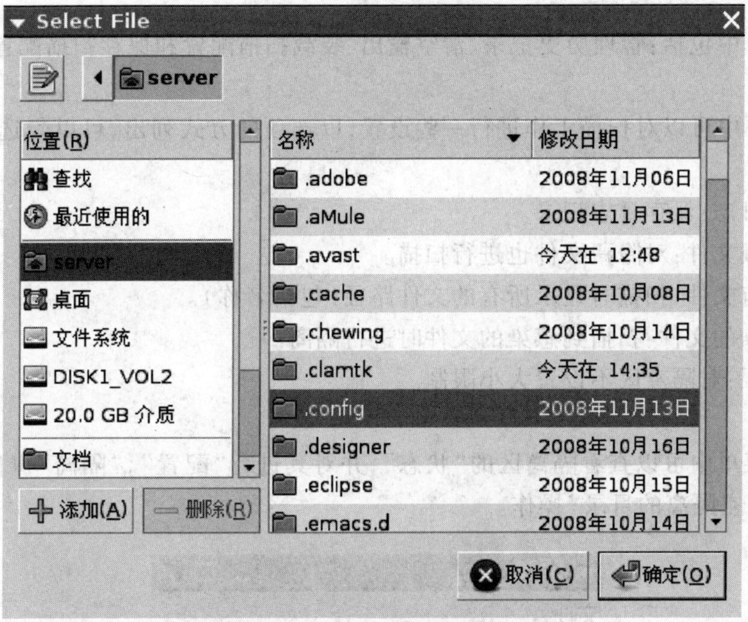

图 10－19　选择扫描文件

图 10－20　正在扫描窗口

(2) 视图

“视图”菜单中包括:管理历史记录、清空输出、装载扫描配置和保存扫描配置选项。

(3) 选项

“选项”菜单中可以对扫描工作进行一些设置,以选项的方式列出,可以勾选设置,主要内容如下。

- 保存至日志:保存日志记录。
- 扫描隐藏文件:对隐藏文件也进行扫描。
- 显示所有文件:扫描时显示所有的文件路径(包括名称)。
- 隔离感染的文件:扫描到感染的文件时进行隔离。
- 大小不限:对隔离区不设置大小限制。

(4) 隔离

在“隔离”菜单中可以查看隔离区的“状态”,并对其进行“配置”,“隔离”窗口如图10-21所示,并可执行“清空隔离的目录”操作。

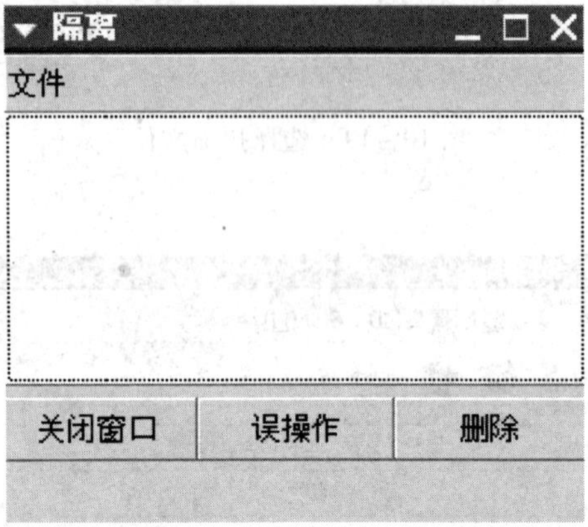

图 10-21 隔离配置

10.3 AntiVir 杀毒软件

AntiVir 是一款德国的商业产品,国内俗称“小红伞”。AntiVir 有多种平台的版本,对于使用 Linux 平台的用户而言,也可以获得其免费版本,从 AntiVir 的厂商网站可以下载。Avira AntiVir Personal-FREE 是一款免费杀毒软件,占用系统资源非常低,这是它的一个显著特点,有 Windows 版和 Linux 版。用户可以付费购买它的使用权以获得病毒特征代码库的定期更新。AntiVir 作为一款商业软件,个人用户可以免费使用。

AntiVir Personal-FREE 的 Unix 版本支持计算机 32 位系统，包括 Linux、FreeBSD、OpenBSD 和 Solaris 操作系统，打包包含在一个 TAR. GZ 文件中，但未提供 RPM/DEB 安装包，其安装采用的方式是使用 Bash 脚本，在安装过程中会提供友好的配置向导，例如，实时病毒检测、邮件病毒提醒和更新代理服务器等。用户依照向导提示执行即可完成安装。该工具内置了病毒实时检测功能，但由于实际上并未包含 Dazuko 的源代码包，所以安装后病毒实时检测功能并未启用，如果需要使用其病毒实时检查功能，还需下载 Dazuko 的源代码包并编译成内核模块。AntiVir Personal-FREE 安装完成后可以通过自动更新获得新的证书。

由于关系到多个 Unix 分支系统，为了能在不同平台系统中使用，AntiVir Personal-FREE 用 Java 语言开发了图形用户界面。在工具安装后，AntiVir Personal-FREE 并未直接在应用程序菜单中创建快捷启动方式，启动图形用户界面需要打开终端，然后使用 antivir-gui 命令。AntiVir Personal-FREE 的程序界面精美、友好，具有和 Windows 版本一样的风格，但功能相对于 Windows 版而言比较简单，仅仅是为了配合 Dazuko 的实时病毒监控，提供了一些基本的设置和病毒扫描操作。而且，如果需要更改设置，需要 root 用户的权限才能生效，更新病毒库操作也需要有根用户权限才能生效。

AntiVir 杀毒速度非常快，对于 RAR 等压缩文件也能进行扫描，对压缩文档的支持度较高。AntiVir 提供给 Linux 系统安装的只有 TAR 安装包，在 Linux 系统下的安装相对比较复杂，下面进行具体介绍。

10.3.1 AntiVir 安装与更新

AntiVir Personal Edition Classic 是免费的，它的 Preminu 版（又称 P 版）是需要付费的。不过这两个版本彼此可以共用病毒特征代码，即使是用免费的，也可以联机升级，让病毒特征代码保持最新状态。

除了防御病毒包含系统以外，AntiVir Personal Edition Classic 还可以防堵广告窗口，当计算机用户访问含有恶意广告的网页时，它会通过警告提示对话框提醒用户。

Antivir 的安装

Linux 下安装 Antivir 可以有效提高 Linux 系统的安全性。其中，Ubuntu 已经包含了大量的 Debian 中重要的软件包，并拥有 Debian 强大的软件包管理系统，基于 Debian 之上，是一个可以为桌面和服务器提供强大功能的 Linux 系统。下面以 Ubuntu 下 AntiVir 的安装使用为例进行说明。

（1）安装 dazuko

由于 dazuko 和 capability、apparmor 两个模块冲突，因此，要正常安装 dazuko，需要先将这两个模块卸载掉。为了实现实时病毒监控，进行以下操作安装编译 dazuko。

① 使用 sudo apt-get install 先安装以下组件和相关组件：Module-Assistant、debhelper、sun-java6-jre 及以上版本（启动 AntiVir 界面）、build-essential、dazuko。

② 由于 dazuko 和 capability、apparmor 有冲突，卸载 apparmor 包。

③ 访问 http://www.dazuko.org 下载 dazuko 压缩包,例如,dazuko2.3.4。解压缩后通过终端命令 cd 进入文件目录,然后执行 sudo make install 安装 dazuko。

④ 终端执行 sudo module-assistant prepare 与 sudo m-a a-i dazuko。

通过以上操作可以编译好 dazuko。

(2) 设置 dazuko

设置 dazuko 的操作步骤如下。

① 由于 capability 模块与 dazuko 有冲突,必须对 dazuko 进行设置 dazuko,执行命令:

```
sudo gedit /etc/modprobe.d/dazuko
```

在这个文件头中如果有 options 一行,将其删除,并且将内容改为:

```
install dazuko /sbin/modprobe-r capability;\
/sbin/modprobe -- ignore-install dazuko; \
/sbin/modprobe -- ignore-install capability
```

② 编辑 module 文件,输入:

```
sudo gedit /etc/modules
```

在最后一行加上 dazuko,然后保存。

③ 执行命令:

```
sudo rmmod capability
sudo modprobe dazuko
```

④ 验证安装设置:

再用 lsmod 查看 commoncap 的模块,执行 lsmod commoncap,如果 used by 是 dazuko,则表明 dazuko 已经开始工作了。

⑤ 注意 dazuko 设置后的效能。

为了保证 dazuko 的效能,每当 kernel 升级完后都要执行命令:

```
sudo m-a a-i dazuko
```

(3) 安装 AntiVir

安装 AntiVir 的操作步骤如下:

① 下载 AntiVir PersonalEdition Classic for linux(地址:http://www.free-av.com)。

② 进入解压后的文件夹执行 sudo./install。解压的目录中包含了两个重要注册文件:hbedv.key 和 license.txt。

③ 根据安装提示,按步骤操作完成。

开始安装后安装过程会分步骤进行,每个步骤中会出现一些关于设置的问题,也可以定制一些特殊的功能。按默认的值安装一直按 Enter 键继续。直到以下文字出现,安装就完成了。

```
Here are some commands that you should remember...
AntiVir
configure: /usr/lib/AntiVir/configantivir
Press to continue.
Installation of the following features complete:
AntiVir command line scanner
If you have any license key files, please copy them to /usr/lib/AntiVir
before running the software. Without a valid license key, it will
run in DEMO mode.
Be sure to read the README file for additional information.
Thank you for your interest in AntiVir for UNIX.
```

④ 如果在 Ubuntun 中安装,需要在“系统”|“系统管理”|“用户和组”|“管理组”|antivir > “属性”中选中 root 和当前用户名。注意,默认状态下,当前用户和 root 都不能使用 AntiVir,必须设置权限。

⑤ 在终端中执行命令:

```
sudo antivir-gui
```

可以打开小红伞的用户界面,当然,这个界面比 Windows 下的界面要简单。默认状态下,实时扫描记录的日志见/var/log/avguard.log。

10.3.2 AntiVir 配置与使用

使用 AntiVir 可以通过图形界面进行操作,在终端中执行命令:

```
sudo antivir-gui
```

AntiVir 运行后窗口如图 10-22 所示,主要功能包括 Guard(实时防护)、Scanner(病毒扫描)和 Updater(更新)3 个主功能标签。

默认状态下,AntiVir 不执行实时扫描,需要进行设置。其操作步骤如下:

(1) 执行 sudo antivir-gui 命令后,在界面中,单击右侧 Configuration 图标按钮,在弹出配置窗口中对 Expertmode 勾选,如图 10-23 所示。

(2) 在 Guard|Search|Actions 的页面中,勾选 Repair,在 Move to directory 中选择或创建目录,即时扫描发现病毒的文件会搬移至该目录。

(3) 在 Guard|Search| Heuristic 的页面中,勾选 MacrovirusHeuristic。并在 Heuristic 中选择 Detection level high。

(4) 在 Guard|Search|Extended threat categoties 的页面中, 选择 Select all。

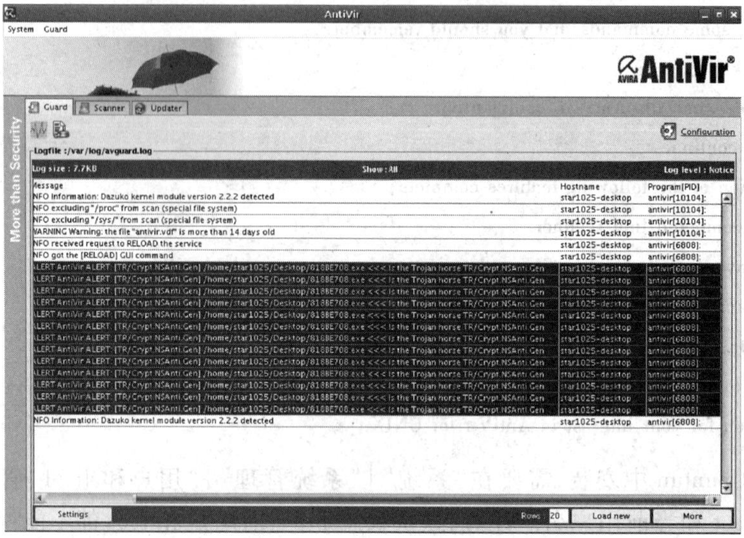

图 10－22 AntiVir 窗口

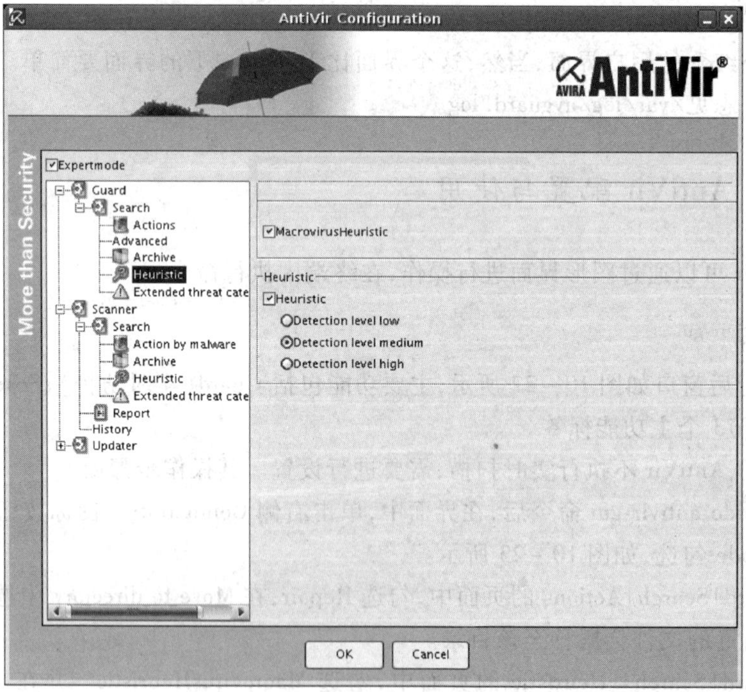

图 10－23 AntiVir 配置

以上配置后单击 OK 按钮保存配置。

选择 Scanner 可以进行病毒扫描,这里就不详细介绍了。选择 Updater 可以查看软件更新状态,可手工执行更新操作,如图 10-24 所示。

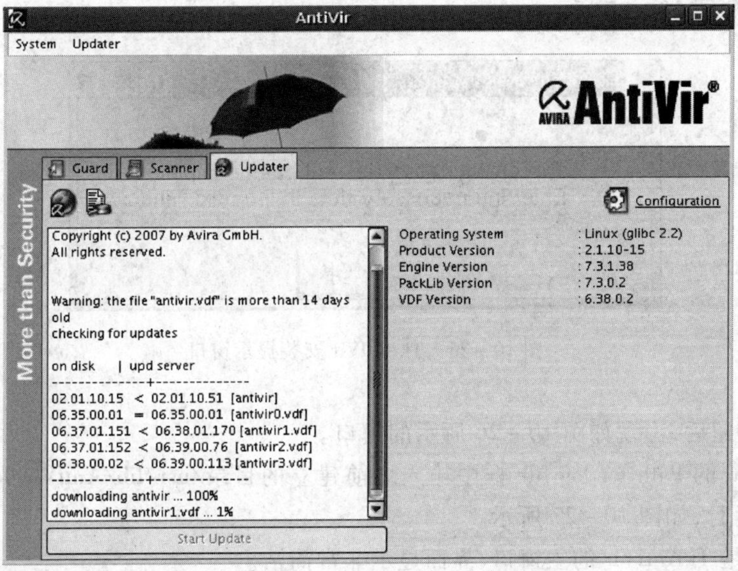

图 10-24 AntiVir 更新窗口

实际上,AntiVir 也支持命令行操作,接收多种命令参数。例如,antivir-help 可以显示其命令帮助信息,要扫描某个目录可以使用 sudo antivir 中各种指令或者目录,使用 sudo antivir-allfiles-s-z-v /home(-s-z 是必需的)可以扫描目录下所有文件。

10.3.3 TkAntiVir 安装与使用

通常命令行的方式会给用户的使用带来不方便。事实上,还有一个和 AntiVir 相配套的图形化界面程序 TkAntiVir,它是用 Tcl/Tk 编写的,可以运行在任何 X-Windows 环境下,例如,KDE、Gnome 等。

1. 下载安装

TkAntiVir 的下载地址为 http://www.sebastian-geiges.de/tkantivir/,通常是德语版的,主要是由于 TkAntiVir 是德国人开发的。用户也可以到以下地址下载英语版本:

http://www.sebastian-geiges.de/tkantivir/tkantivire-1.41-1.i386.rpm

由于下载的是 rpm 包,所以安装过程非常简单,安装命令如下:

rpm-ivh tkantivire-1.41-1.i386.rpm

然后建立一个目录保存 log 文件，例如，mkdir /usr/lib/AntiVir/log.

进入 KDE 或者 Gnome 运行 startx 或在 konsole 中运行命令 tkantivir，在第一次运行时会弹出信息提示窗口，如图 10－25 所示。

图 10－25　TkAntiVir 安装提示窗口

单击 OK 按钮后，出现如图 10－26 所示的窗口。

在图 10－26 的 Path for log file 框中输入之前建立的目录/usr/lib/AntiVir/log，然后单击 OK 按钮即可正式运行，如图 10－27 所示。

图 10－28 是 TkAntiVir 的主窗口，界面显示非常简洁。

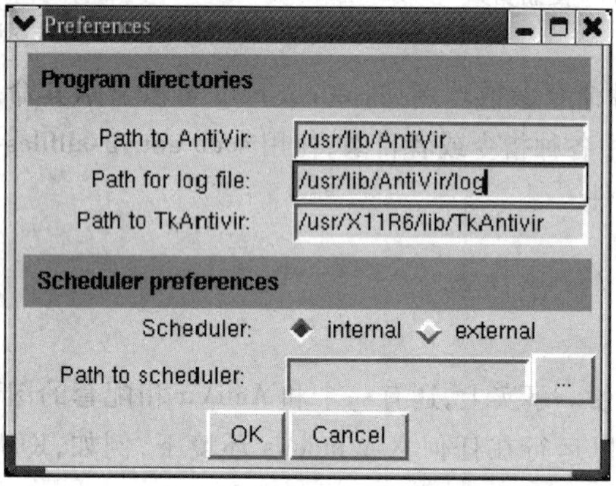

图 10－26　安装设置

图 10－27　开始运行 TkAntivir

2. 使用和设置

安装完小红伞和配置好 TkAntiVir 以后，可以运行启动小红伞，进入其主窗口（见图 10－28）。窗口左侧菜单选项为 Scan（扫描器）、Scheduler（计划）、Report Viewer（报告）、Preferences（使用设置）和 AntiVir and VDF info。下面进行简要说明。

- Scan：可以设置扫描路径进行扫描。

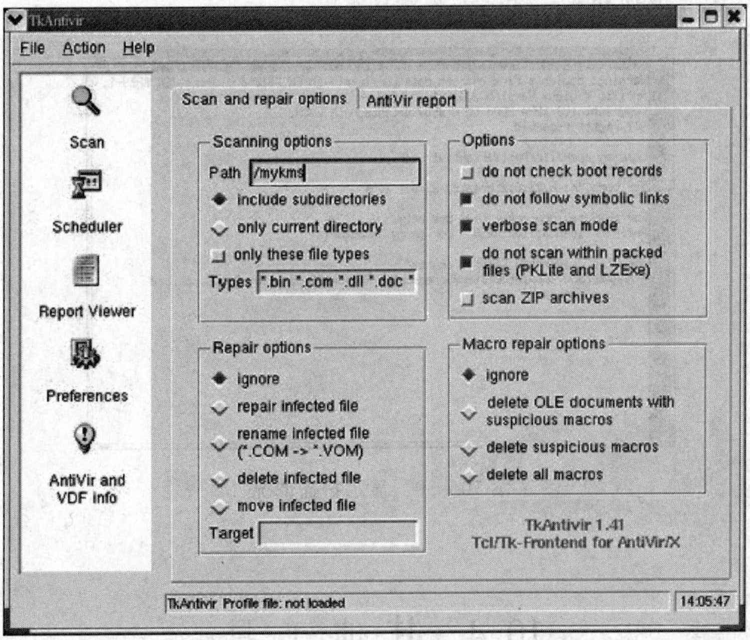

图 10-28　TkAntiVir 的主窗口

- Scheduler：针对扫描计划进行查看、控制、编辑或更新。
- Report Viewer：查看杀毒报告。
- Preferences：根据用户使用偏好进行相关设置。
- AntiVir and VDF Info：显示 Antivir 的相关信息。

例如，在图 10-28 窗口中，在 Scan and repair options 的 Path 框中输入要扫描的目录：/mykms。然后对其他子选项进行选择，以控制扫描的条件，然后单击左侧 Scan 图标，此时会弹出另一个对话框需用户确认，如图 10-29 所示。单击 Yes 按钮进行确认之后，会弹出显示扫描具体

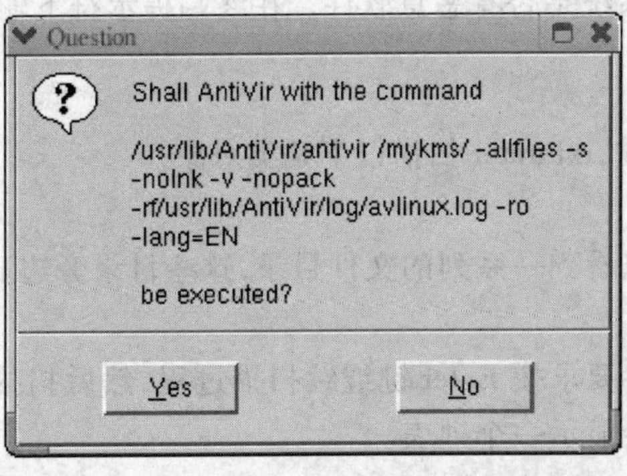

图 10-29　软件执行提示对话框

情况的窗口,如图 10－30 所示。

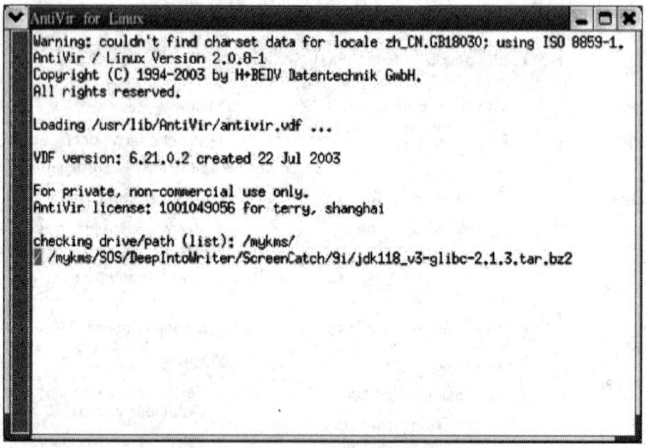

图 10－30 显示扫描情况

10.4 其他工具

恶意软件 rootkit 对 Linux 系统用户有很大威胁,rootkit 可以理解为一组木马工具,可以获取 root 权限的工具,甚至替换掉 Linux 系统中原有的工具命令,从而让木马可以隐藏运行,造成长期的危害。为了防止通过 rootkit 和其他恶意软件的攻击,可以安装 rkhunter 和 chkrootkit 作为系统后门检查工具,以便在桌面上扫描可疑文件。

10.4.1 rkhunter 工具

rkhunter 可以用来检查系统是否有恶意软件。在终端提示符下输入:

```
sudo rkhunter-check
```

然后按 Enter 键开始扫描,rkhunter 扫描以下几类对象。

(1) 扫描文件目录

当它在运行时,应该可以看到一系列的文件目录,这些目录旁边显示 OK 或 Warning 信息。

(2) 扫描已安装软件

检查完文件目录之后,将要求按 Enter 键继续扫描过程,然后扫描可能被安装到桌面上的已知恶意软件,同时在终端中会显示一个列表。

(3) 扫描端口

在上述扫描完成后，需要再次按 Enter 键，rkhunter 开始针对计算机上常用后门端口进行扫描。

(4) 扫描其他

在扫描端口结束之后，按 Enter 键扫描 startup 文件、组和账户、系统配置文件和文件系统，然后检查计算机上的应用程序。

当上述扫描工作完成后，rkhunter 会生成一份报告提供给计算机用户，并创建一份日志文件便于以后查看。

rkhunter 本身维护一个包含 rootkit 特征的病毒库，并基于它检测系统中是否存在 rootkits，所以它与杀毒工具一样，也需要经常更新升级，以便发现最新的漏洞和恶意软件。更新操作时输入命令：

```
sudo rkhunter update
```

按 Enter 键后根据提示输入密码。该命令会更新安装在系统上的 rkhunter 版本。

大多数反病毒软件不能与其他反病毒程序同时运行，而 rkhunter 软件可以和其他杀毒软件同时运行，也可以和 chkrootkit 同时使用，这样可以更全面保护系统。

10.4.2 chkrootkit 工具

chkrootkit 工具软件专门用来检查 rootkit，可以通过官方网站 http://www.chkrootkit.org 下载代码，然后进行编译安装，也可以从 http://rpm.pbone.net 上下载相应的 rpm 包进行安装。

chkrootkit 运行方式类似 rkhunter，在终端提示符下输入：

```
sudo chkrootkit
```

按 Enter 键后 chkrootkit 运行，开始扫描已知的漏洞和恶意软件。在搜索到被报告的漏洞或恶意软件时，chkrootkit 会向用户提供消息通知，它本身并不直接删除文件，需要计算机用户确认不是误报后，采取必要的步骤来消除威胁。通常只需给操作系统安装漏洞补丁或其他软件，在必要时需要找到恶意的程序，并将它从系统中删除。

本章主要介绍了 Linux 系统下 3 款杀毒软件和两款防范 rootkit 的工具。Linux 系统下的病毒种类虽然没有 Windows 那么多，但是这些病毒给 Linux 系统安全也会造成很大的危险。目前，针对 Linux 系统病毒的解决方案也比较多，有些工具不仅能扫除 Linux 的病毒，还能扫除 Windows 的病毒，这些功能对于使用 Linux 系统作为服务器或者安装多个操作系统的服务器都带来较强防护作用。与其他工具比较而言，ClamTk Virus Scanner 拥有作为开源代码软件的优势，拥有良好的图形用户界面，但是其使用的后端 ClamAV 的扫描准确度和速度还需要进一步提高，界面功能完成的操作还比较简单，需要命令行操作才能完成复杂功能。对于要求扫描速度快和各种高级功能的用户而言，可以考虑使用 Avira AntiVir Personal-FREE，但其安装比较复杂。相对而言，

Free avast! Linux Home Edition 安装非常简单,图形界面也较完备,非常适合用户使用。

另外,AVG Free 也是著名的免费杀毒软件,家庭用户可一直免费使用,这里作简要介绍。AVG Free 易于使用,可以实时保护文件打开等操作和程序运行,避免个人计算机系统遭受黑客的攻击,保护系统不受即时消息和垃圾信息等骚扰,其快速的病毒库更新也向用户提供了有效、可靠的保护措施,而且 AVG Free 不会过多影响系统性能,它实际上也提供了一个轻量级的互联网保护应用功能。

10.5 章节实验

【实验目的】

掌握 avast!杀毒工具的使用。

掌握 ClamTk 杀毒工具的使用。

掌握 AntiVir 杀毒工具的使用。

【能力提升】

在掌握本章设计实验的基础上,有富余时间的高校,可以要求学生做进一步的工作,以提高能力。可能的工作包括:掌握 rkhunter、chkrootkit 等工具的使用;或者掌握其他运行于 Linux 平台上的安全防范工具。

【实验平台】

Linux Fedaro 9.0

avast! Linux Home Edition

ClamTk Virus Scanner

AntiVir Personal-FREE

【实验步骤】

详细参考本章第 10.1、10.2、10.3 节。

【实验素材】

实验素材可在中国高校计算机课程网(http://computer.cncourse.com)上获取,下载方法详见本书前言,解压目录为\Attachment\ch10\。

10.6 习 题

1. Linux 系统上杀毒软件有哪些? 它们分别有什么特点?
2. 有哪些工具可以在 Linux 系统上防范 rootkit 型的恶意代码?

第 11 章　Windows 系统防范工具

随着互联网的迅速发展，各种恶意代码层出不穷，安全防范公司在防范恶意代码方面也做了大量工作，开发出了各种各样的恶意代码防范工具。本章主要从传统病毒查杀、木马查杀、个人防火墙方面介绍一些国内外著名安全防范工具。此外，还介绍了一些有特色的工具，例如，Regmon、Filemon、Process Explorer 等。

本章学习目标

- 掌握杀毒软件的使用和配置
- 掌握木马查杀工具的使用
- 掌握个人防火墙的使用
- 了解其他防范工具

11.1　瑞星杀毒软件

提到 Windows 系统下的杀毒软件，可能很少有人知道 Microsoft Security Essentials 这个微软公司开发的杀毒工具，它是 2009 年才正式上市的产品。目前主流的杀毒软件包括 McAfee、卡巴斯基、江民、金山毒霸、趋势科技、瑞星、赛门铁克及 ESET 等公司的杀毒软件，估计读者应该知道其中的若干种。由于篇幅有限，本节主要介绍瑞星杀毒软件的使用和配置方法。其实，瑞星杀毒软件也是我国政府采购项目的最大赢家。瑞星公司是中国最早从事计算机病毒防治与研究的专业软件公司之一，该公司已推出基于多种操作系统的杀毒软件。

11.1.1　瑞星杀毒软件的功能

瑞星杀毒软件的主要功能较多，但因版本不同，具体功能会有一些差异。但其核心功能如下：

(1) 系统保护

系统保护包括计算机安全检测、系统加固、漏洞扫描与修复功能。对计算机操作系统进行全面的安全检测，能发现系统存在的漏洞，便于用户及时修补漏洞、加固系统，增强系统的安全性。

(2) 查杀病毒

查杀病毒包括针对已知与未知病毒的查杀及上报、嵌入式杀毒的功能。对使用下载工具、即时通信工具传输的文件能自动扫描病毒，既能对已知病毒进行清除，也能对一些未知病毒进行检测查杀。

(3) 主动防御

主动防御技术能检测恶意行为、隐藏进程，对应用程序进行访问控制。采用主动防御技术，还能抵御未知病毒，有效防御各种网络威胁。

(4) 账号保险柜

为了保护网络游戏、即时通信工具与网上银行客户端软件等账号密码的安全，提供了账号保险柜功能，可阻止木马盗窃账号密码，降低安全风险。

(5) 瑞星个人防火墙

提供家长保护、上网保护、网络可信区域设置与 IP 攻击追踪等功能，可形成对计算机系统的有效保护。

(6) 瑞星卡卡上网安全助手

提供间谍软件或流氓软件清除、智能广告拦截、IE 插件清理及免疫、系统一键修复与系统清理等功能，给计算机的日常管理带来较大方便。

(7) 即时升级

提供软件自动检测最新版本、自动升级的功能，便于及时更新病毒库。

(8) 其他功能

支持 64 位操作系统，包括硬盘备份、系统修复、IE 浏览器保护和安全工具集成等。

11.1.2 瑞星杀毒软件的使用

瑞星杀毒软件网络版主要由系统中心和客户端组成，形成计算机客户端/服务器(Clien/Server)的结构模式。系统中心是杀毒系统的核心，负责向客户端计算机发布命令，存储相关信息，记录客户端计算机上病毒的查杀情况、主动防御信息、安全状况等，并进行安全状况分析。客户端本地杀毒软件安装在每台客户机上，为其提供防病毒功能，它由查杀病毒、实时监控、主动防御、安全检测和网络通信模块等部分组成。杀毒软件可以在发现病毒后及时执行杀毒功能，实时监控的内容包括监控文件、邮件和网页病毒，对于所发现的含有恶意行为的程序，能阻止其对计算机进行的恶意攻击，起到主动预防病毒的作用，杀毒软件还提供各种工具进行杀毒操作，对计算机定期进行安全检测，以便用户尽早发现、修补漏洞，提高计算机安全防护能力，使其尽量免遭病毒侵袭，网络通信模块负责客户端与系统中心通信，提供升级客户端软件、上报日志等功能。

如图 11 -1 所示为瑞星杀毒软件主程序界面，此界面为用户提供了瑞星杀毒软件所有的功能和快捷控制选项。

图 11-1 瑞星杀毒软件主程序界面

1. 菜单栏介绍

杀毒软件主程序界面中的菜单栏包括 4 个菜单选项:操作、视图、设置和帮助,如图 11-2 ~ 图 11-5 所示。其中,“操作”菜单中包含了杀毒软件的基本操作:“查杀”、“停止”和“退出”选项,“历史记录”选项可供用户查看并管理使用杀毒软件的所有历史操作记录。“视图”菜单中有 6 个标签视图切换页:首页、杀毒、监控、防御、工具和安检。在“设置”菜单中可进行具体功能设置,包括:详细设置、监控设置、防御设置、切换皮肤、切换语言和上报可疑文件。通过“帮助”菜单或在界面显示页中按 F1 键,可打开瑞星的帮助文件,选择“官方网站”可以登录瑞星官方网站,选择“卡卡社区”可以进入卡卡社区,选择“关于瑞星”可以查看杀毒软件的相关信息。

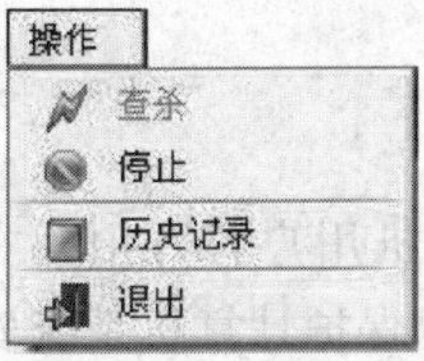

图 11-2 操作菜单

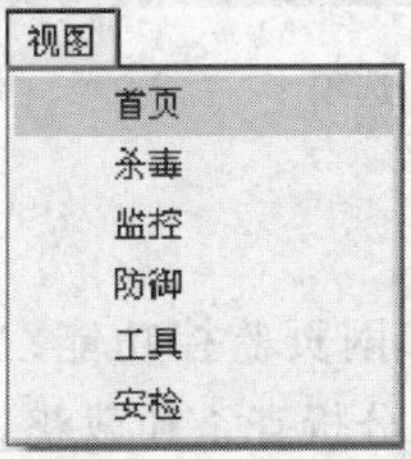

图 11-3 视图菜单

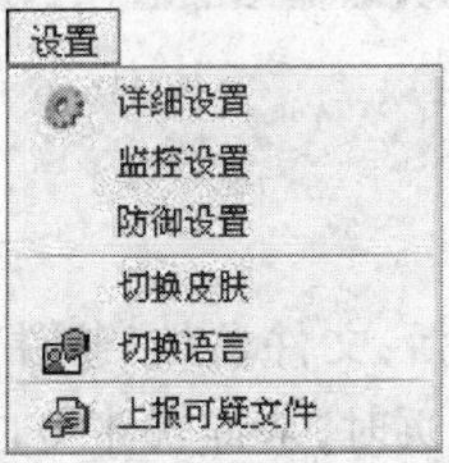

图 11-4 设置菜单

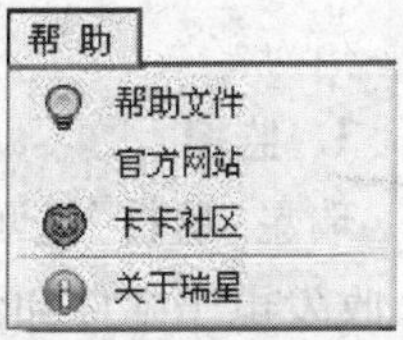

图 11-5 帮助菜单

其中,在瑞星杀毒软件的“首页”选项卡中(见图 11-1),显示了操作日志、瑞星信息中心和操作按钮 3 部分信息,具体功能如下。

- 操作日志：提供主要的操作日志信息，包括程序版本、上次在线升级日期、病毒库发布日期和上次全盘查杀日期等。
- 信息中心：提供相关最新的安全信息。
- 操作按钮：提供快捷的操作方式。

2. 杀毒

如图 11－6 所示，杀毒软件提供自主选择的杀毒方式。在“对象”栏中选择“查杀目标”和“快捷方式”，杀毒软件针对查杀目标进行病毒的扫描和清除功能。在“设置”栏中可对病毒的处理方式和隔离区空间大小等进行设置，杀毒软件提供了默认设置，在通常情况下，一般用户无需改动任何设置即可进行病毒查杀。用户可以通过“添加”、“删除”和“修改”按钮管理已设置的查杀目标，可将经常杀毒的对象设置为快捷方式，这样通过“对象”栏中的“快捷方式”就能直接选择查杀目标进行杀毒。

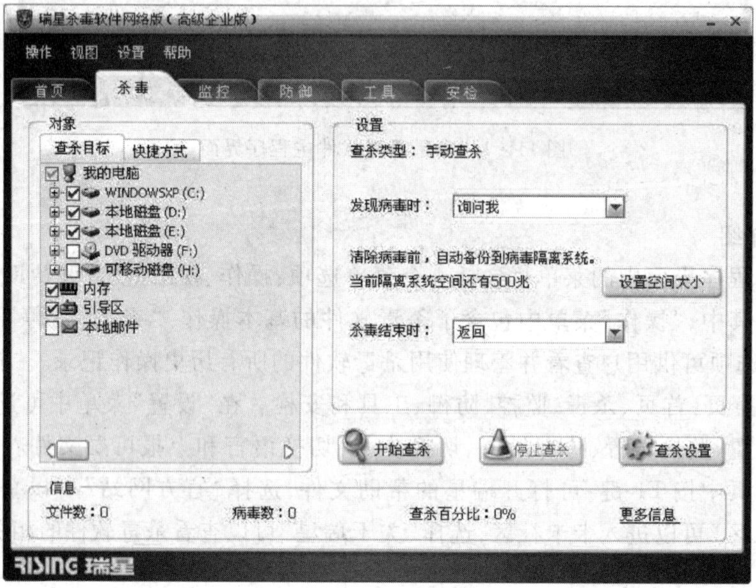

图 11－6 “杀毒”选项卡

3. 监控

瑞星“监控”选项卡包括：文件监控、邮件监控和网页监控功能，当计算机用户打开陌生文件、收发电子邮件和浏览网页时，杀毒软件实时监控、分析查杀和截获病毒，以保护计算机系统安全。可以通过单击“开启”或“关闭”按钮控制监控状态，如图 11－7 所示。

（1） 文件监控

文件监控是指实时监控对文件的操作，在计算机系统对文件操作之前检测病毒，从而阻止隐藏在文件中的病毒得以运行。杀毒软件检测到病毒时，会提供 3 种选择提示：清除病毒、删除染毒文件或不处理,如图 11-8 所示。如果超过一定时间用户没有选择处理方式,那么,杀毒软件对此病毒采取当前选择的处理方式。为了避免对于确定安全的文件或者目录频繁访问,可以设置文件白名单和目录白名单。

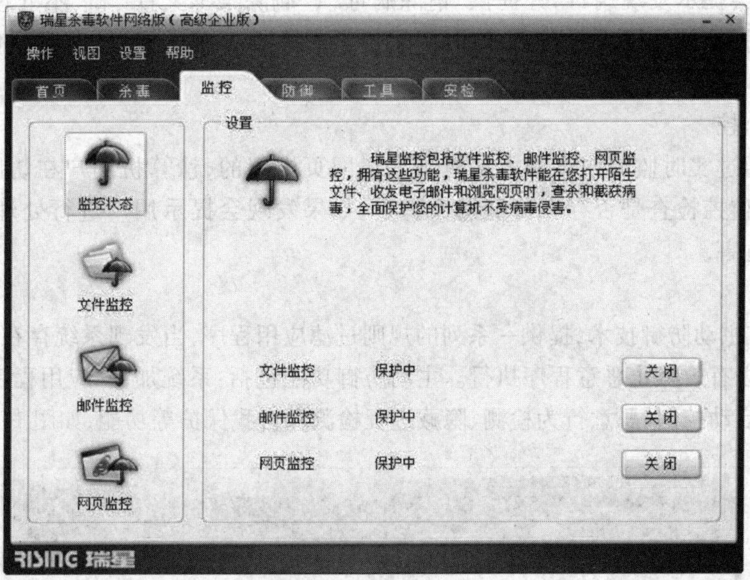

图 11-7 “监控”选项卡

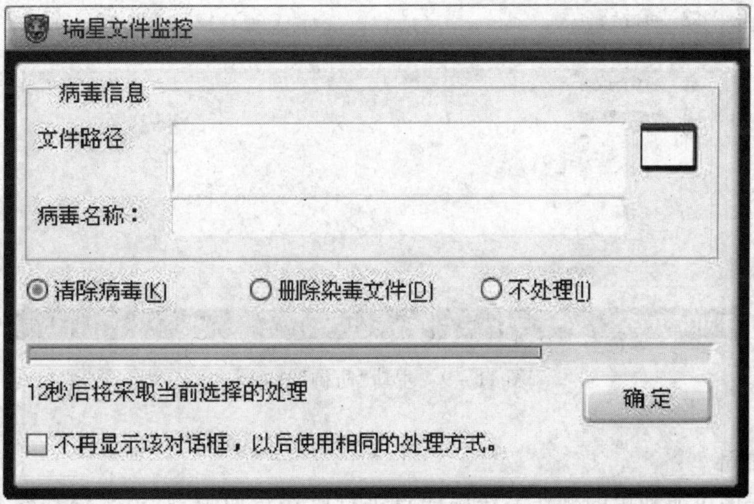

图 11-8 文件监控

(2) 邮件监控

邮件监控功能支持所有符合 SMTP 和 POP3 协议的邮件客户端,例如,Foxmail、Outlook 等,可以对用户接收和发送的邮件进行病毒扫描,以防止病毒通过邮件传播感染计算机。当扫描到附件携带病毒时,会提示发现病毒,并提供“清除病毒”、“删除染毒文件”和“不处理”3 种选择操作方式,同文件监控功能一样,在超过一定时间用户没有选择处理方式时,杀毒软件对此病毒采取当前选择的处理方式。

(3) 网页监控

此功能是通过实时监控网页脚本来检测恶意网页内容的,计算机用户在访问含有恶意脚本的网页时,网页监控检查是否存在可疑网页脚本,如果发现会提示用户进行处理,以避免恶意脚本运行带来的危害。

4. 防御

瑞星包含有主动防御技术,提供一系列的规则过滤应用程序,当发现系统存在恶意行为时提示用户进行操作,以有效阻止恶意程序执行。主动防御功能包括:系统加固、应用程序访问控制、应用程序保护、程序启动控制、恶意行为检测、隐藏进程检测和自我保护等功能,如图 11 -9 所示。

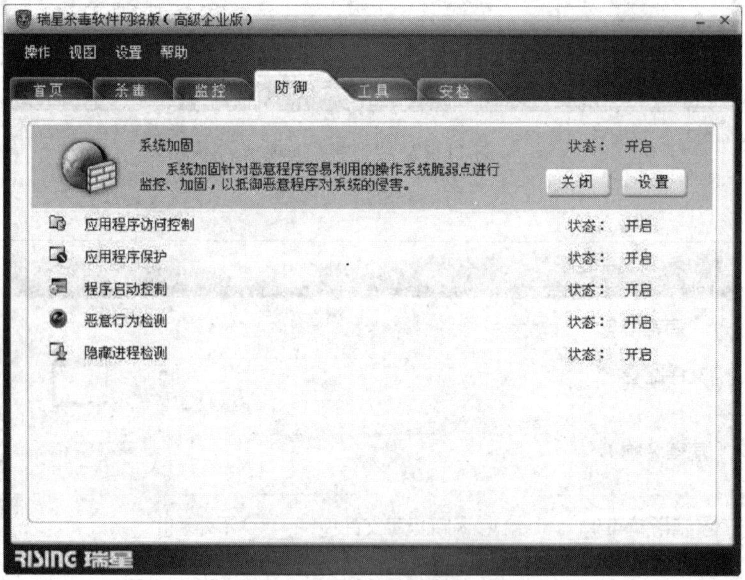

图 11 -9 主动“防御”选项卡

(1) 系统加固

针对恶意程序可能利用的操作系统脆弱点进行监控与加固,监控系统动作、注册表、关键进程和系统文件,以抵御恶意程序对系统的侵害。此功能设置了默认规则,提供了由操作系统脆弱点构成的规则应用对象,定义了用户可以自由选择的 4 种安全级别:高、中、低、自定义。

(2) 应用程序访问控制

此功能是对应用程序访问系统资源进行监控,分析是否包含恶意代码,可以设置可疑程序。应用程序的访问控制规则包括6种类型:限制修改内核内存数据、限制加载驱动、限制全局挂钩、限制启动子程序、文件规则和注册表规则。

(3) 应用程序保护

此功能保护指定的应用程序不被恶意程序攻击,用户添加要保护的程序进行保护规则设置后,应用程序保护的功能生效。

(4) 程序启动控制

此功能监控指定可疑程序的启动过程,阻止未知恶意程序的运行,用户进行设置、选择启动者和目标程序,在设置程序启动控制规则后开启该功能可使其生效。

(5) 恶意行为检测

此功能能够对系统中的程序进行监控,检测发现可能包含恶意代码的应用程序。

(6) 隐藏进程检测

检测恶意代码应用程序为了隐藏自己的隐藏进程,而这些进程在系统提供的"任务管理器"中不一定能显示。

(7) 自我保护

这是瑞星杀毒软件的自我保护功能,以防止恶意程序破坏自己。

5. 工具

如图11-10所示,"工具"选项卡包括:其他嵌入式杀毒、账号保险柜、瑞星助手、硬盘数据备

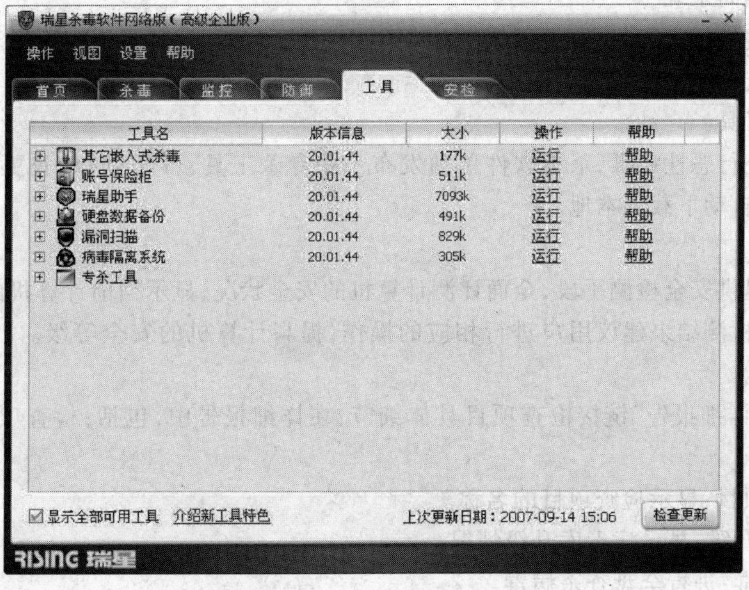

图11-10 "工具"选项卡

份、漏洞扫描、病毒隔离系统、专杀工具，能显示工具名、版本信息等。单击选项卡底部的“检查更新”按钮，可以连接系统中心下载最新的工具包。

(1) 其他嵌入式杀毒

嵌入式杀毒工具可以在即时通信软件、压缩工具和下载工具运行时，自动调用瑞星杀毒软件扫描接收的文件，防止病毒感染本地计算机。目前支持的软件有：MSN Messenger、AOL Messenger、FlashGet、NetAnts、NetVampire、WinZip、WellGet、WinRAR。

(2) 账号保险柜

账号保险柜能自动将软件加入到应用程序保护功能中，而在主动防御中需要手动添加规则保护应用程序。在安装软件后，可以勾选选项单击“应用”按钮，将其添加到应用程序保护规则中，“修改路径”功能可以更改应用程序的设置路径。

(3) 瑞星助手

帮助用户使用瑞星杀毒软件。双击瑞星助手图标，可以启动瑞星杀毒软件主程序界面。

(4) 硬盘数据备份

瑞星杀毒软件提供硬盘数据备份功能，但只备份一些重要信息，不备份硬盘所有信息，与操作系统提供的备份、恢复功能差别很大。当数据文件丢失需要恢复数据时，为避免意外，应先对硬盘现有的数据进行备份后再使用数据恢复功能。

(5) 漏洞扫描

此功能是对 Windows 系统的“系统漏洞”和“安全设置缺陷”进行检查，并提供相应的补丁下载更新和安全设置缺陷修补。

(6) 病毒隔离系统

将染毒文件进行安全隔离，可以从中对染毒文件进行恢复，这样可以防止由于异常错误或误操作造成系统文件的损失。

(7) 专杀工具

为了抵御流行恶性病毒，杀毒软件单独发布一些专杀工具，可通过“检查更新”操作及时获取最新工具，并自动下载到本地。

6. 安检

杀毒软件提供安全检测手段，全面评测计算机的安全状况，显示当前计算机的安全等级及系统状态，并根据检测结果建议用户进行相应的操作，提高计算机的安全等级。“安检”选项卡如图 11－11 所示。

可以单击“详细报告”链接检查项目具体细节，在详细报告中，包括：检查项目、状态信息和条件 3 项内容。

(1) 检查项目：显示检查项目的名称。

- 病毒库升级：显示病毒库升级情况。
- 全盘杀毒：进行全盘查杀病毒。
- 漏洞扫描：进行漏洞扫描。

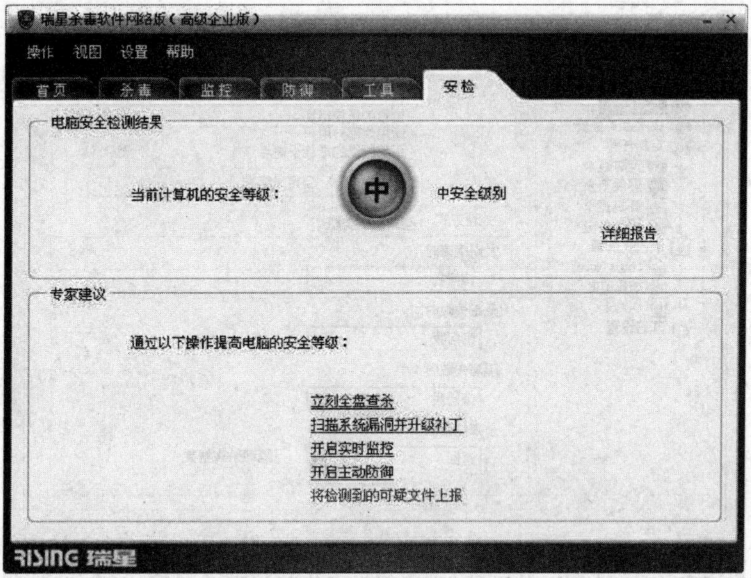

图 11－11 “安检”选项卡

- 实时监控:打开实时监控设置页面进行设置。
- 主动防御:打开主动防御设置页面。
- 可疑文件检测:检测可疑文件是否上报到瑞星。
- 账号保险柜:打开账号保险柜页面。

(2) 状态信息:显示检测的状态信息。

(3) 条件:显示是否符合检测标准。

11.1.3 瑞星杀毒软件的配置

瑞星杀毒软件为了方便用户使用,提供了很多供用户配置的选项,它们分别是详细设置、计算机监控设置、主动防御设置、切换皮肤、切换语言、上报可疑文件、粉碎文件等。其中,前 3 项功能的合理配置能够提高用户计算机的安全防范能力。

1. 详细设置

“详细设置”对话框如图 11－12 所示。

(1) 手动查杀

可以对手动查杀时的病毒“处理方式”和“查杀文件类型”进行设置,设置查杀级别可以使用滑块调整,或者单击“自定义级别”按钮后设置。单击“默认级别”按钮将恢复瑞星杀毒软件的初始设置。单击“应用”按钮或“确定”按钮保存用户的全部设置,以后程序在扫描时即根据此级别

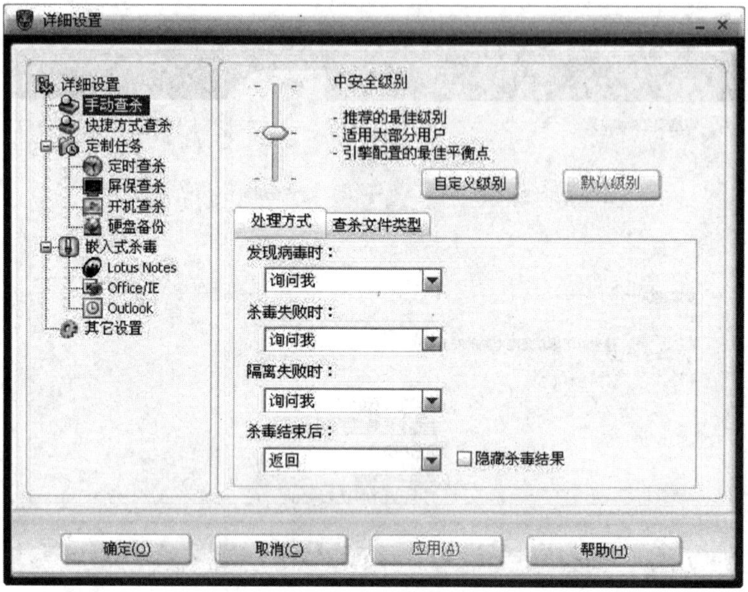

图 11－12 “详细设置”对话框

的相应参数进行病毒扫描。查杀文件类型包括：所有文件、程序文件（EXE、COM、DLL 等可执行文件）、自定义扩展名（多个扩展名需用英文状态的分号隔开）。

（2）快捷方式查杀

对快捷扫描方式进行不同参数的设置，自定义高、中、低 3 种扫描级别。用户可对所怀疑感染病毒的文件查杀病毒，也可以拖动文件到杀毒软件的主窗口中进行查杀，此时，瑞星杀毒软件将转到“杀毒”标签页下的快捷方式页面，并显示杀毒结果。

（3）定制任务

提供统一使用开关界面，包括定时查杀、屏保查杀和开机查杀。

（4）嵌入式杀毒

提供 Office/IE、Outlook 和 Lotus Notes 嵌入式杀毒统一使用开关界面，并且可以通过“设置其他嵌入式杀毒”链接到“其他嵌入式杀毒”工具的设置窗口。“嵌入式杀毒”对话框如图 11－13 所示。

（5）其他设置

提供杀毒的其他设置项，包括：使用声音报警、保存历史记录、向瑞星病毒疫情监测网上报查杀记录、将染毒文件备份到病毒隔离系统、查杀时排除指定的目录、显示信息中心、U 盘监控、显示瑞星助手等，如图 11－14 所示。

2. 计算机监控设置

“监控设置”对话框显示文件监控、邮件监控和网页监控的防御级别信息，可设置下次计算

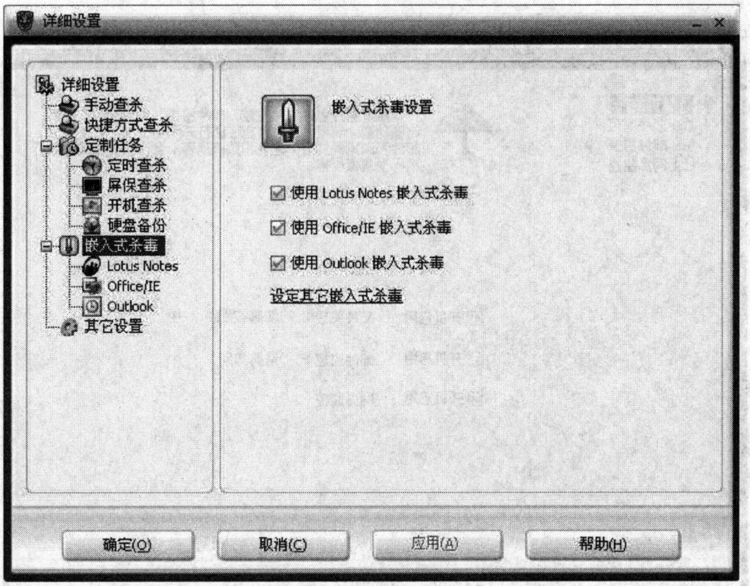

图 11-13 “嵌入式杀毒”对话框

图 11-14 杀毒软件“其他设置”对话框

机重新启动后杀毒软件是否启用,如图 11 - 15 所示。

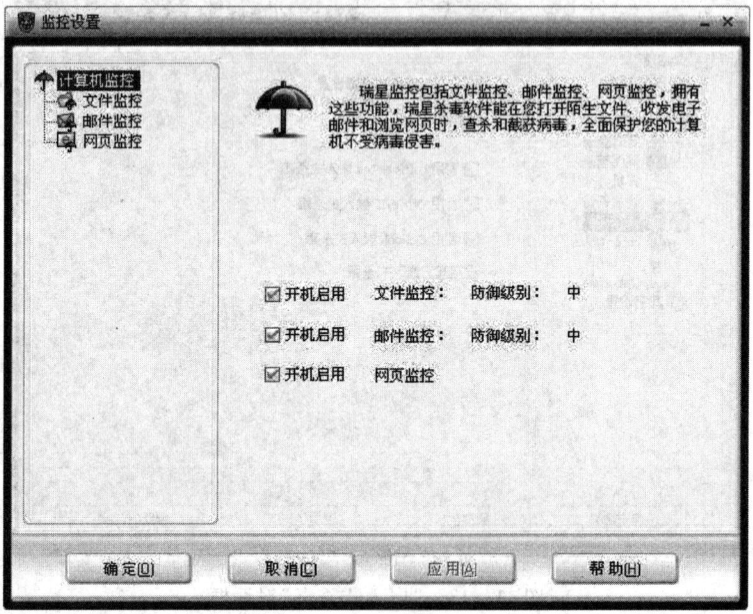

图 11 - 15 计算机监控设置

(1) 文件监控设置

文件监控设置,如图 11 - 16 所示,提供文件监控引擎查杀级别、病毒处理方式、文件监控方式以及提示对话框的显示时间和是否记录操作日志等设置功能。对于文件监控引擎查杀级别设置,提供 3 种调整级别:高、中、低,也可自定义级别。“设置排除目标”设置文件白名单,排除不需监控的安全文件,提高文件的监控执行效率。“常规设置”提供多个选项功能,包括“发现病毒时”、“杀毒失败时”、“备份失败时”、“提示对话框关闭时间”、“记录日志”和“提示杀毒结果”。“高级设置”提供“显示监控文件超时提示”和“是否启用智能监控功能和强杀文件”功能的设置。

(2) 邮件监控设置

邮件监控设置,如图 11 - 17 所示;提供多端口设置、病毒处理方式的设置,以及提示对话框的显示时间设置和是否将操作记录日志等。邮件监控引擎查杀级别设置也提供 3 种级别的设置:高、中、低,可设置接收以及发送邮件的端口。它的常规设置与文件监控设置类似,高级设置中可设置是否显示邮件收发进度提示窗口。端口设置中可以增加端口号(0 ~ 65535)和协议,其中协议为 POP3 和 SMTP 两种,可设置多个端口监控,如图 11 - 18 所示。

(3) 网页监控设置

网页监控设置页面为用户提供发现网页病毒时的处理方式,设置提示对话框显示关闭时间和是否记录日志等,如图 11 - 19 所示。

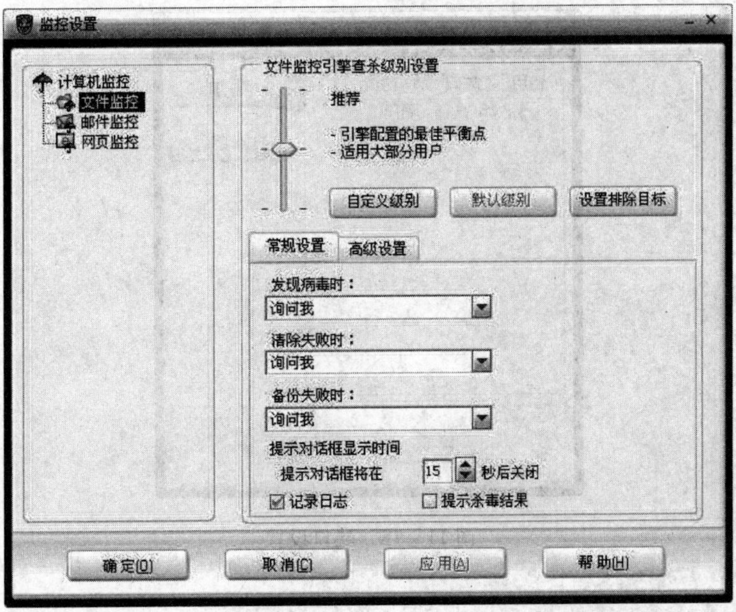

图 11－16 文件监控设置

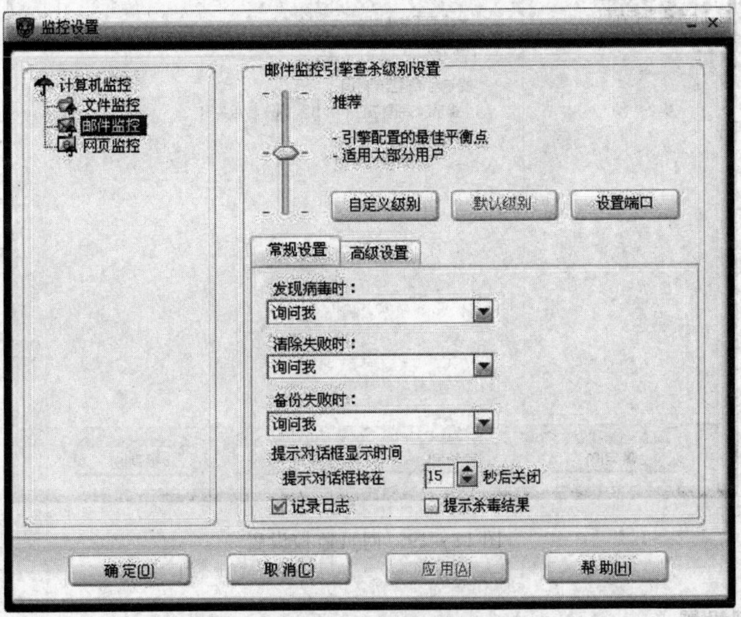

图 11－17 邮件监控

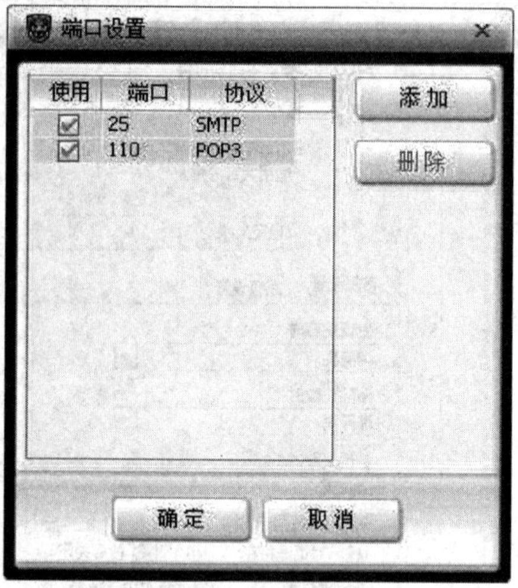

图 11－18　端口设置

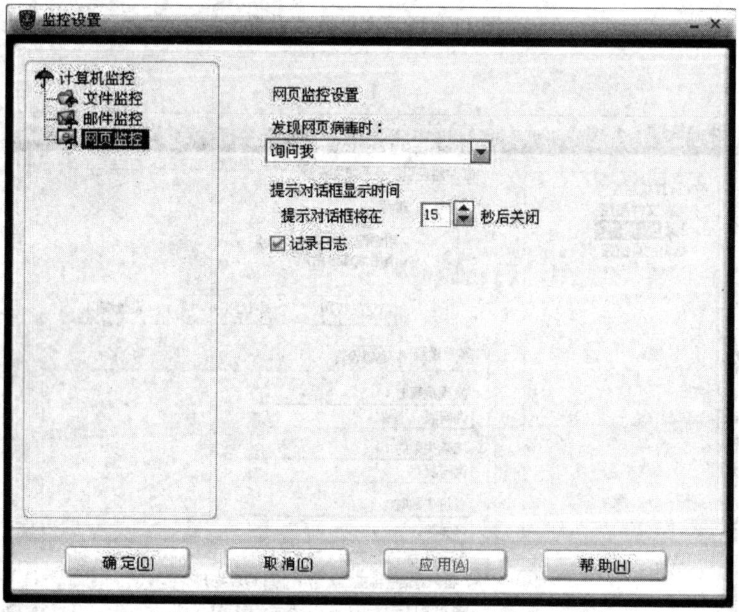

图 11－19　网页监控设置

3．主动防御设置

“主动防御设置”对话框(见图 11－20)显示其所包括的功能的总体概况。

● 系统加固:显示当前系统加固的安全级别。

- 应用程序访问控制:显示启用的规则数。
- 应用程序保护:显示启用的规则数。
- 程序启动控制:显示启用的规则数。
- 恶意行为检测:显示当前恶意行为检测级别。
- 隐藏进程检测:显示当前隐藏进程检测功能是否运行。
- 自我保护:显示自我保护的状态。

在主动防御设置中,包括以上内容的选项设置及计算机重新启动后杀毒软件是否启用这些功能的设置。

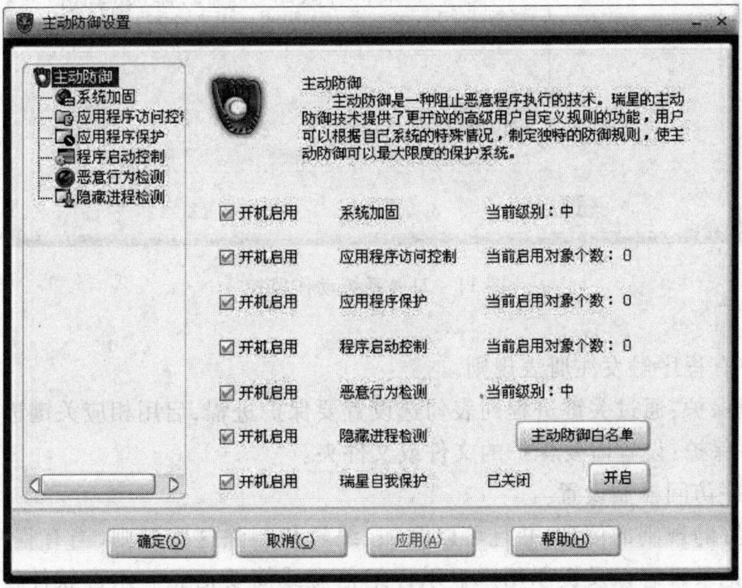

图 11－20 “主动防御设置”对话框

可以设置主动防御白名单,放过确定安全的程序或者程序模块,对白名单执行添加、删除、导入、导出等操作。

(1) 系统加固设置

设置当有程序触发规则的时候,向用户提示的信息界面是简要信息界面还是详细信息界面以及是否记录日志,可以设置系统加固高、中、低 3 种级别,或者由用户自己定义系统加固级别,在“自定义级别”中(见图 11－21),系统加固主要包括以下 4 个方面。

- 系统动作监控:监控的规则包括:挂全局钩子、加载驱动程序、修改内核内存数据,通过勾选选项决定规则是否生效,可以选择拒绝、放过和提示 3 种操作方式设置未知程序触发此规则所采取的操作方式。
- 注册表监控:显示系统重要注册表键,通过勾选注册表键值来设置是否操作此键的时候,

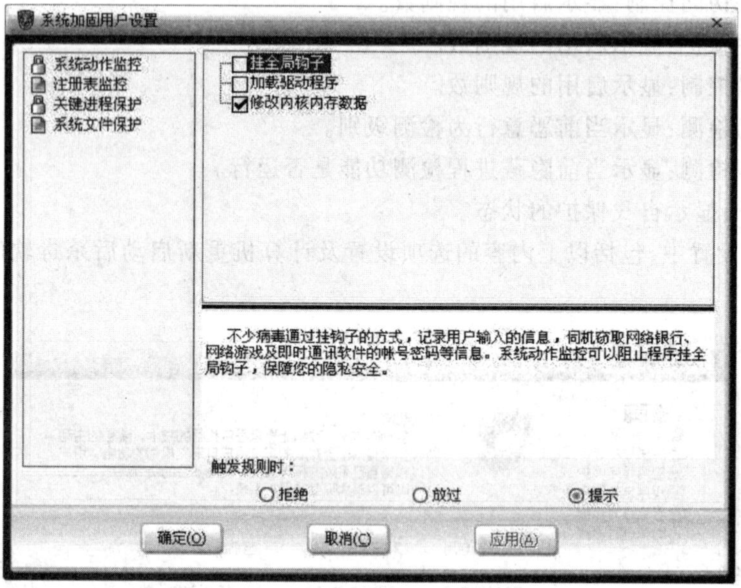

图 11－21 系统动作监控

提示用户有程序触发注册表规则。

- 关键进程保护：通过关键进程列表勾选设置要保护进程，启用相应关键进程保护规则。
- 系统文件保护：设置需要保护的文件或文件夹。

（2）应用程序访问控制设置

显示已经设置的规则的信息，并且可以添加、编辑和删除这些规则，当有程序触发这些规则时可以选择是否记录日志以及提示用户显示详细信息或简要信息。杀毒软件仅提供规则，为了使访问控制功能法生效，需要设置规则应用对象，在设置规则页面中，单击“添加”按钮，提示用户选择应用程序。如图 11－22 所示，活动进程列表中显示了当前运行的进程，如果选择“ * ”表示选中所有进程。应用对象设置后，需要为设定的对象启用规则，如图 11－23 所示，杀毒软件为提供的规则类型包括：限制启动子程序、限制全局挂钩、限制加载驱动、限制修改内核内存数据、文件和注册表。其中对于限制启动子程序、限制全局挂钩、限制加载驱动、限制修改内核内存数据，用户可以设置是否启用以及处理方式是提示、放过还是拒绝。对于文件和注册表用户可以添加、编辑和删除规则。

文件与注册表的规则设置一般包括规则名称、监控目标、监控操作、触发时的动作和规则描述，其中监控操作是指用户选择监控未知程序的操作方式，包括创建、修改、删除、访问 4 项，文件与注册表的监控目标设置有所不同，前者提供选择监控目标及其包含子目录的功能，后者提供选择注册表项、监控键及子键的功能。

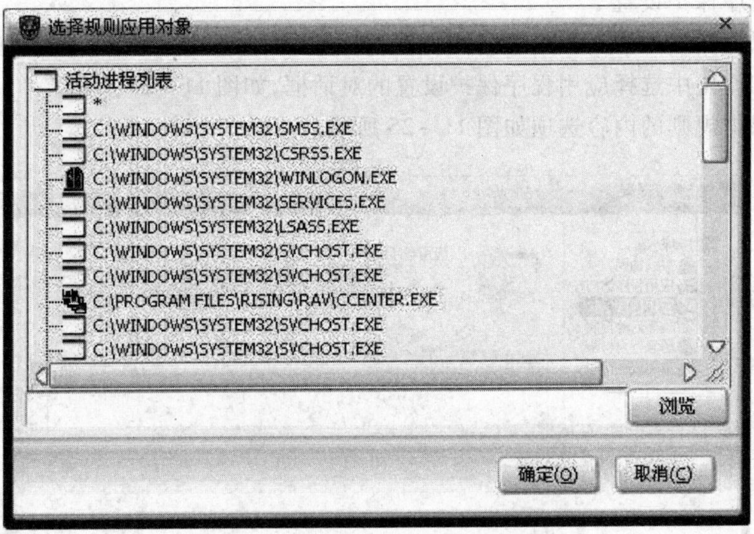

图 11－22 选择规则应用对象

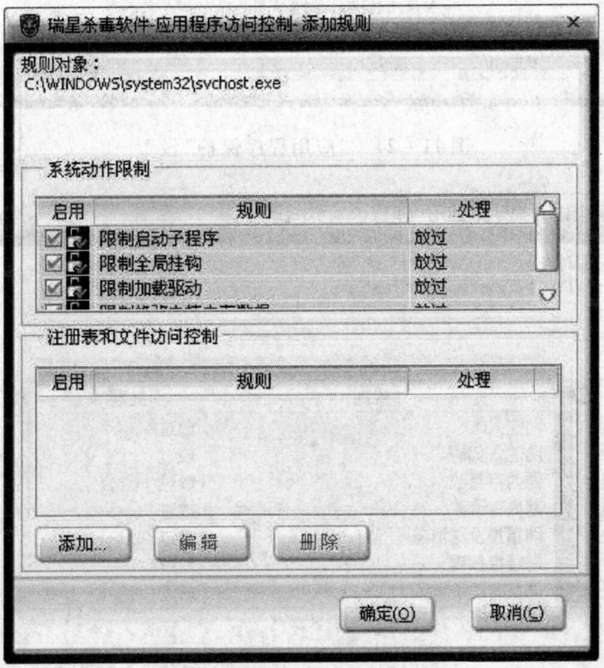

图 11－23 设置对象启用规则

（3）应用程序保护设置

应用程序保护设置与应用程序访问控制设置的操作比较类似，这里不再详细介绍。

在主动防御设置中选择应用程序保护设置的对话框，如图 11－24 所示。

应用程序保护规则的内容选项如图 11－25 所示。

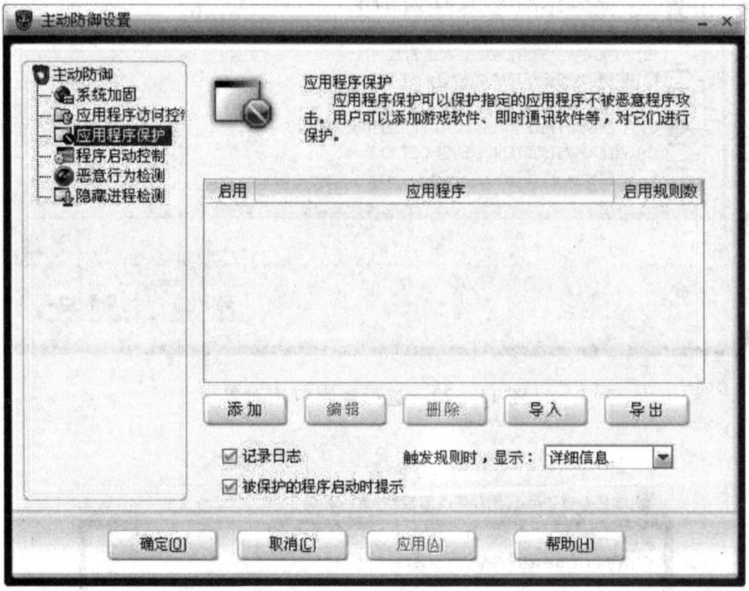

图 11－24 “应用程序保护”设置

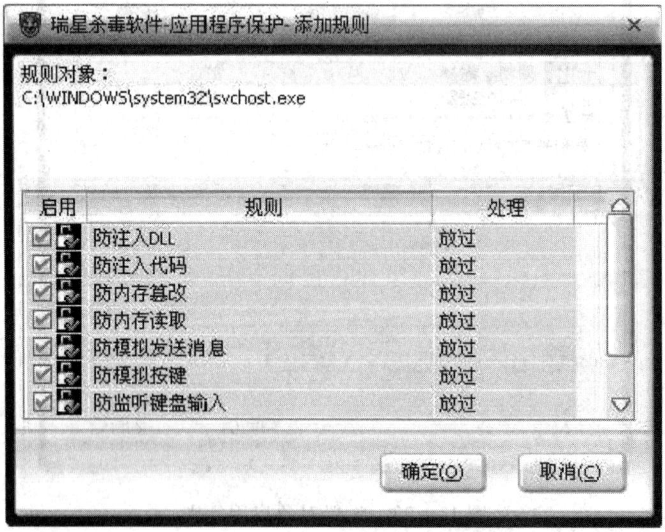

图 11－25 应用程序保护规则

应用程序保护规则包括以下选项。

- 防注入 DLL:防止被保护进程被恶意程序注入 DLL(动态库)。
- 防注入代码:防止被保护进程被恶意程序注入代码。
- 防内存篡改:防止被保护进程被恶意程序篡改。
- 防内存读取:防止被保护进程被其他程序任意读取。
- 防模拟发送消息:防止其他程序向被保护进程发送任意消息。
- 防模拟按键:防止其他程序向被保护进程发送模拟的键盘输入消息。
- 防监听键盘输入:防止其他程序监听被保护程序的键盘输入。
- 防挂起:防止被保护进程被其他程序挂起。
- 防结束:防止被保护进程中的进程和线程其他程序终止。

(4) 程序启动控制设置

主动防御设置中的程序启动控制设置对话框如图 11-26 所示。

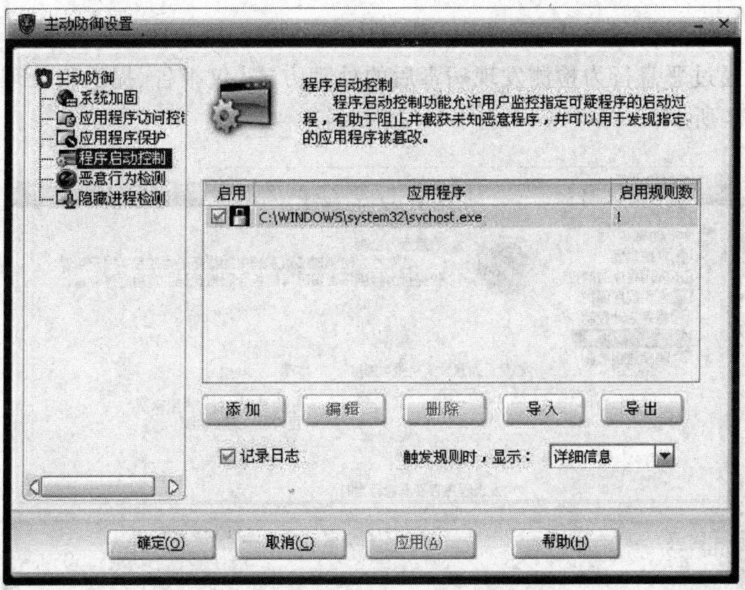

图 11-26 “程序启动控制”设置

程序启动控制设置与以上前述功能设置类似,其规则设置如图 11-27 所示。

图 11-27 中添加程序的设置有以下选项。

- 规则名称:输入设置规则名称。
- 启动者:弹出选择规则应用对象框供用户选择。
- 触发动作:包括提示、拒绝、放过和防篡改。
- 规则描述:当有程序触发此规则时候提示相关的信息。

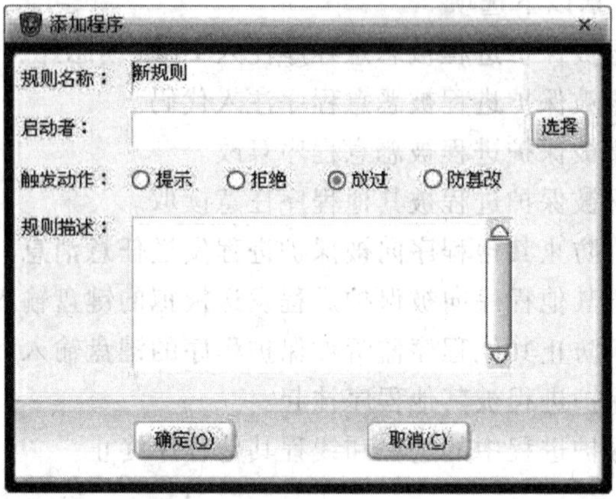

图 11－27 启动程序规则添加

（5）恶意行为检测设置

此功能设置通过恶意行为检测发现病毒后的处理方式（仅报告、提示我处理）及是否记录日志等，如图 11－28 所示。

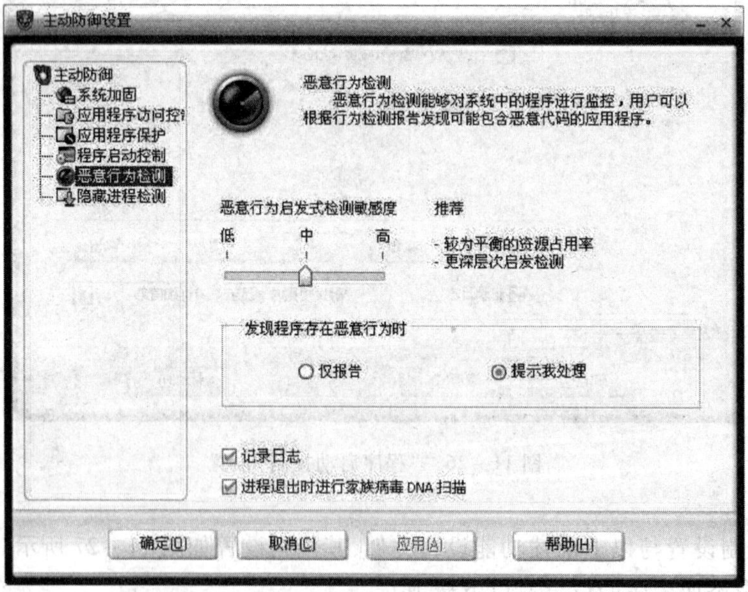

图 11－28 恶意行为检测设置

（6）隐藏进程检测设置

此功能设置检测的间隔时间，也可以通过“手工检测”刷新列表框中的进程，如图 11－29 所示。

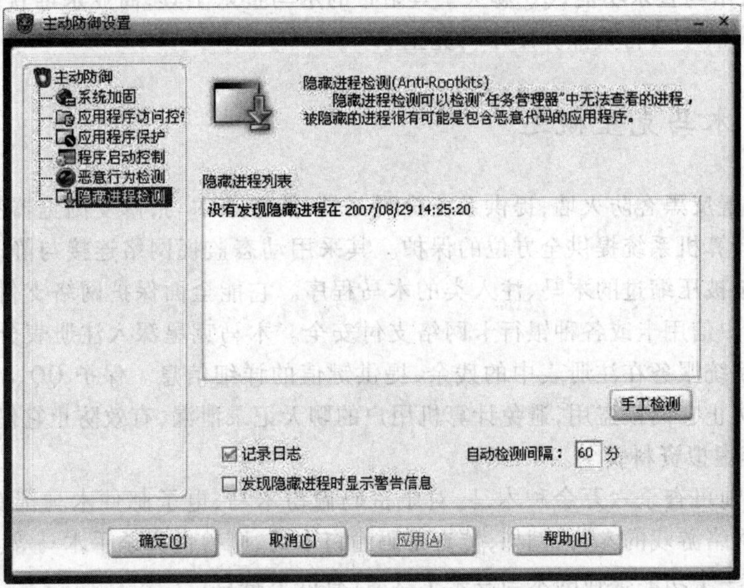

图 11－29 隐藏进程检测设置

4. 上报可疑文件

杀毒软件向用户提供上报可疑文件功能。如果用户发现某个文件可能属于恶意文件，而杀毒软件暂未检测出时，用户可以通过"设置"菜单选择"上报可疑文件"选项，填写用户姓名、联系方式(可以是 E-mail 地址或联系电话等)，通过网页将此文件上报给瑞星公司，以便检查分析可疑文件。在扫描病毒过程中，如果发现可疑文件或者异常文件也会自动提示用户上报可疑文件。另外，当有可疑文件后，可以在安检页面中通过"将检测到的可疑文件上报"的链接方式上报可疑文件。

5. 文件粉碎

对于一些恶意文件而系统又难以删除的，文件粉碎功能可以将其清除。此功能提供了对文件数据完全粉碎、清除的功能，也能保证用户隐秘资料的安全。当然，此功能粉碎的文件无法恢复，因而需慎重操作。

另外，还提供切换皮肤和切换语言的功能，前者供用户选择不同的外观风格，例如，怀旧情调、蓝色月光、玄之魅影和古典朱红；后者是根据用户需要，提供软件支持的中文简体、中文繁体与 English 等语言实时切换功能。

11.2 木马克星

常用的木马查杀工具有木马克星、IceSword，也有一些安全工具附带强大的木马查杀功能，例如,360 安全卫士木马查杀功能,QQ 聊天工具附带的木马查杀工具,商业杀毒软件内潜木马查杀功能等。限于篇幅,本节将重点介绍木马克星。

11.2.1 木马克星概述

木马克星内置反黑客防火墙,提供系统检测工具,能查杀木马,修复浏览器和防御黑客程序等多项功能,为计算机系统提供全方位的保护。其采用动态监视网络连接与静态特征字扫描技术,可以准确查杀被压缩过的木马、注入类的木马程序。它能全面保护网络支付安全有效,全面的保护计算机用户信用卡或各种银行卡网络支付安全。木马克星深入注册表分析,自动扫描流氓软件、无效的系统服务在注册表中的残余,提供键值的详细信息。保护 QQ、MSN 等即时通信软件账号安全,防止它们被盗用,避免计算机用户的聊天记录泄漏,有效防止它们的账号被劫持,有效保护 Q 币等虚拟资料安全。

木马克星目前可查杀六万余种木马,对于密码偷窃木马、电子邮件木马都有很好地查杀效果,能查杀一些网络游戏的木马,例如,传奇密码偷窃木马、魔兽世界杀手木马等。

木马克星是一个功能很强的木马专杀工具,具有以下特点。

(1) 全新的网络支付保护技术。

(2) 加强的主动防御能力。

(3) 全面的流行网络游戏安全保护。

(4) 保护即时通讯软件账户安全。

(5) 占用系统资源少。

(6) 内置针对木马、黑客攻击的防火墙。

(7) 定期更新病毒库,交互式操作更简便。

木马克星提供病毒库更新功能,防范最新木马程序侵入,可设置为软件智能自动更新,免除用户手工干预。其提供的木马行为记录功能可以帮助系统识别木马程序的行为,加强了防范未知木马的能力以及对变种木马的查杀能力。木马克星内置了防御木马、黑客的防火墙,可以实时监控端口情况,帮助用户了解当前网络状态,配置允许访问网络的程序。木马克星可自动生成 hijackthis 日志文件,为用户提供详尽的日志报告,日志信息包括具体的进程分析、注册表、服务项目和启动项目等内容。

木马克星是一款智能化软件,操作简单不需要复杂的人工设置,运行后可以自动寻找并且清除木马。木马克星软件虽小但功能强大,占用系统资源少,不影响系统运行。下面以木马克星 2009 为例进行说明。

11.2.2 木马克星的安装

木马克星的安装比较简单。下载安装程序,根据向导进行安装即可,如图 11－30 所示。其中,在向导任务“选择附加任务”时,提示是否“设置123默认主页(全功能必选)”,如图11-31所示。如果没有勾选该项,则在使用木马克星过程中可能会不断出现广告。

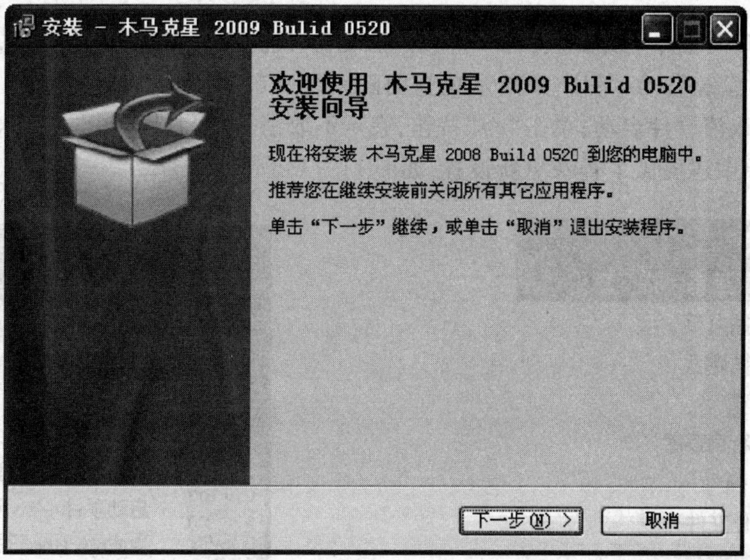

图11-30 入侵自动阻止设置

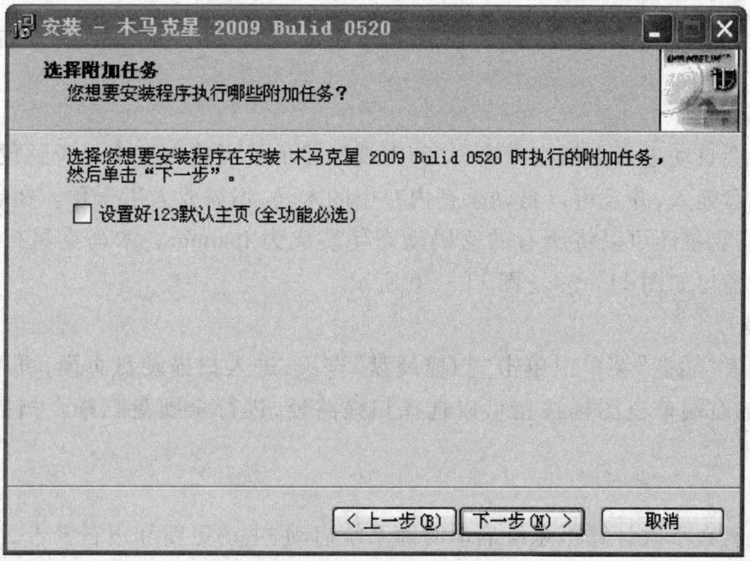

图11-31 选择附加任务

11.2.3 木马克星的使用

木马克星 2009 软件主要提供扫描内存、扫描硬盘、设置、更新病毒库等功能，如图 11－32 所示。在 Windows 系统启动过程中如果发现企图随系统一起启动的程序，会弹出警告信息，单击“是”按钮，表示取消软件启动；单击“否”按钮，表示不取消软件启动。另外，在木马克星 2009 软件的“查看”菜单中还提供了查看更新设置，如图 11－33 所示。

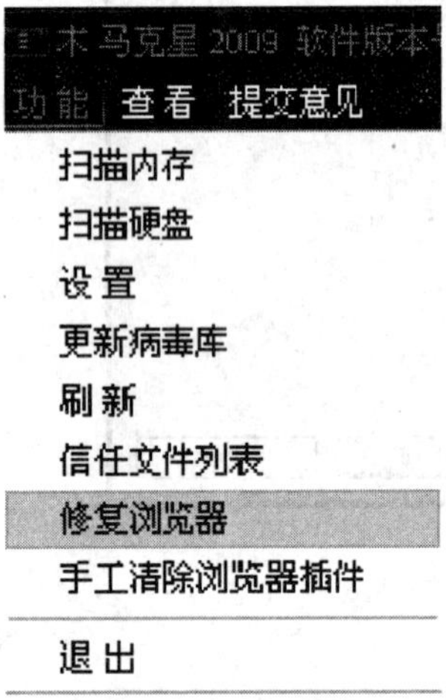

图 11－32 入侵自动阻止设置

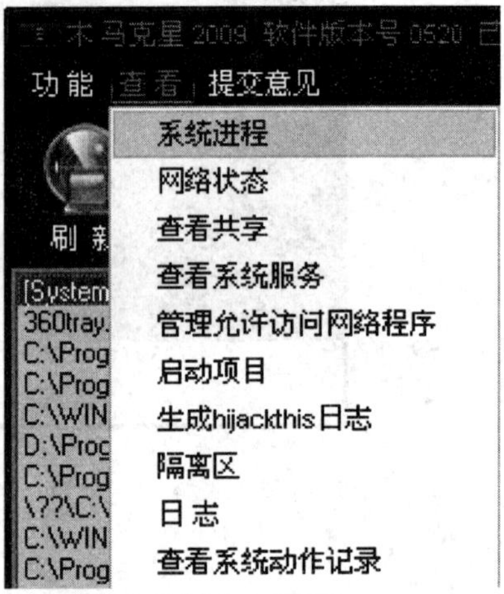

图 11－33 查看更新设置

1. 扫描内存

软件启动后会自动进入扫描内存窗口，其直观地显示了当前内存中是否隐藏有木马、是否有可疑程序监视键盘输入，并且可以自动杀查内存中的木马，不需要人工干预。在启用密码保护功能的情况下，木马克星还可以将所有的密码动态伪装成为 iparmor。木马克星扫描内存，扫描过程和扫描完成的窗口如图 11－34～图 11－36 所示。

2. 扫描硬盘

在主界面或者“功能”菜单中单击“扫描硬盘”选项，进入扫描硬盘页面，可以选择是否清除木马，在输入框的右端单击图标按钮可以选择扫描路径，进行全硬盘扫描。扫描硬盘窗口如图 11－37 所示。

3. 设置

设置软件是否在下次计算机系统启动时随系统启动、主动更新和声音警告，可以设置木马拦截功能，包括：网络拦截、监视网络信息、监视邮件和密码保护，主要针对蠕虫和端口监视，在接收 E-mail 时候发现蠕虫及有黑客试图攻击等情况下，它也会报警。其扫描选项可以对硬盘扫描的文件类型进行设置，包括：扫描压缩文件、蠕虫、DLL 文件、广告程序等多种类型的文件，另外代理

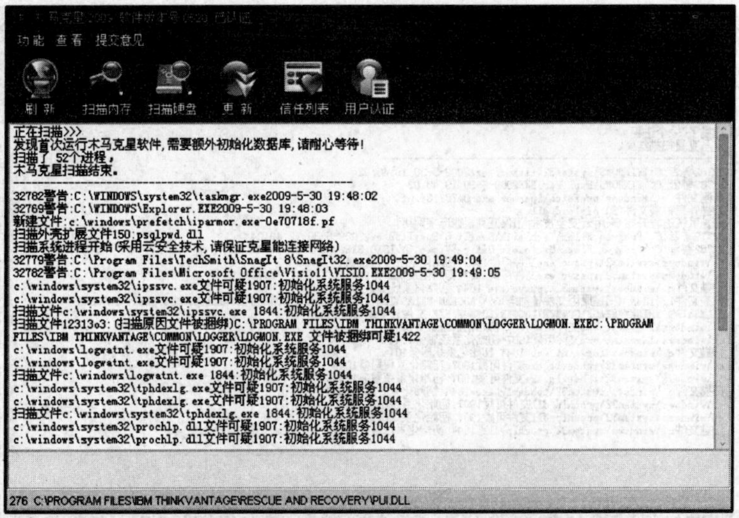

图 11 - 34 正在扫描

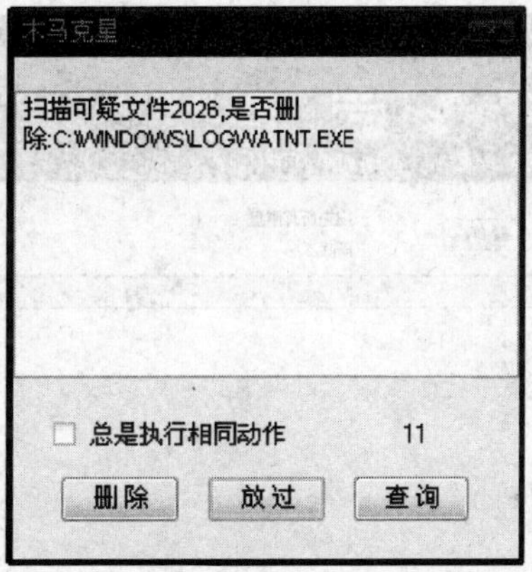

图 11 - 35 扫描过程中提示

服务器可以设置代理选项,通过代理连接网络。木马克星设置功能选项如图 11 - 38 所示。

4. 更新病毒库

定时升级木马病毒库,以便应对新出现的木马。如果更新时候提示“已经是最新版本,不需要升级”则表示当前已经用了最新版本,不需要升级了。

5. 刷新

选择此功能后将会扫描内存,重新得到网络状态、系统进程和启动项目的信息。

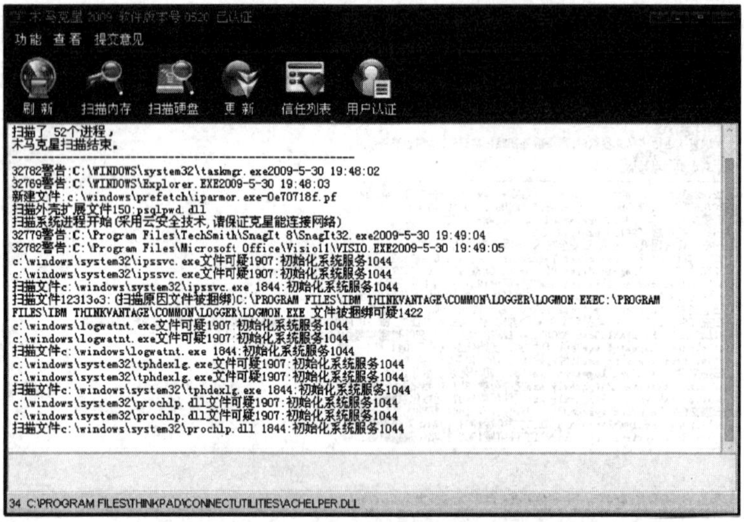

图 11 - 36 扫描完成

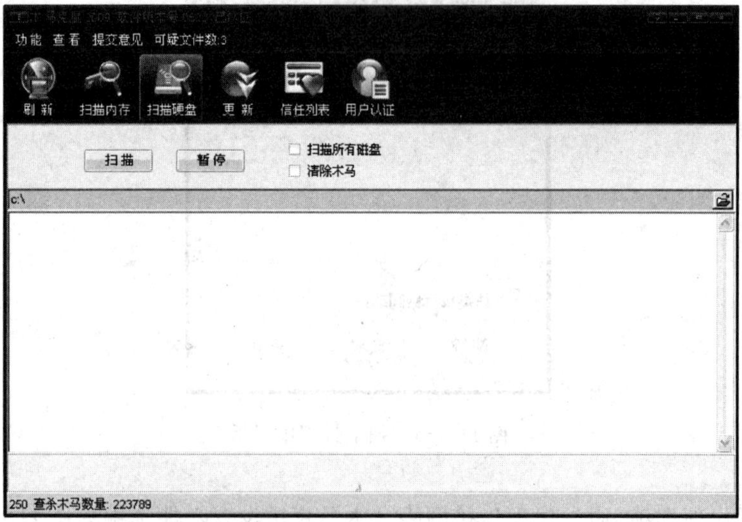

图 11 - 37 扫描硬盘

6. 系统进程

查看系统中有已运行的程序，选择进程按 Delete 键可以删除。

7. 网络状态

查看当前网络情况，包括访问的地址、使用的端口等信息。

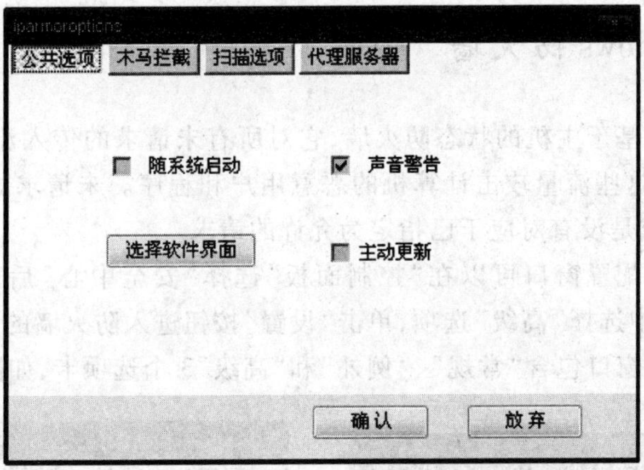

图 11-38 木马克星设置

8. 查看共享

查看硬盘分区是否在网络中共享。

9. 启动项目

查看随 Windows 系统启动运行的程序,选择某程序按 Delete 键可删除该启动项。

10. 隔离区

查看已被查杀或仅仅被隔离的木马或可疑文件。

11. 监视网络

查看每个程序读取网络的情况。

另外还有一些其他功能,例如,信任文件列表、修复浏览器、手工清除浏览器插件、查看系统服务、日志等,操作比较简单,就不具体介绍了。

11.3 个人防火墙工具

个人防火墙是对付木马等网络恶意代码、网络攻击的必要工具,因此,厂商们推出了凛凛种种的个人防火墙产品。常见的个人防火墙产品包括 Windows 操作系统自带的个人防火墙、Zone Alam Pro、天网个人防火墙、费尔个人防火墙、360 安全卫士防火墙,以及瑞星、金山、卡巴斯基等杀毒软件自带的个人防火墙等。本节将介绍比较容易获得的产品,既 Windows 操作系统自带的个人防火墙。

11.3.1 Windows 防火墙

Windows 防火墙是基于主机的状态防火墙,它对所有未请求的传入流量(异常流量)予以丢弃,这样可以避免依赖这些流量攻击计算机的恶意用户和程序。未请求的含义是指没有对应于为响应计算机的请求或是没有对应于已指定为允许的请求。

Windows 防火墙的配置窗口可以在"控制面板"选择"安全中心"后启动,也可以在计算机"本地连接"的"属性"中选择"高级"选项,单击"设置"按钮进入防火墙的配置窗口,如图 11-39 所示。Windows 防火墙窗口包含"常规"、"例外"和"高级"3 个选项卡,如图 11-40 所示。

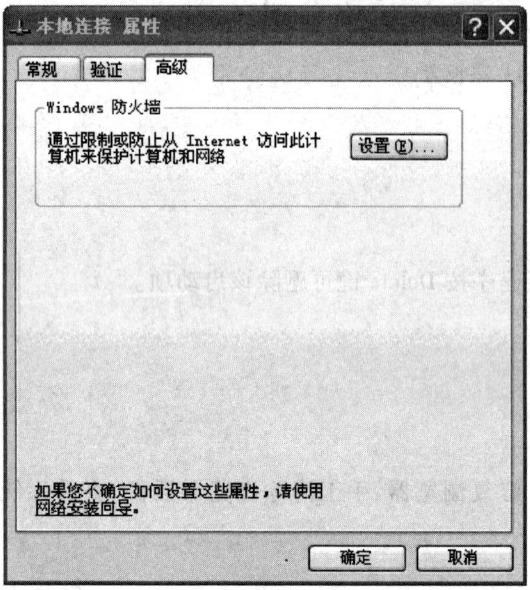

图 11-39 Windows 防火墙本地连接属性

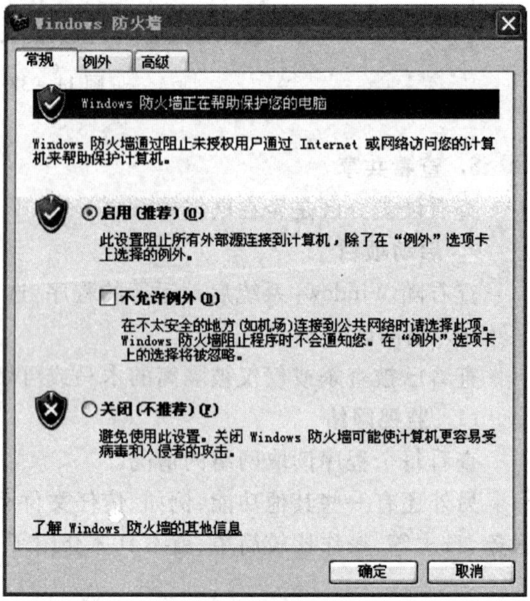

图 11-40 Windows 防火墙配置

11.3.2 常规功能

在"常规"选项卡上,可以选择以下选项。

- 启用(推荐):此选项用来启用对"高级"选项中所有的网络连接,允许例外端口的访问请求,但阻止所有连接到计算机的请求。例外端口等可在"例外"选项卡上进行设置。
- 不允许例外:选中这个选项仅允许请求的端口访问,如果不勾选该选项,无论"高级"选项卡上是如何设置的,所有连接都将受到保护。
- 关闭(不推荐):选择这个选项用来禁用 Windows 防火墙。此操作不推荐。

如果在使用组策略配置运行 Windows 防火墙,由于配置了组策略设置可能导致本地配置无法进行,“常规”选项卡和其他选项卡上的选项可能是灰色的不能选择,甚至本地管理员也无法进行选择。

11.3.3 例外功能

在“例外”选项卡上,可以设置异常流量的程序或服务,并对现有的程序或服务配置启用或禁用。如果“常规”选项中的“不允许例外”已经勾选,则“例外”选项卡中的设置不起作用。

Windows XP SP2 之前的系统防火墙只能根据 TCP、UDP 协议端口来定义异常流量,而 Windows XP SP2 系统防火墙定义异常流量可以根据 TCP、UDP 的端口,也可以根据程序、服务的文件名,这对于端口未知的程序、服务或者程序、服务启动时动态确定端口的情况,这种配置显得更加灵活。

防火墙中已预设置了一些例外的程序和服务:远程桌面、upnp 框架、文件和打印共享、远程助手(默认启用),这些设置不能删除。添加例外的操作如下:

(1) 在“例外”选项卡中,单击“添加程序”按钮后,弹出“添加程序”对话框,可通过浏览的方式选择程序。

(2) 单击“添加端口”按钮后,弹出“添加端口”对话框(见图 11-41),可以在其中配置一个 TCP 或 UDP 端口。也可以单击“更改范围”按钮后,弹出“更改范围”对话框(见图 11-42),可以定义程序或端口的范围。

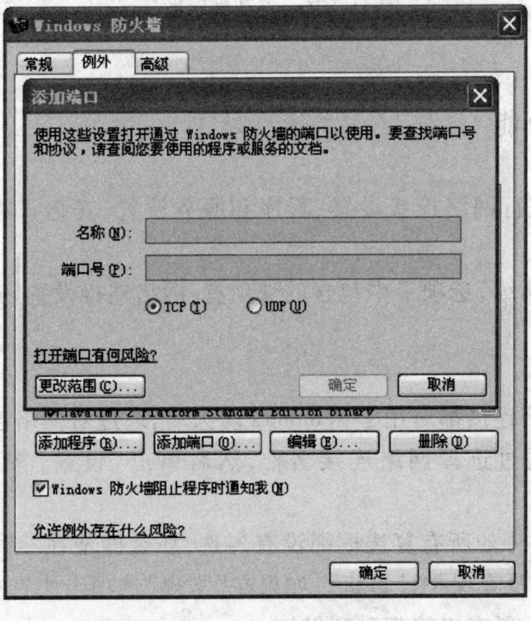

图 11-41 添加端口

(3) 在“更改范围”对话框中选择“任何计算机”或“仅我的网络(子网)”,选择前者表示允许异常流量来自任何 IP 地址,这样存在较大的风险;选择后者表示仅允许异常流量来自与本地网段(子网)相匹配的 IP 地址,当希望允许本地网络上连接到相同子网上的计算机能访问某个程序或服务,不允许潜在的恶意互联网用户访问,可以选择后者。例如,对于网络中 IP 地址为 192.168.0.34,子网掩码为 255.255.0.0,那么,异常流量仅允许来自 192.168.0.1 到 192.168.255.254 范围内的 IP 地址。这也是 Windows XP SP2 防火墙的特性,可以定义范围。当然,也可以自定义端口列表。

在“例外”选项卡上设置的所有程序、服务对“高级”选项中的所有连接都处于启用状态。

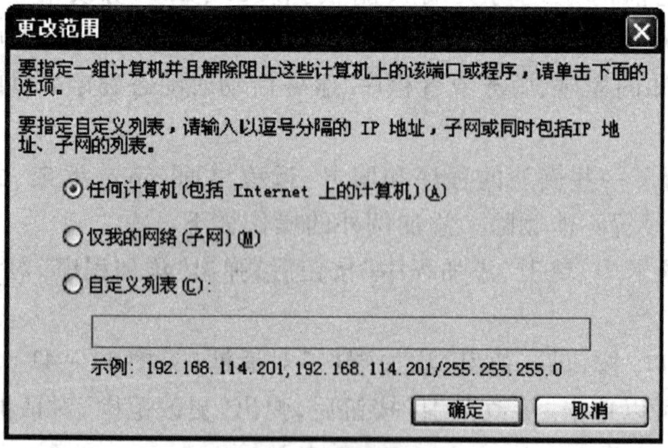

图 11－42 例外范围设置

11.3.4 高级功能

“高级”选项中可以进行网络连接设置、程序和服务设置、安全日志设置和允许的 ICMP 流量等。

如图 11－43 所示,“高级”选项卡中包含的选项有:网络连接设置、安全日志记录、ICMP 和默认设置。

(1) 网络连接设置

默认情况下,所有网络连接都启用了 Windows 防火墙,通过对网络连接名称复选框勾选或不勾选表示启用或禁用。通过选择网络连接名称,然后单击“设置”按钮进行网络连接的高级配置。

如果“网络连接设置”中的所有复选框都没有勾选,那么即使在“常规”选项卡上选中了“启用”选项,防火墙实际上也没有保护计算机。如果在“常规”选项卡中选中了“不允许例外”,那么此网络连接设置会被忽略,所有连接都受到保护。

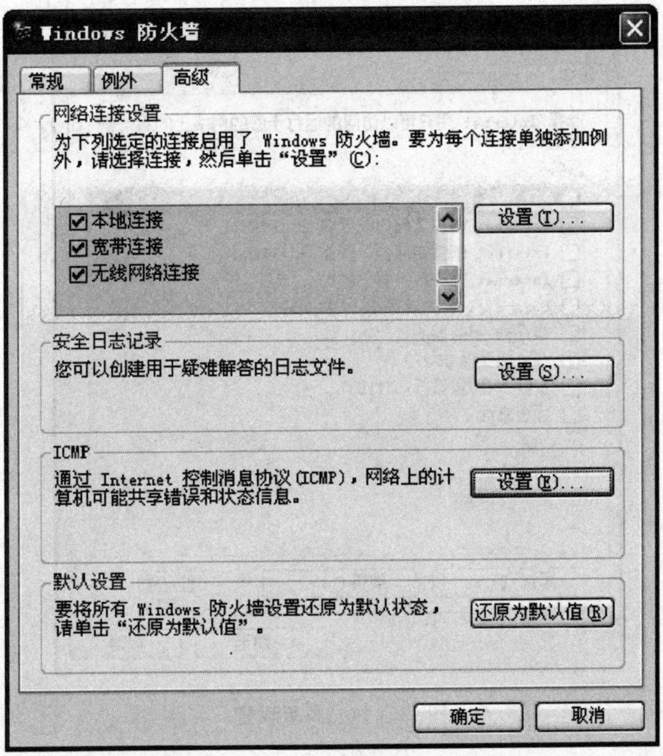

图 11－43 “高级”选项卡

单击“设置”按钮弹出“高级设置”对话框（见图 11－44），可以在“服务”选项中添加、删除特定的服务，也可在 ICMP 选项卡中针对特定类型的 ICMP 流量进行启用。

(2) 安全日志

在“安全日志记录”中，单击“设置”按钮可以在弹出的对话框中配置 Windows 防火墙日志：是否要记录丢弃的数据包或成功的连接、日志文件的名称和位置（默认设置为 pfirewall.log）及其最大容量。

(3) ICMP（互联网控制消息协议）

ICMP 的消息可用于诊断错误、报告错误情况和配置。默认情况下，ICMP 列表中不允许任何 ICMP 消息，如果要指定允许 ICMP 流量类型，可以在 ICMP 中设置，或者在 Windows 防火墙“高级”选项卡中设置。

(4) 默认设置

单击“还原为默认值”按钮，可以还原至 Windows 防火墙的初始设置状态。

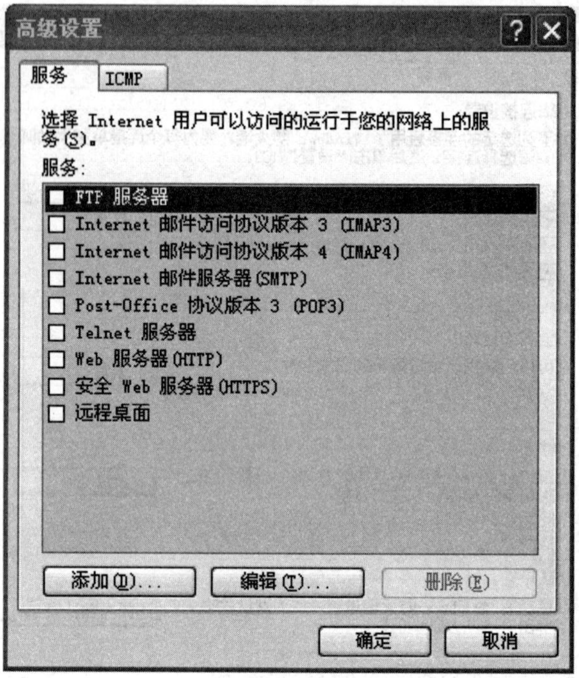

图 11－44 高级设置

11.4 其他防范恶意代码工具

除了常见的杀毒软件、木马查杀软件、个人防火墙以外，还有一些工具可以用于恶意代码的防范。尽管一般用户很少使用这些软件，但它们却深受广大系统管理员以及专业信息安全人员的欢迎。其中最著名的是微软公司的 SysinternalsSuite 工具套件，该套件包括近 100 种小工具，这些鲜为人知的工具包括 Regmon、FileMon、Process Explorer 等。

11.4.1 Regmon 工具

Regmon 是曾经为微软公司提供技术支持的 Sysinternals 公司的产品，它在跟踪注册表变化方面表现很出色，是一款绿色的免安装软件。一些系统优化软件、木马都可能会修改注册表，Regmon 可以监视注册表的变化情况，包括增加、修改了哪些键值。另外，对于软件的公司配置信息，可以用这个软件保存在注册表里或文件中。Regmon 不是通过扫描进行监视的，而是直接劫持了所有软件和系统对注册表的操作，所以可以监视对注册表进行的任何操作。

Regmon 运行后弹出一个标准的 Windows 程序窗口(图 11－45),如果初始显示的信息计算机用户看不清楚,可以设置较大字体,关闭程序再运行即可。窗口顶端是标题栏,下面是菜单栏,工具栏和主窗口,以下结合工具栏介绍 Regmon 的具体使用。

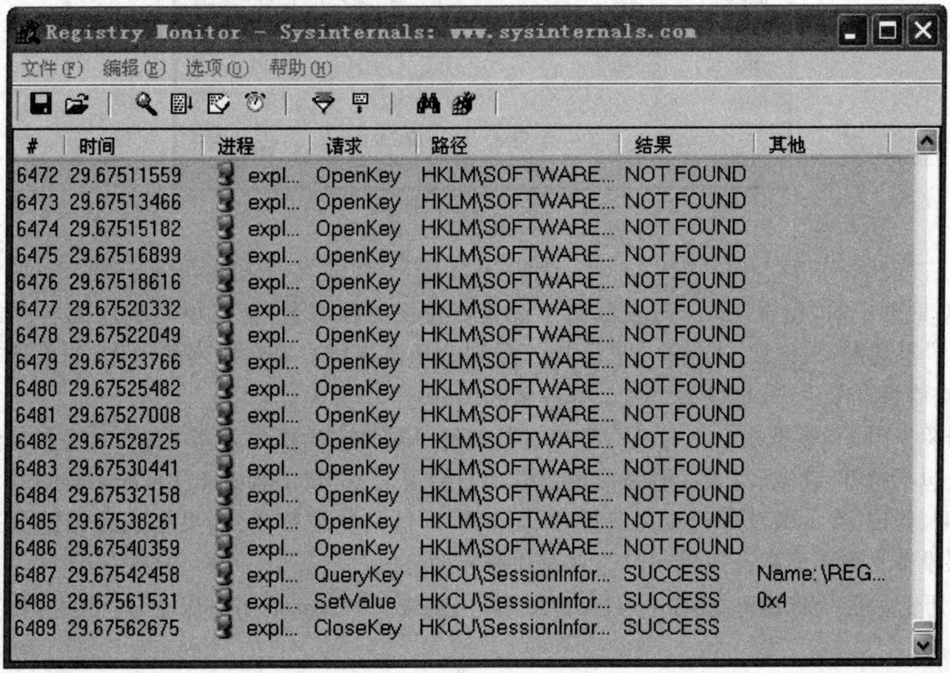

图 11－45　Regmon 主窗口

工具栏上有多个按钮,依次为保存、打开、捕获(监视)、自动滚动、清除、时间格式、过滤、(监视)历史深度、查找和注册表跳转。

- 保存:该功能用于将每一次的监视结果以 *.log 格式的文件保存下来,可以用记事本之类的文本编辑器查看。
- 打开:该功能用于在 Regmon 中打开以前保存监视结果的文件。
- 捕获(监视):该图标按钮为启动捕获注册表信息的开关。默认时捕获动作开启,单击一次时,开启捕获动作,此按钮上会多出现一个红色的叉,表示可暂停监视。
- 自动滚动:表示主窗口中的内容可以不断滚动更新,最新内容能显示在当前屏幕上,如果单击此按钮则停止屏幕滚动。
- 清除:该作用就是清除掉当前的窗口中的所有内容,以便进行新的注册表监视工作。
- 时间格式:表示计时方式的变化,选择"时间格式"时,时间列信息以正常的时间或序列方式显示。
- 过滤:当按下"过滤"的按钮时,会弹出一个"Regmon 过滤"对话框,如图 11－46 所示,对

Regmon 的过滤选项进行设置,可以进行有效监视。

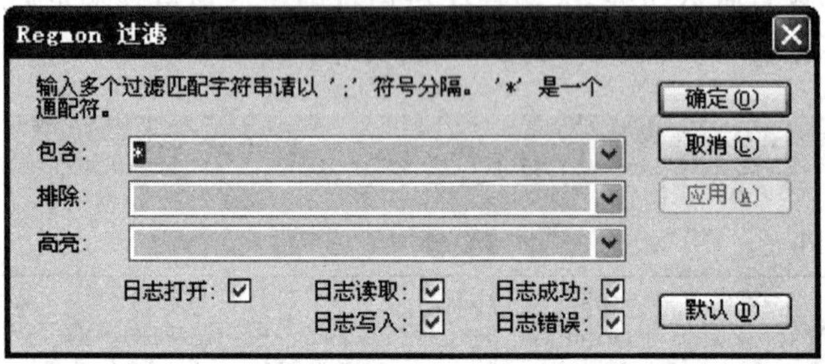

图 11-46 Regmon 过滤设置

该对话框中的“包含”下拉列表框用于设置要监视的程序名,可以填写程序的名称或使用“ * ”、“?”等通配符,例如,*.exe ,只填“ * ”号则表示监视所有对注册表的动作,如果计算机用户要重点监视几个程序,可以设置多个程序名并用分号“;”分隔。

“排除”下拉列表框表示不对某些程序进行监视。对日志的操作是指 Regmon 监视对注册表的操作,包括打开、读取、写入注册表信息及成功与错误信息,默认状态下 Regmon 会同时对注册表的读取、修改、存入信息等内容进行监视,后两项的监视比较重要,如果要加快系统的运行速度,可以设置平常不监视读取操作只监视对注册表的修改。

- 历史深度:可以设置主窗口中只保留最新的记录数。“Regmon 历史深度”对话框如图 11-47 所示。
- 查找:可以在已监视到的记录中查找所需的内容。
- 注册表跳转:在监视窗口中选中某条信息,单击“注册表跳转”可以注册表编辑器,直接定位到注册表中的具体位置,此功能非常实用。

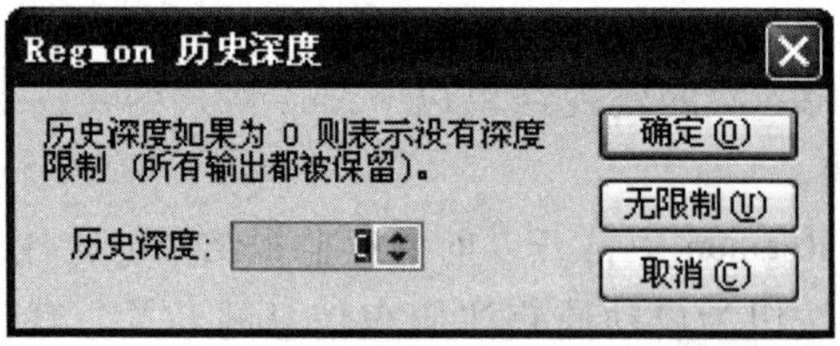

图 11-47 Regmon 历史深度设置

主窗口列表框中显示的为监视到的所有对注册表的具体操作记录。顶部为标题栏,分别为“#”(记录条数)、时间、进程(程序名(Process))、请求(Request)、路径(Path)、结果(Result)和其他(Other)。另外,选中某条记录可以单击右键查看其属性,显示与该操作有关的执行程序名。

下面以 IceSword 为例来说明 Regmon 的功能。

在“Regmon 过滤”对话框的“包含”下拉列表框中输入 IceSword.exe,单击“确定”按钮,为便于观察 IceSword 运行情况,可以执行“清除”操作,清空窗口中记录(见图 11－48)。IceSword 在 Regmon 过滤设置之前或之后运行都可以,运行 IceSword,单击左侧“端口”查看计算机端口信息,此时可观察到 Regmon 生成了一些相关操作记录信息(见图 11－49),可以查看分析 IceSword 操作过程中对哪些注册表项进行了操作。

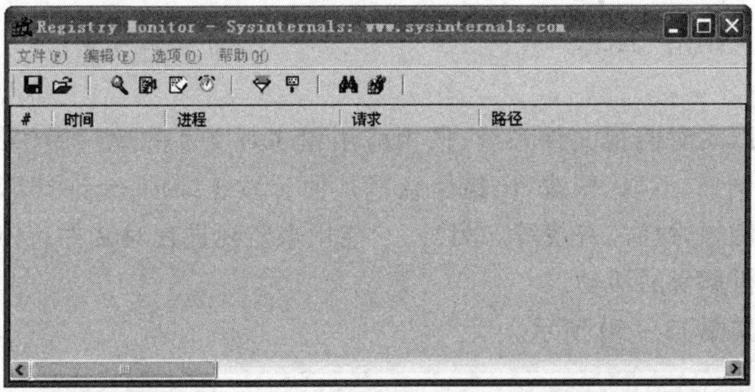

图 11－48 Regmon 监视记录情况状态

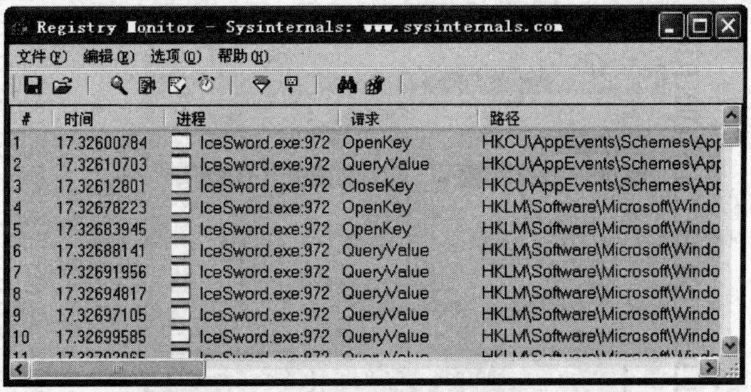

图 11－49 Regmon 监视 IceSword

利用 Regmon 的注册表动态监视功能,实际上还有其他一些用途。

(1) 用作软件的破解器,例如,对一些使用时间有限制的软件进行监视,分析出记录使用时间的注册表键值,这样通过修改该键值数据就能延长使用期。

(2) 清除注册表垃圾信息。一些应用软件如果安装后没有提供自动卸载功能,手工将其删除后可能会在注册表中留下一些残余垃圾,如果通过手工修改清除这些垃圾信息会比较困难,可以利用 Regmon 有效地解决这个问题。在安装有关软件前先运行 Regmon 程序,这样在软件安装过程中,可以针对该软件记录其在安装过程中对注册表的所有操作,保存成文件,然后在以后卸载该程序时手工清除注册表数据库中的残余信息即可。

(3) 解决程序安装失败的问题,可以对比分析成功安装该程序的注册表信息,找出缺少的注册表项和数据。

(4) 解决由于病毒原因或用户误操作等原因,导致程序由于注册表信息错误无法运行的问题。

11.4.2 FileMon 工具

FileMon 工具可以实时监视文件系统,监视应用程序对文件的读写操作,并记录所有与文件一切相关操作信息(例如,读取、修改、出错信息等),便于系统维护,允许计算机用户对这些记录信息进行后续处理,例如,过滤、查找等。另外,它能用来监视进程对文件、目录、注册表的读写等访问动作,可用于分析病毒的活动。

FileMon 主窗口如图 11-50 所示。

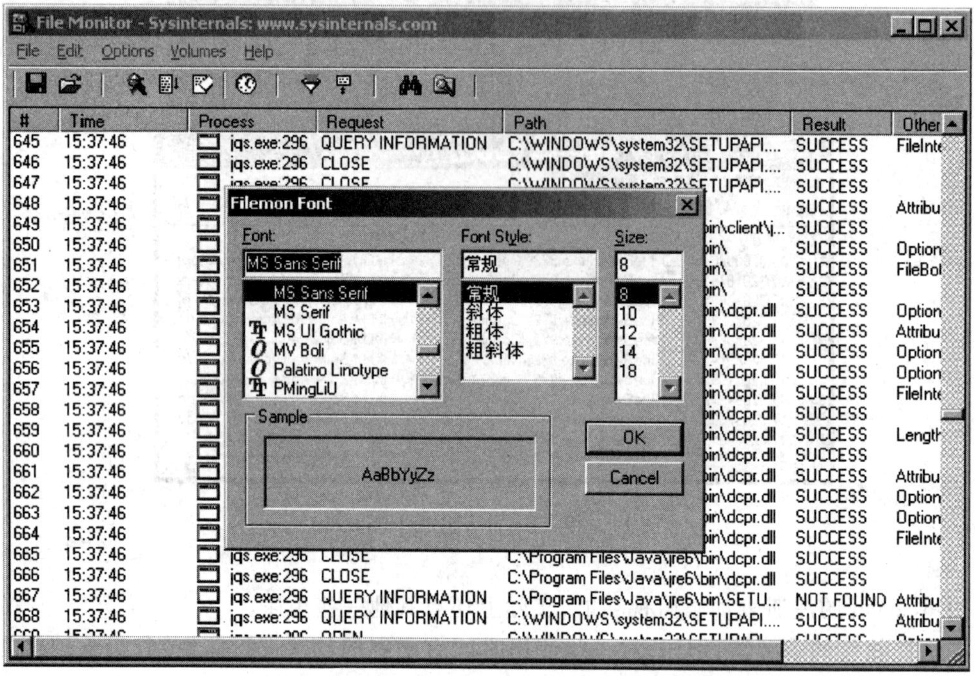

图 11-50 FileMon 主窗口

FileMon 运行时如果显示的文字不清楚,可以重新设置一下字体,如图 11-50 所示。监控结果显示部分分为 7 列,分别如下。

- #:进程 PID 号。
- Time(时间):时间。

- Process(进程):进程名称。
- Request(请求):动作,该进程的操作。
- Path(路径):路径。
- Result(结果):动作对应的结果(是否成功)。
- Other(其他):其他的动作。

其中对每项结果单击右键会弹出一个快捷菜单,功能和下面 Edit 菜单中是一样的。

以下对 FileMon 主窗口中菜单栏的菜单功能进行简要说明。

(1) File(文件)

File 文件菜单项提供的功能为:Open 打开以往保存记录为 LOG 格式的文本分析记录;Save/Save as 将分析的内容保存或另存为文本记录;Pathe properties 查看当前选定项对应的文件目录和一些基本信息;Capture properties 与 Pathe properties 作用类似;Exit 表示退出程序。

(2) Edit(编辑)

Include process 设置包含选定的进程项,即监控选定的进程;Exclude process 指定排除不监控的进程;Include path 指定监控的进程文件目录;Exclube path 则是指定排除不监控的进程所在目录或者选顶目录;Find 按进程名查找;Explorer jump 跳转到选定进程对应文件的所在目录,给操作提供方便;Clear display 清除所有监控结果;Copy、Delete 以文本方式复制信息或删除。

(3) Options(选项)

Font 设置监控结果显示的字体;Highlight colors 设置选定项颜色;Filter/highlight 提供过滤设置;History depth 用于设置监控的目录深度(默认不限深度);Auto scroll 让监视结果可以自动滚动;Advanced output 输出一些系统进程;Clock time 设置时间显示格式;Show milliseconde 显示时间可精确到毫秒。

(4) Volumes

用于选择需要监控的分区。

11.4.3 Process Explorer 工具

Process Explorer 是一款进程管理的工具,可用来方便查看各种系统进程,以及后台执行的处理程序,其最大的特点是可以终止任何进程,甚至包括系统的关键进程。它也是 Sysinternals 公司的作品,不仅可以监视、暂停、终止进程,还可以查看进程调用的 DLL 文件,系统进程细化的程序模块,查看 CPU 及内存使用情况,对进程进行调试。Process Explorer 主窗口如图 11－51 所示。

1. 基本设置

基本设置可以对软件进行美化。可打开 Options 菜单选择 Font 选项(见图 11－52),然后设置合适的字体(见图 11－53)。可以用不同颜色标注高亮显示的进程(见图 11－54)。打开 Options 菜单选择 Configure Highlighting 选项,例如,浅紫色代表当前用户进程,浅粉色代表系统服

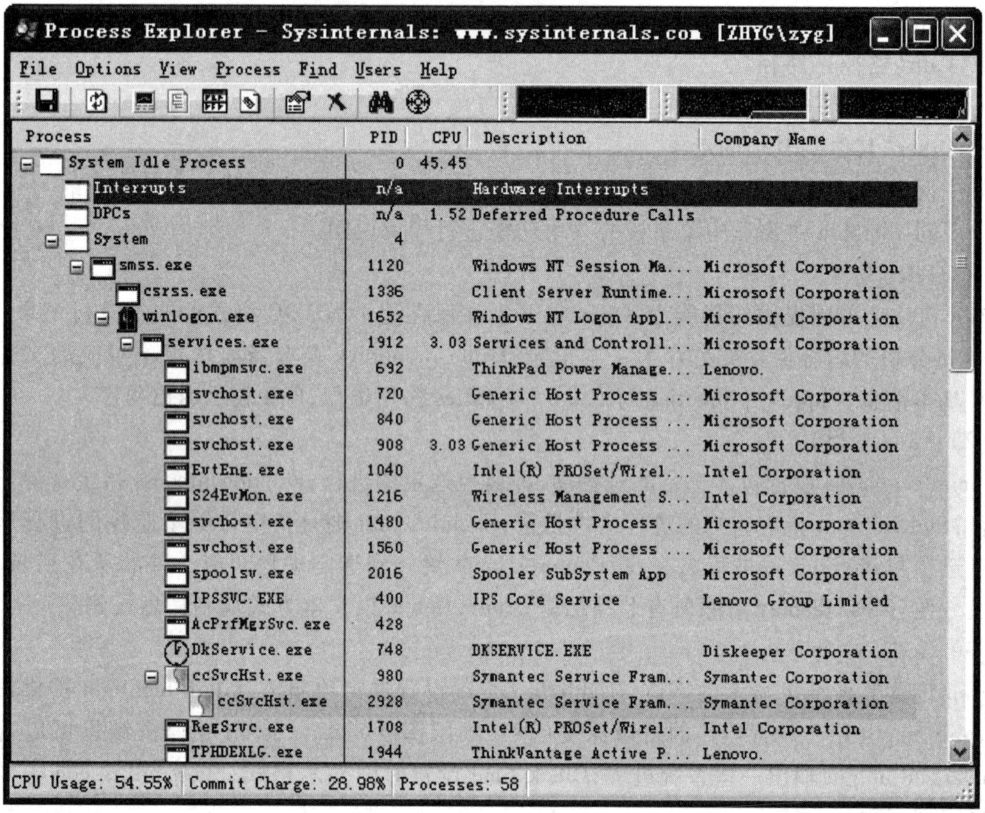

图 11－51 Process Explorer 主窗口

务等，可以单击 Change 按钮修改颜色。

2. 进程查看

主窗口进程列表有 Process(进程)、PID 进程身份标识、CPU 占用率、Description(描述)和 Company Name(公司名)几个项目分类，可以分别用鼠标单击进行排列管理。鼠标双击要查看的进程，可以显示它的属性，并分析其各项指数和功能，从而避免染上病毒。

可以查看其 Performance(性能)(见图 11－55)、Performance Graph(性能曲线样表)、Threads(线程)及 Security(安全)(见图 11－56)等，通过这些信息也可在一定程度上判断是否感染了病毒，例如，病毒感染发作一般占用 CPU 线程数(曲线波动也大)和内存值都比较大。对于异常的进程，可在进程列表里单击右键，在快捷菜单中选择 Kill Process(终止进程)的功能终止可疑进程运行。

3. 查看句柄或 DLL

如果需要获取未知进程的属性及其调用的系统进程，可以分析该进程的所有句柄。通过软

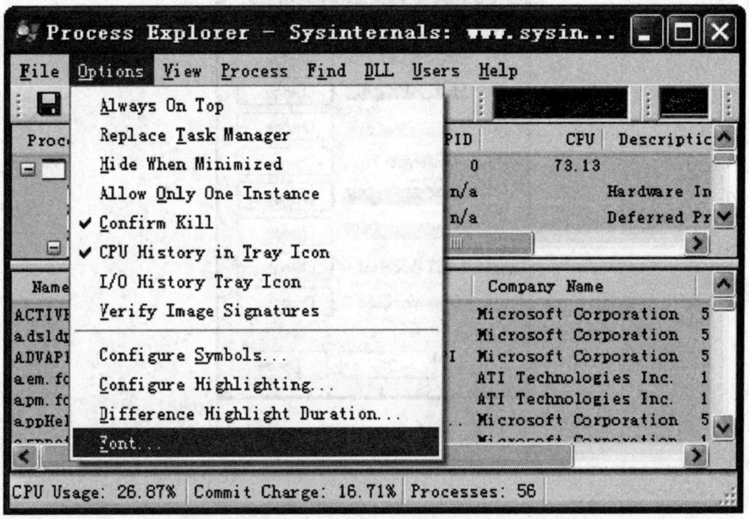

图 11－52　通过选项选择字体设置

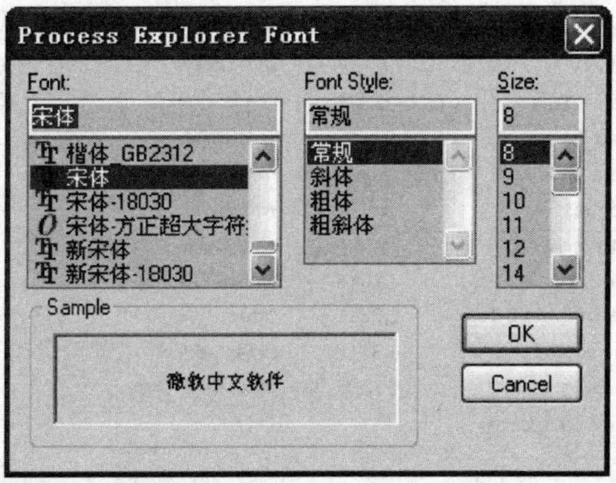

图 11－53　字体设置

件主窗口 Find(查询)菜单选择 Find Handle or DLL 选项打开查找窗口(图 11－57),执行模糊查询。输入查找对象的文件名,按 Enter 键后即可显示未知进程的相关信息。也可以输入一个动态链接库 DLL 文件名,查看哪些程序使用此 DLL。例如,输入 winsta. dll,查询结果如图 11－58 所示。在查询结果中单击要查看的进程,会在主窗口的进程栏和下方看到该进程的信息,例如,选择 SnagIt32(见图 11－59)。双击 DLL 列表选择 DLL,还可以看到该 DLL 文件的属性。

4. 设置进程优先级

为了优化资源,可以对一些重要软件、使用频繁的软件进程设置较高的优先级,在进程窗口

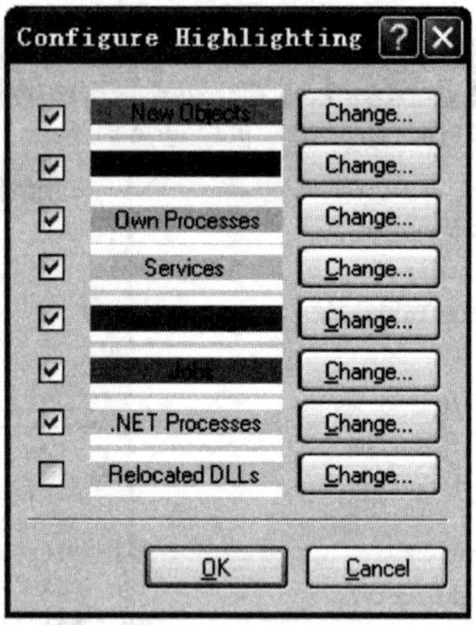

图 11－54　高亮设置

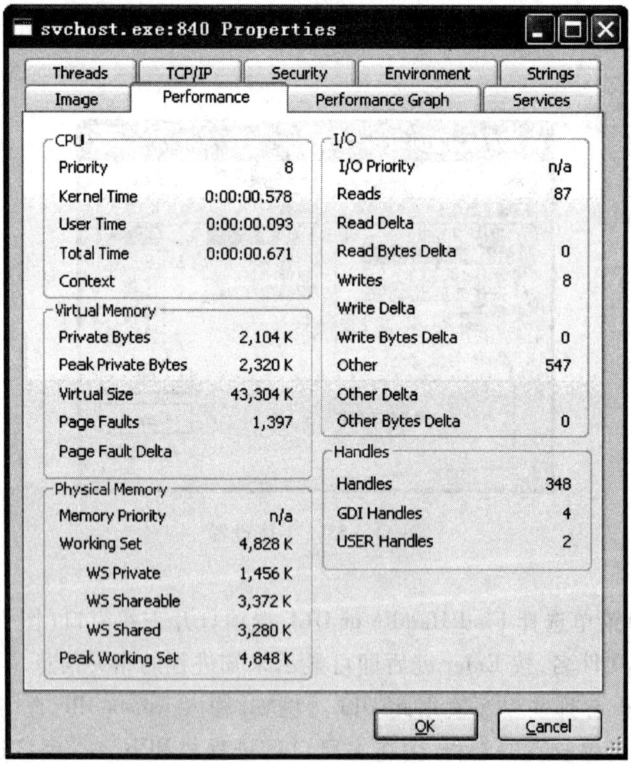

图 11－55　性能属性

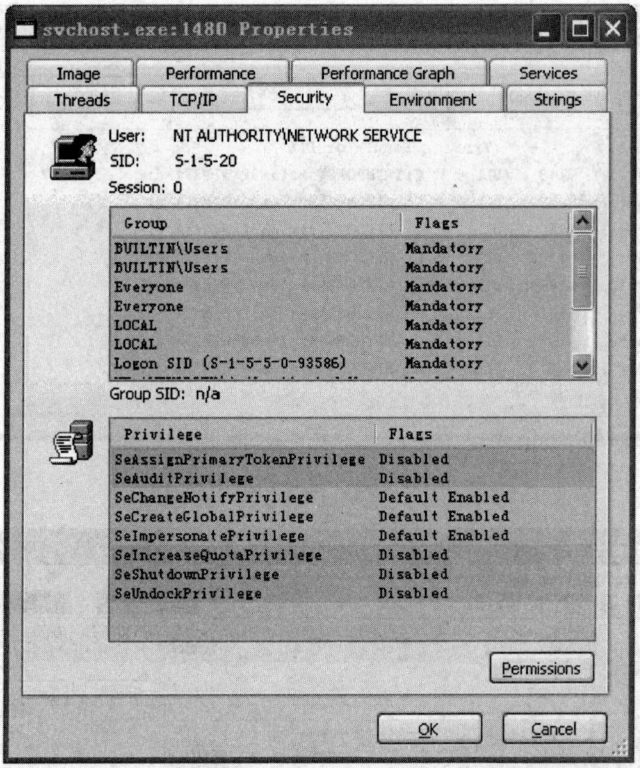

图 11－56 安全属性

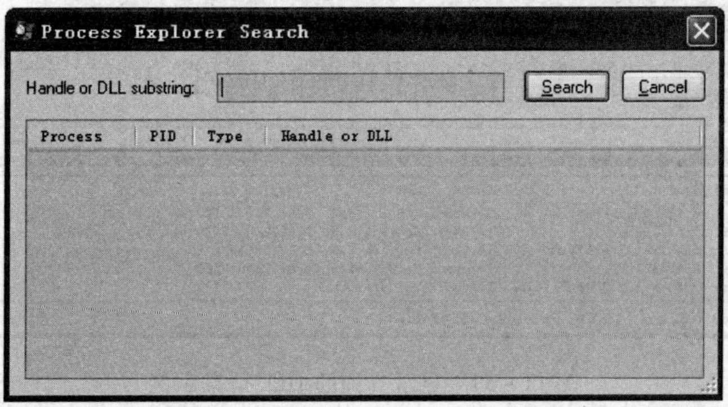

图 11－57 查询 Handle 或 DLL

里选中程序进程，单击右键弹出快捷菜单选择 Set Priority（设置优先级）选项，可以设置成 High（高）、Realtime（实时）等（见图 11－60），设置后，该应用程序会从系统中获取较多的资源，提高运行速度。

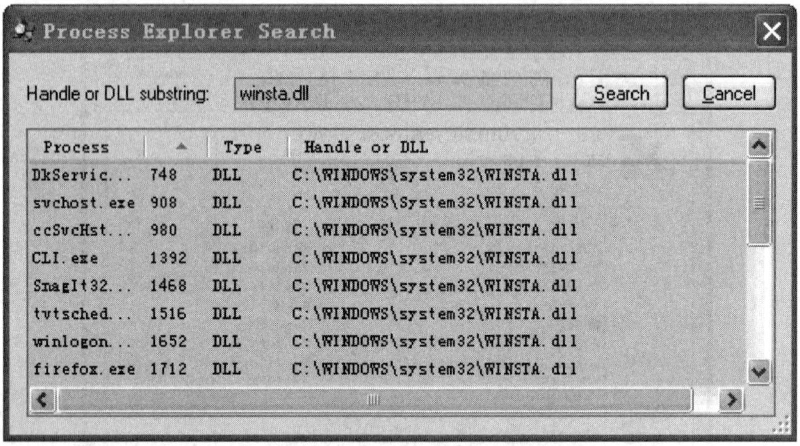

图 11－58　查询 DLL 示例

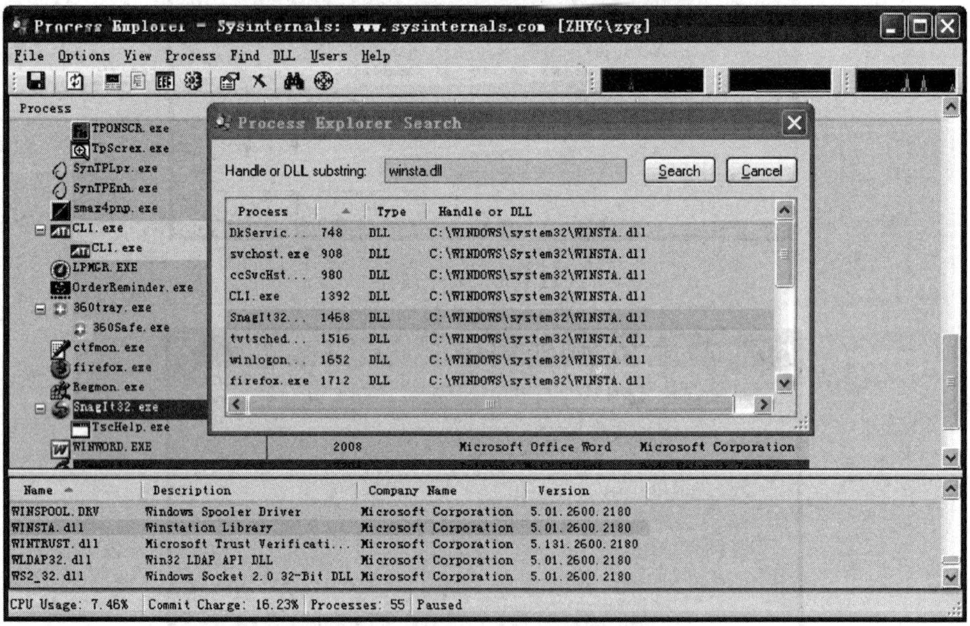

图 11－59　显示查询的 DLL 信息示例

5. 替换任务管理器

可以直接替换掉 Windows 自带的任务管理器,可打开 Options(选项)菜单选择 Replace Task Manager(替换任务管理器)选项(见图 11－61),这样以后按下 Alt + Ctrl + Delete 组合键时,会执行 Process Explorer。

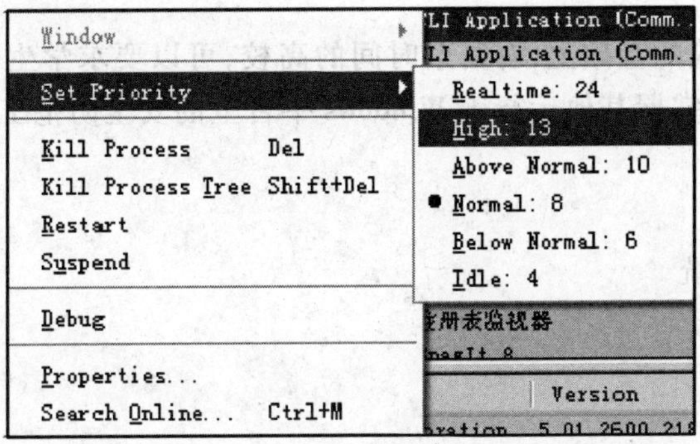

图 11－60 设置进程优先级

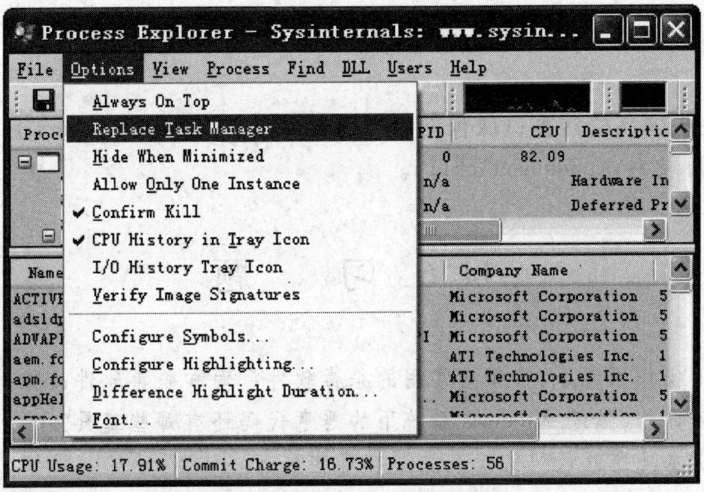

图 11－61 设置替换资源管理器

11.5 章节实验

【实验目的】

掌握瑞星杀毒软件的使用。

掌握木马克星工具的使用。

掌握 Windows XP 个人防火墙的使用。

掌握 Filemon、Regmon、Process Explorer 的工具使用。

【能力提升】

在掌握本章设计实验的基础上,有富余时间的高校,可以要求学生做进一步的工作,以提高能力。可能的工作包括:掌握其他运行于Windows平台上的安全防范工具,例如,卡巴斯基、小红伞、Nod32等杀毒软件。

【实验平台】

Windows XP操作系统

瑞星杀毒软件网络版

木马克星2009

Regmon 7.04

Filemon 7.04

Process Explorer 11.02

【实验步骤】

详细参考本章第11.1、11.2、11.3、11.4节。

【实验素材】

实验素材可在中国高校计算机课程网(http://computer.cncourse.com)上获取,下载方法详见本书前言,解压目录为\Attachment\ch11\。

11.6　习　题

1. 在Windows操作系统下,有哪些常用的杀毒软件厂商和杀毒软件品牌?
2. 除了杀毒软件外,防范Windows系统下的恶意代码还有哪些工具?
3. 防范特洛伊木马恶意代码的工具主要有哪些?
4. Regmon、Filemon、Process Explorer的主要功能分别是什么?
5. 课下熟悉微软公司的SysinternalsSuite工具套件中的其他工具。

第 12 章　智能手机安全防范工具

虽然手机恶意代码还没有像计算机恶意代码那样让用户谈虎色变，可是随着 3G 网络应用和智能手机的逐渐普及，网络传输条件越来越优越，用户与运营商、用户与用户之间信息交互越来越方便，也越来越频繁。根据全球反病毒机构所提供的数据，目前感染手持设备的恶意代码已经超过三百多种，并且增长趋势突飞猛进。

由于用户在手机上存储的资料非常重要，手机恶意代码的危害甚至比计算机上的恶意代码更具威胁，于是手机恶意代码的防范也越来越引起人们的重视，相关的防范软件相继推出。本章将在介绍国内外手机恶意代码防范软件的基础上，重点介绍几款典型手机安全防护类工具的使用方法。

本章学习目标

- 了解手机恶意代码防范工具的发展状况
- 熟悉典型防范工具的使用方法

12.1　手机安全防范工具概述

随着手机恶意代码的肆意传播和严重危害，在用户提高安全意识和做出安全反应的同时，移动终端恶意代码的防范工作首先引起了国内外的反病毒厂商和手机生产商的高度重视。这些企业首先研发了针对手机普通病毒的病毒查杀工具，然后，开发了防范恶意代码入侵的防火墙、任务管理、注册表管理等工具。

12.1.1　国外智能手机恶意代码防范产品

1. BitDefender 手机杀毒软件

BitDefender（http://www.bitdefender.com/）成立于 2001 年，是 SOFTWIN 的子公司，总部位于罗马尼亚首都布加勒斯特，同时在德国，西班牙，英国，加拿大等地设有相应的分公司。BitDefender 手机杀毒软件是用来保护移动终端设备免受恶意代码入侵的工具。该软件主要包括两个独立的模块：病毒查杀模块和自动更新模块。病毒查杀模块运行于移动终端设备上，并为设备提供实时保护。自动更新模块运行于PC机上,用来安装配置移动设备上的病毒查杀模块,同时提供病毒库更新功能。其主要特征是:实时保护,病毒扫描和清除,容易更新以及专业技术支持。

2. F-Secure手机杀毒软件

芬兰的F-Secure信息安全公司(http://www.f-secure.com)于Cabir病毒被发现后即投入手机病毒查杀市场,现已经开发出涵盖主要智能手机平台的手机安全产品。诺基亚公司最近宣布,为了更好地维护手机安全,将在其S60 3rd版本的手机上统一安装F-Secure公司的反病毒软件,而且今后凡是代号为E系列的手机都可以直接从诺基亚公司网站的目录服务中下载反病毒客户端;N71系列手机的反病毒软件则将被事先安置在手机的储存卡上和手机一起出售。

3. McAfee Mobile Security运行平台

McAfee公司(http://www.mcafee.com)的McAfee Mobile Security是专为移动生态系统设计、构造和实施的平台,可前瞻性地保护移动设备免受安全威胁、漏洞和技术滥用的侵扰。它让制造商有机会增加输入来源,使自己的设备独树一帜以及提供高品质的产品。它能够在200毫秒内检测到恶意软件。在发现病毒时,它会清除病毒,防止其传播。通过保障客户的移动网络设备的安全,也保障了运营商合作伙伴的网络安全。McAfee Virus Scan Mobile的安装和运行时要求非常低,嵌入式版本所占用的设备空间不超过500 KB。

4. Trend Micro Mobile Security解决方案

总部位于日本东京和美国硅谷的Tend Micro Corporation(http://us.trendmicro.com)针对智能手机用户推出了免费的Trend Micro Mobile Security解决方案,通过这种解决方案,能够为客户通信、娱乐设备提供实时、可在线更新的安全保护。趋势科技的移动安全精灵为智能数字移动设备提供了各种病毒威胁保护以及SMS垃圾短信过滤功能。

5. Kaspersky手机杀毒软件

俄罗斯的Kaspersky实验室(http://www.kaspersky.com)已经推出针对Symbian OS智能手机平台的杀毒软件。这个软件名为Anti-Virus Mobile 2.0,它能够阻止手机可疑程序的运行。安装了Anti-Virus Mobile 2.0的用户可以通过WAP或者HTTP方式下载卡巴斯基的病毒升级库。Anti-Virus Mobile 2.0兼容Symbian 6.1、7.0s、8.0、8.1OS以及Series 60手机平台。

6. Symantec Mobile Security运行平台

Symantec公司(http://www.symantec.com)的Symante手机安全套件为智能型手机提供整合式防毒及防火墙功能。它针对所有Symbian OS的恶意威胁(例如,病毒、木马程序),提供了主动式防护。集中化管理让系统管理员能执行安全政策,而自动更新则可让设备上的防护能力维持在最新状态。系统通过实时的自动及手动病毒扫描功能,保护智能手机中储存的文件;防火墙使用通信协议及通信端口过滤,保护传输中的数据及应用程序;通过LiveUpdate提供无线安全与应用程序更新功能,让移动设备上的防护能力保持在最新状态。

12.1.2 国内智能手机恶意代码防范产品

1. 江民反病毒软件手机版

江民反病毒软件手机版(http://forum.jiangmin.com/jmmobile/cphone.htm),是专为移动设备用户提供安全运行环境的信息安全软件,该版本具有出色的兼容性和占用资源较小的特点,可以全面查杀各种手机病毒、木马,保护智能手机不受病毒的威胁,维护移动设备的信息安全。江民反病毒软件所支持的平台主要有 Symbian、Smartphone 和 Pocket PC。

江民杀毒软件手机版拥有出色的兼容性,继承了计算机版江民杀毒软件的特点,各平台版本与手机操作系统均能完美的融合在一起。通过手动扫描,可以检测系统中所有位置的文件是否被病毒感染,并自动清理病毒。由于经过了特别的优化,江民杀毒软件的实时监控功能可以检测任何手机文件(WAP 下载、蓝牙传输、短信接收)的变化,并且占用资源小,基本不影响手机的使用效率。

另外,该软件拥有完善的日志功能,所有的操作均有迹可循。同时,它拥有独立的隔离区,可将被病毒感染的文件自动放置到病毒隔离区里,以待日后备用。

2. 金山毒霸手机版

金山公司(http://www.kingsoft.com/)于 2005 年 11 月 7 日在国内率先推出了自主研发的手机杀毒软件——金山毒霸手机版杀毒软件。该软件具备运行在 PC 上的杀毒软件所有的必备功能,支持 Windows Mobile 与 Symbian 手机操作系统,不仅可以查、杀流行的手机病毒,对运行在手机上的宏病毒也能彻底清除。

金山毒霸也是通过文件扫描方式,检查手机及存储卡内的所有文档,发现病毒进行提示并查杀。金山毒霸可以对任意关系到文件改变的动作进行自动监控,包括下载文件、接收短信等,整个过程完全由毒霸自动处理,无需用户干预,可有效保护内存和存储卡中的资料不被感染破坏。

该软件的病毒库可以通过互联网进行升级,或者直接更新产品本身。通过 GPRS 方式联网进行自动升级即可。

作为特色,金山毒霸手机版专门提供了一个专业、直观的任务管理器,不仅可用于查看、激活和停止当前运行程序,也可用于手工停止运行着的病毒程序。

3. 瑞星杀毒软件手机版

瑞星在 2002 年成立了手持设备安全实验室,对手机病毒的运行机理、传播、发作等进行深入研究,并开展了在 PDA 和 Palm OS 上应用的反病毒软件课题项目。2004 年,瑞星开始着手基于微软 SmartPhone 操作系统的手机反病毒软件研究,目前已经开发出相应的产品(http://mobile.rising.com.cn),其产品的主要功能包括病毒查杀、垃圾短信过滤、任务列表等。

瑞星杀毒软件允许初始化查杀智能设备上的病毒,查杀病毒先查杀所有正在运行的进程,保证正在运行的病毒能够被清除,再扫描设备中的文件。用户也可单独置顶查杀目录、查杀文件类型等相关信息。但是目前瑞星杀毒软件对实时监控的支持并不是特别理想。

在病毒库升级方面，软件所提供的智能升级可以使用户获取软件的最新版本，用户可以定期更新瑞星杀毒软件手机版，通过GPRS或者计算机两种途径更新软件均可。

短信与电话防火墙和进程管理器功能是该软件的一大特色，通过设置黑名单，可以实现防御垃圾短信、阻止恶意号码来电。进程管理则可以查看系统当前进程信息、进程的线程信息，用户可以用此方法结束某些恶意程序。

4. 光华反病毒软件手机版

光华反病毒软件手机版（http://www.viruschina.com/mobile/index.htm）是北京日月光华软件公司推出的手机安全杀毒软件，可以查杀手机病毒、蠕虫、木马等有害程序500余种，其中不仅包括Cabir全系列，还有著名的Lasco系列、Skulls系列病毒。用户也不必担心它占用太多资源，因为该软件的体积仅有68KB而已。光华反病毒软件手机版所支持的平台主要包括Symbian，Palm、Linux以及微软的Smartphone和PocketPC。

软件共有5个功能模块，手动杀毒模块是对手机中的文件进行杀毒，可以指定文件目录等杀毒目标、设置过滤参数、对扫描到的病毒处理的方式，并在杀毒过程中实时显示状态信息，如果设置了询问方式，则在查到病毒后提示用户如何处理。在实时保护方面，当手机收到彩信、安装新软件、访问WAP的时候，软件会自动进行扫描，发现病毒自动解除，或设置询问方式提示用户如何处理。软件还人性化地集成了一个垃圾信息过滤系统，提供了短信息和WAP信息的多种过滤方式。

该软件提供了自动升级设定，在计划任务模块中，不仅可以对杀毒设置计划任务，也可以定时升级系统病毒库。升级可以指定升级的类型（例如，WAP、SMS、Cable等）。如果是WAP类型，系统会从默认的WAP地址升级，并且可以修改默认设置。还可以设置升级成功后，自动进行一次全面杀毒。

5. 网秦反病毒软件手机版

北京网秦天下科技有限公司（http://www.netqin.com）聚焦在移动安全和智能信息服务领域，专注于构建智能、可信的移动信息服务，产品主要包括移动、智能终端杀毒系统，移动终端防火墙、防水墙系统，移动网络安全过滤和举报系统，智能移动增值综合业务平台等。产品广泛服务于广大移动用户以及电信、移动等企业领域。网秦反病毒软件手机版所支持的平台包括Symbian系列、Windows Mobile、Linux系列、Palm系列等。

在全面扫描方面，网秦手机杀毒软件的核心扫描引擎采用其独创的病毒“核”特征分层映射技术，从而可以准确全面的对用户的手机进行扫描。同时，考虑到手机的资源限制和电量限制，在扫描算法和策略上进行了有效的优化，以最低的耗电量进行扫描工作。在扫描过程中，用户可以随时进行暂停，停止等操作。

此外，该软件还拥有全面实时的文件监控功能，可以对网络连接、文件系统等进行实时的监控，在第一时间发现并拦截病毒入侵，将短信、彩信、蓝牙、GPRS等病毒可能传播来源完全至于系统的监视之下，保证手机的信息安全。用户可直接通过GPRS对软件进行在线更新。出于节约用户成本的考虑，网秦在更新信息上对下载数据进行高压缩率的压缩处理，尽可能减少用户的通信费用。

12.2 Kaspersky 手机版杀毒软件

Kaspersky 是著名的恶意代码防范公司,全球很多著名的杀毒软件都起源于它。在基于计算机的杀毒软件的基础上,Kaspersky 实验室也推出针对智能手机平台的杀毒软件。该软件能够阻止手机可疑程序的运行。安装了 Anti-Virus Mobile 的用户可以通过 WAP 或者 HTTP 方式下载卡巴斯基的病毒升级库。本部分将主要介绍基于 Windows Mobile 的 Kaspersky 杀毒软件的使用方法。

12.2.1 KAVMobile 安装

首先将软件通过相应的途径下载到目标手机上。用户可以根据自己的条件,选择使用数据线、网络下载等方式获取 Kaspersky 杀毒软件。假设该软件被下载到了扩展卡上,用户需要通过 File Explorer(文件资源管理器)找到安装文件。如图 12-1 所示,选择 Storage Card 目录,进入图 12-2。在 12-2 中,选择 kavmobile_cf1_sp_6_0_0_49_en. cab 软件,单击进入图 12-3。在图 12-3 中,有两个选项:Device 和 Storage Card。这两个选项分别表示把软件安装到手机设备本身,还是安装在手机的扩展存储卡中。按默认选项,安装在 Device 上。最后,单击 Install 按钮,开始进入安装阶段。

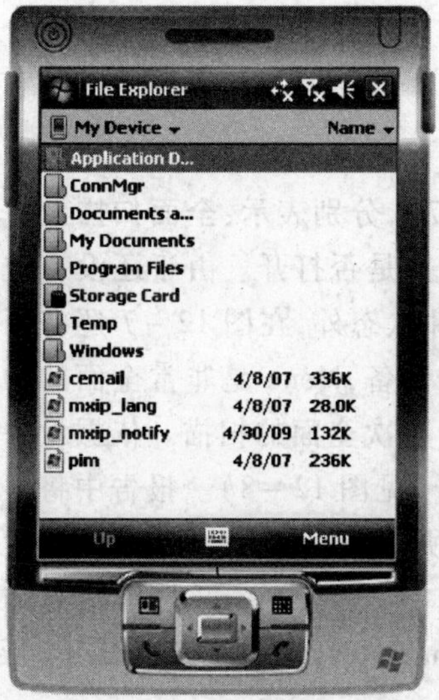

图 12-1 目录选择

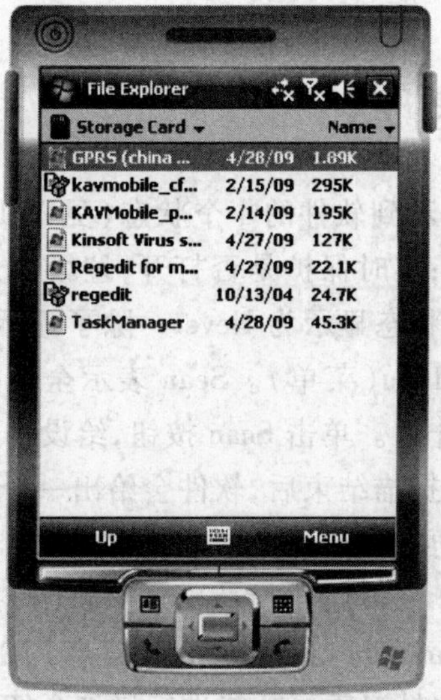

图 12-2 文件选择

图 12-3 安装位置选择

安装阶段的第一步是阅读版权协议(License Agreement),阅读完成后,如果同意该协议则单击 OK 按钮进入下一步,否则,选择 Cancel 按钮取消安装,如图 12-4 所示。正式的安装过程估计在 1 分钟左右,安装完成后的结束页面如图 12-5 所示。至此,安装过程结束。选择左上角的 Start 按钮,转向 Programs 查看是否安装成功。如图 12-6 所示,在 Programs 里出现了 KAV Mobile 软件,说明安装成功。

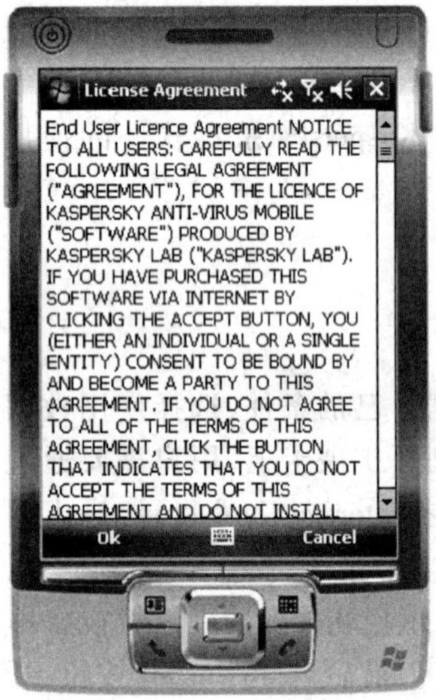

图 12-4 版权协议

图 12-5 安装完成

图 12-6 安装成功

12.2.2 KAVMobile 使用

初次运行 KAVMobile 时,可以看到软件的 4 个状态(见图 12-7),分别表示:全面扫描设备的时间;恶意代码特征码库的版本;实时保护是否打开;垃圾信息防护是否打开。由于还没有进行过任何的恶意代码检测工作,其状态显示为 Never。除了显示软件状态外,在图 12-7 还有两个关键的按钮,即 Scan(扫描)和 Menu(菜单)。Scan 表示全面扫描设备,Menu 是非常全面的功能菜单,内容十分丰富,将在后续介绍。单击 Scan 按钮,给设备进行一次全面的扫描。依据设备的不同,扫描需要的时间也不同。扫描结束后,软件会给出一个报告(见图 12-8)。报告中将显示本次扫描的结果。经过扫描后再查看软件的状态,则如图 12-9 所示。

Menu 中的功能较多(见图 12-10),包括:Scan menu(扫描菜单)、Anti-Spam(垃圾信息防护)、Update menu(更新菜单)、Quarantine(隔离)、Info(信息)、Current status(当前状态)、Help(帮助)、Exit(退出)等功能。接下来将针对重要功能进行详细介绍。

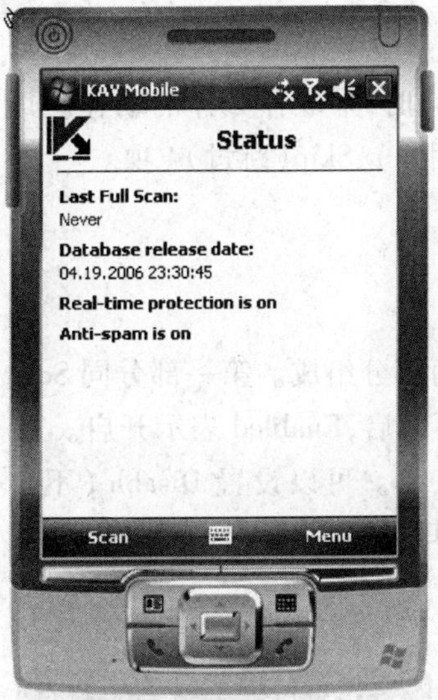

图 12－7　初次运行状态

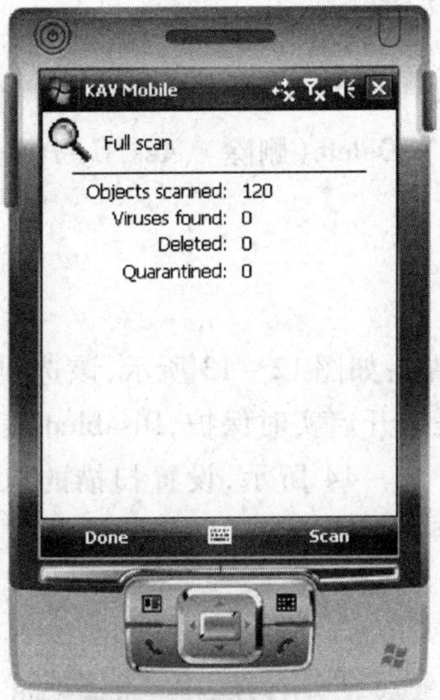

图 12－8　全面扫描

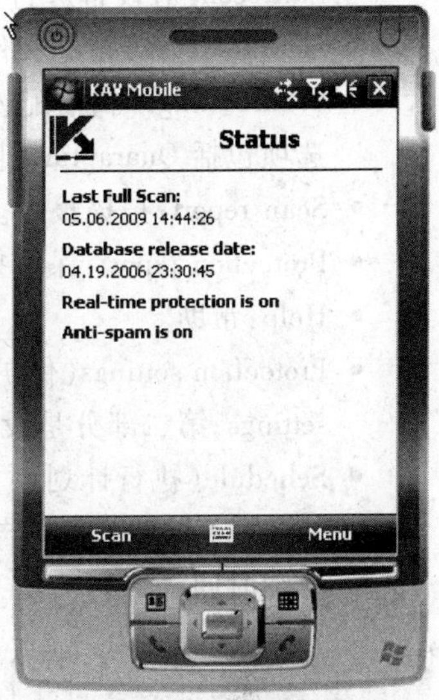

图 12－9　扫描后的状态

Scan menu 菜单的功能也非常多(见图 12－11),包括:Full scan(设备扫描)、Scan folder(扫描文件夹)、Scan settings(扫描配置)、Protection settings(保护配置)、Scan report(扫描报表)、Protection report(保护报表)、Schedule(执行计划)、Help(帮助)等。其中有一些菜单非常容易理解,简单说明如下。

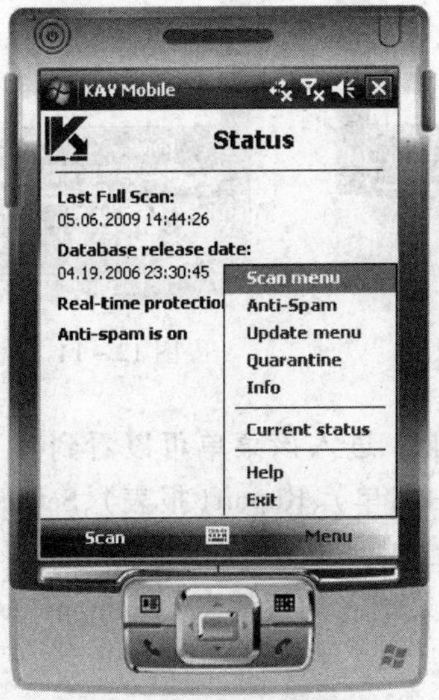

图 12－10　主菜单

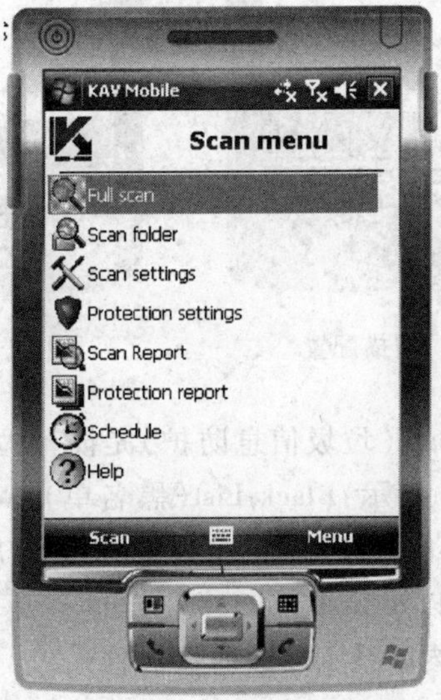

图 12－11　扫描菜单的下级菜单

- Full scan：对设备进行完全扫描。
- Scan folder：对指定文件夹进行扫描。
- Scan Settings（扫描配置）：如图 12－12 所示，当发现恶意代码时，采取什么样的动作。可选项包括 Quarantine（隔离）、Delete（删除）、Ask User（询问用户）、Skip（跳过）4 项。
- Scan report：扫描报表。
- Protection report：保护报表。
- Help：帮助。
- Protection settings（保护配置）：如图 12－13 所示，该选项由两部分组成。第一部分同 Scan settings；第二部分是设置是否开启实时保护，Disabled 表示不开启，Enabled 表示开启。
- Schedule（执行计划）：如图 12－14 所示，设置扫描的执行计划。可以设置 Disable（不自动扫描）、Daily（每天自动扫描）、Weekly（每周自动扫描）。其中，后两种情况还需要设置详细时间。

图 12－12　扫描配置

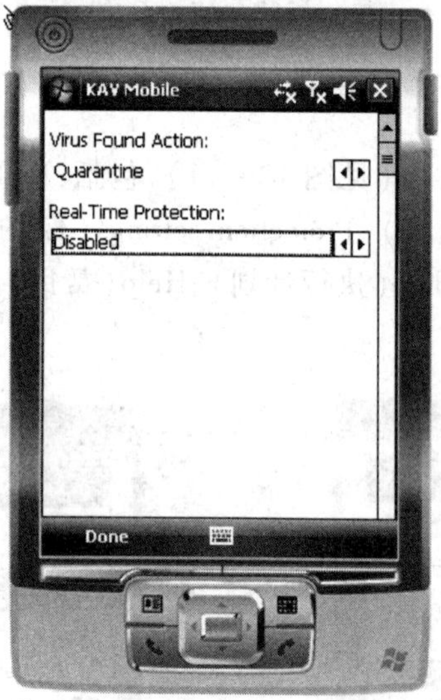

图 12－13　保护配置

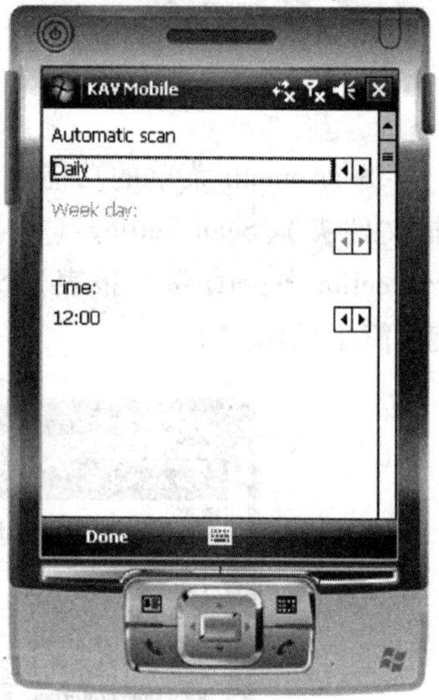

图 12－14　执行计划

- Anti-Spam（垃圾信息防护）是防范垃圾信息功能。进入该菜单可以看到其子功能如图 12－15 所示：Black List（黑名单）、White List（白名单）、Report（报表）、Settings（设置）。

Anti-Spam 的 Settings 功能如图 12－16 所示。可以选中 Enable SMS Anti-Spam（是否对短信息进行过滤），以及 from unknown senders（是否接收未知发送者的短信息），from my contact list（是否接收通讯录内联系人发送的短信息）。

图 12－15 防范垃圾信息

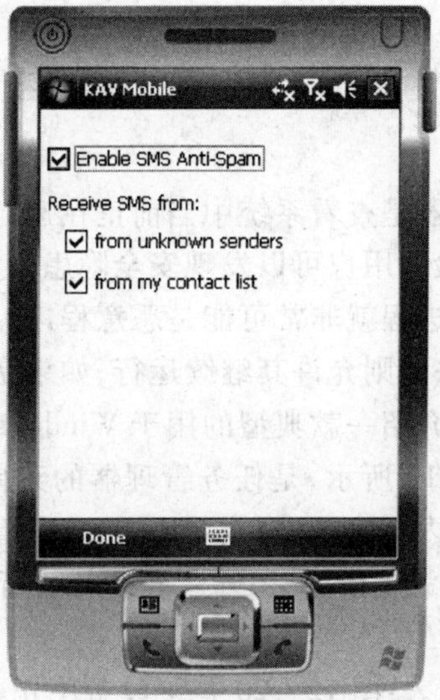

图 12－16 垃圾信息防护的设置

Update menu(更新菜单)的功能是设置更新恶意代码库(见图 12－17),其功能包括 Update(下载更新),Local Update(本地更新),Schedule(计划更新),Report(报表)等。其中 Schedule 的功能如图 12－18 所示,可以设置 Disable(不自动扫描),Daily(每天自动扫描),Weekly(每周自动扫描)。其中,后两种情况还需要设置详细时间。

图 12－17 更新菜单

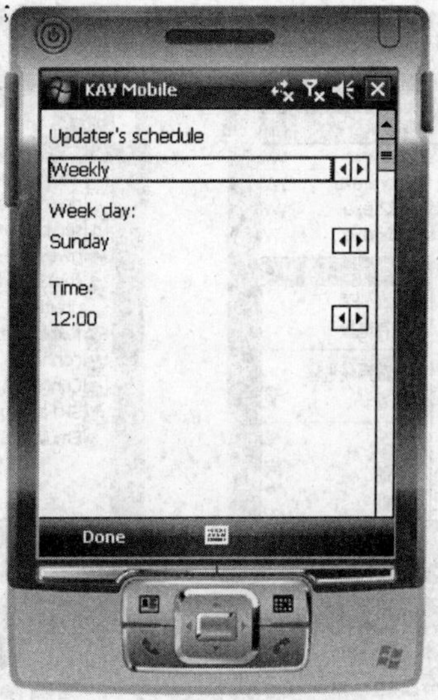

图 12－18 更新菜单的计划

12.3　智能手机版任务管理器

任务管理器是查看系统中当前正在运行的进程的工具。通过查看系统中当前正在运行的进程,一个有经验的用户可以发现安全隐患。如果在任务管理器中出现了一些不熟悉或可疑的进程,那么,这个进程就非常可能是恶意程序。接下来,用户可以通过各种途径核对该进程的合法性,如果是合法的则允许其继续运行,如果是非法的则可以将其强制关掉,并删除其对应的磁盘文件。本节将介绍一款典型的用于 Windows Mobile 操作系统的任务管理器软件的使用方法。

如图 12－19 所示,是任务管理器的菜单项及相应的显示界面。编辑菜单主要包括:程序列表、进程列表、内存电量、隐藏系统进程、查看、关于、注册、帮助等项。其中选项介绍如下。

- 程序列表:图 12－19 是该设备的所有程序的列表。可以看出,该设备中共运行了 4 个程序。
- 进程列表:图 12－20 是该设备中正在运行的进程的列表。通过这个界面可以发现不熟悉或具有潜在威胁的进程。
- 内存电量:图 12－21 显示了该设备的部分硬件信息。如图示,设备的电量是满的;系统内存有 94.13MB,可使用内存为 71.93MB;手机内存总量为 31.42MB,其中可以使用的为 28.53MB;存储卡总容量为 1324.31MB,可以使用的为 210.97MB。
- 关于:如图 12－22 显示了该软件的简单介绍,具体包含软件的名称、版本号、版权、注册信息等。

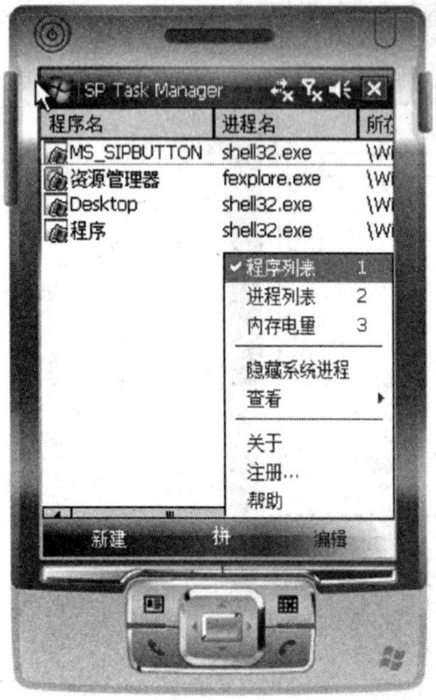

图 12－19　程序列表

图 12－20　进程列表

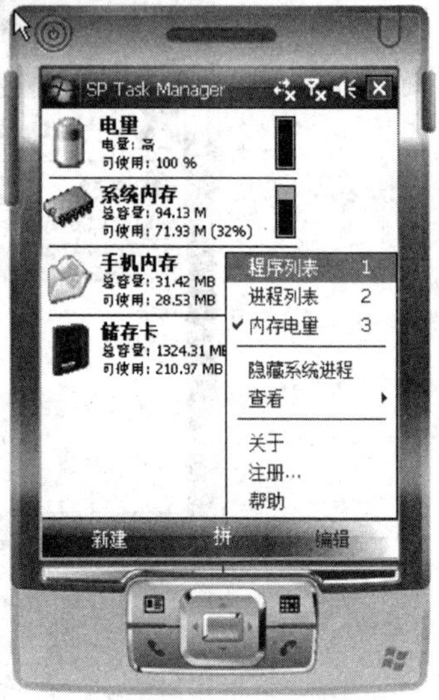

图 12－21　内存电量

- 注册:用户进行正版软件注册。
- 帮助:使用方法文档。
- 新建:如图 12－23 所示。该菜单包含内容丰富的子功能:切换至程序、结束程序、结束所有程序、结束进程、格式化存储卡、退出等。这些子功能主要分为 3 类:程序控制类、进程控制类、存储卡控制类。当编辑菜单列出的是程序时,程序控制类菜单项可用,进程控制类菜单不可用(灰色)。当编辑菜单列出的是进程时,进程控制类菜单项可用,程序控制类菜单不可用(灰色)。
- 结束程序:如图 12－24 所示。结束程序菜单将关闭用户选择的程序。在正式关闭前,程序将通过提示窗口进行二次确认。如果用户确认,则关闭程序,否则,放弃关闭程序。

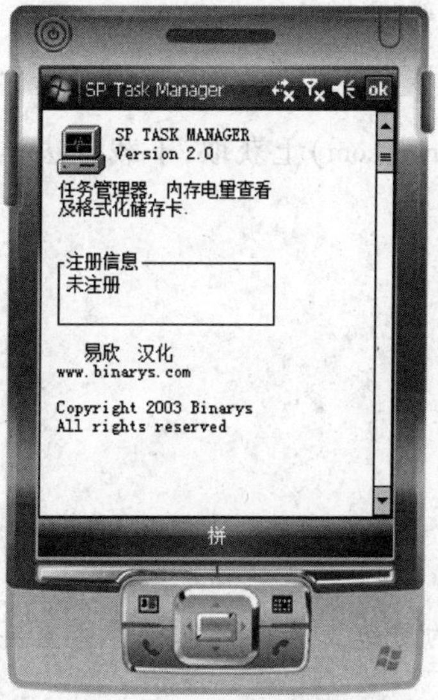

图 12－22 关于菜单

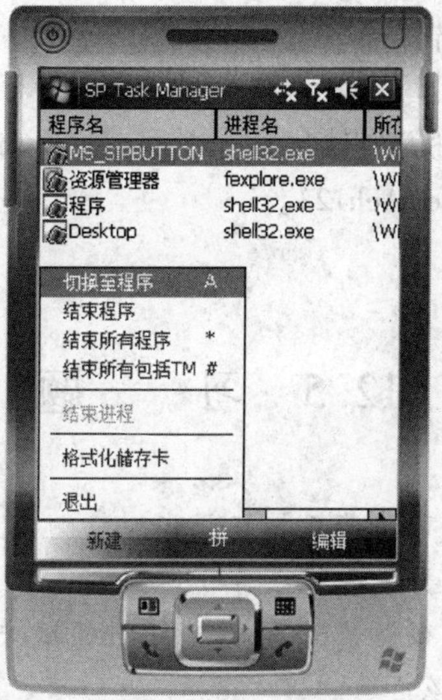

图 12－23 新建菜单

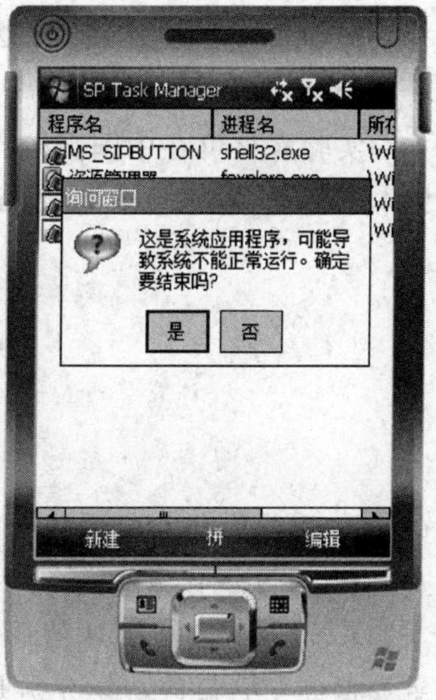

图 12－24 结束程序

除了上述介绍的 Kaspersky 杀毒软件和任务管理器之外,还有很多很多厂商也提供了非常方便实用的智能手机版安全防范工具,典型的包括各个杀毒软件厂商开发的杀毒软件、注册表管理工具、个人防火墙等。鉴于篇幅限制,本书不再做介绍。

12.4 章节实验

【实验目的】

掌握卡巴斯基手机版杀毒工具的使用。

掌握智能手机版任务管理器的使用。

【能力提升】

在掌握本章设计实验的基础上,有富余时间的高校,可以要求学生做进一步的工作,以提高能力。可能的工作包括:掌握其他运行于 Symbian 智能手机平台上的安全防范工具,例如,网秦、光华等运行于 Symbian 操作系统的杀毒工具。

【实验平台】

Windows XP 操作系统

Windows Mobile 6 手机仿真器

kavmobile_cf1_sp_6_0_0_49_en

Sp Task Manager 2.0

【实验步骤】

详细参考本章第 12.2、12.3 节。

【实验素材】

实验素材可在中国高校计算机课程网(http://computer.cncourse.com)上获取,下载方法详见本书前言,解压目录为\Attachment\ch12\。

12.5 习 题

1. 手机操作系统下的恶意代码防范工具有哪些?

2. 国内外有哪些安全厂商在开发手机杀毒软件?

3. 根据计算机领域的恶意代码防范工具,设想手机领域未来的防范工具应该包括哪些重要组成部分?它们的功能分别是什么?

第 13 章　恶意代码防治策略

就目前的计算机技术而言,可以肯定地说:"不存在能够防治未来所有恶意代码的软、硬件。"因此,"恶意代码产生在前,防范手段相对滞后"将是一个长期的过程。在这个长期的过程中,如何有效利用现有技术使系统免受或少受破坏将是恶意代码防治的核心工作。

在网络迅速发展的今天,基于单机的防范方案已经不能适应时代的需要,于是人们推出了基于网络环境的整体解决方案。在新型的防范方案下,简单的软件"使用方法"和"注意事项"已经不能提供系统的、利于用户使用的整体思路。于是,恶意代码防治策略这一概念被适时地提出。恶意代码防治策略是恶意代码防护工作的一个必要部分,它能帮助用户从理论的高度认识防护工作的重要性,并进一步指导用户的防治工作。

本章侧重于介绍恶意代码防治的全局策略和规章,包括如何制定防御计划,如何挑选一个快速反应小组,如何控制恶意代码的发作,以及防范工具的选择等。

本章学习目标

- 掌握恶意代码防治的基本准则
- 掌握单机用户防治策略
- 掌握企业级用户防治策略
- 了解恶意代码未来防治措施
- 了解恶意代码相关法律法规

13.1　恶意代码防治策略的基本准则

从恶意代码对抗的角度来看,其防治策略必须具备下列准则。

(1) 拒绝访问能力

来历不明的软件是恶意代码的重要载体。各种不明来历的软件,尤其是通过网络传过来的软件,不得进入计算机系统。

(2) 检测能力

恶意代码总是有机会进入系统,因此,系统中应设置检测恶意代码的机制来阻止外来恶意代码的侵犯。除了检测已知的恶意代码外,能否检测未知恶意代码(包括已知行为模式的未知恶意代码和未知行为模式的未知恶意代码)也是一个衡量恶意代码检测能力的重要指标。

(3) 控制传播的能力

恶意代码防治的历史证明,迄今还没有一种方法能检测出所有的恶意代码,更没有一种方法能检测出所有未知恶意代码,因此,被恶意代码感染将是一个必然事件。关键是,一旦恶意代码进入了系统,应该具有阻止恶意代码在系统中到处传播的能力和手段。因此,一个健全的信息系统必须要有控制恶意代码传播的能力。

(4) 清除能力

如果恶意代码突破了系统的防护,即使它的传播受到了控制,但也要有相应的措施将它清除掉。对于已知恶意代码,可以使用专用恶意代码清除软件。对于未知类恶意代码,在发现后使用软件工具对它进行分析,尽快编写出清除软件。当然,如果有后备文件,也可使用它直接覆盖被感染文件。

(5) 恢复能力

"在恶意代码被清除以前,就已经破坏了系统中的数据",这是非常可怕但是又非常可能发生的事件。因此,信息系统应提供一种高效的方法来恢复这些数据,使数据损失尽量减到最少。

(6) 替代操作

当发生问题时,手头没有可用的技术来解决问题,但是任务又必须继续执行下去。为了解决这种窘况,系统应该提供一种替代操作方案:在系统未恢复前用替代系统工作,等问题解决以后再转换回来。

13.2 国家层面上的防治策略

我国的恶意代码疫情呈现出两种趋势:一种趋势是国外流行的网络化恶意代码大肆侵袭我国的计算机网络。另一种趋势是出现大量本土恶意代码,并且传播能力和破坏性越来越强。针对目前日益增多的恶意代码,根据所掌握的这些恶意代码的特点和恶意代码未来的发展趋势,制定了国家层面上的恶意代码防治策略,供广大计算机用户参考。

1. 完善相关法律法规及其贯彻落实工作

我国现行《刑法》第286条关于破坏计算机信息系统罪的相关规定如下:违反国家规定,对计算机信息系统功能进行删除、修改、增加、干扰,造成计算机信息系统不能正常运行,后果严重的,处五年以下有期徒刑或者拘役;后果特别严重的,处五年以上有期徒刑。故意制作、传播计算机病毒等破坏性程序,影响计算机系统正常运行,后果严重的依照以上的规定处罚。公安部于2000年颁布实施了更加具体的《计算机病毒防治管理办法》。各单位应依据相关规定,结合各自的情况建立恶意代码防治制度和响应组织,将恶意代码防治工作落到实处。

2. 在各主干网络建立恶意代码预警系统

在我国主干网络和电子政府、金融、证券、税务等专用网络中建立恶意代码预警系统。监控整个网络的恶意代码实时疫情,及时发现、捕获已有的恶意代码和新出现的恶意代码,便于及早研究应对测量,避免恶意代码大面积传播造成的破坏。

3. 建立多层次恶意代码应急体系

针对恶意代码突发性强、涉及范围广和破坏力高的特点,为了有效降低其危害,提高人们对恶意代码的防治能力,应分级建立快速、有效的恶意代码应急体系。各单位应设立专门的恶意代码防治小组,与当地公安机关建立的应急机构和国家的恶意代码应急体系建立信息交流机制,负责预防和疫情上报工作。在疫情呈规模性爆发时,根据国家恶意代码应急处理中心发布的恶意代码疫情公告,及时做好应对措施,减少恶意代码造成的危害。

4. 建立动态的系统风险评估措施

根据系统和业务特点,对其进行恶意代码风险评估。通过评估了解它们面临的恶意代码威胁有哪些,有哪些风险必须防范,有哪些风险可以承受。确定所能承受的最大风险,以便制定相应的防治策略和技术防范措施,并制定灾难恢复计划。同时,根据恶意代码出现的新变化,适时地对系统进行动态安全评估。了解当前面临的主要风险,评估防护策略的有效性。

5. 建立恶意代码事故分析制度

恶意代码疫情发生后,要认真分析原因,找到恶意代码破坏防护系统的突破口,及时修改恶意代码防治策略,并对调整后的恶意代码防治策略进行重新评估。

6. 制定完备的备份和恢复计划

为了应对恶性的恶意代码入侵事件,应具备完善的备份和恢复计划,甚至灾难恢复计划。备份和恢复计划,能够将恶意代码造成的损失减少到最低,并尽快恢复系统正常工作。

7. 提高国内运营商自身的安全性

近几年,起源于我国的网络恶意代码数量呈上升趋势,这些恶意代码常常利用国内网络服务的安全漏洞大肆传播。因此,需要运营商安装使用网络级的恶意代码防范系统,加强用户的身份认证工作,与国家恶意代码应急处理中心建立联动机制,及时发现恶意代码,采取措施,从根本上阻断恶意代码的传播途径。

8. 加强信息安全培训

恶意代码的技术和手段日新月异,因此,急需建立一套安全培训课程,提高技术人员的恶意代码防范能力。

9. 加强技术防范措施

管理措施固然重要,但是,技术防范措施仍然是恶意代码防治工作的核心内容。根据本书前面章节的内容以及恶意代码防治的经验,在本章将给出恶意代码的技术防范措施。

13.3 单机用户防治策略

网络专家称:“重要的硬件设施虽然非常重视杀毒、防黑客,但网络真正的安全漏洞来自于家庭用户,这些个体用户欠缺自我保护的知识,让网络充满地雷,进而对其他用户构成威胁。”

尽管单机用户的恶意代码防治非常重要,但相对于企业用户而言,单机用户的系统结构简单,设置容易,并且对安全的要求相对较低。单机用户系统的特点如下:

- 只有一台计算机。
- 上网方式简单(只通过单一网卡与外界进行数据交互)。
- 威胁相对较低。
- 损失相对较低。

由此可见,个人用户的恶意代码防治工作相对简单。但是,由于大多数单机用户的计算机安全防范意识相对较差,特别是恶意代码防范技术更是特别的薄弱,所以,单机用户不但需要易于使用的防范软件,而且需要简单的使用方法等方面的培训。

13.3.1 一般技术措施

对于个人用户的恶意代码防治一般可以采用以下技术措施。

(1) 新购置的计算机,安装完成操作系统之后,第一时间进行系统升级,保证修补所有已知的安全漏洞。

(2) 使用高强度的口令,例如,字母、数字、符合的组合,并定期更换。对不同的账号选用不同的口令。

(3) 及时安装系统补丁,安装杀毒软件并定时升级和全面查杀。恶意代码编制技术已经和黑客技术的逐步融合,下载、安装补丁程序和杀毒软件升级并举将成为防治恶意代码的有效手段。

(4) 重要数据应当留有备份。特别是要做到经常性地对不易复得数据(个人文档、程序源代码等)使用刻录光盘的介质完全备份。

(5) 选择并安装经过权威机构认证的安全防范软件,经常对系统的核心部件进行检查,定期对整个硬盘进行检测。

(6) 使用网络防火墙(个人防火墙)保障系统的安全性。

(7) 当不需要使用网络时,就不要接入互联网,或者断掉连接。

(8) 设置杀毒软件的邮件自动杀毒功能。不要随意打开陌生人发来的电子邮件,无论它们有多么诱人的标题或者附件。同时也要小心处理来自于熟人的邮件附件。

(9) 正确配置恶意代码防治产品,发挥产品的技术特点,保护自身系统的安全。

(10) 充分利用系统提供的安全机制,正确配置系统,减少恶意代码入侵事件。

(11) 定期检查敏感文件,保证及时发现已感染的恶意代码和黑客程序。

13.3.2 个人用户上网基本策略

网络在给人们的工作和学习带来便利的同时也促进了恶意代码的发展与传播，毋庸置疑，网络成了恶意代码传播的最重要媒介。因此，采用规范的上网措施是个人计算机用户防范恶意代码侵扰的一个关键环节。根据个人用户的上网特点，在此给出了个人计算机用户上网的基本策略。

(1) 关闭浏览器 Cookie 选项。Cookie 通常一些敏感信息有用户名、计算机名、使用的浏览器和曾经访问的网站。如果用户不希望这些内容泄漏出去，尤其是当其中还包含有私人信息的时候，可以关闭浏览器的 Cookie 选项。禁用 Cookie 对绝大多数网站的访问不会造成影响，并且可以有效防止私人信息的泄露。

(2) 使用个人防火墙。防火墙的隐私设置功能允许用户设置计算机中的哪些文件属于保密信息，从而避免这些信息被发送到不安全的网络上。防火墙的恶意代码防范功能还可以防止网站服务器在个人未察觉的情况下跟踪自己的电子邮件地址和其他个人信息，保护计算机和个人数据免遭黑客入侵。

(3) 浏览电子商务网站时尽可能使用安全的连接方式。通常浏览器会在状态栏中使用一个锁形图标表示当前连接是否被加密。在进行任何的交易或发送信息之前，要阅读网站的隐私保护政策。因为有些网站会将你的个人信息出售给第三方。

(4) 不透露关键信息。关键信息包括个人信息、账号和口令等。黑客有时会假装成 ISP 服务代表并询问你的口令。其实，真正的 ISP 服务代表不会问用户的口令。

(5) 避免使用过于简单的密码，尽量使用字母和数字的组合并定期更换密码。

(6) 不要随意打开电子邮件附件。特洛伊木马程序可以伪装成其他文件，潜伏在计算机中使得黑客能够访问你的文档，甚至控制你的设备。

(7) 扫描计算机并查找安全漏洞，提高计算机防护蠕虫等恶意代码的能力。

(8) 使用软件的稳定版本并及时安装补丁程序。各种软件的补丁程序往往用于修复软件的安全漏洞，及时安装软件开发商提供的补丁程序是十分必要的。

(9) 尽量关闭不需要的组件和服务程序。默认设置下，系统往往会允许使用很多不必要而且很可能暴露安全漏洞的端口、服务和协议，例如，文件及打印机共享服务等。为确保安全，可以删除不使用的服务、协议和端口。

(10) 尽量使用代理服务器上网。代理服务器作为一个中间缓冲，可以保证用户正常地浏览任何站点，同时，也能隐藏用户的计算机。

13.4 建立安全的单机系统

任何单机用户都想拥有一个绝对安全的计算机环境。尽管这是个理想目标,但是在各种工具的帮助下,在一定的策略指导下,经过努力是可以实现这个目标的。本节以 Windows 操作系统为例,介绍建立一个安全的计算机环境需要做的 5 个方面的工作:打牢基础、选好工具、注意方法、应急措施、自我提高。

13.4.1 打牢基础

安全的系统必须有一个牢固的基础,这个就像建筑领域的地基一样。计算机系统的安全基础需要从硬盘格式、账号管理、口令设置、服务及端口配置、安全策略等方面养成良好的习惯。

1. 硬盘格式

Windows 系统目前支持 Fat、Fat32、NTFS 等几种硬盘格式。其中,NTFS 文件系统有诸多的优秀特性,使得管理计算机和用户权限、管理磁盘空间、管理敏感数据的效率都得到了巨大的提升。因此,在没有特殊需求时,应该把硬盘格式化为 NTFS 格式。

2. 账号管理

黑客或恶意代码通常特别关注 Windows 系统中默认的账号,例如,Guest 和 Administrator。Administrator 作为管理员拥有系统管理的所有权限,而 Guest 只有很少的一部分权限。当黑客进行远程入侵的时候,通常使用没有密码的 Guest 账号登录计算机,然后设法通过某些系统漏洞提升 Guest 账号的权限,达到操作计算机的目的。为了更好地保护自己的安全,最好禁用 Guest 账户。

对于 Administrator 账号也建议用户停用。当然在停用之前,必须先生成一个新的账号,例如,Newadmin,并且给予 Newadmin 以管理员权限。这样就可以将 Administrator 停掉了。当然,还可以做得更彻底一点,直接删除系统默认的 Administrator 账号。

3. 口令设置

为了防止黑客和恶意代码突破用户的系统,还需要设置难度更大的口令。简单的口令能够轻易被暴力破解。因此,建议读者给自己的系统设置一个复杂强大的口令,此外,也可以使用附加的口令加强工具。

复杂的口令安全但不宜记住,这也是大多数用户选择弱口令的主要原因。信息安全专家提供了很多设置复杂且易于牢记的口令的办法,其中最优秀的就是用你熟悉的谚语或歌词的字母转换作口令。例如,“北京欢迎你,五大洲的朋友”,可以转换成 bjhynwdzdpy。这个口令对于破解程序而言,非常无序且难于猜解。如果再使用一些大写字母,就更加安全了。

SAM 数据破解是黑客突破系统的另一个手段,为了防止黑客通过 SAM 获得口令,可以使用

Syskey 进行加固。用过去的加密机制,攻击者只需取得一份加密的 SAM 库的复制备份,使用专门的软件即可破解用户口令。Syskey 是 Windows 系统自带的一个工具,可以用来保护 SAM 数据库不被离线破解。Syskey 对数据库采用了更多的加密措施,目的是增加破解的计算量,使暴力破解从时间上考虑不可行。使用 Windows 的自动更新即可安装 Syskey 功能。

4. 服务及端口配置

初次安装操作系统后,系统会默认开启的很多不必要的服务。这些多余的不必要的服务会给系统带来一定的安全隐患,所以应该根据用户的实际需求,将多余的服务停止。

系统默认开启的多余端口,会为蠕虫、木马等恶意代码以及黑客提供入侵途径。因此,也建议关掉多余的端口。

Windows 系统中多余的服务列举如下。

(1) Messenger 服务,即信使服务,这是一个非常危险的服务。该服务可以帮助计算机用户在局域网内交换资料,它主要用在企业的网络管理方面,但是垃圾邮件和垃圾广告厂商也经常利用该服务发布弹出式广告。这项服务曾经有威胁漏洞,MSBlast 和 Slammer 可以用它进行传播。

(2) Terminal Services 服务,即远程控制服务,允许多位用户连接并控制一台机器,并且在远程计算机上显示桌面和应用程序。如果不使用 Windows 的远程控制功能,建议禁止它。

(3) Remote Registry 服务,使远程用户能修改此计算机上的注册表。注册表是系统的核心内容,一般都不建议用户自行更改,更何况要让别人远程修改,所以这项服务是极其危险的。

(4) Telnet 服务,允许远程用户登录到此计算机并运行程序,并支持多种 TCP/IP Telnet 客户,包括基于 Unix 和 Windows 的计算机。如果启动该服务,远程用户就可以登录、访问本地的程序,甚至可以用它来修改 ADSL Modem 等网络设置。这一个危险的服务,建议一定要禁止该服务。

(5) Performance Logs And Alerts 服务,收集本地或远程计算机基于预先配置的日程参数的性能数据,然后将此数据写入日志或触发警报。为了防止被远程计算机搜索数据,建议禁止该服务。

(6) Remote Desktop Help Session Manager 服务,远程桌面协助服务,用于管理和控制远程协助。该服务对普通用户用处不大,可以关闭。如果此服务被终止,远程协助将不可用。

(7) TCP/IP NetBIOS Helper 服务,NetBIOS 在 Windows 9X 下就经常被用来进行攻击,对于不需要文件和打印共享的用户,可以禁用此服务。

(8) Fast User Switching Compatibility 服务,在多用户下为需要协助的应用程序提供管理。通过该服务,Windows XP 允许在一台计算机上进行多用户之间的快速切换,但是这项功能曾经有漏洞。如果不经常使用,可以禁止该服务。

(9) NetMeeting Remote Desktop Sharing 服务,允许受权的用户通过 NetMeeting 在网络上互相访问对方。这项服务对大多数个人用户并没有多大用处,并且会带来安全问题。上网时该服务会将用户名以明文形式发送到连接它的客户端,嗅探程序很容易就能探测到这些账户信息。

(10) Universal Plug and Play Device Host 服务,为即插即用设备提供支持。该服务存在一个

安全漏洞,运行此服务的计算机很容易受到攻击。攻击者只要向某个拥有多台 Windows XP 系统的网络发送一个虚假的 UDP 包,就可能会造成这些主机对指定的主机进行 DDOS 攻击。

Windows 默认且必须关闭的端口往往是系统的服务开放的,如果关闭了相应的服务,其对应的端口也就关闭了。Windows 系统比较危险的端口如下。

- 21 端口:主要用于 FTP 服务。如果不架设 FTP 服务器,建议关闭 21 端口。
- 23 端口:主要用于 Telnet 服务,也是 TTS 木马的默认端口,因此建议关掉它。
- 25 端口:该端口为 SMTP 服务开放的端口,如果不是要架设 SMTP 邮件服务器,可以将该端口关闭。
- 53 端口:该端口为 DNS 服务器所开放,主要用于域名解析,如果当前的计算机不是用于提供域名解析服务,建议关闭该端口。
- 123 端口:是 Windows Time 服务开放的端口,该端口可以被某些蠕虫利用。建议禁用它。
- 135 端口:主要用于使用 RPC 协议并提供 DCOM(分布式组件对象模型)服务,通过 RPC 可以保证在一台计算机上运行的程序可以顺利地执行远程计算机上的代码。这也是蠕虫常用的端口。强烈建议关闭。
- 137 端口、138 端口:这两个是 UDP 端口,当通过网上邻居传输文件时用这个端口。对于攻击者来说,通过发送请求很容易就获取目标计算机的相关信息,有些信息是可以被用来分析漏洞。另外,通过捕获正在利用 137 端口进行通信的信息包,还可能得到目标计算机的启动和关闭的时间,这样就可以利用专门的工具来攻击。
- 139 端口:是为 NetBIOS Session Service 服务开放的端口,主要用于提供 Windows 文件和打印机共享以及 Unlx 中的 Samba 服务。Windows 系统要在局域网中进行文件的共享,必须使用该服务。开启 139 端口虽然可以提供共享服务,但是常常被攻击者用来进行攻击。黑客利用专门的扫描工具扫描目标计算机的 139 端口,如果发现有漏洞,可以尝试获取用户名和口令,这是非常危险的。如果不需要提供文件和打印机共享,建议关闭该端口。
- 445 端口:是关于文件和打印共享的端口,也是比较容易受攻击的端口。如果不使用共享服务,可以将其关闭。
- 1900 端口:SSDP Discovery Service 服务开放的端口。关闭这个端口,可以防范 DDOS 攻击。
- 3389 端口:3389 端口是 Windows 的远程管理终端所开的端口,它并不是一个木马程序,先确定该服务是否是自己开放的。如果不是必需的,关闭该服务。

5. 使用本地安全策略

Windows 系统自带的“本地安全策略”是一个很不错的系统安全管理工具。这个工具涵盖的内容非常多,通过这个工具可以管理账号、口令、权限、审核等内容。以下简单介绍本地安全策略中的账号策略和口令策略。本地安全策略位于控制面板的管理工具中。

(1) 账号管理

为了防止入侵者利用漏洞登录机器，要在此设置重命名系统管理员账户名称及禁用来宾账户。设置方法为：在“本地策略”文件夹中的“安全选项”分支中，找到“账户：来宾账户状态”策略，单击右键在弹出快捷菜单中选择“属性”选项，而后在弹出的属性对话框中设置其状态为“已禁用”，最后单击“确定”按钮退出，如图 13－1 所示。

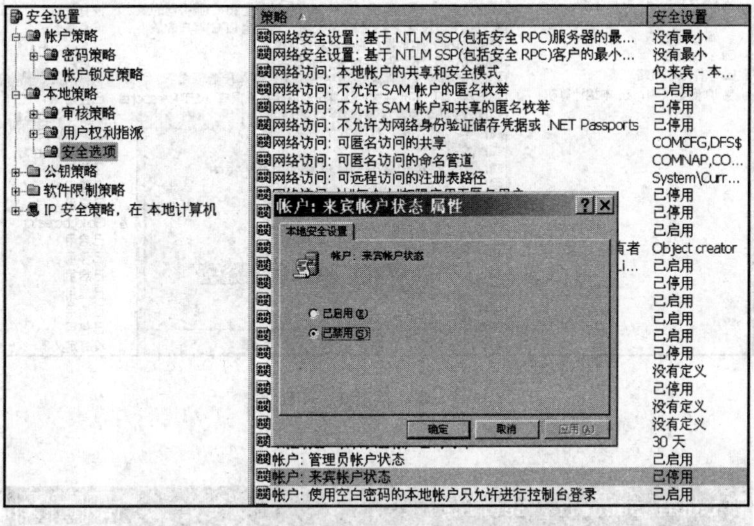

图 13－1 来宾账号管理

（2）禁止枚举账号

某些具有黑客行为的蠕虫病毒，可以通过扫描 Windows 2000/XP 系统的指定端口，然后通过共享会话猜测管理员系统口令。因此，需要通过在“本地安全策略”中设置禁止枚举账号，从而抵御此类入侵行为，其操作步骤如下：

在“本地安全策略”左侧列表的“安全设置”目录中，逐层打开“本地策略”文件夹中的“安全选项”。查看右侧的相关策略列表，在此找到“网络访问：不允许 SAM 账户和共享的匿名枚举”，用鼠标单击右键，在弹出的快捷菜单中选择“属性”选项，而后会弹出该策略对话框，在此单击“已启用”选项，最后单击“应用”按钮使设置生效，如图 13－2 所示。

（3）口令策略

在“安全设置”目录中，先定位于“账户策略”文件夹中的“密码策略”，在其右侧设置视图中，可酌情进行相应的设置，以使系统密码相对安全，不易破解。如防破解的一个重要手段就是定期更新密码，可据此进行以下设置：鼠标右键单击“密码最长存留期”项（见图 13－3），在弹出的快捷菜单中选择“属性”选项，在弹出的对话框中，可自定义一个密码设置后能够使用的时间长短。如果超过时间，该口令对应的账号将被禁止。

做好了上述 5 个步骤，读者的系统已经具有了一个非常牢固的基础。当然，是否牢固不能空口无凭。在此，给读者推荐几个评估系统安全性的工具，这些工具是：脆弱性分析工具、漏洞扫描

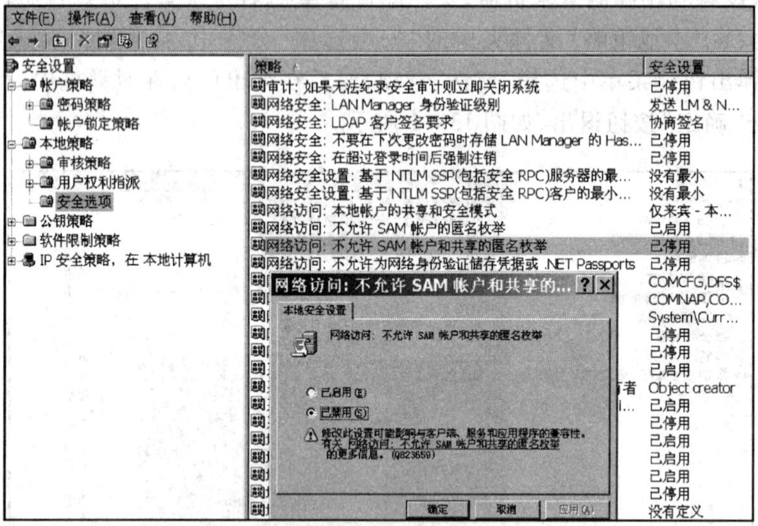

图 13－2 禁止枚举账号

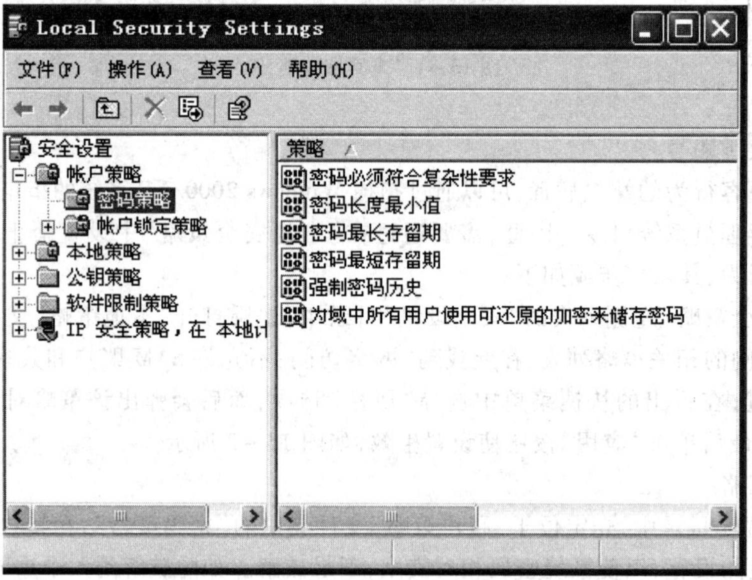

图 13－3 口令策略设置

工具、口令破解工具等。如果这几个工具都认为系统是安全的，那么，系统就是安全的。

脆弱性分析工具

脆弱性分析工具主要用于分析系统的脆弱性，当然，也可用于评估重要应用程序（例如，

Office 套件)的脆弱性。该类工具被运行后,会给用户一个评估报告。报告中会说明系统的账号是否安全,口令是否安全,系统和重要应用是否及时打补丁等。微软公司为自己的操作系统开发了一个著名的脆弱性分析工具,即 Microsoft Baseline Security Analyzer 2.1。Microsoft Baseline Security Analyzer 的分析内容主要包括:

- 系统管理权限脆弱性分析;
- 弱口令分析;
- IIS 服务器脆弱性分析;
- SQL Server 管理员脆弱性分析;
- 系统更细配置分析;
- 防火墙及杀毒软件脆弱性分析等。

漏洞扫描工具

漏洞扫描工具,常被简称为 Scan,是攻防双方必备的工具。黑客用它发现目标危险端口、系统漏洞等,并根据扫描结果判断入侵难度,选择合适的入侵工具。安全防护人员借助这个工具可以先于黑客发现这些危险端口和漏洞,事先将漏洞堵住,将端口关闭,不给黑客可乘之机。

比较著名的漏洞扫描工具为 Nessus。该工具一直以漏洞库齐全、扫描速度快、结果准确度高等优点著称。

口令破解工具

口令破解是专门用来破解系统口令的工具,同样也是攻防双方必备的工具。安全防护人员通过该工具可以验证自己的口令是否安全可靠。

著名的口令破解工具为 LC5。LC5 可直接读取系统的 SAM 文件,也可以在网络上嗅探用户的口令。其主要采用穷举法进行口令破解,只要时间允许,可以破译所有的口令。实验测试可知,用 LC5 破解 6 位纯数字的口令,通常仅需要 20 分钟。

13.4.2 选好工具

在牢固的地基的基础上,还要为系统选择合适的恶意代码防范工具。恶意代码是防不胜防的,好的工具可以为系统提供优质的服务。因此,读者需要为自己的系统选择合适的杀毒软件、杀毒软件搭档、补丁管理和升级工具、个人防火墙、木马专杀工具等。

1. 杀毒软件

本书的第 9.3.1 小节介绍了选择杀毒软件的标准,第 11.1 节介绍了一些商用杀毒软件的名称,并重点介绍了瑞星杀毒软件的使用和配置方法。读者可以参考上述章节选择自己喜欢的杀毒软件。

2. 杀毒软件搭档

实践已经证明,仅仅依赖杀毒软件已经不能防范日益强大的恶意代码了。因此,需要给杀毒软件配备一个搭档。借助这类搭档,用户能够方便地查看系统的启动项、服务运行,能够方便地清理系统垃圾,能够方便地设置 IE 等应用程序的选项。魔法兔子、优化程序、360 安全卫士是这类程序的典型代表。其中,在此推荐 360 安全卫士作为杀毒软件的最佳搭档。360 的功能非常强大,除了具有优化功能外,还能管理补丁、软件升级以及木马查杀等。

3. 补丁管理和升级工具

大型软件是个复杂的系统,出现漏洞不可避免,因此,操作系统、大型应用程序都存在大量的漏洞。为了弥补过失,软件生产厂商会发布补丁。尽管操作系统本身会附带自动升级功能,第三方软件提供的补丁管理和升级功能往往更加人性化。360 安全卫士是非常好的第三方补丁管理和升级工具。360 卫士可以自动检测用户系统的漏洞,自动下载并安装补丁。迄今为止,360 安全卫士可以管理操作系统、Office 套件、Realplay、Adobe 等大型软件的补丁,并指导用户升级。

4. 个人防火墙

补丁管理和升级帮助用户封堵了蠕虫这类恶意代码,个人防火墙则是用户对付特洛伊木马这类恶意代码的必要装备。本书第 3.7 节介绍了个人防火墙的原理,第 11.3 节介绍了几款著名的个人防火墙,并详细介绍了 Windows XP 自带的个人防火墙的配置方法。作者推荐使用 Windows 自带的个人防火墙。

5. 木马专杀工具

2005 年后,特洛伊木马取代蠕虫成为恶意代码的主力,因此,防范木马成为当前恶意代码防范工作的重点。本书第 11.2 节介绍了几款著名的特洛伊木马专杀工具,并详细介绍了木马克星的配置和使用方法。读者可以在使用防病毒软件的基础上,选择一款木马专杀工具专门对付特洛伊木马。

13.4.3 注意方法

就像本书前言中所说的,"三分技术,七分管理"是当前信息安全防范工作的真实写照。为了使用户的计算机系统更加安全,同样需要在技术装备的基础上,注意对这些技术的使用和配置方法。良好习惯、正确配置和使用方法能够使安装的工具达到最大防范效果。

关于良好习惯可以参见本书第 13 章的相关章节;正确的配置和使用方法参见本书第 11 章的相关章节。

13.4.4 应急措施

随着信息技术的发展,信息资源管理将被作为国家战略来推进,企业竞争焦点也将落在对信息资源的开发利用上。"三分技术、七分管理、十二分数据"的说法成为现代企业信息化管理的标志性注释。信息资源已经成为继土地和资本之后最重要的财富来源。同样,对于个人用户来说,个人创作的数据也是弥足珍贵的。因此,只有考虑了数据备份和恢复功能的系统才能称得上一个安全的系统。

关于数据备份及恢复的详细资料参见本书第 4 章。

13.4.5 自我提高

为什么需要自我提高？上述内容还不够吗？谚语“道高一尺，魔高一丈”可以形象地描述信息安全领域攻防双方的较量过程。在攻防双方的相互促进过程中，防范技术的学习一刻也不能停止。因此，对于一个敬业的安全管理人员来说，需要在以下两个方面提高自己、武装自己。

1. 关注安全信息

安全信息获取的最佳途径莫过于信息安全产品厂商网站、评测机构网站、安全技术论坛等。因此，建议读者成为这些地方的常客。

详细的资料可以参见本书的附录，这里有推荐的安全信息发布渠道。

2. 掌握专业工具

还记得第 11.4 节提到的微软公司的 SysinternalsSuite 工具套件吗？那里面可有近百种工具呢。AutoRun、RootkitRevealer、文件监控、注册表监控、进程监控是其中的典型代表。本章的第 13.5.4 小节“额外的预防工具”也提到了一些诸如入侵检测、蜜罐之类的工具，在特殊环境下，它们都将成为安全人员应对新恶意代码的有利工具。

13.5 企业用户防治策略

一个好的企业级恶意代码防治策略应包括以下几个部分。

- 开发和实现一个防御计划。
- 使用一个可靠的恶意代码扫描程序。
- 加固每个单独系统的安全。
- 配置额外的防御工具。

整个防御应当涵盖所有受控计算机和网络中的策略和规章，包括终端用户的培训，列出实用工具，建立对付突发事件的方法等。为了更有效地防范恶意代码，企业中的每一台计算机都要进行统一配置。作为防御计划的一部分，选择一个优秀的恶意代码防范软件是非常关键的问题。最后，在多个工具的共同作用下，实现一个良好且坚固的防治体系。

本策略可以作为一个大规模企业的计算机安全防御体系的一部分，它可以与企业已有的使用许可制度（Acceptable Use）和物理安全（Physical Security）政策及规章相互配合。

13.5.1 建立防御计划

建立恶意代码防御计划的步骤如下：

（1）预算的管理

不管恶意代码防御计划是否有效或有效性是否高，它都会花费时间、资金和人力，因此，企业在决定购买相关产品之前需要仔细考虑。虽然，成功打造一个恶意代码防御计划令人非常高兴，但如果因为资金和资源不足而使计划实施半途而废却不是好结果。对于一个良好的防御计划，可从以下几点进行判断。

- 尽量减少费用。
- 保护公司的可信性。
- 提高最终用户对计算机的信心。
- 增加客户和IT人员的信心。
- 降低数据损失的危险性。
- 降低信息被窃的危险性。

（2）精选一个计划小组

为了使计划顺利进展，还需要一个管理维护者的身份，因此，要挑选实现防御计划所需要的人员，同时指定小组的主要领导人员。小组成员包括恶意代码安全顾问、程序员、网络技术专家、安全成员，甚至包括终端用户组中的超级用户。小组成员的多少依赖于企业编制的大小，但要注意的是，小组的规模要尽量小，以便于在一个合理的时间内进行有效管理。

（3）组织操作小组

操作小组要完成下列工作：实现相关软件和硬件机制来防范恶意代码的解决方案；负责方案和相关软件和硬件机制的更新；应急处理等。

（4）制定技术编目

在启动恶意代码防御计划前，必须获得企业级的技术编目。表13-1提供了一个基础性的技术编目列表示例。在列表中，除了要注意用户、PC、笔记本电脑、PDA、文件服务器、邮件网关以及Internet连接点的数目之外，还应该记录操作系统的类型、主要的软件类型、远程位置和广域网的连接平台。通过以上所有的数据可以找到企业需要保护的东西。最终的解决方案也必须考虑到上面的所有因素。

表13-1 企业计算机目录

标示信息				功能/操作系统		
序列号	机器名称	用户名称	位置	PC	服务器	其他
PC-W-0001	Account-01	Account-01	AD	Win98		
SE-W-0001	Server-01	Manager	ITD		Win2K Server	
SE-W-0002	Server-02	Manager	ITD		WinNT4.0	
LI-L-0001	Linux	Linux	SD			Linux

（5）确定防御范围

防御范围是指被防御对象的范围。被防御用户可能包括:公司办公室、区域办公室、远程用户、笔记本电脑用户、瘦客户机等。计算机平台可能会涉及到:IBM 兼容机、Windows NT、Windows 3. X、DOS、Macintosh、UNIX、Linux、文件服务器、网关、邮件服务器、Internet 边界设备等。整个计划可以防御所有的计算机设备或者仅仅防御那些处于危险环境的设备。不论最终防御范围如何,都必须把“范围”文字化,记录在文档的最显要部位。

（6）讨论和编写计划

计划需要详细描述下列内容:恶意代码防范工具所部署的位置以及需要部署哪些工具,防范工具所保护的资产,防范工具如何部署以及何时、如何进行升级工作,如何定义一个通信途径,最终用户培训以及处理突发事件的一个快速反应小组等细节问题。这一部分可以作为最终计划的轮廓。在整个计划中,需要详细说明恶意代码防范工具的使用和部署以及对每个 PC 进行安全部署的步骤。

（7）测试计划

在开始大范围的部署产品之前,应该在测试服务器和工作站上进行试验。在测试环境下,如果测试成功,就可以开始小范围的部署产品了。整个部署的过程需要分阶段进行。首先在企业的一个比较完整的部门部署,然后逐步地在其他区域展开。采用这种部署策略可以逐步地检验并修正各种工具。如果不进行测试,就贸然进行大范围的产品部署,可能会出现很多问题并带来很多损失。有些情况下,贸然部署带来的损失甚至要远大于没有任何防护情况下恶意代码造成的损失。

（8）实现计划

虽然讨论和编写计划非常麻烦,但是实现计划更加麻烦,不仅需要投入大量的资金、人力和时间,而且在实现计划时,应当选择一个合适的顺序,并根据这个顺序逐步采买产品,逐步部署系统。一个典型的顺序是,首先在邮件服务器或文件服务器部署恶意代码防范工具,然后在终端用户的工作站上进行防范工具的安装和部署工作。笔记本电脑和远程办公室可以列入第二批考虑的范围,并可以从第一批的安装部署中获得一些经验。表 13 - 2 就是一个需要维护的列表,其中列出了那些资产列表中需要保护的条目。经过集中的整理,就不会漏掉任何计算机了。

表 13 - 2　更改检查列表

标示信息				所采取的保护步骤		
序列号	机器名称	用户名称	位置	安装桌面 AV	PC 更改	OS 补丁
PC-W-0001	Account-01	Account-01	AD	P	P	
SE-W-0001	Server-01	Manager	ITD	P	P	P
SE-W-0002	Server-02	Manager	ITD	P		
LI-L-0001	Linux	Linux	SD		P	P

(9) 提供质量保证测试

计划实现之后,需要对工具和过程进行一些测试。首先,检测各个系统的恶意代码防范工具是否正在工作。常采用的方法是:向一个被保护的系统发送一个恶意代码测试文件,或者是其他类型的测试,不要使用那些一旦失控就会造成大范围破坏的东西去测试。许多公司都使用 EICAR① 测试文件。然后,对软件机制和恶意代码数据库的更新问题进行测试。最后,在整个企业范围进行弱点测试,从而确认防御部分是否能够保护它们所要保护的所有资产。

(10) 保护新加入的资产

制定一些策略来保护新加入的计算机。部署小组经常有能力来保护那些在原始计划下定义的所有资产,但是一个月后总是忘了对新的计算机进行修改。对新加入的计算机应该进行全面检测,从而保证整个企业网络是安全的。

(11) 对快速反应小组的测试

恶意代码发作的时候,通常会用到快速反应小组。通过一个预先伪装的发作来检测快速反应小组。这给了所有人一个机会来联系他们的任务,检测通信系统,并解决所有问题。测试演习中发现的小问题如果没有得到解决,往往就会长期存在。根据是否定期复查的情况,用户应该在每年中每隔一段时间或者是操作改变后,测试一下有关小组。

(12) 更新和复查的预定过程

没有什么安全计划是稳定的。软件、硬件和操作系统都是在改变的。用户行为和新技术都会使新的危险出现在企业环境里。企业的计划应该被视为是一个"时刻更新的文档",应该预先定义定期复查的过程,并且对它的成效性进行评估。当新的危险出现或者是当计划开始变得落后的时候,及时地复查就应该开始了。

13.5.2 执行计划

到目前为止,小组已经组建,相关的环境也收集好了,该是制订计划的时候了。恶意代码防御计划应该囊括所有恶意代码进入企业的途径。绝大多数不怀好意的程序初次进入系统都是通过电子邮件系统的。可是,普通病毒、蠕虫和木马也可以通过磁盘文件、Internet 下载、即时消息客户端软件进入到系统。很久以前,扫描插入的磁盘以及禁止软盘启动就可以达到封锁恶意代码入口的功能。但今天,用户需要考虑磁盘、Internet、邮件、笔记本电脑、PDA(个人数码助理)、远程用户以及其他允许数据或代码进入保护区的所有因素,如图 13-4 所示。

很多企业外部计算机和网络通常和企业内部受保护的资源是相互连接的。如果考虑到其他

① ERCAR 反病毒测试文件(http://www.eicar.org)能够对反病毒软件进行有限测试,确认反病毒软件是否正在运行。这个文件的大小不超过 68BYTE,绝大多数反病毒软件供应商都认可这个文件的有效性。许多组织每天将 EICAR 文件发给被反病毒软件保护的服务器和网关验证操作是否正常。如果发送了测试文件以后,没有得到报告信息,管理员就知道特定的服务器或者设备没有得到保护。

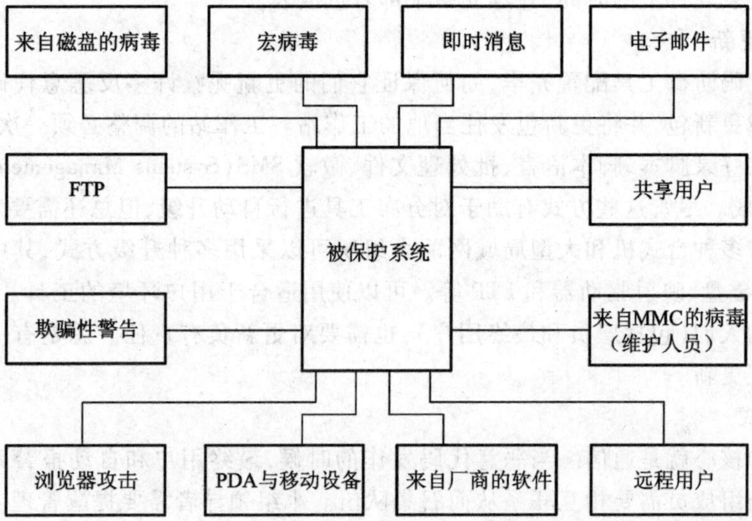

图 13－4　潜在的恶意代码进入点

企业公司的计算机相互感染的问题，平等的解决方案就是他们也采用相同的尺度来降低感染你的区域的可能性。厂商、第三方、与外部计算机或网络有连接的商业伙伴都需要遵循一个最低标准的规定，并签署一个文件以证明他们理解了有关的规定。有时，公司的防御计划中的做法和采用的工具可以被外界的计算机和网络所参考，或者作为对已使用的反恶意代码软件进行升级的范例。

1. 计划核心

以下提到的 3 个目标就是整个防御计划的基石。

- 使用值得信赖的反恶意代码扫描引擎。
- 调整 PC 环境以阻止恶意代码的传播。
- 使用其他的工具提供一个多层的防御。

使用一个可靠、最新的恶意代码扫描引擎是整个计划的基石。恶意代码扫描引擎在通过检测和清除恶意代码实现保护计算机方面是很成功的，每一个公司都应该使用它。可是，今天纯粹依赖于恶意代码扫描引擎则是一个错误。历史一次次地证明，扫描引擎无法也永远无法阻止所有的恶意入侵。用户必须假定恶意代码可以通过其恶意代码防御系统，并采取措施来降低它的传染性。如果做得正确，在那些得到保护的 PC（个人计算机）上，恶意代码就不会发作。最后，应该考虑其他的防御和检测工具来保护用户的环境，并迅速跟踪相关的漏洞。

2. 软件部署

计划中应该详细地列出实现政策和过程所需的人力资源。通常来说，在部署所有的工具时，需要通过多种技巧才能够取得同等的效果。网络管理员需要在文件和邮件服务器上测试和安装软件。调整本地工作站需要繁琐的技术工作（除非对部属工具非常精通）。需要估计出每个人花费在测试和安装软件上的时间,并建立一个部署进度表。

3. 分布式更新

一旦恶意代码防御工具配置完毕,如何保证它们的更新呢?许多反恶意代码工具允许通过中央服务器下载更新包,并将更新包发往当地的工作站。工作站的调整必须一次次地手动配置,或者是使用中央登录脚本、脚本语言、批处理文件、微软SMS(Systems Management Server,系统管理服务器)来完成。尽管这些方式有助于对分布工具进行自动升级,但总还需要对大的更新进行手工测试。拥有多种台式机和大型局域网的大组织可以采用多种升级方式,其中包括自动分布工具、CD-ROM、磁盘、映射驱动器和FTP等。可以使用适合于用户环境的工具。同样,对于那些具有支配地位的人们(包括雇员和最终用户),也需要对更新负有责任。总是有一些小组负责人或部门经常忘记更新。

4. 沟通方式

防御计划的核心就是通信。当恶意代码发作的时候,最终用户和自动报警系统会提醒防御小组的成员。小组成员需要相互联系从而召集队伍。小组领导者需要提醒管理者。小组中的某些人被指定负责企业和防恶意代码厂商进行联系工作。事先需要定义一个指挥系统,从而保证报告以最新的状态从小组发往每一个独立的最终用户。

在一个典型的计划中,应明确地制定任务和责任,并建立一个反馈机制,每一个应付突发危机事件的小组成员(快速反应小组)都会分别负责与特定的部门或分区领导之间的联系工作,使得最终用户和部门可以和小组取得联系。被联系的部门领导对他管理下的雇员负有责任。

5. 最终用户的培训

虽然编写了计划,但是那些最终用户有可能忽略这些预先提出的建议。最好对最终用户做出一个集体通知和培训。培训应该包括对恶意代码领域的简要概括,并讨论普通病毒、蠕虫、木马、恶意邮件和不怀好意的Internet代码。用户应该意识到,从Internet下载软件、安装好看的屏幕保护和运行好笑的执行文件都是很危险的事情。培训材料应该谈到相关的危险以及公司为了降低这些危险所作的努力,包括每一个员工为了降低恶意代码传播的可能性而做出的努力。

需要让最终用户了解,只有通过认证的软件才可以安装到公司的计算机上。软件不能从网上下载,不可以从家里带来,也不能根据以前没有认证但是安装成功的例子而进行。用户需要被告知,一旦恶意代码发作就需要向合适的负责人或部门报告,并被告知破坏纪律会带来惩罚性的处理。用户需要签署一个表格以证明他们对规定的理解。该表格将被收入雇员个人记录中。

6. 应急响应

每个计划都需要制定小组成员面对恶意代码发作时候应采取的措施。通常来说,配置好的防御工具会保护用户的环境,但是偶尔有新的恶意代码会绕过防御设施或者一个未受保护的计算机,并将一个已知的威胁到处传播。另外,还有一个普遍的问题:计划需要说明如何处理多个恶意代码感染同时发作的问题,并且同时报告快速反应小组。以下就是面对一次恶意代码事故需要考虑的步骤。

(1) 向负责人报告事故

不管问题的发作是如何被人第一次发现的，第一个知道问题的小组成员都应该向小组负责人报警，并且向其他小组成员通报。通信工具必须是快速的、可靠的，并且不受恶意代码的干扰。例如，按照常规采用了通过 Internet 邮件向其他小组成员发送紧急记录，而邮件网关可能已经被恶意代码破坏了。小组人员在发现邮件威胁已经出现的时候，会通过电话、手机等人工通知或者通过基于 HTML(超文本标记语言)的邮件通知相关成员。

(2) 收集原始资料

赶到的小组成员应该注意收集资料，并相互共享所知道的恶意代码的相关信息，以得到对恶意代码的概要性了解，例如，它是通过邮件传播的吗？哪儿最先出现问题？已经开始传播了多久？它会修改本地文件系统吗？它是属于哪一种恶意代码？它是用什么语言编写的？

(3) 最小化传播

完成了最初的资料收集以后，小组人员应该很快采取步骤以使恶意代码的传播最小化。如果是邮件蠕虫，可以关闭邮件服务器或阻止来自 Internet 的访问。如果恶意代码已经修改或破坏了文件服务器上的文件，则应断开用户的连接并关闭登录。如果攻击很严重，可以考虑关闭相关的服务器和工作站，也可以不关闭服务器而进行恶意代码清除工作，但是会花费更多的时间。如果面对一个相似的环境，应该让高级管理人员来确定是不是需要最小化关机时间或最小化服务中断的时间。此外，确认拥有服务器和服务关闭的有关记录，从而可以很快地恢复服务。

(4) 让最终用户了解最新的危险

在入口处和公共场合张贴关于问题和用户应该做些什么的署名告示，将是一个通知用户的比较好的途径。如果恶意代码从用户公司已经传播到其他公司了，注意尽量和他们进行沟通。例如，邮件蠕虫，虽然你可以通过邮件发送一个报警通知，但是通常来不及阻止它们。

发现问题时，不应该只通知那些受到感染的部门，还要通知那些没有被感染的部门。没有感染的部门可以监测传播的先兆，并且警告他们的用户不要打开特定的邮件等。

让最终用户了解有关人员正在处理问题，当可以安全地使用特定的服务和服务器的时候，指挥中心会和他们联系的。同样也要通知管理层，让他们知道事态的进展情况。

(5) 收集更多的事实

到目前为止，快速反应小组在一定意义上控制了故障，并采取了步骤阻止更大的危害。快速反应小组应该收集信息并讨论问题，并把新的恶意代码交到反恶意代码软件公司进行分析。

查清楚谁没有感染和谁被感染是一样重要的。如果一个部门除了一台计算机外都被感染了，则可以找出使用这台计算机的人到底没有做过什么(例如，打开感染了的邮件)。也许就是特定的工作站上面的一个组件阻止了恶意代码的传播。如果防御工具本来可以挡住恶意代码的话，就需要搞清楚为什么它可以通过防御。

确认具体的损失。它到底传播了多远？多少台 PC 受到感染？多少部门受到影响？恶意代码对计算机做了些什么？它到底有没有删除别的文件，重新命名文件？覆盖文件？修改注册表？或者是在启动文件中加入了别的东西？通常收集资料会通过计算机系统的 Find(查找)菜单选择 Files or Folders(文件或文件夹)选项来查找最近有哪些文件发生了改动。如果受到恶意代码或蠕虫攻击,会立刻发现有可疑的文件出现。于是要在多个启动区域检查有没有什么可疑的变化。然后,用 NETSTAT-A 检查可以的 Internet 连接。如果发现了可疑文件,要对它们做一次快速查看有没有新的东西。然后与小组其他成员在其他计算机上发现的东西进行比较。程序是不是一直在做同样的事情?每次修改的文件是不是有着同样的名字?被感染的邮件是不是有着同样的主题?计算机之间的系统的修改是不是一样的?收集这些证据的所有记录。如果小组中有人具有特定的技能,则可以分析恶意代码的代码,从而了解它所做的一切。任何一个程序员都可以读懂并至少在一定程度上理解当前很多的基于 VBScript 的蠕虫源代码。没有来自反恶意代码软件商的帮助或详细信息的话,你还是无法 100% 地理解恶意代码的所作所为。

(6) 制定并实现一个最初的根除计划

用自己所学的东西实现一个有秩序的根除计划。例如,对于绝大多数邮件蠕虫,首先删除所有的受感染的邮件(Microsoft Exchange 服务器上的 EXMERGE 就是一个较好的工具)。最好删除或者是替换那些被损坏或感染了的文件。可疑的文件应该移动到一个隔离区域里,以方便随后的分析。通过使用中央登录脚本,可以启用批处理文件来查找恶意代码,并从 PC 上删除它们以及修复毁坏的文件。

可以考虑在清除以前做一个受害系统的完全备份,从而为以后的分析做好准备。确保那些好心的技术人员不会删除那些恶意代码的所有备份,若没有留下任何东西就无法分析恶意代码的所作所为。删除所有的恶意代码的备份只会使清除工作更加复杂,而不是简化。

首先,始终在一套测试用的计算机上面运行清除程序,以保证清除程序不会造成更多的损失。其次,在少数不同的区域里的普通计算机上面运行清除程序。然后,验证恶意代码程序已经被彻底地清除,即程序已经根除了毁坏,再也没有新的损失了。只有这个时候,才可以将该清除程序公之于众,并通过预先设定的通信机制来警告最终用户并额外提供有用的建议。

(7) 验证根除工作正在进行

派出操作小组中的成员验证最终用户的计算机已经彻底地得到清理,并监视通信通道查找问题。有时在这个时候,会发现当初在早期分析时小组没有注意到的东西。如果有这样的问题存在,清除程序应该进行合适的调整,并再次发放给所有的受感染的用户。将清除工作的情况向操作人员和最终用户进行通报。

(8) 恢复关闭的系统

在系统清除完毕后,就可以将关闭的系统再次启动了。根据以往的经验,系统一旦启动,用户就会很快开始登录系统。根据当初记录的禁止的系统名单,就可以知道需要启动哪些东西。去掉那个关于警告用户有关事项的通告,并且通知用户可以按照正常的程序登录了,并告知是否还有其他没有启动的系统。

(9) 为恶意程序的再次发作做好准备

为恶意代码的再次发作做好准备,并将此事告知最终用户。通常情况下,发现最初攻击问题所花的时间越长,问题就越容易再次发生。在早期 DOS 引导恶意代码的时代,公司发现被感染的时候,通常会是几个月到一年以后。到那个时候,感染的磁盘在公司流传,直到再次发作。邮件蠕虫也是一样的道理。发现得越早,它们就越不易传播得更远。

(10) 确认公众关系的影响

必须考虑恶意代码发作带给最终用户、公司、操作员、外界消费者和商务伙伴的影响。如果恶意代码从用户的公司传播到其他公司,该是写道歉信的时候了。要确认问题是否已经解决,并阻止问题的再次发生。提醒那些需要提醒的代理商,并且决定是否需要采取法律措施。如果有新闻媒体采访,也需要考虑公众关系的反应,计划中应该准备相关的说明。

(11) 做一次更加深入的分析

现在危机解决了,可以作一次更加深入的分析了。在这个时候,应该对恶意代码程序所作所为有了一个全面的了解了。不管是应急小组分析程序还是收到恶意代码样品的反恶意代码软件公司做出的结论都应该这样:采用一个深入的分析解决剩余的损失。对防御计划或工具是不是有什么允许恶意代码传播的漏洞?是不是已经得到了解决?将相关的问题作成文档也是有帮助的,诸如为什么这种恶意代码会比其他的恶意代码传播得更加广泛等问题。这些问题有助于将用户的计划修改得更加完善。在将来的预算中,可以使用收集的统计资料作为尺度对安全计划的花费和影响进行调整。

13.5.3 恶意代码扫描引擎相关问题

恶意代码扫描引擎的基本功能就是详细地检查目标文件,并且和已知的恶意代码数据库进行比较。良好的恶意代码扫描引擎的特征有以下几点:速度、准确性、稳定性、透明度、运行平台、用户可定制性、自我保护、扫描率、磁盘急救、自动更新、技术支持、日志、通知、处理邮件的能力、前瞻性研究和企业性能。决定是不是运行恶意代码扫描引擎不是一件费脑筋的事情,决定所要运行的位置就是一个难题了。恶意代码扫描引擎可以运行在台式机、邮件服务器、文件服务器和Internet 边界设备。下面是一些在部署恶意代码扫描引擎前需要考虑的问题。

1. 确定扫描时间

如果在一个文件服务器上或台式机上配置了扫描软件的话,就需要做出一个何时扫描文件的决定。

- 实时扫描因为任何原因访问到的文件。
- 定时扫描。
- 按需扫描。
- 只扫描进入的新文件。

很多扫描程序允许扫描因为任何原因访问文件,包括进入的新文件、出去的文件、文件副本、打开或移动的文件。尽管这是最安全的选择,但扫描所有因为任何理由访问到的文件会造成明显的性能下降。曾经见到过这种情况,当恶意代码扫描引擎启动了这个功能后,工作站的性能因而降低了 300%。一次又一次扫描同一个旧的应用程序文件,每一次程序启动都只会带来很少的好处,这将造成明显的性能下降。

一些管理员意识到,随时扫描所有的文件会造成性能大幅度的下降,取而代之的是定期(例如,每个周一的早上)对所有的文件进行扫描。如果全体最终用户不会介意的话,这倒不是一个坏消息。可是,很多用户不愿意在他们能够进入计算机前,当其计算机扫描的时候,等待 30 分钟。如果想做定时地扫描,最好选择在高峰时间以外的时候进行。

另外,一些管理员刚好走向了另外一个极端方向,即禁止了所有的扫描,允许用户决定何时开始扫描,叫做按需扫描。工作站仅仅是在需要的时候再进行检查,就等于和几乎没有保护一样。依赖于定时扫描或按需扫描都会使得新的感染在扫描工作之间发生,这并不是一个好的选择。

根据经验,按预先定义的文件扩展名(或全部文件)对进入的文件扫描,将是一个最好的成本效益比的选择。如果系统在安装反恶意代码扫描前是干净的,就只需要扫描新的文件。很多组织采用混合的方法:邮件服务器扫描所有进出的邮件;文件服务器扫描所有预先定义文件扩展名的进入文件;在非高峰时间定时对全部文件进行扫描;使用的工作站都设置了预先定义的文件类型的实时保护。这种混合的方法工作良好,除非有新的文件类型引入(例如,SHS 文件)。在这些例子中,将新的文件类型添加到默认扫描中是很重要的。

2. 基于 Internet 的扫描

一些反恶意代码公司都有通过 Internet 发布到 PC 上的产品,例如,McAfee 的 myCIO. com(http://www. mycio. com)。一个客户端的程序安装到本地机器上,但是更新、报告和其他的能力存储到 Internet 上。尽管这样的努力赢得了好评,但其产品并不是普通台式机客户端的替代品。它们安装、扫描过于缓慢。如果用户在一个已经被感染了的计算机上面安装它们,很可能会有混乱的情况发生。

3. 新软件加入到系统

很多应用软件需要在安装它们以前禁止恶意代码扫描软件。如果建议这样做或 Readme 文件提到了这些问题,请按照建议办。当然,这给了恶意代码一条进入系统的通道。除非建议中明确指出关闭保护软件或经历了很多次的安装失败,否则不建议关闭保护程序来安装一个新的软件。如果第一次安装后新的程序无法正常工作,建议卸载它,然后关闭扫描引擎,再重新安装一次。

13.5.4 额外的防御工具

不能仅仅只依靠恶意代码扫描引擎就希望在与恶意代码的“战斗”中取得胜利。下面将介绍一些其他工具,这些工具无法保证拒恶意代码于千里之外,但是却可以加强系统的安全性。

1. 防火墙

对于任何一个公司或任何一个单独接入 Internet 的 PC 而言,防火墙是一个基本的防御组件,对于宽带连接也是如此。防火墙,在它最基本的级别,可以通过段口号和 IP 地址防范网络通信。一个好的防火墙策略允许预先设置好的端口打开,而关闭其他所有的端口。如果一个程序,例如,木马,力图通过一个封闭的端口建立一个 Internet 会话,这个企图不会成功,并且会被记录在案。更重要的是,防火墙可以制止黑客对网络或 PC 的攻击企图和探测。

企业应该考虑那些拥有信誉度和第三方安全组织(例如,ICSA Labs)推荐的企业级的防火墙。某些防火墙是基于硬件的解决方案,例如,SonicWall 的 Internet Firewall Appliance 或 Cisco PIX。其他一些防火墙,诸如 Check Point 的 Firewall-1、Axent 的 Raptor Firewall 和 Network Associates Gauntlet 等都是基于软件的。

2. 入侵检测系统

入侵检测系统(Intrusion Detection System,IDS)可以工作在两种方式下。一种方式是 IDS 对系统进行一次快照,并报告任何试图改变被监视区域的尝试。另一种方式复杂一些,它监视 PC 或网络动态寻找恶意行为(叫做攻击特征)。攻击特征的一个例子是对多个子网的端口扫描。和防火墙一样,IDS 能够对一个单独的 PC 或企业级的网络环境进行安装和监视。在保护一台 PC 的时候,它可能会监视注册表的变化、启动区域的变化、程序文件的变化和可疑的网络活动。网络 IDS 监视大型的网络特定的事件。它可以检测针对一个特定服务器的拒绝式服务的攻击特征。当攻击的特征被发现时,IDS 会向管理员发出一个关于潜在攻击的警告。Internet Security Systems、Cisco、Axent 和 Network Associates 是入侵检测系统方面的领导者。

IDS 程序还有两个问题。第一个问题是,IDS 程序需要用相反恶意代码扫描引擎定期更新的特征库。显然这没有“逃出”反恶意代码公司的视线,它们中的一些公司正在开发 IDS 组件。无论如何,开发一个反攻击的特征库要比推出一套恶意代码普通字节集合的难度要高得多。而且攻击站点可以有多种绕过基于网络的 IDS 程序的方法。第二个问题是,基于网络的 IDS 在共享的网络更加适用。为了让 IDS 可以识别企业级的攻击,它必须同时对多个网段进行监视,并检测数据包。在今天的交换网络和加密通信中,IDS 程序还是有些受限的。

3. 蜜罐

“蜜罐”(Honey Pot)是一个很有趣的概念。它们的前提是用户网络终究会被黑客侵入。蜜罐就是设计用来模拟看起来正常的重要服务器的“假”系统。一些蜜罐会保存有百余份看起来很可信的讨论一个虚假的重要产品的邮件和文件。它们的目标是易于让人攻破。蜜罐用户的目标是使得不受欢迎的黑客将他们的时间花费在蜜罐中,而不造成任何实际上的破坏,从而给了安全管理员足够的证据。管理员可以发现黑客是如何操作的、他们所使用的工具、他们试图找寻的漏洞是什么以及他们所处的地理位置。

蜜罐对于恶意代码防范有一定作用,一些反恶意代码公司开始使用类似蜜罐的模拟环境来诱骗恶意代码。反恶意代码软件将可疑的程序放到一个模拟的环境中,在这里程序可以自由地操作伪造的系统资源。反恶意代码程序观察程序所做的一切,如果它发现恶意行为时,就会向用户报警。用户的真实环境也因为模拟蜜罐的存在而不受影响。

4. 端口监视和扫描程序

端口监视和扫描程序是防火墙的一个简化版,它用来查找活动的 TCP/IP 端口。有关“端口扫描程序”(或“端口映射器”),在 Internet 上有很多的类似软件可以下载,可以用来在特定的计算机上或整个网络查找活动的端口。用户一般提交一个目标IP地址或地址范围,扫描程序就开始试探从1~1024,甚至更高的端口进行扫描。如果以前没有用过端口扫描程序,那么,很可能对通信中所使用的未知的端口而感到吃惊。

无论如何,如果用户发现了一个不了解的端口,就需要跟踪使用它的程序或进程。端口扫描程序可以告诉用户计算机正在使用端口。找到那台计算机并启动程序了解哪些进程或程序正在使用特定的端口。对于端口扫描程序而言,比较难于指出这个端口起源于哪个文件或进程。Portuguese Atelier Web Security Port Scanner (AWSPS) (http://www.atelierweb.com)是一款功能较完整的端口映射器,它可以工作在Windows 9X/Me/NT/2000下。它的Ports Finder (端口查找)模块可以深入到系统里去,并指出哪些程序正在使用哪些端口。一旦找到了文件,就可以检查它的合法性。

5. Internet 内容扫描程序

Internet内容扫描程序(Internet Content Scanner)是另外的恶意代码保护工具。同一般的基于特征数据库的反恶意代码扫描程序并不同的是,内容扫描程序是寻找恶意代码的行为。最复杂的产品对于所有的Internet下载的代码都提供“沙箱”一样的安全保护,并提供模拟的“蜜罐”环境,不仅仅只是Java Applet被放到沙箱里,ActiveX控件、VBScript文件和可执行文件亦是如此。最流行的Internet内容扫描程序是Finjan软件的(http://www.finjan.com) SurfinShield。它可以和Internet Explorer或者Netscape Navigator相互配合,组成内置的对基于Internet的可疑代码的监视,并提供对敏感区域的保护。当它检测到有东西企图访问本地系统资源,就会向用户报警并且阻止其行为。

Internet内容检查器在保护用户不受源于HTML的恶意代码伤害的问题上的成效是不错的,但是无法取代反恶意代码扫描引擎的作用。事实上,绝大多数的内容检查器无法检测所有的已知恶意代码。如果用了一个不是来自反恶意代码厂商的内容扫描程序,建议最好也运行一个反恶意代码扫描程序。一些厂商正在将Internet内容扫描引擎和它们的反恶意代码扫描程序相互连接,这些厂家包括Trend Micro、Network Associates和eSafe。

6. 其他工具

除了上述工具外,还有很多工具可以帮助检测和阻止恶意代码攻击。下面是其中的一些工具。

SmartWhois(http://www.tamos.cn/content/products/smartwhois/)是一个实用的网络信息工具。如果用户有IP地址、主机名或域名,就可以使用SmartWhols从公众信息中查找这个连接的详细情况:包括国家、州或省、城市、网络供应方、网络管理员和技术支持联系信息。Tamos Soft公司也提供了一个很优秀的NetBIOS扫描程序:NBScan。它要比Nbtstat.exe的用户界面更加友好一些。

程序锁定:市场上有很多的工具可以帮助管理员控制哪些程序何时在机器上开始运行。SmartLine公司的Advanced Security Control(ASC)(http://www.protect-me.com/asc)就是这样的一个产品。尽管Windows NT可以自己通过严格的策略文件进行锁定,但ASC可以让一个孩子做到这一点。管理员可以预测哪些程序何时、何地会运行。未验证的用户将被禁止在移动磁盘、RAM 磁盘、ZIP 磁盘上执行程序，并且允许进入命令界面，例如，Telnet。

替罪羊文件：就像圣经中的被献祭的山羊一样，"替罪羊"文件(Goat File)是用来为好的文件做伪装的。真正的替罪羊文件是空白的等着捕捉一个干净的恶意代码副本的 COM 和 EXE 文件。替罪羊文件是在通常的登录脚本中配置的文件，如果有人引发了恶意代码感染，替罪羊文件就会被感染。有一个入侵检测软件或反恶意代码检查比较程序监视替罪羊文件的活动，并防止其被修改。如果有恶意代码试图修改文件，很快就会有警报发出，而且最早被感染了的文件就会有希望很快找到。

7. 良好的备份

没有什么可以比良好的备份更好的了。没有任何防御计划是完美的，而且在很多组织中恶意传播代码有时会攻破最新的防御。如果恶意传播代码攻击并造成了无法修复的破坏，而已有好的备份，就可以保证将它的损失降到最小的程度。如果无法确认备份的可靠性，那就值得忧虑了。

13.6 未来的防范措施

真正防止恶意代码传播的措施不是恶意代码防范程序和防范计划，而是致力于建立安全的操作系统，加强职责和减少默认的功能。但是，这些措施需要对大量的结构重新设计，且不可能在短期内进行广泛的配置。下面是一些阻止恶意代码传播的防范措施。

- 审核所有的代码。
- 最终的认证。
- 更安全的操作系统与应用程序。
- 阻止未授权的代码被篡改。
- ISP 扫描。
- 仅允许执行已提交的内容。
- 国家安全组织。
- 更严厉的惩罚。

1. 审核所有代码

安全专家们一直在强调不运行不可信代码的重要性。最理想的情况是，每行代码都没有恶意或弱点，代码才可信。但是，很多公司都没有这个资源或时间来修订所有引入的代码。因此，大多数公司试图从可靠的资源上运行代码。但是能信任这些可靠资源吗？现有的可利用代码原本并没有恶意。制造商既没有资源来正确地审核他们自己的代码，也想象不到他们的代码被滥用，甚至想当然地认为消费者能容忍将来可能会遇到的不便。更糟糕的是，发现一年中总有这么好几次，从可靠的提供商那儿得到的大型知名程序中隐藏着漏洞和故意的编码缺陷，人们甚至不能信任用户应该信任的厂商。

理想的情况是,第三方评定人员用可靠的审核技术检查所有可利用的代码,看代码能否通过审核。审核过程将查找缓存溢出、隐藏的后门、编码弱点和可用的第三方交互。所有通过审核的代码都有同意的标签证明它的安全性。公司只能运行封装好的通过审核的代码。然而这个过程太麻烦,几乎不可能实现。作为第三方的评定者的黑客也对代码进行自我检测。合法的第三方评定将减慢编码过程,增加最终用户的成本。消费者也不愿意等待并支付更多的资金。

2. 最终认证

匿名服务是恶意代码的编写者的保护伞。如果人们建立了 Internet 连接,或者有内嵌职责的分布式程序,那么,它能对代码编制者进行认定并确保所写的代码在编制者和执行人员之间没有被改变。这是微软公司认证代码的梦想。但是,它没有很好地被遵循,使现在的应用失效。相信大多数人都有一个默认的网络系统,可跟踪每一封 E-mail 和每一个程序的来源。可能,这就意味着用集中的认证中枢注册所有发布的代码和 E-mail 客户。在 E-mail 发送或程序上传之前,都要经过某种认证过程。Internet 上的每一个数据包最终能跟踪到它的发送者。

并不是说在 Internet 上或者在计算机上不应该匿名。实质上应该提供匿名网络,从而使用户能隐藏在屏幕名字的后面,发布程序代码而不用害怕受到报复。很多人,像艾滋病患者和追求浪漫的人,需要不暴露身份地进行交流。因此一定要采取阻止广告商和其他人跟踪个人的每一个变化。如果不想接收匿名信或不可跟踪程序(大多数用户都有这种想法),最终的职责事实上阻止了恶意代码,阻止伪装的 E-mail,防止欺骗性的网上商业行为,防止垃圾邮件同时阻止不可知的黑客攻击。在军事领域里存在两个网络,即安全的和不安全的。不安全网络上的信息不允许进入安全网络。人们能自由地在任何一个网上浏览,接受相应的风险,但至少允许选择是否匿名交流。

Internet 已经有工具让人们达到这个目的,例如,密码学、IPv6 和数字认证。为此仅需要将网络交流分成两种类型:安全的和不安全的。标准化机构一般接受以使用工具来改良整个社会的方式。说起来容易做起来难。每一个软件和系统网络工具都不得不重新设计以支持新的安全结构。这次通过之后,高级的黑客会尝试攻击认证机制。然而,发现的任何漏洞都会很快地关掉,以保护参与的用户不受任何未知的恶意攻击。在今天默认匿名的领域里,因为人们不能解决这个问题,因此必须关闭几百个漏洞。

3. 更安全的应用程序

使计算机安全专家和反恶意代码开发者都感到失望的是提供商愿意以牺牲安全性为代价以增加默认功能。Internet 和 Windows 就是这样的例子:很多网络协议允许匿名交流。大多数 SMTP(简单邮件传输协议)邮件服务器会发送任何人的 E-mail,无论发送者的邮件地址是否合法,或者是否来源于网络内部。FTP 和 WWW 功能也是基于匿名数据的传送。微软公司有许多已发布的可利用代码,还没有受到安全测试。Windows 脚本主机,VBScript 和 Office 宏语言是他们允许本地系统管理的几种较易使用的技术。许多 Windows 计算机可以具备更强健的默认安全设置,但他们宁愿以牺牲安全性为代价提高其他功能。

就像 Java 一样,更多的默认安全选项从一开始就可以构建一种语言,一个应用,或一个操作系统。Java 开发者理解他们语言的潜在后果,为了安全起见,他们在减少语言的既定功能方面迈出了勇敢的一步,他们为此备受指责。尽管如此,仍有未签名的 Java 恶意代码或蠕虫曾经广泛传播过。签名的 Word 宏或 ActiveX 控件仍有许多安全隐患。它们的黑白模型表明一旦同意该对象运行,它就可以对用户的系统做它想做的任何事情。用户中间很少有人知道这些代码会做些什么。Java 在默认的安全模型通过允许人们查看签名的 Applet 权限并且提供帮助。因此需要更多的像 Java 这样的安全沙箱机制。

每次一种新的应用程序或操作系统发布时,安全专家都要请求销售商制定更多的默认安全措施。但由于安全需要花费时间和金钱,所以用户宁愿承担这种冒险。对许多人来说,终端用户接受带有 BUG(漏洞)的软件、乏味的安装过程以及由于恶意性代码而造成几天的停工损失,却不去追究销售商的责任,这是不合理的事情。

4. 阻止未授权的代码被篡改

所有恶意代码均以某种方式操纵本地系统,或者是通过修改操作系统文件,或者是修改应用文件。这种修改要么以未授权的方式使用操作系统,要么在自动启动区里自动执行。在阻止恶意性代码修改本地系统方面,人们还有许多工作要做。例如,如果一个程序将要把自己置于用户的 Autoexec. bat 文件或注册表自动启动区,应该强制性提示用户。现在,程序在修改之前仅会请求用户的允许。

除非是经过中央管理进程的允许,应该禁止改变任何应用程序或操作系统。Windows 2000 和 Windows Me 在某系统文件检查器和文件保护器上实现了这种管理进程。所有的程序都将被署名,当未署名的程序要求修改文件时,操作系统将拒绝修改或恢复做过的修改。但是,微软的这种努力非常脆弱,它很容易被绕过,而且给一些合法的程序和升级带来问题。

研究者曾把检查不必要文件修改操作的程序或操作系统称为代码完整性检查器(Code Integrity Checkers, CRC)。早期的 CRC 只在文件被修改后才检测出代码已被篡改。现代的 CRC 则在文件被修改之前首先检查代码完整性。问题在于如何确定一个修改是否合适。询问用户接受或拒绝修改对很多恶意性代码来说无济于事。在实际改变之前征求销售商这一办法或许管用。所有的修改都要经过销售商的注册或销售商的信任。销售商根据他们的标准来证实代码是完好的。但是,这个过程非常繁琐,一些小的软件公司可能负担不起,因此也就阻碍了大多数合法代码的生产。

5. ISP 扫描

允许 Internet 服务商扫描恶意代码或特洛伊木马是有意义的。如果大多数恶意性代码是通过网络传播的,那么,在它们被下载之前就截获它们也是一种办法。恶意代码署名升级可以实现的更快一些并占用较少的网络带宽。如果爱虫病毒的变种被发布,ISP(互联网服务提供商)可以在其传播之前就截获它。目前有几个具有反恶意代码扫描服务的 ISP 正在运行之中。一些销售商正致力于载波类方法,该方法可以用于处理 ISP 的可测量性问题。

这里有一个例子。英国电子邮件服务商 MessageLabs (http://www. messagelabs. com)运行了

一个可以扫描所有收到的发送的SMTP信件中的恶意代码的Internet邮件服务。通过使用三个商业反恶意代码方案，再加上一个他们自己的引擎，他们每月能成功地拦截或清除上千种恶意代码。由于很少有恶意性代码能绕过他们的产品，他们的客户相比之下能得到更安全的邮件。

但是，即使不考虑基于ISP扫描技术的性能问题和成本，该方案也存在许多的问题。第一个问题是基于Internet的扫描技术与其他恶意代码扫描方法一样都存在的固有问题。所以，虽然该技术是一个好办法，但却不能作为唯一的防范措施。第二个问题，随着越来越多的Internet数据流被加密，MessageLabs这样的办法将会越来越难，除非将客户的密钥告诉扫描程序开发商（这并不是件轻松的事情）。每一个网络传输协议都需要一大块程序检测恶意性代码。MessageLabs检测SMTP数据流，同时使用十几种其他的协议。辅助一个完整的ISP方案必须包括检测HTTP（超文本传输协议）、FTP（文件传输协议）、IM（即时通讯）以及其他数百种协议的程序。另外，除了Internet之外，恶意性代码还可以通过其他途径进入网络，且本地用户也能带来恶意代码，并通过公司的远程拨号服务器上传，或者通过销售商和合作伙伴的软件传播。尽管如此，由于大多数新的恶意性代码都是通过Internet传播的，ISP扫描技术还是可以大大减少恶意性代码的传播。

6. 仅允许执行许可内容

另外一个可行的办法是只允许预先认可的内容和程序进入计算机或公司网络。但由谁来认可，怎样认可，以及如何实现仍是个问题。一些工具能有限地实现这些功能，但却没有一个通用的标准适用于全世界的计算机。可用的办法都难于管理并且代价昂贵。

7. 国家安全组织

加强Internet安全需要政府的介入。许多人不相信政府可以实现有效的安全管理，或许他们就不信任政府。他们认为政府管制对于设置安全标准和保护基础设施是必需的。政府的行政命令办法和程序确实可以加强Internet安全并使其成为一个更好的工作和娱乐的地方。正如在DES中所做的一样，政府至少可以制定一个安全标准并要求所有的商业网站遵守。

8. 更严厉的惩罚

被确认的恶意代码制作者应该受到更严厉的惩罚，应该判以重刑。这个办法已经开始使用。在1970年到1980年之间，就有被逮住的年轻黑客为他们的黑客行为坐牢而后悔不已。法律部门越来越善于跟踪黑客犯罪，并将青少年同成年人一样看待。少数的黑客得到重罚可以警示其他的恶意性代码制作者。

总之，用户在自己的计算机环境中使用这些办法确实可以减少被“黑”的危险。大众化的计算机社会需要这些安全措施，在国际间的基础设施投入使用之前，必须开发可行的防范计划使大量恶意代码对计算机和网络的破坏达到最低程度。

13.7 恶意代码犯罪相关法律法规基础

针对大批的计算机安全问题，世界各个国家和地区都制定了相应的法律法规。这些法律明确规定故意使用恶意代码造成损失属于犯罪行为。如果制造或者传播恶意代码,并且造成了别人系统的故障,就可能被指控违法。对于安全专家来说困难在于跟踪恶意代码的制作者和传播者,并且证明属于故意行为。事实上,每时每刻都有大量黑客入侵事件和恶意代码的传播,没有任何一个司法部门能够对其中的哪怕一小部分彻查到底。

早在1973年瑞典就颁布了有保护隐私权性质的《个人数据法》(Personal Data Act),且成立了专门的数据监督局。该法是世界上第一部国家层面的数据保护法,并在1998年进行了修订。瑞典数据法的着眼点是保护计算机系统存储的个人数据,其中规定了未经授权访问计算机、篡改磁带上的数据是犯罪行为。

在美国,1994年制定的联邦计算机处罚法案特别规定了在未得到授权许可的条件下对一台受保护的计算机"故意传播程序、信息、代码、命令或导致相关结果的行为造成了损失的"属犯罪行为。对于触法者将被处以监禁:如果不是故意的,将处以1年以下的监禁和罚金;如果被证明为故意所为,那么将被罚款并处以10年左右的监禁。法案特别规定,即使发现病毒制作者不构成犯罪,也可以采取民事措施。

据报道,2003年6月3日,我国台湾地区的有关部门通过了一项法律修正草案,其中包括这样一条:"制作计算机病毒程序导致他人损害者,可处5年以下有期徒刑、拘役或科或并科20万元新台币以下罚金"。

此外,英国、日本、俄罗斯、法国等国家也都制定了专门的计算机立法,用来约束恶意代码攻击等犯罪行为。

中国内地关于计算机犯罪领域的立法较晚,但近几年却发展迅速,通过了一系列相关的法律法规。

中华人民共和国刑法

(1997年3月14日第八届全国人民代表大会第五次会议修订,自1997年10月1日起施行)

第二百八十五条　违反国家规定,侵入国家事务、国防建设、尖端科学技术领域的计算机信息系统的,处三年以下有期徒刑或者拘役。

第二百八十六条　违反国家规定,对计算机信息系统功能进行删除、修改、增加、干扰,造成计算机信息系统不能正常运行,后果严重的,处五年以下有期徒刑或者拘役;后果特别严重的,处五年以上有期徒刑。

违反国家规定,对计算机信息系统中存储、处理或者传输的数据和应用程序进行删除、修改、增加的操作,后果严重的,依照前款的规定处罚。

故意制作、传播计算机病毒等破坏性程序,影响计算机系统正常运行,后果严重的,依照第一款的规定处罚。

第二百八十七条　利用计算机实施金融诈骗、盗窃、贪污、挪用公款、窃取国家秘密或者其他犯罪的,依照本法有关规定定罪处罚。

中华人民共和国治安管理处罚法

(2005年8月28日第十届全国人民代表大会常务委员会第十七次会议通过)

第二十九条 有下列行为之一的，处五日以下拘留；情节较重的，处五日以上十日以下拘留：

（一）违反国家规定，侵入计算机信息系统，造成危害的；

（二）违反国家规定，对计算机信息系统功能进行删除、修改、增加、干扰，造成计算机信息系统不能正常运行的；

（三）违反国家规定，对计算机信息系统中存储、处理、传输的数据和应用程序进行删除、修改、增加的；

（四）故意制作、传播计算机病毒等破坏性程序，影响计算机信息系统正常运行的。

计算机病毒防治管理办法（公安部第51号令）

（2000年3月30日公安部部长办公会议通过2000年4月26日发布施行）

第一条 为了加强对计算机病毒的预防和治理，保护计算机信息系统安全，保障计算机的应用与发展，根据《中华人民共和国计算机信息系统安全保护条例》的规定，制定本办法。

第二条 本办法所称的计算机病毒，是指编制或者在计算机程序中插入的破坏计算机功能或者毁坏数据，影响计算机使用，并能自我复制的一组计算机指令或者程序代码。

第三条 中华人民共和国境内的计算机信息系统以及未联网计算机的计算机病毒防治管理工作，适用本办法。

第四条 公安部公共信息网络安全监察部门主管全国的计算机病毒防治管理工作。地方各级公安机关具体负责本行政区域内的计算机病毒防治管理工作。

第五条 任何单位和个人不得制作计算机病毒。

第六条 任何单位和个人不得有下列传播计算机病毒的行为：

（一）故意输入计算机病毒，危害计算机信息系统安全；

（二）向他人提供含有计算机病毒的文件、软件、媒体；

（三）销售、出租、附赠含有计算机病毒的媒体；

（四）其他传播计算机病毒的行为。

第七条 任何单位和个人不得向社会发布虚假的计算机病毒疫情。

第八条 从事计算机病毒防治产品生产的单位，应当及时向公安部公共信息网络安全监察部门批准的计算机病毒防治产品检测机构提交病毒样本。

第九条 计算机病毒防治产品检测机构应当对提交的病毒样本及时进行分析、确认，并将确认结果上报公安部公共信息网络安全监察部门。

第十条 对计算机病毒的认定工作，由公安部公共信息网络安全监察部门批准的机构承担。

第十一条 计算机信息系统的使用单位在计算机病毒防治工作中应当履行下列职责：

（一）建立本单位的计算机病毒防治管理制度；

（二）采取计算机病毒安全技术防治措施；

（三）对本单位计算机信息系统使用人员进行计算机病毒防治教育和培训；

（四）及时检测、清除计算机信息系统中的计算机病毒，并备有检测、清除的记录；

（五）使用具有计算机信息系统安全专用产品销售许可证的计算机病毒防治产品；

（六）对因计算机病毒引起的计算机信息系统瘫痪、程序和数据严重破坏等重大事故及时向公安机关报告，并保护现场。

第十二条 任何单位和个人在从计算机信息网络上下载程序、数据或者购置、维修、借入计算机设备时，应当进行计算机病毒检测。

第十三条 任何单位和个人销售、附赠的计算机病毒防治产品，应当具有计算机信息系统安全专用产品销售许可证，并贴有“销售许可”标记。

第十四条 从事计算机设备或者媒体生产、销售、出租、维修行业的单位和个人，应当对计算机设备或者媒体进行计算机病毒检测、清除工作，并备有检测、清除的记录。

第十五条 任何单位和个人应当接受公安机关对计算机病毒防治工作的监督、检查和指导。

第十六条 在非经营活动中有违反本办法第五条、第六条第二、三、四项规定行为之一的，由公安机关处以一千元以下罚款。

在经营活动中有违反本办法第五条、第六条第二、三、四项规定行为之一，没有违法所得的，由公安机关对单位处以一万元以下罚款，对个人处以五千元以下罚款；有违法所得的，处以违法所得三倍以下罚款，但是最高不得超过三万元。

违反本办法第六条第一项规定的，依照《中华人民共和国计算机信息系统安全保护条例》第二十三条的规定处罚。

第十七条 违反本办法第七条、第八条规定行为之一的，由公安机关对单位处以一千元以下罚款；对单位直接负责的主管人员和直接责任人员处以五百元以下罚款；对个人处以五百元以下罚款。

第十八条 违反本办法第九条规定的，由公安机关处以警告，并责令其限期改正；逾期不改正的，取消其计算机病毒防治产品检测机构的检测资格。

第十九条 计算机信息系统的使用单位有下列行为之一的，由公安机关处以警告，并根据情况责令其限期改正；逾期不改正的，对单位处以一千元以下罚款，对单位直接负责的主管人员和直接责任人员处以五百元以下罚款：

（一）未建立本单位计算机病毒防治管理制度的；

（二）未采取计算机病毒安全技术防治措施的；

（三）未对本单位计算机信息系统使用人员进行计算机病毒防治教育和培训的；

（四）未及时检测、清除计算机信息系统中的计算机病毒，对计算机信息系统造成危害的；

（五）未使用具有计算机信息系统安全专用产品销售许可证的计算机病毒防治产品，对计算机信息系统造成危害的。

第二十条 违反本办法第十四条规定，没有违法所得的，由公安机关对单位处以一万元以下罚款，对个人处以五千元以下罚款；有违法所得的，处以违法所得三倍以下罚款，但是最高不得超过三万元。

第二十一条 本办法所称计算机病毒疫情，是指某种计算机病毒爆发、流行的时间、范围、破坏特点、破坏后果等情况的报告或者预报。

本办法所称媒体，是指计算机软盘、硬盘、磁带、光盘等。

第二十二条 本办法自发布之日起施行。

全国人民代表大会常务委员会关于维护互联网安全的决定

（2000 年 12 月 28 日第九届全国人民代表大会常务委员会第十九次会议通过）

我国的互联网，在国家大力倡导和积极推动下，在经济建设和各项事业中得到日益广泛的应用，使人们的生产、工作、学习和生活方式已经开始并将继续发生深刻的变化，对于加快我国国民经济、科学技术的发展和社会服务信息化进程具有重要作用。同时，如何保障互联网的运行安全和信息安全问题已经引起全社会的普遍关注。为了兴利除弊，促进我国互联网的健康发展，维护国家安全和社会公共利益，保护个人、法人和其他组织的合法权益，特作如下决定：

一、为了保障互联网的运行安全，对有下列行为之一，构成犯罪的，依照刑法有关规定追究刑事责任：

（一）侵入国家事务、国防建设、尖端科学技术领域的计算机信息系统；

（二）故意制作、传播计算机病毒等破坏性程序，攻击计算机系统及通信网络，致使计算机系统及通信网络遭受损害；

（三）违反国家规定，擅自中断计算机网络或者通信服务，造成计算机网络或者通信系统不能正常运行。

二、为了保护个人、法人和其他组织的人身、财产等合法权利，对有下列行为之一，构成犯罪的，依照刑法有关规定追究刑事责任：

（一）利用互联网侮辱他人或者捏造事实诽谤他人；

（二）非法截获、篡改、删除他人电子邮件或者其他数据资料，侵犯公民通信自由和通信秘密；

（三）利用互联网进行盗窃、诈骗、敲诈勒索。

中华人民共和国计算机信息系统安全保护条例（国务院第 147 号令）

（1994 年 2 月 18 日发布并施行）

第二十三条 故意输入计算机病毒以及其他有害数据危害计算机信息系统安全的，或者未经许可出售计算机信息系统安全专用产品的，由公安机关处以警告或者对个人处以 5000 元以下的罚款、对单位处以 15000 元以下的罚款；有违法所得的，除予以没收外，可以处以违法所得 1 至 3 倍的罚款。

第二十八条 本条例下列用语的含义：

计算机病毒，是指编制或者在计算机程序中插入的破坏计算机功能或者毁坏数据，影响计算机使用，并能自我复制的一组计算机指令或者程序代码。

第三十条 公安部可以根据本条例制定实施办法。

第三十一条 本条例自发布之日起施行。

中华人民共和国计算机信息网络国际联网管理暂行规定实施办法

（1998 年 2 月 13 日国务院信息化工作领导小组发布并施行）

第十八条　用户应当服从接入单位的管理,遵守用户守则;不得擅自进入未经许可的计算机系统,篡改他人信息;不得在网络上散发恶意信息,冒用他人名义发出信息,侵犯他人隐私;不得制造、传播计算机病毒及从事其他侵犯网络和他人合法权益的活动。

第二十条　互联单位、接入单位和用户应当遵守国家有关法律、行政法规,严格执行国家安全保密制度;不得利用国际联网从事危害国家安全、泄露国家秘密等违法犯罪活动,不得制作、查阅、复制和传播妨碍社会治安和淫秽色情等有害信息;发现有害信息应当及时向有关主管部门报告,并采取有效措施,不得使其扩散。

第二十三条　违反《暂行规定》及本办法,同时触犯其他有关法律、行政法规的,依照有关法律、行政法规的规定予以处罚;构成犯罪的,依法追究刑事责任。

第二十四条　与香港特别行政区和台湾、澳门地区的计算机信息网络的联网,参照本办法执行。

第二十五条　本办法自颁布之日起施行。

计算机信息网络国际联网安全保护管理办法(公安部第33号令)

(1997年12月11日国务院批准 1997年12月30日公安部发布)

第四条　任何单位和个人不得利用国际联网危害国家安全、泄露国家秘密,不得侵犯国家的、社会的、集体的利益和公民的合法权益,不得从事违法犯罪活动。

第六条　任何单位和个人不得从事下列危害计算机信息网络安全的活动:

(一) 未经允许,进入计算机信息网络或者使用计算机信息网络资源的;

(二) 未经允许,对计算机信息网络功能进行删除、修改或者增加的;

(三) 未经允许,对计算机信息网络中存储、处理或者传输的数据和应用程序进行删除、修改或者增加的;

(四) 故意制作、传播计算机病毒等破坏性程序的;

(五) 其他危害计算机信息网络安全的。

第七条　用户的通信自由和通信秘密受法律保护。任何单位和个人不得违反法律规定,利用国际联网侵犯用户的通信自由和通信秘密。

第十九条　公安机关计算机管理监察机构应当负责追踪和查处通过计算机信息网络的违法行为和针对计算机信息网络的犯罪案件,对违反本办法第四条、第七条规定的违法犯罪行为,应当按照国家有关规定移送有关部门或者司法机关处理。

第二十二条　违反本办法第四条、第七条规定的,依照有关法律、法规予以处罚。

互联网上网服务营业场所管理条例(国务院第363号令)

(2002年8月14日国务院第62次常务会议通过,2002年11月15日施行)

第十五条　互联网上网服务营业场所经营单位和上网消费者不得进行下列危害信息网络安全的活动:

(一) 故意制作或者传播计算机病毒以及其他破坏性程序的;

(二) 非法侵入计算机信息系统或者破坏计算机信息系统功能、数据和应用程序的;

（三）进行法律、行政法规禁止的其他活动的。

第三十七条 本条例自2002年11月15日起施行。2001年4月3日信息产业部、公安部、文化部、国家工商行政管理局发布的《互联网上网服务业场所管理办法》同时废止。

13.8 习 题

1. 恶意代码防范的基本准则是什么？

2. 结合自己使用计算机的经验，谈谈单机用户应该遵守哪些操作规范来避免恶意代码的侵扰？

3. 单机用户应该采取哪些措施来实现一个相对安全的系统？

4. 企业用户恶意代码防范策略包含哪些内容？

5. 理解并探讨未来可能采用的恶意代码防范策略。

6. 简单叙述世界各国在恶意代码防范领域的立法工作。

附录 恶意代码相关网上资源

1. 微软智能手机在线

http://www.wmpol.com

提供微软 Window Mobile 平台，PPC(Pocket PC)平台等的技术资料，是智能手机恶意代码防范不可多得的技术学习和探讨的地方。

2. Wildlist 国际组织

http://www.wildlist.org

该网站维护世界各地发现的病毒列表。网站负责维护这个列表，并且按月打包供用户下载。此外，网站上还有一些计算机病毒方面的学术论文。

3. 病毒公告牌

http://www.virusbtn.com

对于任何关心恶意代码和垃圾信息防护、检测和清除的人，病毒公告在线杂志是一个必不可少的参考。逐日逐月地，病毒公告牌提供以下信息：来自于反恶意代码业界的发人深省的新闻和观点；最新恶意代码威胁的详细分析；探索反恶意代码技术开发的长篇文档；反恶意代码专家的会见；对当前反病毒产品的独立评测；覆盖垃圾邮件和反垃圾邮件技术的月报。

4. 亚洲反病毒研究者协会

http://www.aavar.org

亚洲反病毒研究者协会(Association of anti Virus Asia Researchers，AVAR)成立于 1998 年 6 月。协会的宗旨是预防计算机病毒的传播和破坏，促进亚洲的反病毒研究者间建立良好的合作关系。该协会是独立的、非盈利性组织，主要面向的对象是亚太地区。本协会有来自以下国家和地区资深的反病毒专家：澳大利亚、中国、中国香港、印度、日本、韩国、菲律宾、新加坡、中国台北、英国以及美国。我国的独立性保证了我国能在对抗计算机病毒的过程中发挥重要的作用，同时会提醒人们对计算机安全的警惕性。

5. 国家计算机病毒应急处理中心

http://www.antivirus-china.org.cn

中国市场准入检测机构。网站主要内容是病毒流行列表、病毒 SOS 求救、数据恢复等。

6. 病毒观察

http://www.virusview.net

网站主要内容包括病毒预报、新闻、评论、相关法规、反病毒资料、安全漏洞、密码知识、病毒百科在线检索等。

7. 国际计算机安全联合会

http://www. icsalabs. com/

国际计算机安全联合会即ICSA(International Computer Security Association)。如要对Internet的安全问题感兴趣,可以访问国家计算机安全联合会(NCSA)的站点。这里会看到很多关于国家计算机安全联合会各种活动的信息,包括会议,培训、产品认证和安全警告等。在这里还可以了解到国际知名的病毒防治软件登记情况。

8. 特洛伊木马防范网站

http://anti-trojan. org/

该网站包含木马、钓鱼、垃圾信息等资料,同时,也介绍一些防范用的安全软件。

9. 黑客防线

http://www. hacker. com. cn

该网站作为《黑客防线》期刊的官方网站,提供了较新的信息安全攻防技术的讨论,以及攻防技术的培训等。

参考文献

[1] ED Skdudis, Lenny Zeltser 著. 决战恶意代码[M]. 陈贵闽,侯晓慧译. 北京:电子工业出版社, 2005.

[2] Peter Szor 著. 计算机病毒防范艺术[M]. 段海新,杨波,王德强译. 北京:机械工业出版社, 2007.

[3] 张仁斌,李钢,侯整风. 计算机病毒与反病毒技术[M]. 北京:清华大学出版社,2006.

[4] David Maynor 著. 潜在威胁分析——从恶作剧到恶意犯罪[M]. 谢俊,潘洪涛译. 北京:中国水利水电出版社, 2007.

[5] 刘功申. 计算机病毒及其防范技术[M]. 北京:清华大学出版社, 2008.

[6] 吴万铎. 计算机病毒的分析诊断与防治[M]. 北京:海洋出版社, 1993.

[7] 陈立新. 计算机病毒防治百事通[M]. 北京:清华大学出版社, 2000.

[8] 崔广才,孙文生. 计算机病毒及其防治基础[M]. 长春:吉林科学技术出版社, 1994.

[9] 张小磊. 计算机病毒诊断与防治[M]. 北京:中国环境科学出版社, 2003.

[10] David Harley, Robert Slade, Urs E. Gattiker 著. 计算机病毒揭秘[M]. 朱代祥译. 北京:人民邮电出版社, 2002.

[11] Edina Arslanagic. A Personal Firewall in Mobile Phone[D]. Faculty of Engineering and Science, Agder Unibersity College. 2004.5.

[12] 李晓丽. 手机病毒的分析及对策研究[D]. 武汉大学计算机学院, 2004.11.

[13] 程胜利,谈冉,熊文龙等. 计算机病毒及其防治技术[M]. 北京:清华大学出版社, 2004.

[14] Roger A. Grimes 著. 恶意传播代码——Windows 病毒防护[M]. 张志斌,贾旺盛译. 北京:机械工业出版社, 2004.

[15] 傅建明,彭国军,张焕国. 计算机病毒分析与对抗[M]. 武汉:武汉大学出版社, 2005.

[16] 韩筱卿,王建锋,钟玮等. 计算机病毒分析与防范大全[M]. 北京:电子工业出版社, 2006.

[17] 张洁. 计算机病毒防治与信息安全知识 300 问[M]. 北京:冶金工业出版社, 2006.

[18] Clam AnitVirus 0.94.2 User Manual. http://www.clamav.net/download.

郑 重 声 明